建筑结构新规范系列培训读本

砌体结构设计规范理解与应用

（第二版）

（按 GB 50003—2011）

唐岱新　龚绍熙　周炳章　编著

唐岱新　主编

中国建筑工业出版社

图书在版编目(CIP)数据

砌体结构设计规范理解与应用/唐岱新，龚绍熙，周
炳章编著. —2 版. —北京：中国建筑工业出版社，
2012.10
建筑结构新规范系列培训读本
ISBN 978-7-112-14645-1

Ⅰ.①砌…　Ⅱ.①唐…②龚…③周…　Ⅲ.①砌块结构-
结构设计-规范-技术培训-教材　Ⅳ.①TU364

中国版本图书馆CIP数据核字(2012)第209276号

本书结合新修订的《砌体结构设计规范》GB 50003—2011，介绍现
代砌体结构的发展，正确理解新规范条文修订的依据及其在工程中的应
用，重点介绍新规范在新型墙材、配套的专用砂浆、砌体结构耐久性、砌
体结构构造措施、配筋砌块砌体剪力墙结构、砌体结构抗震设计等方面新
增、更新、补充的内容。在一些章节给出设计计算例题，以进一步加深对
新规范的理解。

* * *

责任编辑：咸大庆　王　梅
责任设计：张　虹
责任校对：王誉欣　党　蕾

建筑结构新规范系列培训读本
砌体结构设计规范理解与应用
（第二版）
（按 GB 50003—2011）
唐岱新　龚绍熙　周炳章　编著
唐岱新　主编

*

中国建筑工业出版社出版、发行（北京西郊百万庄）
各地新华书店、建筑书店经销
北京红光制版公司制版
北京同文印刷有限责任公司印刷

*

开本：787×1092 毫米　1/16　印张：18¾　字数：456 千字
2012 年 11 月第二版　　2013 年 4 月第四次印刷
定价：48.00 元
ISBN 978-7-112-14645-1
(22701)

第 二 版 前 言

新修订的《砌体结构设计规范》GB 50003—2011 已经发布施行。新规范是根据近十多年来国内科研试验最新成果，国内工程实践经验并参考国外经验而修订的。新规范在新型墙材、配套的专用砂浆、砌体结构耐久性、砌体结构构造措施，配筋砌块砌体剪力墙结构，砌体结构抗震设计等方面均有新增、更新、补充的内容。新规范的实施将对我国砌体结构的设计、施工质量及砌体结构质量和耐久性提升发挥重要作用。本书第二版就是根据新规范内容进行编写的。

本书第二版第一章至第六章、第十一章第五节由哈尔滨工业大学唐岱新撰写；第七章、第八章由哈尔滨工业大学翟希梅撰写；第九章、第十章由同济大学龚绍熙撰写；第十一章第一节至第四节由北京市建筑设计研究院周炳章撰写，全书由唐岱新主编。

书中错误之处敬请读者批评指正。

唐岱新

2011 年 12 月

第 一 版 前 言

本书结合新修订的《砌体结构设计规范》GB 50003—2001内容介绍现代砌体结构的发展。正确理解新规范条文修订的依据及其在工程中的应用。重点介绍砌体结构可靠度调整、砌体局部受压补充规定、砌体结构防裂措施、新增配筋砌块剪力墙中高层结构设计计算方法、新增框支墙梁和连续墙梁的设计计算以及新增砌体结构构件抗震设计。贯穿全书体现国家"节土"、"节能"、"利废"的基本国策，突出介绍混凝土小型空心砌块这一最具竞争力的新型墙体材料。针对几个主要部分进行了规范修订前后的对比分析。在一些章节通过较多的设计计算例题体现和贯彻新规范规定的意图以进一步加深对新规范的理解。

本书第一章至第八章及第十一章第六节由唐岱新撰写；第九章、第十章、及第十一章第七节由龚绍熙撰写；第十一章第一节至第五节由周炳章撰写。全书由唐岱新主编。

书中错误之处敬希读者批评指正。

唐岱新
2001 年 12 月

目　　录

第一章 概　述

第一节　我国砌体结构的新发展

砌体结构是砖砌体、砌块砌体、石砌体建造的结构的统称。这些砌体是将黏土砖、各种砌块或石材等块体用砂浆砌筑而成的。由于过去大量应用的是砖砌体和石砌体，所以习惯上称为砖石结构。

众所周知，砖、石是地方材料，用之建造房屋符合"因地制宜、就地取材"的原则。和钢筋混凝土结构相比，可以节约水泥和钢材，降低造价。砖石材料具有良好的耐火性、较好的化学稳定性和大气稳定性。在施工方面，砖石砌体砌筑时不需要特殊的技术设备。此外，砖石砌体特别是砖砌体，具有较好的隔热、隔声性能。

砌体结构的另一个特点是其抗压强度远大于抗拉、抗剪强度，即使砌体强度不是很高，也能具有较高的结构承载力，特别适合于以受压为主构件的应用。由于上述这些特点，砌体结构得到了广泛的应用，不但大量应用于一般工业与民用建筑，而且在高塔、烟囱、料仓、挡墙等构筑物以及桥梁、涵洞、墩台等也有广泛的应用。闻名世界的中国万里长城和埃及金字塔就是古代砌体结构的光辉典范。

砌体结构也存在许多缺点：与其他材料结构相比，砌体的强度较低，因而必须采用较大截面的墙、柱构件，体积大、自重大、材料用量多、运输量也随之增加；砂浆和块材之间的粘结力较弱，因此砌体的抗拉、抗弯和抗剪强度较低，抗震性能差，使砌体结构的应用受到限制；砌体基本上采用手工方式砌筑，劳动量大，生产效率较低。此外，在我国大量采用的黏土砖与农田争地的矛盾十分突出，已经到了政府不得不加大禁用黏土砖力度的程度。

随着科学技术的进步，针对上述种种缺点已经采取各种措施加以克服和改善，古老的砖石结构已经逐步走向现代砌体结构。

砌体结构是我国建筑工程中量大面广的最常用的结构形式，墙体结构中砖石砌体约占95％以上。据了解，目前我国实心黏土砖的年产量已达 6000 亿块，破坏土地资源数十万亩，十分惊人。砌体材料方面发展必然应考虑"节土"、"节能"、"利废"的基本国策。

为了"节土"，也减轻自重，近期以来各地生产应用了具有不同孔洞形状和不同孔洞率的黏土空心砖，竖向孔洞的空心砖用于承重，新的建材国家标准称为烧结多孔砖，水平孔的空心砖用于框架填充墙或非承重隔墙，新标准称为烧结空心砖。作为近期节土的重要措施，黏土空心砖在各地得到推广应用。采用异形空心砖配钢筋混凝土芯柱可提高砌体抗弯、抗剪能力，适应抗震需要，陕西西安已做了大量工作。此外，已生产出多孔模数砖 DM 型，对坯体改性，提高孔洞率，提高施工速度，已经在哈尔滨节能小区得到应用。

其他非黏土原料制成的砖，例如烧结页岩砖、烧结煤矸石砖、烧结粉煤灰砖等得到生产和应用，既能利用工业废料，又保护土地资源，是砖瓦工业发展的方向。

以硅质材料和石灰为主要原料经蒸压而成的实心砖统称硅酸盐砖，例如蒸压灰砂砖、蒸压粉煤灰砖、炉渣砖、矿渣砖等，均属于"节土"、"利废"的产品，其中蒸压粉煤灰砖、蒸压灰砂砖的强度指标已列入2001年修订的砌体结构设计规范。

混凝土小型空心砌块已有百余年历史，上世纪60～70年代在我国南方广大城乡逐步得到推广应用，取得了显著的社会经济效益。改革开放以来不仅在广大乡镇普及而且在一些大中城市迅速推广，由乡镇推向城市；由南方推向北方；少层推向多层甚至到中高层；从单一功能发展到多功能，例如承重、保温、装饰相结合的砌块。

根据中国建筑砌块协会统计，我国混凝土小砌块年产量1992年为600万 m³，1993年达2000万 m³（折算砖约为140亿块），1998年统计年产量已达3500万 m³，各类砌块建筑的总面积达到8000万 m²。建筑砌块与砌块建筑不仅具有较好的技术经济效益，而且在节土、节能、利废等方面具有巨大的社会效益和环境效益。

按照有关方面的规划设想，21世纪我国建筑砌块事业要进入成熟发展的阶段，要接近和赶上发达国家的发展水平，包括砌块的生产与建筑砌块的应用两个方面的发展水平，其中最根本的是要提高建筑砌块生产质量与应用技术水平。

1995年颁布实行的《混凝土小型空心砌块建筑技术规程》JGJ/T 14—95对全国砌块建筑推广应用起到了推动作用。

1996年全国墙体节能会议重申2000年必须达到50％节能目标，单用红砖是很困难的（例如在哈尔滨要1.2m墙厚），应用砌块复合墙，多功能化（承重、保温、防渗、装饰）前景广阔。

国家对于限制黏土砖应用的力度将进一步加大。2003年全国将有160多个城市列入禁用黏土砖的范围。

混凝土小砌块是新型建材，事实证明它是替代黏土砖最有竞争力的墙体材料。1997年在扬州召开的全国混凝土小砌块应用技术研讨会之后，小砌块应用进入了新的发展阶段，国家建材局将它列为重点发展的产品，各方面的研究和应用加快了步伐。

为适应城市建设需要，各地都在研究砌体用于中高层建筑。沈阳用加强构造柱体系即组合墙结构，在七度区盖8层砖房比钢筋混凝土框架节省投资20％～30％，而且还研究修建了底部框架剪力墙1层托7层组合墙和2层托6层组合墙房屋。1994年编制了《沈阳市钢筋混凝土—砖组合墙结构技术规程》。

徐州市根据约束砌体工作原理，采取砖墙加密构造柱、圈梁的办法，即墙面每1.5～2.5m设柱，每半层设梁对墙面形成很强的约束作用。这种房屋在6度区可建10层、7度区9层、8度区7层。1994年编制了徐州地区《约束砖砌体建筑技术规程》。

兰州市将横墙加密的砖房（横墙间距不大于4.2m而且纵横墙交叉点均设构造柱）与少量的钢筋混凝土剪力墙相结合，提高了房屋的抗震能力，在6度区可建10层、7度区9层、8度区8层，并于1995年编制了甘肃省规程《中高层砖墙与混凝土剪力墙组合砌体结构设计与施工规程》。

青岛市于1993年公布了《青岛市中高层底部框架砖房抗震设计暂行规定》，是针对7度区底部框架剪力墙1托7、2托6的组合墙房屋。

除了约束砌体外，国内一些科研、教学单位还对配筋砌块砌体剪力墙结构进行了试验研究并且已有试点建筑建成。

我国在 1983、1986 年广西南宁即已修建配筋砌块 10 层住宅楼和 11 层办公楼试点房屋，当时采用的 MU20 高强砌块是用两次人工投料振捣而成，这种砌块无法大量生产，也无法推广。其后辽宁本溪市用煤矸石混凝土砌块配筋修建了一批 10 层住宅楼。

1997 年根据哈尔滨建筑大学、辽宁省建筑科学研究院等单位做的试验研究，中国建筑东北设计院设计，在辽宁盘锦市建成了一栋 15 层配筋砌块剪力墙点式住宅楼，所用砌块是从美国引进的砌块成型机生产的，砌块强度等级达到 MU20。

1998 年上海住宅总公司在上海修建成一栋配筋砌块剪力墙 18 层塔楼，所用砌块也是用美国设备生产 MU20 的砌块，这是我国最高的 18 层砌块高层房屋，而且建在 7 度设防的上海市，其影响和作用都是比较大的。

2000 年抚顺也建成一栋 6.6m 大开间 12 层配筋砌块剪力墙板式住宅楼。

进入新世纪以来，配筋砌块砌体剪力墙中高层、高层房屋在各地市场逐渐被开发商看好，2003 年，阿继集团科技园区（位于哈尔滨先锋路）建成了底部 5 层框支 18 层高62.5m 的商住楼，随后湖南株洲市也建成了 19 层高达 60.5m 的配筋砌块剪力墙住宅楼，上海地区也建成配筋砌块短肢剪力墙高层住宅，特别是在哈尔滨、大庆地区截至 2009 年已建成的配筋砌块剪力墙中高层、高层房屋超过 300 万 m²。

此外，随着我国"禁实"（禁止应用实心黏土砖）政策的逐步实现，混凝土普通砖和混凝土多孔砖在各地出乎意料地得到发展，这是因为这两种块体是用普通混凝土（非黏土制品）按烧结黏土实心砖和多孔砖的外形尺寸制造的，在工程应用方面如设计和施工中和黏土砖一样地方便。

当然，还包括一些非黏土，而是用硅酸盐经蒸压而成的块材——蒸压灰砂砖和蒸压粉煤灰砖（暂时尚未包括其多孔砖品种）也得到发展应用。可以说在我国城镇地区，国家的"节土"、"节能"、"利废"基本政策已经得到较好体现。

第二节　国外砌体结构发展现状

在国外，砌体结构和钢结构、钢筋混凝土结构都得到同样的发展。从材料、计算理论、设计方法到工程应用都有不少进展。黏土砖的强度等级高达 100MPa，砂浆的强度等级用到 20MPa。为了得到高抗压强度的砖砌体，还可以在砂浆中掺入有机化合物形成高黏合砂浆，砌体的抗压强度可达 35MPa 以上。用砖石结构承重修建十几层或更高的高层楼房已经不很困难，实际上在一些国家已经建成。

1891 年美国芝加哥建造了一幢 17 层砖房，由于当时的技术条件限制其底层承重墙厚1.8m。1957 年瑞士苏黎世米用强度 58.8MPa、空心率为 28% 的空心砖建成一幢 19 层塔式住宅，墙厚才 380mm，引起了各国的兴趣和重视。欧美各国加强了对砌体结构材料的研究和生产，在砌体结构的理论研究和设计方法上取得了许多成果，推动了砌体结构的发展。

从材料生产方面看，联合国 1980 年统计，在 70 年代，世界上 50 多个国家每年黏土砖总产量为 1000 亿块（不包括中国），1979 年，欧洲各国产量为 409 亿块，前苏联 470亿块，亚洲各国 132 亿块，美国 85 亿块。按年人均产量计算，苏联为 170 块，东欧各国

145 块，西欧各国 137 块。中国 1980 年统计全国砖产量为 1566 亿块，近年已达 2100 亿块，人均 200 块左右，是个砖石大国。

意大利 1979 年黏土砖的人均产量 133 块，强度一般达 30～60MPa，空心砖产量占砖总产量的 80%～90%，空心率高达 60%。瑞士空心砖生产占砖总量的 97%，保加利亚占 99%，英国砖的抗压强度达 140MPa，加拿大 80% 的砖强度达 55MPa，高的达 70MPa。法国、比利时、澳大利亚一般达 60MPa，德国黏土砖 20～140MPa，灰砂砖 7～140MPa。美国商品砖强度为 17.2～140MPa，最高 230MPa。

前苏联全国应用空心砖，没有实心砖，新研制的陶土大板强度达 80MPa。

总之，国外砖的强度一般均达 30～60MPa，而且能生产高于 100MPa 的砖。国外空心砖的重力密度一般为 13kN/m³（即 1300kg/m³），轻的达 6kN/m³。

国外采用的砂浆强度也很高，美国标准 ASTMC270 规定的 M、S、N 三类水泥石灰混合砂浆，抗压强度分别为 25.5、20、13.9MPa，德国砂浆为 13.7～14.1MPa。

美国 Dow 化学公司已生产"Sarabond"高黏结强度的砂浆（掺有聚氯乙烯乳胶）抗压强度可超过 55MPa，用这种砂浆砌筑 41MPa 的砖，其砌体强度可达 34MPa。

总之，国外早在 70 年代砖砌体抗压强度已达 20MPa 以上，已接近或超过普通混凝土强度。

国外砌块生产发展也很快，在一些国家 70 年代砌块产量就接近砖的产量。德国 1970 年生产普通砖 75 亿块，生产砌块相当于砖 74 亿块。英国 1976 年生产砖 60 亿块，砌块 67 亿块，美国 1974 年生产砖 73 亿块，砌块 370 亿块。

国外采用砌体作承重墙建筑了许多高层房屋。1970 年在英国诺丁汉市建成一幢 14 层房屋（内墙 230mm，外墙 270mm），与钢筋混凝土框架相比上部结构造价降低 7.7%。

美国、新西兰等国采用配筋砌体在地震区建造高层可达 13～20 层。如美国丹佛市 17 层的"五月市场"公寓和 20 层的派克兰姆塔楼等，前者高度 50m，墙厚仅 280mm（50MPa 实心黏土砖各厚 82.5mm，内填钢筋混凝土）。

英国利物浦皇家教学医院 10 层职工住宅是欧洲最高的半砖厚（102.5mm）薄壁墙，实际是空腔墙，内外半砖，内叶承重，外叶为白色混凝土面砖。

新西兰允许在地震区用配筋砌体建造 7～12 层的房屋，因为它们在一定范围内与钢筋混凝土框架填充墙相比是具有较好的适用性和经济价值的。

美国加州帕萨迪纳市的希尔顿饭店为 13 层高强混凝土砌块结构，经受圣佛南多大地震完好无损，而毗邻的一幢 10 层钢筋混凝土结构却遭受严重破坏。

国外采用高黏度粘合性高强砂浆或有机化合物树脂砂浆甚至可以对缝砌筑。

在设计理论方面，60 年代以来欧美许多国家逐渐改变长期沿用的按弹性理论的容许应力设计法。英国标准协会 1978 年编制了砌体结构实施规范，意大利砖瓦工业联合会于 1980 年编制承重砖砌体结构设计计算的建议均采用极限状态设计方法。国际建筑研究与文献委员会承重墙工作委员会（CIB. W23）于 1980 年颁发《砌体结构设计与施工的国际建议》（CIB 58），采用了以近似概率理论为基础的安全度准则。ISO/TC 1790 编制国际砌体结构设计规范，也采用上述安全度准则。

60 年代以来国际上在砌体结构学科方面的交流和合作也逐渐加强，推动了砌体结构的发展。自 1967 年由美国国家科学基金会和美国结构黏土制品协会发起，在美国奥斯汀得克萨斯大学举行第一届国际砖砌体结构会议以来，每 3 年举行一次国际会议，1997 年在上海召开了第 11 届国际砌体结构会议。

国际标准化协会砌体结构委员会 ISO/TC 179 于 1981 年成立，下设 SCI、SC2 和 SC3 三个分技术委员会，我国在 1981 年被推选为 SC2 的秘书国。我国负责主编的配筋砌体结构国际规范（ISO 9652-3）已经完成，并于 2000 年通过各成员国审查。

第三节　砌体结构设计规范的沿革

新中国成立初期，由东北人民政府工业局拟定出砖石结构设计临时标准（1952 年），规定结构分析和设计应基于弹性理论和允许荷载。1955 年建筑工程部公布了砖石及钢筋砖石结构临时设计规范，这是参照前苏联破损阶段设计法结合我国情况修订的。1960 年和 1966 年规范修订组提出了砖石结构设计规范草案，这是在前苏联 1955 年按极限状态设计规范颁布后结合我国实际情况修订的，但没有正式颁布，实际上设计工作是采用前苏联 1955 年规范。

1973 年在大量试验研究和总结新中国成立以来工程实践经验基础上颁布了《砖石结构设计规范》GBJ 3—73（以下简称 73 规范），它和钢筋混凝土结构设计规范一样采用了多系数分析，单一安全系数表达的极限状态设计法。在静力计算方案方面首次提出了刚弹性构造方案，考虑了房屋整体空间工作，并对受压构件提出了统一的计算公式。这是根据我国国情，总结自己的工程实践经验的第一本砖石结构设计规范。它的颁布实施对于这一历史时期指导规模宏大的基本建设工作起了良好的作用。

1974 年后国家有关部门组织全国一些科研、设计和教学单位，有计划地开展科研工作，取得了大批数据和科研成果，在 1988 年修订颁布了《砌体结构设计规范》GBJ 3—88（以下简称 88 规范）。这本规范的特点是：采用以概率理论为基础的极限状态设计方法，并以分项系数的设计表达式进行计算；补充了混凝土中型、小型砌块房屋的设计；考虑空间整体工作的多层房屋的静力计算方案；增加了考虑组合作用的墙梁和挑梁的设计方法；修改了砌体的基本强度表达式、偏心受压长柱、局部受压和配筋砌体的计算公式等，其中有些内容的研究已达到国际先进水平。

2001 年修订的《砌体结构设计规范》GB 50003—2001（以下简称 01 规范）是根据近年来国内科研试验最新成果和国内工程实践经验，参考国际规范以及国外工程经验结合我国经济建设发展需要而修订的。

01 规范增加了配筋砌块剪力墙结构以适应城市建筑和节土、节能、墙体改革的需要。使修建中高层乃至高层配筋砌体结构成为可能。规范明确了设计方法、计算公式和构造要求。

补充了连续墙梁、框支墙梁的设计方法，扩大了墙梁结构应用范围，增加了墙梁的抗震设计计算方法，并下大力气提出既反映墙梁工作实质又方便设计人员应用的一整套简化计算公式。

根据《建筑结构可靠度设计统一标准》规定，增补了以重力荷载效应为主的组合表达式，并对砌体结构可靠度作了适当上调，使砌体结构的可靠度水平比 88 规范大体上增大 16%，结构的可靠指标从原来的 3.7 提高到 4.0 左右。

根据"抗震规范以体系、作用为主，结构规范以构件设计和具体构造为主"的原则，和多年砌体构件抗震研究成果经申报获得批准，01 规范增加了构件抗震设计的内容。特别是配筋砌块剪力墙结构和墙梁结构的抗震设计使 01 规范形成完整配套的设计方法，方便设计人员应用。

增加了砌体局部受压中刚性垫块的梁端有效支承长度计算方法，完善柔性垫梁局压计算，增加关于梁端约束对砌体结构计算简图影响的考虑。

在砌体结构块材品种方面考虑节土、墙改的需要增加了蒸压灰砂砖、蒸压粉煤灰砖和轻集料混凝土小型砌块砌体的计算指标。

增加了混凝土小型空心砌块灌实砌体的抗压、抗剪强度以及弹性模量的计算指标。

根据国外经验和《砌体工程施工质量验收规范》GB 50203—2002 规定，首次在设计规范中引入施工质量控制等级，将材料分项系数 γ_f 与施工质量控制等级挂钩，使设计规范的质量控制水平提高了一大步。

增加了无筋砌体双向偏心受压构件的承载力计算方法。

补充了砖砌体和钢筋混凝土构造柱组合墙的设计方法。

修改了砌体沿通缝受剪构件的承载力计算公式。提出了变系数的剪摩理论计算模式，克服原公式的一些缺陷。

在砌体结构构造方面，调整了砌体房屋伸缩缝的最大间距和补充了防止和减轻砌体房屋开裂的构造措施，首次引入了滑动层和控制缝的做法。提高了砌体结构房屋一般构造要求的最低材料强度等级，以增强结构的耐久性。

增加了夹心墙的构造要求。

新近修订的《砌体结构设计规范》GB 50003—2011（以下简称新规范）是根据近十多年来国内科研试验最新成果和国内工程实践经验，参考国际规范及国外工程经验而修订的。

新规范与节能减排，增体革新相呼应，增添了成熟可行的新型材料，如采用新工艺、新设备，各项性能指标优越且得到大量发展的蒸压灰砂普通砖、蒸压粉煤灰普通砖，混凝土普通砖及混凝土多孔砖。

新规范引入了与不同性能块材相适应的专用砂浆进行砌筑和抹灰，如混凝土小型空心砌块专用砌筑砂浆（Mb），蒸压加气混凝土专用砌筑砂浆（Ma），蒸压灰砂砖、蒸压粉煤灰砖专用砌筑砂浆（Ms）和混凝土小型空心砌块灌孔混凝土（Cb）。

新规范增加了提高砌体耐久性的有关规定，将原来分散于规范各章节有关砌体结构耐久性的规定系统化，补充了新研究成果，吸收了国外的一些有益的内容。

在砌体结构构造措施方面新规范增加补充一些很细致但又很重要的规定，如钢筋在实心块材空心块材砌体中的不同锚固长度要求、当墙有可靠外保温措施时，其房屋伸缩缝间距可适当放宽，以及框架填充墙、夹心复合墙的构造措施。

关于配筋砌块剪力墙结构本次修订对砌体灌孔率和剪力墙边缘构件的构造要求和正应力控制值作了规定和调整。

对于多层砌体结构抗震设计新规范强调了采用约束砌体的重要性，已经完成了从无筋砌体结构向约束砌体的过渡，大大地提高了多层砌体房屋的抗倒塌能力。

对于中高层配筋砌块剪力墙抗震设计方面，新规范根据国内外试验研究和工程实践经验适当放宽了原规范限高规定，有利于这类结构的科学合理地推广应用。

新规范增加框支配筋砌块剪力墙房屋的设计规定，扩大了配筋砌块剪力墙结构的应用范围。

此外还简化了墙梁的设计方法，补充了砌体组合墙出平面偏心计算方法等。

第二章 砌体材料及其力学性能

第一节 砌体材料种类和强度等级

新修订的砌体结构设计规范在本章主要是增补了混凝土普通砖、混凝土多孔砖以及用于自承重墙的空心砖、轻骨料混凝土砌块，其原有的内容也作了一些修改和说明。

本章涉及本规范的适用范围，所以明确规定了可以应用的块体品种，例如蒸压多孔砖因脆性大又缺少系统的试验数据就不包括在内，仅对蒸压普通砖砌体做出规定。对于混凝土砌块，包括普通混凝土砌块和轻集料混凝土砌块。轻集料混凝土砌块包括煤矸石混凝土砌块和孔洞率不大于35％的火山渣、浮石和陶粒混凝土砌块。

对于规范未包括的或今后新增加的一些材料制作的块体，应在确保其材性指标并通过构件试验确定有关计算指标、满足使用功能和保证耐久性的情况下，可参考应用本规范。

一、块体材料

砌体结构用的块体材料一般分成天然石材和人工砖石两大类。人工砖石有经过焙烧的烧结普通砖、烧结多孔砖以及不经过焙烧的硅酸盐砖、混凝土小型空心砌块、轻集料混凝土砌块等。

1. 烧结普通砖

以黏土、页岩、煤矸石、粉煤灰为主要原料，经过焙烧而成的实心和孔洞率不大于15％的砖称为烧结普通砖。其中实心黏土砖是主要品种，是目前应用最广泛的块体材料。其他非黏土原料制成的砖的生产和推广应用，既能利用工业废料，又保护土地资源，是砖瓦工业发展的方向。例如，烧结页岩砖、烧结煤矸石砖、烧结粉煤灰砖等。

烧结普通砖具有全国统一的规格，其尺寸为240mm×115mm×53mm。具有这种尺寸的砖通称"标准砖"。

2. 非烧结硅酸盐砖

以硅质材料和石灰为主要原料压制成坯并经高压釜蒸汽养生而成的实心砖统称硅酸盐砖。常用的有蒸压灰砂砖、蒸压粉煤灰砖、炉渣砖、矿渣砖等。其规格尺寸与实心黏土砖相同。

蒸压灰砂砖是以石英砂和石灰为主要原料，也可加入着色剂或掺合料，经坯料制备，压制成型，蒸压养护而成的。用料中石英砂约占80％～90％，石灰约占10％～20％。色泽一般为灰白色。这种砖不能用于温度长期超过200℃、受急冷急热或有酸性介质侵蚀的部位。

蒸压粉煤灰砖又称烟灰砖，是以粉煤灰为主要原料，掺配一定比例的石灰、石膏或其他碱性激发剂，再加入一定量的炉渣或水淬矿渣作骨料，经加水搅拌、消化、轮碾、压制成型、高压蒸汽养护而成的砖。这种砖的抗冻性，长期强度稳定性以及防水性能等均不及黏土砖，可用于一般建筑。

炉渣砖又称煤渣砖，是以炉渣为主要原料，掺配适量的石灰、石膏或其他碱性激发剂，经加水搅拌、消化、轮碾和蒸压养护而成。这种砖的耐热温度可达 300℃，能基本满足一般建筑的使用要求。

矿渣砖是以未经水淬处理的高炉矿渣为主要原料，掺配一定比例的石灰、粉煤灰或煤渣，经过原料制备、搅拌、消化、轮碾、半干压成型以及蒸汽养护等工序制成的。

以上各种硅酸盐砖均不需焙烧，这类砖不宜用于砌筑炉壁、烟囱之类承受高温的砌体。

3. 混凝土普通砖和混凝土多孔砖

混凝土普通砖和混凝土多孔砖从材料构成看是硅酸盐砖的一种，是用普通混凝土材料按标准砖尺寸和多孔砖尺寸制成的，因为工程应用设计旋工方面和烧结普通砖、烧结多孔砖砌体一样方便，在我国"禁实"（禁止使用实心黏土砖）过程中得到很大发展。

4. 烧结多孔砖

为了减轻墙体自重，改善砖砌体的技术经济指标，近期以来我国部分地区生产应用了具有不同孔洞形状和不同孔洞率的黏土空心砖。这种砖自重较小，保温隔热性能有了进一步改善，砖的厚度较大，抗弯抗剪能力较强，而且节省砂浆。应该指出，黏土砖生产与农田争地的矛盾日益尖锐，所以，作为近期节土的重要措施，大力推广应用黏土空心砖受到了各方面的重视。

黏土空心砖按其孔洞方向分为竖孔和水平孔两大类，前者用于承重现在称为烧结多孔砖[2-2]，后者用于框架填充墙或非承重隔墙现在称为烧结空心砖。

烧结多孔砖的外形尺寸，按 GB 13544—2000 规定长度（L）可为 290、240、190mm，宽度（B）240、190、180、175、140、115mm，高度（H）90mm，不同组合而成。产品还可以有 1/2 长度或 1/2 宽度的配砖，配套使用。有的多孔砖可与烧结普通砖搭配使用。

图 2-1 为部分地区生产的多孔砖规格和孔洞形式。

5. 混凝土砌块

砌块是比标准砖尺寸大的块体，用之砌筑砌体可以减轻劳动量和加快施工进度。制作砌块的材料有许多品种：南方地区多用普通混凝土做成空心砌块以解决黏土砖与农田争地的矛盾；北方寒冷地区则多利用浮石、火山渣、陶粒等轻集料做成轻集料混凝土空心砌块，既能保温又能承重，是比较理想的节能墙体材料；此外，利用工业废料加工生产的各种砌块，如粉煤灰砌块、煤矸石砌块、炉渣混凝土砌块、加气混凝土砌块等也因地制宜地得到应用，既能代替黏土砖，又能减少环境污染。

砌块按尺寸大小和重量分成用手工砌筑的小型砌块和采用机械施工的中型和大型砌块。高度为 180～350mm 的块体一般称为小型砌块；高度为 360～900mm 的块体一般称为中型砌块；大型砌块尺寸更大，由于起重设备限制，中型和大型砌块已很少应用。

我国从 70 年代以来，南方各省已经用混凝土小型空心砌块修建了数十万平方米的房屋，获得了丰富的经验。小型砌块的主规格尺寸为 390mm×190mm×190mm，与目前国内外普遍采用的尺寸基本一致[2-3]。配以必要的辅助规格砌块后，可同时适用于 $2M_0$ 和 $3M_0$ 的建筑模数制，使用十分灵活。图 2-2 为这种砌块的主要块型与孔型。壁厚及肋厚采用 25～30mm，孔洞率为 50% 左右。孔洞的形式可以是贯通的，为了铺浆方便也有采用半封底的[2-4]。

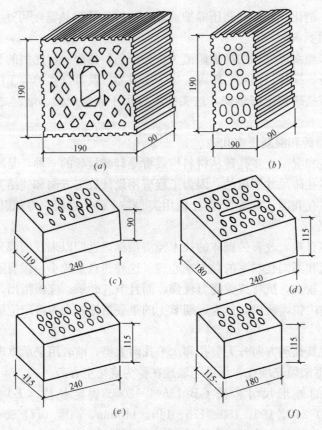

图 2-1　几种多孔砖的规格和孔洞形式

(*a*) KM1 型；(*b*) KM1 型配砖；(*c*) KP1 型；(*d*) KP2 型；

(*e*)、(*f*) KP2 型配砖

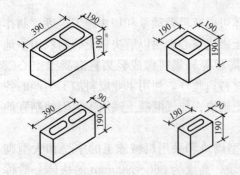

图 2-2　混凝土小型空心砌块块型

6. 天然石材

天然石材，当重力密度大于 18kN/m³ 的称为重石（花岗岩、砂岩、石灰石等），重力密度小于 18kN/m³ 的称为轻石（凝灰岩、贝壳灰岩等）。重石材由于强度大、抗冻性、抗水性、抗气性均较好，故通常用于建筑物的基础、挡土墙等，在石材产地也可用于砌筑承重墙体。

天然石材分为料石和毛石两种。料石按其加工后外形的规则程度又分为细料石、粗料石和毛料石。毛石是指形状不规则，中部厚度不小于 200mm 的块石。

石砌体中的石材应选用无明显风化的天然石材。

二、块体的强度等级

块体的强度等级是块体力学性能的基本标志，用符号"MU"表示。块体的强度等级是由标准试验方法得出的块体极限抗压强度按规定的评定方法确定的，单位用"MPa"。烧结普通砖按国家标准《烧结普通砖》GB 5101—1998 规定强度指标见表 2-1。

强　度　等　级	抗压强度平均值 $\overline{f} \geq$（MPa）	变异系数 $\delta \leq 0.21$	变异系数 $\delta > 0.21$
		强度标准值 $f_k \geq$（MPa）	单块最小抗压强度值 $f_{min} \geq$（MPa）
MU30	30.0	22.0	25.0
MU25	25.0	18.0	22.0
MU20	20.0	14.0	16.0
MU15	15.0	10.0	12.0
MU10	10.0	6.5	7.5

强度检验按《砌墙砖试验方法》GB/T 2542—92 进行。抽取试样 10 块，分别切断，用水泥净浆将半块砖两两叠粘一起，上下做抹平面，试件呈近立方体。经养护后试压破坏，并计算单块强度 f_i，平均强度 $\overline{f}$，强度标准差 S 及变异系数 δ，确定评定方法。

$$S = \sqrt{\frac{\sum_{i=1}^{10}(f_i - \overline{f})^2}{n-1}} = \sqrt{\frac{1}{9}\sum_{i=1}^{10}(f_i - \overline{f})^2} \tag{2-1}$$

$$\delta = \frac{S}{f} \tag{2-2}$$

式中　S——10 块砖试件的抗压强度标准差，精确至 0.01MPa；

　　　f_i——单块砖试件抗压强度测定值，精确至 0.01MPa；

　　　$\overline{f}$——10 块砖试件抗压强度平均值，精确至 0.1MPa；

　　　δ——该组砖试件强度变异系数，精确至 0.01。

结果的评定：

（1）按平均值——标准值的评定方法

当 $\delta \leq 0.21$ 时，按表 2-1 中抗压强度平均值（$\overline{f}$）、强度标准值（f_k）指标评定砖的强度等级。

$$f_k = \overline{f} - 1.8 \times S \tag{2-3}$$

式中　f_k——强度标准值，精确至 0.1MPa。

（2）按平均值——最小值的评定方法

当 $\delta > 0.21$ 时，按表 2-1 中抗压强度平均值（$\overline{f}$）、单块砖最小抗压强度值（f_{min}）评定砖的抗压强度等级，f_{min} 精确至 0.1MPa。

耐久性要求：砖是结构材料。烧结砖的耐久性必须符合要求。耐久性指标主要指砖的抗风化性能、泛霜程度和石灰爆裂情况。

我国标准 GB/T 2542—92，已向国际标准靠拢，取消了对抗折强度的要求，仅用抗压强度指标评定砖的强度等级，并将检验样本从 5 块增加到 10 块。

烧结普通砖、烧结多孔砖的强度等级分为 MU10、MU15、MU20、MU25、MU30 五个强度等级。多孔砖是用检测整块砖抗压强度来评定强度等级的。多孔砖试件试压后，计算和评定过程与烧结普通砖的过程是一致的，即计算单块强度 f_i，10 块砖平均强度 $\overline{f}$，10 块砖抗压强度标准差 S 及变异系数 δ。若 δ 不大于 0.21 时，用 $\overline{f}$ 和 f_k 评定强度等级。$f_k = \overline{f} - 1.8S$；$\delta$ 大于 0.21 时，用 $\overline{f}$ 和 f_{min}——单块最小抗压强度值，评定强度等级（表 2-2）。

烧结多孔砖的耐久性也是用泛霜程度，石灰爆裂破坏尺寸，抗风化性能来衡量，具体可见国家标准《烧结多孔砖》GB 13544—2000 的规定。

烧结多孔砖的强度等级是由试件破坏荷载值除以受压毛面积确定的，这样在设计计算时就不需要考虑孔洞率的影响。

烧结多孔砖强度等级（MPa）（GB 13544—2000）　　　　　表 2-2

强　度　等　级	抗压强度平均值 $\bar{f} \geqslant$	变异系数 $\delta \leqslant 0.21$ 强度标准值 $f_k \geqslant$	变异系数 $\delta > 0.21$ 单块最小抗压强度值 $f_{min} \geqslant$
MU30	30.0	22.0	25.0
MU25	25.0	18.0	22.0
MU20	20.0	14.0	16.0
MU15	15.0	10.0	12.0
MU10	10.0	6.5	7.5

与88规范相比，01规范取消了砖强度等级"MU7.5"，这主要是考虑提高材料耐久性和促进我国建材工业发展的需要。

国家标准《蒸压灰砂砖》GB 11945—1999 规定了尺寸偏差和外观要求，并由抗压强度与抗折强度综合评定强度等级（表 2-3）。

灰砂砖力学性能（GB 11945—1999）　　　　　表 2-3

强　度　等　级	抗　压　强　度　（MPa） 平均值不小于	单块值不小于	抗　折　强　度　（MPa） 平均值不小于	单块值不小于
MU25	25.0	20.0	5.0	4.0
MU20	20.0	16.0	4.0	3.2
MU15	15.0	12.0	3.3	2.6
MU10	10.0	8.0	2.5	2.0

注：优等品的强度级别不得小于15级。

蒸压灰砂砖的抗冻性，是经15次冻融循环后，要求抗压强度损失不大于20%，干质量损失不大于2%。

蒸压灰砂砖用于工业与民用建筑中，MU25、MU20、MU15的灰砂砖可用于基础及其他建筑。由于灰砂砖在长期高温作用下会发生破坏。故灰砂砖不得用于长期受200℃以上或受急冷急热和有酸性介质侵蚀的建筑部位，如不能砌筑炉衬或烟囱。

《粉煤灰砖》JC 239—1996 规定了尺寸偏差和外观要求，并按抗压强度和抗折强度将产品强度分为 MU20、MU15、MU10、MU7.5 四个等级（见表 2-4）。但新修订的砌体结构设计规范不用 MU10、MU7.5 级砖。

对粉煤灰砖的抗冻性要求，与灰砂砖相同。砖的干燥收缩值，优等品不大于0.60mm/m；一等品不大于 0.75mm/m；合格品不大于 0.85mm/m。

粉煤灰砖多为灰色，它可用于工业与民用建筑的墙体和基础，但用于基础或易受冻融和干湿交替作用的建筑部位时，必须使用一等砖与优等砖。不得用于长期受热（200℃以上）、受急冷急热和有酸性介侵蚀的建筑部位。为提高粉煤灰砖砌体的耐久性，有冻融作用的部位用砖，应选择抗冻性合格的，并用水泥砂浆在砌体上抹面或采取其他防护措施。

新修订的砌体结构设计规范规定了混凝土普通砖、混凝土多孔砖的强度等级为MU30、MU25、MU20 和 MU15。

砌块的抗压强度，按单块受压的试验方法确定；对于空心砌块和空心砖一样，其抗压强度也是按毛面积计算。规范对于小型砌块的强度等级规定为 MU20、MU15、MU10、MU7.5 和 MU5 比原来的规程增加了"MU20"一级，并取消 MU3.5。

粉煤灰砖强度指标（JC 239—1996） 表 2-4

强度等级	抗压强度（MPa）		抗折强度（MPa）	
	10 块平均值不小于	单块值不小于	10 块平均值不小于	单块值不小于
MU20	20.0	15.0	4.0	3.0
MU15	15.0	11.0	3.2	2.4
MU10	10.0	7.5	2.5	1.9
MU7.5	7.5	5.6	2.0	1.5

注：强度级别以蒸汽养护后 1d 的强度为准。

石材的强度等级的确定，原来采用边长为 200mm 的立方体试块作为试验抗压强度的标准[2-6]。由于石材抗压强度较高，一般压力试验机的测力范围不易满足，所以，规范改为以边长 70mm 的立方体试块作为标准。如果试块的边长为其他尺寸时，可乘以表 2-5 的强度换算系数。

石材强度等级的换算系数 表 2-5

立方体边长（mm）	200	150	100	70	50
换算系数	1.43	1.28	1.14	1	0.86

规范规定的石材强度等级有：MU100、MU80、MU60、MU50、MU40、MU30 和 MU20。

新修订的砌体结构设计规范指出对多孔砖及蒸压砖确定强度等级时还应按国家标准《墙体材料应用统一技术规范》GB 50574 进行折压比控制，这是因为东北建筑设计研究院及沈阳建筑大学试验结果表明，多孔砖或空心砖（砌块），孔洞设置不合理将导致块体的抗折强度降低很大，使墙体容易开裂。

对于蒸压粉煤灰砖和掺有粉煤灰 15％ 以上的混凝土砌块，我国标准《砌墙砖试验方法》GB/T 2542 和《混凝土小型空心砌块试验方法》GB/T 4111 确定碳化系数均采用人工碳化系数的试验方法，目前我国砌墙用砖和砌块产品标准中规定的碳化系数不应小于 0.85，按原规范块体强度应乘系数 $1.15 \times 0.85 = 0.98$，接近 1.0，故取消了原规范 3.1.1 条注 2 的规定。

原规范未对用于自承重墙的空心砖、轻质块体强度等级进行规定，由于这类砌体用于自承重的范围越来越广，而且工程应用上关于其最低强度等级也有所争议，新修订的砌体结构设计规范特增补了有关规定：

1. 空心砖的强度等级：MU10、MU7.5、MU5 和 MU3.5；
2. 轻集料混凝土砌块的强度等级：MU10、MU7.5、MU5、MU3.5 和 MU2.5。

三、砂浆的种类和强度等级

砌体是用砂浆将单块的块体砌筑成为整体的。砂浆在砌体中的作用是使块体与砂浆接触表面产生粘结力和摩擦力，从而把散放的块体材料凝结成整体以承受荷载，并因抹平块体表面使应力分布均匀。同时，砂浆填满了块体间的缝隙，减少了砌体的透气性，从而提高砌体的隔热、防水和抗冻性能。

砂浆是由砂、无机胶结料（水泥、石灰、石膏、黏土等）按一定比例加水搅拌而成的。对砌体所用砂浆的基本要求主要是强度、可塑性（流动性）和保水性。

砂浆的强度等级符号用"M"表示，以边长为 70.7mm 的立方体试块，每组试块为 6 块，成型后试件在 20±3℃温度下，水泥砂浆在湿度为 90% 以上；水泥石灰砂浆在湿度为 60%～80% 环境中，养护至 28d，然后进行抗压试验，按计算规则得出砂浆试件强度值。规范规定：

1. 烧结普通砖和烧结多孔砖砌体采用的砂浆强度等级为：M15、M10、M7.5、M5 和 M2.5，比 88 规范取消了 M1 和 M0.4 两个档次。此外强度为零的砂浆是指施工阶段尚未凝结或用冻结法施工解冻阶段的砂浆；

2. 混凝土普通砖、混凝土多孔砖、单排孔混凝土砌块和煤矸石混凝土砌块砌体用砂浆的强度等级：Mb20、Mb15、Mb10、Mb7.5 和 Mb5；

3. 孔洞率不大于 35% 的双排孔或多排孔轻集料混凝土砌块砌体用砂浆的强度等级：Mb10、Mb7.5 和 Mb5；

4. 蒸压灰砂普通砖、蒸压粉煤灰普通砖砌体用砂浆的强度等级：Ms15、Ms10、Ms7.5 和 Ms5；

5. 毛料石、毛石砌体用砂浆的强度等级：M7.5、M5 和 M2.5。

上述各项规定中出现的符号 Mb、Ms 是指专用砂浆，为了减少非烧结砖（砌块）砌体的干燥收缩裂缝，要求非烧结（砌块）砖不得浇水砌筑，为了保证砂浆砌筑时的工作性能和砌体抗剪强度及抗压强度，应采用保水性好、粘结性能好的各自专用砂浆砌筑。

规范特别指出，确定砂浆强度等级时应采用同类块体为砂浆强度试块底模。这种试验方法对于施工单位确定不同块材的砂浆配合比时很不方便，且与国际惯例不符。如果将砂浆试块底模统一修改为钢底模则涉及原来几十年关于 f_m 的试验数据调整，牵涉面太广，短时间内难以解决，因此仍然维持原来的规定。

为使砌筑时能将砂浆很容易且很均匀地铺开，从而提高砌体强度和砌筑效率，砂浆必须具有适当的可塑性；此外，砂浆的质量在很大程度上取决于其保水性，亦即在运输、砌筑过程中保持相等质量的能力。在砌筑过程中，砖将吸收一部分水分，这对于砂浆的强度和密实性是有利的，但如果砂浆保水性很小，新铺在砖面上的砂浆中水分很快被吸去，则使砂浆铺平困难，影响正常硬化作用，降低砂浆强度。砂浆的可塑性用标准锥体沉入砂浆的深度来测定，砂浆的保水性由分层度试验方法确定。

纯水泥砂浆的可塑性及保水性较差，其强度等级虽然符合要求，但砌筑质量较差，所以规范规定用这种砂浆砌筑的砌体强度应予折减。为使砂浆具有适当的可塑性和保水性，砂浆中除水泥外应另加入塑性掺合料，如黏土、石灰等组成水泥混合砂浆。但是，也不宜掺得过多，否则会增加灰缝中砂浆的横向变形，反而降低了砌体的强度。

砂浆按其配合成分可分为水泥砂浆、水泥混合砂浆和非水泥砂浆三种。无塑性掺合料的纯水泥砂浆，由于能在潮湿环境中硬化，一般多用于含水量较大的地基土中的地下砌体。水泥混合砂浆（水泥石灰砂浆、水泥黏土砂浆）强度较好，施工方便，常用于地上砌体。非水泥砂浆有：石灰砂浆，强度不高，气硬性（即只能在空气中硬化），通常用于地上砌体；黏土砂浆，强度低，用于简易建筑；石膏砂浆，硬化快，一般用于不受潮湿的地上砌体中。

在砌体工程中，砂浆强度低于设计强度等级和强度离散性过大是经常发生的。其原因主要是：配料计量不准，砂子含水率变化，掺入的塑性材料质量差和配合比不当，再就是砂浆试块的制作、养护方法和强度取值等不符合施工规范的规定。对此国家标准《砌体工程施工质量验收规范》GB 50203—2002有详尽的严格的规定，应予以重视。

四、混凝土砌块灌孔混凝土

在混凝土小型砌块建筑中，为了提高房屋的整体性、承载力和抗震性能，常在砌块竖向孔洞中设置钢筋并浇注灌孔混凝土，使其形成钢筋混凝土芯柱。在有些混凝土小型砌块砌体中，虽然孔内并没有配钢筋，但为了增大砌体横截面面积，或为了满足其他功能要求，也需要灌孔。灌孔混凝土是由水泥、砂子、碎石、水以及根据需要要掺入的掺合料和外加剂等组分，按一定比例采用机械搅拌后，用于浇注混凝土砌块砌体芯柱或其他需要填实部位孔洞的混凝土，简称砌块灌孔混凝土，其强度等级用"Cb"表示。

五、块体及砂浆的选择

砌体结构所用材料应根据以下几方面进行选择：

1. 砌体材料大多是地方材料，应符合"因地制宜，就地取材"的原则，选用当地性能良好的块体材料和砂浆。

2. 不但考虑受力需要，而且要考虑材料的耐久性问题。应保证砌体在长期使用过程中具有足够的强度和正常使用的性能。对于北方寒冷地区，块体必须满足抗冻性的要求，以保证在多次冻融循环之后块体不至于剥蚀和强度降低。

3. 应考虑施工队伍的技术条件和设备情况，而且应方便施工。对于多层房屋，上面几层受力较小可以选用强度等级较低的材料，下面几层则应用较高的强度等级。但也不应变化过多，以免造成施工麻烦并容易搞错。特别是同一层的砌体除十分必要外，不宜采用不同强度等级的材料。

4. 应考虑建筑物的使用性质和所处的环境因素。

第二节 砌 体 分 类

砌体分为无筋砌体和配筋砌体两大类。根据块体的不同，纳入规范的无筋砌体有：砖砌体、砌块砌体和石砌体。在砌体中配有钢筋或钢筋混凝土的称为配筋砌体。

砌体之所以能成为整体承受荷载，除了靠砂浆使块体粘结之外，还需要使块体在砌体中合理排列，也即上、下皮块体必须互相搭砌，并避免出现过长的竖向通缝。因为竖向连通的灰缝将砌体分割成彼此无联系或联系很弱的几个部分，则不能相互传递压力和其他内力，不利于砌体整体受力，进而削弱甚至破坏建筑物的整体工作。

一、砖砌体

砖砌体通常用作承重外墙、内墙、砖柱、围护墙及隔墙。墙体的厚度是根据强度和稳定的要求来确定的。对于房屋的外墙，还须要满足保温、隔热和不透风的要求。北方寒冷地区的外墙厚度往往是由保温条件确定的，但在截面较小受力较大的部位（如多层房屋的窗间墙）还需进行强度校核。

砖墙砌体按照砖的搭砌方式，常用的有一顺一丁、梅花丁（即同一皮内，丁顺间砌）和三顺一丁砌法。而五顺一丁砌法，因使墙的横截面形成五皮砖高的竖向通缝，未搭缝的半砖厚砌体的高厚比近于3，虽然其抗压强度仅比一顺一丁砌体低2%～5%，但毕竟其横向拉结较差，各地现已很少采用。因此，可以认为，在实心砖砌体中，至多每3皮顺砖就应有一皮丁砖搭砌，以保证砌体的整体性要求。

烧结普通砖和硅酸盐砖实心砌体的墙厚可为 240mm（1 砖）、370mm $\left(1\frac{1}{2}砖\right)$、490mm（2 砖）、620mm $\left(2\frac{1}{2}砖\right)$ 及 740mm（3 砖）等。有时为了节约建筑材料，墙厚可不按半砖进位而采取 $\frac{1}{4}$ 砖。因此，有些砖必须侧砌而构成 180mm、300mm 和 420mm 等厚度，试验表明，这种墙的强度是完全符合要求的。

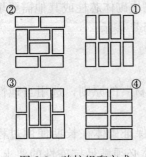

图 2-3 砖柱组砌方式

对实心砖柱，用砍砖办法有可能做到严格的搭砌，完全消除竖向通缝，但由于砍砖不易整齐，往往只顾及外侧尺寸，内部形成难以密实的砂浆块，反倒降低砌体的受力性能。所以不砍砖的情况下可以采用图 2-3 所示的砌法，其竖向通缝均未超过 3 皮，又有比较好的搭缝。但如果采用图 2-3 中②、③交替砌筑，则柱的四周虽有良好搭缝，而与中心部分却无联系，这就是所谓的包心砌法，其承载力将大大降低。因此施工规范明确规定，禁止采用包心砌法。

目前国内有几种应用较多的多孔砖规格，可砌成 90mm、180mm、190mm、240mm、290mm 及 390mm 厚的多孔砖墙。

二、砌块砌体

目前我国应用较多的砌块砌体主要是：混凝土小型空心砌块砌体。

和砖砌体一样，砌块砌体也应分皮错缝搭砌。小型砌块上、下皮搭砌长度不得小于 90mm。

混凝土小型空心砌块由于块小便于手工砌筑，在使用上比较灵活，而且可以利用其孔洞做成配筋芯柱，解决抗震要求。

砌筑空心砌块时，一般应对孔，使上、下皮砌块的肋对齐以利于传力。如果不得不错孔砌筑时，则砌体的抗压强度应按规定给予降低。

三、石砌体

石砌体是由天然石材和砂浆或由天然石材和混凝土砌筑而成，它可分为料石砌体、毛石砌体和毛石混凝土砌体（图 2-4）。在石材产地充分利用这一天然资源比较经济，应用较为广泛。石砌体可用作一般民用房屋的承重墙、柱和基础。料石砌体还用于建造拱桥、坝和涵洞等构筑物。

图 2-4 石砌体的几种类型

(a) 料石砌体；(b) 毛石砌体；(c) 毛石混凝土砌体

毛石混凝土砌体的砌筑方法比较简单，它是在预先立好的模板内交替地铺设混凝土层和毛石层。毛石混凝土砌体通常用作一般房屋和构筑物的基础。

四、配筋砌体

为了提高砌体的强度或当构件截面尺寸受到限制时，可在砌体内配置适量的钢筋或钢筋混凝土，这就是配筋砌体。

我国已经得到较多应用的有网状配筋砖砌体和组合砖砌体。前者将钢筋网配在砌体水平灰缝内（图 2-5a），后者是在砌体外侧预留的竖向凹槽内配置纵向钢筋，再浇灌混凝土或砂浆面层构成的（图 2-5b），也可认为是外包式组合砖砌体。

还有一种组合砖砌体是由砖砌体与钢筋混凝土构造柱所组成，因为柱是嵌入在砖墙之中，所以也可称为内嵌式组合砖砌体。工程实践表明，在砌体墙的纵横墙交接处及大洞口边缘，设置钢筋混凝土构造柱不但可以提高墙体的承载力，同时构造柱与房屋圈梁连接组成钢筋混凝土空间骨架，对增强房屋的变形能力和抗倒塌能力十分明显。这种墙体施工必须先砌墙，后浇注钢筋混凝土构造柱（图 2-6）。砌体与构造柱连接面应按构造要求砌成马牙槎，以保证两者的共同工作性能。

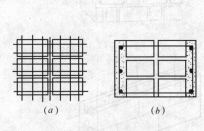
（a）　　　　　　（b）

图 2-5　配筋砖砌体的形式

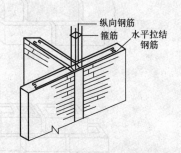
纵向钢筋
箍筋　水平拉结
钢筋

图 2-6　内嵌式组合砖砌体墙

规范列出了这种组合墙的轴心受压承载力计算方法，今后还要进一步完善。

在混凝土空心砌块的竖向孔洞中配置钢筋，在砌块横肋凹槽中配置水平钢筋，然后浇灌孔混凝土或在水平灰缝中配置水平钢筋，所形成的砌体称为配筋混凝土砌块砌体。由于这种墙体主要用于中高层或高层房屋中起剪力墙作用所以又叫配筋砌块剪力墙结构。这种结构受力性能类似于钢筋混凝土剪力墙，也可以认为是装配整体式的钢筋混凝土剪力墙。它的抗震性能好，但造价低于现浇钢筋混凝土剪力墙，不用黏土砖，在节土、节能、减少环境污染等方面均有积极意义，在我国有广泛推广使用的前景。

配筋砌体在国外早于用钢筋来加强混凝土。18 世纪 20 年代布鲁诺（M. Brunel）曾用配筋技术用于罗赛黑森（Rotherhithe）隧道竖井建筑中。1943 年英国出版了"英国配筋砌体标准技术要求"，推动了对配筋砌体研究工作。1981 年英国砌体结构设计规范 BS5628 第二部分即为配筋及预应力砌体用极限状态设计法，英国在研究和应用方面走在世界前列。印度、比利时、德国、意大利、日本在 20 世纪以来应用较多，不但用于高层而且作抗震用。美国是建造配筋砌体结构最多的国家，在震区高层实践时间最长。新西兰是一个多年采用配筋砌体抗震的国家。

国外配筋砌体型式主要有（图 2-7）。

（1）在水平灰缝内配置横向钢筋或水平钢筋，在块材的竖向孔洞内或用排块造成的空洞内配置竖向钢筋，再灌以混凝土或水泥砂浆，包括只有水平筋，或只有竖向筋。

（2）墙体用槽形块砌筑，在水平槽内设水平钢筋，在竖向空洞内设竖向钢筋，然后灌混凝土。

（3）墙体由内外两层砌体和中间空腔组成，在中间空腔内设横向和竖向钢筋并灌混凝土，实为重量较大的组合结构。

（4）将钢筋混凝土集中设置在墙的一定部位又称集中配筋砌体，即构造柱加强砌体。

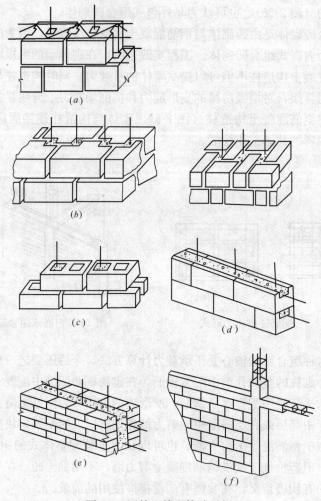

图 2-7　国外配筋砌体墙示例

第三节　砌体的抗压强度平均值

一、砌体轴心受压的破坏特征

砌体的受压工作性能与单一匀质材料有明显的差别，由于砂浆铺砌不均匀等因素，块体的抗压强度不能充分发挥，使砌体的抗压强度一般均低于单个块体的抗压强度。为了正确了解砌体的受压工作性能，有必要介绍砖砌体轴心受压及破坏过程。

从多次的砖柱试验和房屋砌体破坏时的观察可以看到，砖砌体轴心受压破坏大致经历三个阶段。第一阶段是当砌体上加的荷载大约为破坏荷载的 50%～70% 时，砌体内的单块砖出现裂缝（图 2-8a），这个阶段的特点是如果停止加荷，则裂缝停止扩展。当继续加荷时，则裂缝将继续发展，而砌体逐渐转入第二阶段工作（图 2-8b），单块砖内的个别裂缝将连接起来形成贯通几皮砖的竖向裂缝。第二阶段的荷载约为破坏荷载的 80%～90%，其特点是如果荷载不再增加，裂缝仍将继续扩展。实际上因为房屋是在长期荷载作用下，应认为这一阶段就是砌体的实际破坏阶段。如果荷载是短期作用，则加荷到砌体完全破坏瞬间，可视为第三阶段（图 2-8c）。这时，砌体裂成互不相连的几个小立柱，最终因被压碎或丧失稳定而破坏。

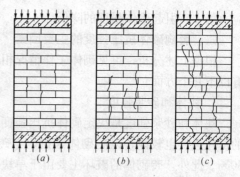

图 2-8　砖砌体轴心受压时破坏特征

下面介绍两组砖砌体的试验数据。试件截面尺寸均为 370mm×240mm，高 720mm。第一组用水泥砂浆，第二组用水泥石灰砂浆砌筑。

由试验结果（表 2-6）可以看出，第一组试件砌体的强度低于砖的强度也低于砂浆的强度，而第二组则低于砖的强度但高于砂浆的强度。为了说明这个问题就必须对砌体受压时的受力状态进行分析：

两组砖砌体受压试验数据　表 2-6

级　　别	砖的强度（N/mm²）	砂浆强度（N/mm²）	破坏荷载（kN）	砌体强度（N/mm）
1	5.75	5.40	186	2.10
2	8.80	1.40	178	2.00

1. 由于砖的表面不平整、砂浆铺砌又不可能十分均匀，这就造成了砌体中每一块砖不是均匀受压，而同时受弯曲及剪切的作用（图 2-9）。因为砖的抗剪、抗弯强度远低于抗压强度，所以在砌体中常常由于单块砖承受不了弯曲应力和剪应力而出现第一批裂缝。在砌体破坏时也只是在局部截面上砖被压坏，整个截面来说，砖的抗压能力并没有被充分利用，所以砌体的抗压强度总是比砖的强度小。

2. 砌体竖向受压时，要产生横向变形。强度等级低的砂浆横向变形比砖大（弹性模量比砖小），由于两者之间存在着粘结力，保证两者具有共同的变形，因此产生了两者之间的交互作用。砖阻止砂浆变形，使砂浆横向也受到压力，反之砖在横向受砂浆作用而受拉。砂浆处于各向受压状态，其抗压强度有所增加，因而用强度等级低的砂浆砌筑的砌体，其抗压强度可以高于砂浆强度（图 2-10）。

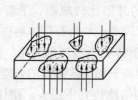

图 2-9　砖表面砂浆不均匀

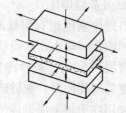

图 2-10　砌体中砖和砂浆受力状态

由于强度等级高的砂浆和砖的横向变形相差很小，上述两者之间的交互作用不明显，砌体的强度就不能高于砂浆本身的强度。

3. 砌体的竖向灰缝不可能完全填满，在该截面内截面面积有所减损，同时砂浆和砖的粘结力也不可能完全保证。因此，在竖向灰缝截面上的砖内产生横向拉应力和剪应力的应力集中，引起砌体强度的降低。

二、影响砌体抗压强度的主要因素

根据上述分析，可见砌体工作情况相当复杂，影响砌体抗压强度的因素也很多，主要有以下几个方面：

1. 块体和砂浆强度

块体和砂浆强度是决定砌体抗压强度最主要的因素。当块体的抗压强度较高时，砌体的抗压强度也较高，以砖砌体来说，当砖的强度增加一倍时，砌体的抗压强度大约增加60%。此外，砖砌体的破坏主要由于单块砖受弯剪应力作用引起的，所以砖除了要求有一定的抗压强度外，还必须有一定的抗弯（抗折）强度。因为确定砖的强度时所用试件尺寸比较小（115mm×115mm×120mm），它仅有一道仔细填平的水平灰缝。而且没有竖向灰缝，其受压工作条件与在砌体中的砖不同，弯曲应力和剪应力比较小，所以，砖本身的抗压强度总是高于砌体的抗压强度。我国《砌墙砖试验方法》GB/T 2542—92 向国际标准靠拢，对烧结普通砖、烧结多孔砖已取消了对抗折强度的要求，而对蒸压灰砂浆、蒸压粉煤砖仍然保留抗折要求。

对于高度较大的块体，由于块体内引起的弯、剪、拉应力较小，块体的抗折强度对砌体抗压强度影响很小，所以就不再规定抗折强度的要求了。

一般来说，砌体强度随块体和砂浆强度等级的提高而增大，但提高块体和砂浆强度等级，并不能按相同的比例提高砌体的强度。

2. 砂浆的性能

除了强度之外，砂浆的变形性能和砂浆的流动性、保水性都对砌体抗压强度有影响。砂浆变形性能将影响块体受到弯剪应力和拉应力的大小。砂浆强度等级越低，变形越大，块体受到的拉应力和弯剪应力也越大，砌体强度也越低。砂浆的流动性（即和易性）和保水性好，容易使之铺砌成厚度和密实性都较均匀的水平灰缝，可以降低块体在砌体内的弯剪应力，提高砌体强度。但是，如果流动性过大（采用过多塑化剂），砂浆在硬化后的变形率也越大，反而会降低砌体的强度。所以性能较好的砂浆应是有良好的流动性和较高的密实性。

纯水泥砂浆的缺点在于它容易失水而降低其流动性，不易铺成均匀的灰缝层而影响砌体强度。所以，宜采用掺有石灰或黏土的混合砂浆砌筑砌体。

3. 块体的形状及灰缝厚度

块体的外形对砌体强度也有明显的影响，块体的外形比较规则、平整，则块体的弯矩、剪力的不利影响相对较小，从而使砌体强度相对较高。细料石砌体的抗压强度比毛料石砌体抗压强度可提高50%。灰砂砖具有比塑压黏土砖更为整齐的外形，所以，两种砖砌体中，砖的强度等级相同时，灰砂砖砌体的强度要高于黏土砖砌体的强度。

砂浆灰缝的作用在于将上层砌体传下来的压力均匀地传到下层去，砌体中灰缝越厚，越难保证均匀与密实，除块体的弯剪作用程度加大外，受压灰缝横向变形所引起块体的拉应力也随之增大，严重影响砌体强度。所以当块体表面平整时，灰缝宜尽量减薄。对砖和小型砌块砌体，作为正常施工质量的标准，灰缝厚度应控制在 8～12mm；对料石砌体，一般不宜大于 20mm。

4. 砌筑质量

砌筑质量的影响因素是多方面的，如块体在砌筑时的含水率、工人的技术水平等，其中砂浆水平灰缝的饱满度影响较大。我国《砌体工程施工质量验收规范》GB 50203—2002 规定，水平灰缝的砂浆饱满度不得低于 80%。四川省建筑科学研究院的试验资料表明，当砂浆饱满度由 80% 降低到 65% 时，砌体强度降低 20% 左右。

除上列各项外，砌体龄期、搭缝方式、竖向灰缝填满程度、试件尺寸以及试验方法等都对砌体的抗压强度有一定影响。

关于试件尺寸、试验方法一般由国家有关标准给出统一规定，这样各地按标准试件、标准试验方法得出的砌体抗压强度数据才有可比性，才有条件进行统计分析。

88 规范规定的砖砌体抗压强度标准试件截面尺寸为 240mm×370mm，试件高度为 720mm。如截面尺寸不是标准的则应乘尺寸效应系数

$$\psi = \frac{1}{0.72 + \frac{20S}{A}} \tag{2-4}$$

式中　S——试件截面的周长；

　　　A——试件截面面积。

国际材料与试验协会（RILEM）建议用一层高砖墙或砖柱，美国、加拿大、澳大利亚采用单块叠砌棱柱体（一般 4 皮高），澳大利亚（ASCA47-1969），美国用 5 皮或 6 皮。

对于混凝土小型空心砌块砌体，其抗压强度试验标准试件规定为 190mm 宽，390mm 长，三皮高，中间一皮为两个 190mm×190mm 配块砌筑而成（图 2-11）。

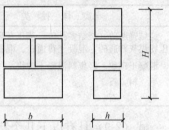

正在修订的《砌体基本力学性能试验方法标准》GB/T 50129—20××初稿准备将混凝土小型空心砌块砌体抗压试件改为其厚度应为砌块厚度，试件宽度宜为主规格砌块长度的 1.5~2 倍，高度应为五皮砌块加灰缝厚度。

图 2-11　砌块砌体抗压标准试件

三、各类砌体抗压强度平均值的计算

砌体的抗压强度与诸多因素有关，目前采用从强度破坏机理上建立计算模式再用试验数据确定有关参数的办法尚有困难，因此大多根据范围较为广泛的系统试验归纳得出的经验公式进行计算。

许多国家的学者提出过种种计算公式[2-6]。

例如：前苏联奥尼西克公式：

$$R = A\left[1 - \frac{a}{b + \frac{R_2}{2R_1}}\right]\eta \tag{2-5}$$

式中　a、b、A、η 是有关参数，由于参数较多，确定时较为复杂。

M·海尔门公式：

$$R = 0.45R_1^{0.67} \cdot R_2^{0.33} \tag{2-6}$$

O·白罗堪公式：

$$R = R_1^{0.5} \cdot R_2^{0.33} \tag{2-7}$$

英国规范和 ISO/TC 179（国际标准化委员会砌体结构技术委员会）编的砌体结构国际规范的公式：

$$R = 0.4R_1^{0.7} \cdot R_2^{0.3} \tag{2-8}$$

式（2-6）～式（2-8）表达形式简单，但当 $R_2=0$ 时，$R=0$，这与试验结果不符。

我国有关单位多年来对各类砌体进行了大量的砌体抗压强度试验，共取得三千多个试验数据，为掌握砌体抗压强度的各主要影响因素与砌体强度的关系，建立符合我国实际情况的各类砌体抗压强度计算公式奠定了基础。88 规范修订组根据既要与试验值相符合，变异系数要尽量小，物理概念要明确，并在表达形式方面尽量向国际标准靠拢的原则，通过反复运算和研究，提出了如下的计算公式[2-8]：

$$f_\mathrm{m} = k_1 f_1^a (1+0.07 f_2) k_2 \tag{2-9}$$

式中　f_m——砌体的抗压强度平均值，也可以 μ_f 表示（以 MPa 计）；

　　　f_1——块体的强度（MPa）；

　　　f_2——砂浆的强度（MPa）；

　　　k_1——随砌体中块体类别和砌筑方法而变化的参数；

　　　a——与块体高度有关的参数；

　　　k_2——低强度等级砂浆砌筑的砌体强度修正系数。

式（2-9）中各系数见表 2-7。

砌体抗压强度平均值公式中的各系数值　　　　　　表 2-7

砌 体 种 类	k_1	a	k_2
烧结普通砖、烧结多孔砖、蒸压灰砂普通砖、蒸压粉煤灰普通砖、混凝土普通砖、混凝土多孔砖	0.78	0.5	当 $f_2<1$ 时，$k_2=0.6+0.4f_2$
混凝土砌块、轻集料混凝土砌块	0.46	0.9	当 $f_2=0$ 时，$k_2=0.8$
毛 料 石	0.79	0.5	当 $f_2<1$ 时，$k_2=0.6+0.4f_2$
毛 石	0.22	0.5	当 $f_2<2.5$ 时，$k_2=0.4+0.24f_2$

式（2-9）具有以下几个特点：

1. 各类砌体的抗压强度平均值计算公式是统一的，公式的形式比较简洁，与国际标准比较接近。该式实际上是二项式，避免了 $f_2=0$ 时，$f_\mathrm{m}=0$ 的不合理的情况。

2. 公式中 a 值能体现块体高度对砌体强度的影响，k_1 和 a 两个系数综合体现了砌体抗压强度的大小。

3. 应用误差传递公式，由块体和砂浆强度的变异系数按式（2-9）推算的砌体强度变异系数与试验结果比较吻合。从而可以按前者的强度变异系数估计出后者，避免进行大量试验。

4. 表 2-8 中 k_2 在表列条件之外均等于 1，混凝土小型空心砌块砌体的轴心抗压强度平均值计算时，当 $f_2>10\mathrm{MPa}$ 时，应乘以系数 $1.1\sim0.01f_2$，MU20 的砌体应乘以系数 0.95。这是因为这几年高强砌块应用中发现高强砌块砌体的抗压强度不能用公式（2-9）外延，必须加以修正。

5. 01 规范已将轻集料混凝土小型空心砌块砌体列入规范，其品种包括煤矸石和水泥煤渣混凝土砌块，以及火山渣、浮石和陶粒轻集料混凝土砌块，前两者主要在南方地区用得多，后三种主要是东北地区应用。轻集料混凝土小型空心砌块自重轻，保温隔热性能好，其重力密度 $8\sim12\mathrm{kN/m^3}$，抗压强度 $2\sim6\mathrm{MPa}$，虽然强度不高但在其砌体中块材的抗压强度利用率可达 $70\%\sim80\%$ 远高于黏土砖。

南方地区用的轻集料混凝土小砌块多做成单排孔，孔洞率在 50% 左右，规范将其归在普通混凝土小砌块一样的强度指标表中。而东北地区用的多用于外墙并且做成两排孔或三排孔，其孔洞率均在35％以下，显然其抗压强度要高于单排孔的砌块，规范强度指标表单列，实际上就是将前一个表的数值乘以1.1系数提高之。

新修订的砌体结构设计规范增补了混凝土多孔砖相关内容。根据长沙理工大学等单位大量试验研究结果，砌体的抗压强度试验值与按烧结黏土砖砌体计算公式的计算值比值平均为1.127，偏安全地取烧结黏土砖的抗压强度值。

根据目前应用情况，规范表3.2.1-4增补砂浆强度等级Mb20，其砌体取值采用原规范公式外推得到；施工验收规范已经规定不允许采用错孔砌筑，故取消原规范中表3.2.1-4的相关注释。因水泥煤渣混凝土砌块问题多，属淘汰品，取消了水泥煤渣混凝土砌块。

实际工程中，细料石砌体极少，其静力强度一般无问题，故细料石砌体的修正系数由原来的1.5改为1.4。参照《砌体工程施工质量验收规范》GB 50203，表3.2.1-7中取消"半细料石砌体"。

第四节　砌体的抗拉、抗弯、抗剪强度平均值

砌体的抗压性能比抗拉、抗弯、抗剪好得多，所以通常砌体结构都用于受压构件，但在工程实践中有时也遇到受拉、受弯、受剪的情况。例如，圆形砖水池由于液体对池壁的压力，在池壁垂直截面内引起环向拉力；又如挡土墙在土壤侧压力作用下墙壁像竖向悬臂柱一样受弯工作；而在有扶壁柱的挡土墙中，扶壁柱之间的墙壁在水平方向受弯工作；再如砖过梁或拱的支座处，由于水平推力的作用使支座截面砌体受剪。

一、砌体拉、弯、剪的破坏形式

砌体在受拉、受弯、受剪时可能发生沿齿缝（灰缝）的破坏、沿块体和竖向灰缝的破坏、以及沿通缝（灰缝）的破坏。图2-12示出受拉构件的三种破坏形式。

砌体的抗拉、弯曲抗拉及抗剪强度主要取决于灰缝的强度，亦即砂浆的强度，在大多数情况下，破坏是发生在砂浆和块体的连接面，因此，灰缝的强度就取决于砂浆和块体的粘结力。根据力作用的方向不同，粘结力有两种：力垂直于灰缝面的为法向粘结力；力平行于灰缝面的为切向粘结力（图2-13）。大量试验表明，法向粘结强度很低，一般不足切向粘结强度的二分之一，而且往往不易保证。

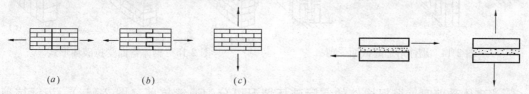

(a)　　　　　(b)　　　　　(c)

图2-12　受拉砌体的几种破坏形式　　　　图2-13　砌体的法向受力及砌向受力

应当指出，砌体的竖向灰缝一般不能很好地填满砂浆，同时砂浆硬化时的收缩大大削弱、甚至完全破坏了块体与砂浆的粘结。水平灰缝的情况就不同，当砂浆在其硬化过程中收缩时，砌体发生不断的沉降，灰缝中砂浆和块体的粘结并未破坏，而且不断地有所增长，因此，在计算中仅考虑水平灰缝中的粘结力，而不考虑竖向灰缝的粘结力。

由于块体和砂浆的法向粘结力低，以及在砌筑和使用过程中可能出现的偶然原因的破坏和

降低法向的粘结强度，因此不容许设计沿通缝截面的受拉构件（即不容许图 2-12c 的情况）。

拉力水平方向作用时，砌体可能沿齿缝（灰缝）破坏（图 2-12b），也可能沿块体和竖向灰缝破坏（图 2-12a）。当切向粘结强度低于块体的抗拉强度时，则砌体将沿水平和竖向灰缝成齿形或阶梯形破坏，也即沿齿缝破坏。这时，砌体的抗拉能力主要是由水平灰缝的切向粘结力提供（竖向灰缝不考虑参加受力）。这样，砌体的抗拉承载力实际上取决于破坏截面上水平灰缝的面积，也即与砌筑方式有关。一般是按块体的搭砌长度等于块体高度的情况确定砌体的抗拉强度，如果搭砌长度大于块体高度（如三顺一丁砌筑时），则实际抗拉承载力要大于计算值，但因设计时不规定砌筑方式，所以不考虑其提高。反之，如果有的砌体搭砌长度小于块体高度，则其砌体抗拉强度应乘以两者比值予以折减。

当切向粘结力高于块体的抗拉能力时，则砌体可能沿块体和竖向灰缝破坏。此时，砌体的抗拉能力完全取决于块体本身的抗拉能力（竖向灰缝不考虑）。所以实际抗拉截面积只有砌体受拉截面积的一半，一般为了计算方便仍取全部受拉截面积，但强度以块体抗拉强度的一半计算。

砌体的抗拉强度，计算时应取上述两种强度的较小值。

砌体水平灰缝的切向粘结力实际上也就是砌体沿通缝截面的抗剪强度，一般是通过试验确定。砌体的通缝抗剪强度试验有两种方法：一如图 2-14a 所示，破坏沿一个灰缝截面发生的称为单剪破坏；二如图 2-14b 情况，有两个受剪的灰缝截面，破坏时往往在其中一个截面先发生，这种情况称为双剪试验。73 规范的抗剪强度取值的按图 2-14a 的单剪确定的，试验结果离散性较大。《砌体基本力学性能试验方法标准》GBJ 129—90 规定按图 2-14b 的双剪方法确定。

当砌体受弯时，总是在受拉区发生破坏。因此，砌体的抗弯能力将由砌体的弯曲抗拉强度确定。和轴心受拉类似，砌体弯曲受拉也有三种破坏形式。砌体在竖向弯曲时，应采用沿通缝截面的弯曲抗拉强度（图 2-15c）。砌体在水平方向弯曲时，有两种破坏可能：沿齿缝截面破坏（图 2-15a）。以及沿块体和竖向灰缝破坏（图 2-15b）。和受拉情况一样，这两种破坏取其较小的强度值进行计算。

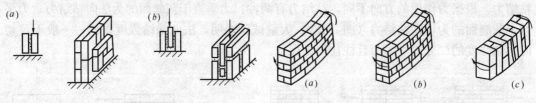

图 2-14　砌体沿通缝截面受剪　　　　图 2-15　砌体弯曲受拉破坏形式

当砌体受剪时，根据构件的实际破坏情况可分为通缝抗剪（图 2-16a）、齿缝抗剪（图 2-16b）和阶梯形缝抗剪（图 2-16c）。沿块体和竖向灰缝的破坏不但很少遇到，且其承载力往往将由其上皮砌体的弯曲抗拉强度来决定，所以规范仅仅规定了剪面三种抗剪强度。根据试验这三种抗剪强度基本一样。

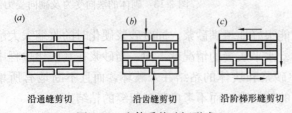

沿通缝剪切　　　沿齿缝剪切　　　沿阶梯形缝剪切

图 2-16　砌体受剪破坏形式

通缝抗剪强度是砌体的基本强度指标之一，因为砌体沿灰缝受拉、受弯破坏都和抗剪强度有关系。近年来有些单位认为，73 规范的通缝抗剪强度偏大，此外，其强度变异性也较大。为此，88 规范修订组又在几个单位进行了补充试验。试验结果表明，当对水平灰缝饱满度按施工中允许为 80% 进行修正后，试验值基本上与 73 规范计算值是一致的。

烧结多孔砖由于空心的存在，会不会降低砌体的抗剪强度，对此有种种怀疑。实际试验表明，凡是符合《烧结多孔砖标准》的多孔砖砌体，其抗剪强度和普通黏土砖相同，尤其是多孔、小孔的空心砖，由于砌筑时砂浆嵌入孔洞形成销键，通缝抗剪强度还有所提高。

对于国内部分地区已推广应用的蒸压灰砂砖砌体，由于砖的表面比较光滑，根据试验，其抗剪强度较普通砖有所降低。经各地试验，88 规范已经列入。

至于经过烧结的硅酸盐砖砌体，根据湖南大学试验及各地实际应用表明，其拉、弯、剪强度和烧结黏土砖砌体完全一样。

二、砌体拉、弯、剪平均强度计算公式

砌体沿齿缝截面轴心抗拉、弯曲抗拉和沿通缝的弯曲抗拉、抗剪强度均取决于砂浆强度。

88 规范对于各类砌体抗剪强度平均值采用统一的计算模式：

$$f_{v,m} = k_5 \sqrt{f_2} \tag{2-10}$$

式中 $f_{v,m}$——砌体抗剪强度平均值，以 MPa 计；

f_2——由标准试验方法测得的砂浆强度，以 MPa 计。

对于砖砌体抗剪强度，平均值 k_5 取为 0.125。

规范对于各类砌体轴心抗拉强度平均值公式统一采用下式：

$$f_{t,m} = k_3 \sqrt{f_2} \tag{2-11}$$

对于砖砌体，$k_3 = 0.141$。

规范对于各类砌体弯曲抗拉强度平均值公式统一采用

$$f_{tm,m} = k_4 \sqrt{f_2} \tag{2-12}$$

对于砖砌体沿齿缝截面弯曲抗拉强度平均值，$k_4 = 0.25$；沿通缝截面弯曲抗拉强度平均值则取与抗剪强度一样的系数，即 $k_4 = 0.125$。

各类砌体的拉、弯、剪强度平均值计算公式的系数 k_3、k_4、k_5 值列于表 2-8。

轴心抗拉强度平均值 $f_{t,m}$、弯曲抗拉强度平均值 $f_{tm,m}$

和抗剪强度平均值 $f_{v,m}$（MPa）　　　　　　　　　　　表 2-8

砌 体 种 类	$f_{t,m} = k_3 \sqrt{f_2}$	$f_{tm,m} = k_4 \sqrt{f_2}$		$f_{v,m} = k_5 \sqrt{f_2}$
	k_3	k_4		k_5
		沿 齿 缝	沿 通 缝	
烧结普通砖、烧结多孔砖混凝土普通砖、混凝土多孔砖	0.141	0.250	0.125	0.125
蒸压灰砂普通砖、蒸压粉煤灰普通砖	0.09	0.18	0.09	0.09
混凝土砌块	0.069	0.081	0.056	0.69
毛 料 石	0.075	0.113	—	0.188

从国外的文献看，砌体的拉、弯、剪强度直接由试验而获得数据的为数不多。一般是采用灰缝砂浆的粘结力来判断和推算，这三项强度的高低主要依赖于灰缝砂浆的粘结力。对于普通砖砌体，我国直接做过轴心抗拉、弯曲抗拉和抗剪试验研究，而对于混凝土小型砌块砌体，88规范修订组根据国内已经做过的较大量的沿水平灰缝抗剪强度试验资料，并以之作为基础，对其他两项强度按一定比例进行折算而修订。这些折算的原则是：

1. 对砌体沿齿缝截面轴心抗拉强度可取与通缝抗剪强度相等的值；

2. 对砌体沿齿缝截面弯曲抗拉强度可取抗剪强度的1.2倍左右；

3. 对砌体沿齿缝截面弯曲抗拉强度可取抗剪强度的0.8倍左右；

表2-8中砌块砌体的k_3、k_4系数值就是根据这些原则确定的。

前苏联1971年规范对第1项的原则和我国一样；对第2项取1.5倍；对第3项取0.8倍。

英国规范BS5628对第1项不加考虑；对第2项几类砌体平均为2.8倍；对第3项平均约为0.95倍。

砖石结构国际建议CIB推荐的方案中，对第1项不加考虑；对第2项为2.0倍；第3项为1.0倍。

总观国外的情况，我国根据自己的科研资料和实践经验提出的折算方案，还是比较适当的，安全的。

此外，沿砖块截面破坏的轴心抗拉强度和弯曲抗拉强度是用于高粘结强度砂浆砌筑的砌体。此时，在受拉或受弯荷载作用下，有可能引起块材断裂而破坏。

但由于新规范提高了块材最低强度等级，此项破坏基本上不可能发生，因此没有必要再予考虑。

对烧结页岩砖、烧结煤矸石砖、烧结粉煤灰砖砌体，强度按烧结砖取值，不做调整。

增补了混凝土普通砖、混凝土多孔砖相关内容。根据长沙理工大学等单位大量试验研究结果，砌体的抗剪强度试验值与按烧结黏土砖砌体计算公式的计算值比值平均为1.563，偏安全地，取烧结黏土砖的抗剪强度值。

混凝土普通砖和多孔砖，由于表面比较光滑，其砌体的抗剪强度和抗弯强度较烧结砖砌体低。实际上，由于混凝土砖的吸水速度很低，试验时相同配合比的砂浆，用混凝土砖做底模的砂浆强度仅为红砖底模的60%～70%，取其与红砖相同，实际上对于相同砂浆来说，砌体抗剪、抗弯强度已经打了折扣了。另外，长沙理工大学的大量砌体试验也表明，混凝土砖的抗剪、抗弯强度的试验值与按烧结黏土砖砌体计算公式的计算值比值的平均值均大于1，按烧结黏土砖的抗剪强度和抗弯强度值进行计算是可行的。

在原规范中，对有吊车房屋砌体、跨度不小于9m的梁下烧结普通砖砌体、跨度不小于7.5m的梁下烧结多孔砖、蒸压灰砂砖、蒸压粉煤灰砖、混凝土和轻集料混凝土砌块砌体，主要是考虑结构承受动力荷载作用和跨度较大的梁使得梁端支座的计算假定误差较大，所以采用了调整系数。它属于结构体系的分析问题，建议在结构体系部分结合现行规范4.2.5条第4款统一考虑，规范修订时取消该系数。

水泥砂浆调整系数在73及88规范中基本参照苏联规范，由专家讨论确定的调整系数。四川建科院对大孔洞率条型孔多孔砖砌体力学性能试验表明，中、高强度水泥砂浆对砌体抗压强度和砌体抗剪强度无不利影响。试验表明，当$f_2 \geq 5$MPa时，可不调整。

对配筋砌体构件，当有同时需要做多个强度调整时，原规范未规定系数是对构件强度进行折减还是只对无筋砌体抗压强度进行折减，本条进行了明确。

第五节　砌体的变形性能

一、砌体的应力—应变关系

砌体是弹塑性材料，从受压一开始，应力与应变就不成直线变化。随着荷载的增加，变形增长逐渐加快。在接近破坏时，荷载很少增加，变形急剧增长。所以对砌体来说，应力应变关系是一种曲线变化规律。

图 2-17 给出了湖南大学一组 4 个试件和西安冶金建筑学院 5 个变形较小试件的量测结果。

根据国内外资料，应力应变 $\sigma\varepsilon$ 曲线可采用下列关系式：

$$\varepsilon = -\frac{n}{\xi}\ln\left(1 - \frac{\sigma}{nf_{\mathrm{m}}}\right) \tag{2-13}$$

式中　ξ——弹性特征值；

　　　n——常数，取为 1 或略大于 1；

　　　f_{m}——砌体的抗压强度平均值。

砌体的应变随弹性特征值 ξ 的加大而降低，弹性特征值 ξ 可由试验给出。图 2-17 中，曲线是按 $\xi = 460\sqrt{f_{\mathrm{m}}}$ 给出，图中虚线按 $n = 1.05$，实线按 $n = 1.0$ 绘制。两条曲线均与试验值吻合较好。对于 $n = 1.0$，当 σ 趋向 f_{m} 时，曲线斜率将与 ε 轴平行，也即 ε 趋向无穷大，这与实际不符。但为了计算简单，湖南大学资料建议取 $n = 1.0$。这时有[2-9]：

$$\varepsilon = -\frac{1}{\xi}\ln\left(1 - \frac{\sigma}{f_{\mathrm{m}}}\right) \tag{2-14}$$

砌体轴心受压时，灰缝中砂浆的应变占总应变中很大的比例。有资料表明，砖砌体中灰缝应变可占总应变的 75%。块材高度与灰缝厚度的比值越小，水平灰缝越多，灰缝应变所占的比重也就越大。灰缝应变除砂浆本身的压缩应变外，块体与砂浆接触面空隙的压密也是其中的一个因素。

二、砌体的弹性模量

砌体的弹性模量根据应力、应变取值的不同可以有几种不同的表示方法。

在砌体受压的应力——应变曲线上任意点切线的正切，也即该点应力增量与应变增量的比值，称为该点的切线弹性模量，如图 2-18 中的 A 点。

由式（2-14）可得

$$E' = \tan a = \frac{\mathrm{d}\sigma}{\mathrm{d}\varepsilon} = \xi f_{\mathrm{m}}\left(1 - \frac{\sigma}{f_{\mathrm{m}}}\right) \tag{2-15}$$

当 $\frac{\sigma}{f_{\mathrm{m}}} = 0$ 时，也即在曲线原点切线的正切，称为初始弹性模量，由式（2-15）得：

$$E_0 = \xi f_{\mathrm{m}} \tag{2-16}$$

在应力-应变曲线上某点 A 与坐标原点连成的割线的正切，称为割线模量。工程应用上一般取 $\sigma = 0.43 f_{\mathrm{m}}$ 时的割线模量作为砌体的弹性模量，这样规定是为了比较符合砌体在使用阶段受力状态下的工作性能。公式为

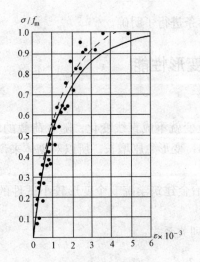

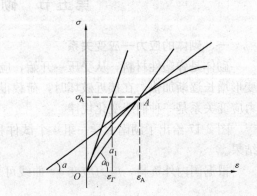

图 2-17　砌体受压时的应力应变曲线　　　　图 2-18　砌体受压弹性模量的表示方法

$$E = \sigma_A / \varepsilon_A$$

即 A 点的应力与 A 点的变形的比值，所以又称变形模量。

以 $\sigma = 0.43 f_m$ 代入式（2-14）

$$E = \frac{\sigma_{0.43}}{\varepsilon_{0.43}} = \frac{0.43 f_m}{-\dfrac{1}{\xi}\ln(0.57)} = 0.765 \xi f_m \approx 0.8 \xi f_m$$

即　　　　　　　　　　　　$E \approx 0.8 E_0$　　　　　　　　　　　　　　（2-17）

对于砖砌体，湖南大学的试验资料指出，ξ 值可取 $460\sqrt{f_m}$，则上式可写成

$$E = 351.9 f_m \sqrt{f_m} \approx 370 f_m \sqrt{f_m} \tag{2-18}$$

式（2-18）的关系见图 2-19，对 176 个试件的试验资料进行了统计分析，试验值与计算值的平均比值为 0.96，变异系数为 0.235，说明两者较为吻合。为了便于应用，新、旧规范均采用更为简化的形式。按不同强度等级砂浆，取砌体的弹性模量与砌体抗压强度成正比，即图 2-19 中的虚直线所示。由于砌体的强度与砂浆的强度有一定的匹配关系，所以图 2-19 中由斜直线确定的弹性模量与按曲线取值还是比较接近的。

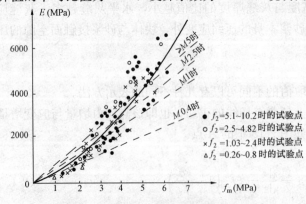

图 2-19　砖砌体受压弹性模量试验结果

对于小型砌块砌体，也是按照上述取值原则并参照混凝土小型空心砌块建筑技术规程的有关数据来确定其弹性模量的。

对于石砌体，由于石材的弹性模量和强度均大大高于砂浆的弹性模量和强度，砌体受压变形主要因灰缝内砂浆的变形引起的，因此根据福建省建筑科学研究所的试验研究结果，规范仅按砂浆强度等级来确定其砌体的弹性模量。

粗、毛料石砌体在 $\sigma = 0.3 f_m$ 时的割线模量可采用如下经验公式计算[2-9]：

$$E = 576 + 677 f_2 \text{(MPa)} \tag{2-19}$$

细料石、半细料石砌体的弹性模量可取为粗、毛料石的 3 倍。

各类砌体的弹性模量值见表 2-9。

砌体的弹性模量 E（MPa） 表 2-9

砌 体 种 类	砂 浆 强 度 等 级			
	$\geqslant$M10	M7.5	M5	M2.5
烧结普通砖、烧结多孔砖砌体	1600f	1600f	1600f	1390f
混凝土普通砖、混凝土多孔砖	1600f	1600f	1600f	
蒸压灰砂普通砖、蒸压粉煤灰普通砖砌体	1060f	1060f	1060f	
非灌孔混凝土砌块砌体	1700f	1600f	1500f	
粗料石、毛料石、毛石砌体	—	5650	4000	2250
细料石砌体	—	17000	12000	6750

轻集料混凝土砌块砌体的弹性模量可按上表中混凝土砌块砌体的弹性模量采用。

单排孔对孔砌筑的灌孔砌块砌体的应力-应变关系符合对数规律。灌孔砌体的弹性模量按下式计算

$$E = 1700 f_g \tag{2-20}$$

式中 f_g——灌孔砌体的抗压强度设计值。

三、砌体的剪变模量

砌体的剪变模量和砌体的弹性模量及泊松比有关。四川省建筑科学研究院等单位进行过砌体的泊松比试验。根据试验得出了砖砌体的泊松比经验公式[2-10]

$$\nu = 0.3 \left(\frac{\sigma}{f_m} \right)^4 \cdot e^{\frac{\sigma}{2 f_m} + 0.14} \tag{2-21}$$

在 $\frac{\sigma}{f_m} < 0.5$ 时，ν 值比较稳定，可取为 0.15。实际试验值大致在 0.1~0.2 之间。随

着 $\frac{\sigma}{f_m}$ 的增加，砌体塑性变形增大，泊松比 ν 值逐渐加大。这是因为砌体裂缝的出现，横向变形急剧增加之故。在砌体的使用阶段，砖砌体的泊松比取 0.15 是合适的。对于砌块砌体，其泊松比一般可取 0.3。

根据材料力学公式，剪变模量 G 为

$$G = \frac{E}{2(1+\nu)} = (0.43 \sim 0.38) E$$

规范取 $G = 0.4E$。

四、砌体的物理性能指标

规范关于砌体的线膨胀系数、摩擦系数仍沿用 88 规范的取值。

1. 砌体的线膨胀系数

温度变化引起砌体热胀、冷缩变形。当这种变形受到约束时，砌体会产生附加内力、附加变形及裂缝。当计算这种附加内力及变形裂缝时，砌体的线膨胀系数是重要的参数。国内外试验研究表明，砌体的线膨胀系数与砌体种类有关，规范规定的各类砌体的线膨胀系数 a_T 见表 2-10。

砌 体 墙 体 类 别	线 膨 胀 系 数	收 缩 率
	$10^{-6}/℃$	mm/m
烧结普通砖、烧结多孔砖砌体	5	−0.1
蒸压灰砂普通砖、蒸压灰煤灰普通砖砌体	8	−0.2
混凝土普通砖、混凝土多孔砖、混凝土砌块砌体	10	−0.2
轻集料混凝土砌块砌体	10	−0.3
料石和毛石砌体	8	—

2. 砌体的收缩率

这是 01 规范增加的内容。

砌体材料当含水量降低时，会产生较大的干缩变形，这种变形受到约束时，砌体中会出现干燥收缩裂缝。对于烧结的黏土砖及其他烧结制品砌体，其干燥收缩变形较小，而非烧结块材砌体，如混凝土砌块、蒸压灰砂砖、蒸压粉煤灰砖等砌体，会产生较大的干燥收缩变形。干燥收缩变形的特点是早期发展比较快，例如，块材出窑后放置 28 天能完成 50% 左右的干燥收缩变形，以后逐渐变慢，几年后才能停止干缩。干燥收缩后的材料在受潮后仍会发生膨胀，失水后会再次发生干燥收缩变形，其干燥收缩率会有所下降，约为第一次的 80% 左右。干燥收缩造成建筑物、构筑物墙体的裂缝有时是相当严重的，在设计、施工以及使用过程中，均不可忽视砌体干燥收缩造成的危害。新规范规定的各类砌体的收缩率见表 2-10。

表 2-10 中的收缩率系由达到收缩允许标准的块材砌筑 28d 的砌体收缩率，当地方有可靠的砌体收缩试验数据时，亦可采用当地的试验数据。

3. 砌体的摩擦系数

当砌体结构或构件沿某种材料发生滑移时，由于法向压力的存在，在滑移面将产生摩擦阻力。摩擦阻力的大小与法向压力及摩擦系数有关。摩擦系数的大小与摩擦面的材料及摩擦面的干湿状态有关，规范规定的砌体摩擦系数见表 2-11。

砌体的摩擦系数　　　　　　　　　　　　　　表 2-11

材 料 类 别	摩 擦 面 情 况	
	干 燥	潮 湿
砌体沿砌体或混凝土滑动	0.70	0.60
砌体沿木材滑动	0.60	0.50
砌体沿钢滑动	0.45	0.35
砌体沿砂或卵石滑动	0.60	0.50
砌体沿粉土滑动	0.55	0.40
砌体沿黏性土滑动	0.50	0.30

沈阳建筑大学、重庆大学、长沙理工大学对新型蒸压粉煤灰试验结果表明，砌体弹性模量比原规范值高，偏于安全仍取原规范值。

长沙理工大学、郑州大学等单位的试验结果表明，混凝土多孔砖的力学指标抗压强度和弹性模量与烧结砖等同，混凝土多孔砖的其他物理指标与混凝土砌块相同，如摩擦系数和线膨胀系数是参考本规范中混凝土小砌块砌体取值的。

因为弹性模量是材料的基本力学性能，与构件尺寸等无关，而强度调整系数主要是针对构件强度与材料强度的差别进行的调整，故弹性模量中的砌体抗压强度值不需用 3.2.3 条进行调整。

原规范中单排孔且对孔砌筑的混凝土砌块灌孔砌体的弹性模量取值偏低，虽然对静力作用下构件是偏于安全的，对多层房屋的抗震设计计算影响很小。但是当（灌孔）配筋混凝土砌块砌体用于高层建筑时，弹性模量取值偏低会降低地震作用的设计计算值，对结构安全不利。根据长沙理工大学、湖南大学、哈尔滨建筑大学、四川建筑科学研究院等单位的 200 余个试件统计得出其砌体弹性模量为 $E_g = 900 f_{g,m}$ 或 $E_g = 2000 f_g$。

根据四川建筑科学研究院的试验结果，增补烧结砖砌体的泊松比取 0.15。

取消半细料石弹性模量指标。

长沙理工大学蒸压粉煤灰砖砌体墙、混凝土多孔砖砌体墙在不同上墙含水率和不同环境湿度的对比试验表明，砌筑前不浇水砖砌体墙的使用阶段干燥收缩值均小于—0.2mm/m。

参 考 文 献

[2-1] 《砌体结构设计规范》GB 50003—2001. 北京：中国建筑工业出版社，2002

[2-2] 西安建筑科技大学编《土木工程材料》. 北京：中国建材工业出版社，2001

[2-3] 《混凝土小型空心砌块建筑技术规程》JGJ/T 14—95. 北京：中国建筑工业出版社，1995

[2-4] 中国建筑砌块工业协会广西分会等编.《广西小型砌块建筑的发展及其应用技术》，参考资料，1984

[2-5] 《砌体结构设计规范》GBJ 3—88. 北京：中国建筑工业出版社，1988

[2-6] 《砖石结构设计规范》GBJ 3—73. 北京：中国建筑工业出版社，1973

[2-7] 钱义良."砌体的强度及其变异".《砌体结构研究论文集》. 长沙：湖南大学出版社，1989

[2-8] 陈茂义."料石砌体试验研究".《建筑结构》，1981 年 4 期

[2-9] 施楚贤."砌体的受压弹性模量".《砌体结构研究论文集》，长沙：湖南大学出版社，1989

[2-10] 侯汝欣."砖砌体泊松比试验研究".《砌体结构研究论文集》，长沙：湖南大学出版社，1989

[2-11] 高连玉，赵成文，戴俊杰，工业废渣混凝土多孔砖砌体基本力学性能试验研究，砌体结构理论与新型墙材应用. 北京：中国城市出版社，2007

[2-12] 赵成文，戴俊杰，高连玉，工业废渣混凝土多孔砖抗折性能试验研究，砌体结构理论与新型墙材应用. 北京：中国城市出版社，2007

[2-13] 倪校军，秦士洪，曹桓铭，骆万康，高连玉，蒸压粉煤灰砖砌体抗压强度试验研究，砖体结构理论与新型墙材应用. 北京：中国城市出版社，2007

[2-14] 杨伟军，禹慧，田俊杰等，混凝土空心砖砌体抗剪强度试验研究[J]. 长沙交通学院学报，2004(9)

第三章　砌体结构可靠度调整与耐久性规定

第一节　砌体结构可靠度调整

这次砌体结构设计规范的修订在结构可靠度设计方面并没有什么变化，为了解砌体结构可靠度设计现状，还是有必要介绍 01 规范修订时所作的可靠度调整。

一、GBJ 3—88 规范可靠度设计简要回顾

建筑结构设计的根本任务是解决好在结构和构件上，由荷载产生的荷载效应和结构构件抗力之间的关系，使结构构件的设计达到既经济又可靠的目的。

结构在规定的时间内，在规定的条件下，完成预定功能的概率，称为结构可靠度。这是我国《建筑结构可靠度设计统一标准》[3-1]（以下简称《统一标准》）对结构可靠度所下的定义。定义中的规定时间指设计基准期，结构的功能一般是指结构的安全性，适用性、耐久性以及偶然事件发生后仍能保持必需的整体稳定性等等。定义中的规定条件是指正常设计和正常施工。

88 规范[3-3]根据《统一标准》的规定，结合砌体结构材料的特点，采用以概率理论为基础的极限状态设计方法，用可靠指标度量结构的可靠度，用分项系数设计表达式进行设计。

实际上，88 规范的可靠度水平是沿用了《砖石结构设计规范》GBJ 3—73（以下简称 73 规范）的可靠度水平，当时就是采用对 73 规范可靠度进行校准的方法来确定 88 规范的可靠度，只是局部做些调整[3-2]。

由极限状态设计表达式可以看出，砌体构件的可靠度是由各个分项系数来反映的，当时《统一标准》已将荷载分项系数作了统一的规定（恒载 1.2，活载 1.4），所以影响结构构件可靠度的直接与抗力分项系数，实际上就是与材料分项系数 γ_f 的取值有关了。

88 规范编制组综合分析各类砌体各种构件的 γ_f 变化，最后确定砌体结构的材料分项系数 γ_f 统一取用 1.5。可见 γ_f 是一个综合性的影响系数，由砌体抗压强度标准值 f_k 和 γ_f 确定的抗压强度设计值 f 并不是一个单纯的材料强度设计指标，实质上它是包涵影响结构可靠度其他因素的材料强度设计指标。

确定 $\gamma_f = 1.5$ 之后，按《统一标准》的方法可求得轴压构件设计表达式内涵的可靠指标值（表 3-1）。

轴压砌体设计表达式内涵的可靠指标 β 　　　　　　　　表 3-1

砌　体　类　别	$\rho=0.10$	$\rho=0.25$	$\rho=0.50$	平均 β 值
砖　砌　体	3.7335	3.8874	4.0093	3.877
砌块砌体	3.6290	3.7768	4.0294	3.812

表 3-1 中 ρ 为可变荷载效应与永久荷载效应之比值。对砌体结构而言，一般 ρ 在 0.1

～0.5 之间变化，分析计算时采用 $\rho=0.1$、0.25、0.5 三个比值。

表 3-1 中两类砌体的平均可靠指标值变化不大，说明轴压砌体采用统一的 γ_f 是可行的。

对砌体受剪构件，规范编制组采用分析轴压构件同样的方法，求得通缝抗剪的材料分项系数亦为 $\gamma_f=1.5$。按 $\gamma_f=1.5$ 计算得到的通缝抗剪设计表达式的内涵可靠指标 β 值列于表 3-2。

表 3-2 表明，88 规范对砖砌体的抗剪可靠指标比 73 规范有明显提高，虽然还达不到 3.7，但已大于 3.45，按《统一标准》规定还属于基本满足要求的，从安全可靠又不至于材料消耗过多两方面来考虑是恰当的。

通缝抗剪砌体设计表达式内涵可靠指标   表 3-2

砌体类别	$\rho=0.10$	$\rho=0.25$	$\rho=0.50$	平均 β 值	73 规范 β
砖 砌 体	3.4234	3.5684	3.6994	3.5637	3.23
砌块砌体	3.7652	3.9027	4.0239	3.8973	3.62

二、砌体结构可靠度调整的原则与措施

88 规范的结构设计可靠度水平反映了我国几十年的实践经验。大量工业与民用建筑工程实践表明，结构的可靠度在正常设计、正常施工、正常使用条件下可保证安全而且比较经济，近些年来一些较严重的工程事故均是由于设计、施工和监理等方面失控所致而不是由于设计可靠度所造成的。但是，应该看到，我国结构设计可靠度水平与国外发达国家相比是偏低的，随着我国经济发展和国家综合国力提高，有必要对结构设计可靠度作适当的调整。经政府部门召开多次会议，反复研究决定新的一轮建筑结构设计规范应多方面采取措施，适当提高我国建筑结构设计可靠度水平。

《砌体结构设计规范》GB 50003—2001（以下简称 01 规范）[3-4] 仍然采用以概率理论为基础的极限状态设计方法，用可靠指标度量结构的可靠度，用分项系数设计表达式进行设计。对于一般的砌体结构，按极限状态设计时，其分项系数的设计表达式可以写成如下简化的形式：

$$\gamma_0(\gamma_G C_G G_K + \gamma_Q C_Q Q_K) \leqslant R_K/\gamma_R \qquad (3-1)$$

式中　γ_0——结构重要性系数。对安全等级为一级或设计使用年限为 50 年以上的结构构件，不应小于 1.1；对安全等级为二级或设计使用年限为 50 年的结构构件，不应小于 1.0；对安全等级为三级或设计使用年限为 1～5 年的结构构件，不应小于 0.9；

　　　　γ_G——永久荷载（呆荷载）分项系数；

　　　　γ_Q——可变荷载分项系数；

　　　　R_K——结构抗力标准值；

　　　　γ_R——结构抗力分项系数。

当砌体为轴心受压短柱时，可取 $R_K/\gamma_R=R(f、A)$ 来表达，其中 $R(\cdot)$ 表示结构构件承载力函数，f 为砌体抗压强度设计值，$f=f_k/\gamma_f$，f_K 为砌体抗压强度标准值，γ_f 为材料性能分项系数，A 为构件截面的几何参数。

对于砌体的抗压强度标准值 f_k，按照《统一标准》的要求，应取用强度的平均值 f_m

的概率密度分布函数 0.05 的分位值，亦即取具有 95%保证率时的砌体强度值，称为砌体抗压强度的标准值。

按照《统一标准》要求，对砌体结构一般认为属于脆性破坏，因而，其安全等级为二级时相应的允许可靠指标 $[\beta]$ 应为 3.7。而由公式（3-1）可知，结构构件的实际所具有的可靠度，是由各个分项系数（γ_0、γ_G、γ_Q、γ_f）来反映的。

（一）荷载效应组合模式

鉴于以永久荷载为主的结构可靠度水平偏低，砌体结构设计规范编制组经过多次研究和试算并和新修订的《建筑结构荷载规范》协调后规定，砌体结构应考虑下列两种荷载分项系数组合，以保证取得较大的可靠指标。

砌体结构设计荷载效应部分的两个组合为：

$$\gamma_0\left(1.2S_{Gk} + 1.4S_{Q1k} + \sum_{i=2}^{n}\gamma_{Qi}\psi_{ci}S_{Qik}\right)$$

$$\gamma_0\left(1.35S_{Gk} + 1.4\sum_{i=1}^{n}\psi_{ci}S_{Qik}\right)$$

当仅有一个可变荷载时，则按下列两个最不利组合进行计算：

$$\gamma_0\left(1.2S_{Gk} + 1.4S_{Qk}\right)$$

$$\gamma_0\left(1.35S_{Gk} + 1.0S_{Qk}\right)$$

式中　S_{Gk}——永久荷载标准值的效应；

　　　S_{Qk}——可变荷载标准值的效应；

　　　ψ_{ci}——第 i 个可变荷载的组合值系数，一般情况下可取为 0.7。

对于第二个组合的第二项系数为 $1.4 \times 1.7 = 0.98$ 为简化可取为 1.0。

经分析表明，采用两种荷载效应组合模式后，提高了以自重为主的砌体结构可靠度，两个设计表达式的界限荷载效应 ρ 值为 0.376，这样：

当 $\rho \leqslant 0.376$ 时，由 $\gamma_G = 1.35$，$\gamma_Q = 1.0$ 控制

当 $\rho > 0.376$ 时，由 $\gamma_G = 1.2$，$\gamma_Q = 1.4$ 控制

（二）其他几项可靠度因素的调整

（1）根据《统一标准》修编稿，住宅楼面活荷载由 $1.5kN/m^2$ 调整为 $2kN/m^2$；

（2）《建筑结构荷载规范》修编稿，风荷载由 30 年一遇改为 50 年一遇；

（3）《砌体结构设计规范》修编稿将材料分项系数 γ_f 由 1.5 调整为 1.6；

（4）偏压构件偏心距限值由 $0.7y$ 调整为不应超过 $0.6y$；

（5）取消较低的材料强度等级，砖的最低强度等级为 MU10；砌块为 MU5；砂浆为 M2.5；

（6）设计可靠度与施工质量控制等级挂钩，$\gamma_f = 1.6$ 是针对施工质量控制等级 B 级，如为 C 级则应按 $\gamma_f = 1.8$ 采用。

以上这些调整对砌体结构设计可靠度的提高都在不同程度上起作用。

（三）砌体结构的可靠指标

《统一标准》规定，构件可靠度分析时，一般取用恒载加办公楼楼面活载，恒载加住宅楼面活载和恒载加风载三种组合，对于砌体结构经多次分析，三种组合计算结果，相互间一般相差 0.1β 左右，三种组合的平均值与恒载加住宅楼面活载组合所计算的 β 值比较接近，为了简化计算，在可靠度分析时只应用永久荷载加住宅楼面活载的组合，砌体结构

的荷载效应比值 ρ 较小，（ρ 为可变荷载效应与永久荷载效应之比），一般在 0.1～0.5 之间变化，分析计算时采用 $\rho=0.1$、0.25、0.5 三个比值。

荷载统计参数采用《统一标准》的规定值即

恒载：$\qquad X_G=1.060$，$\delta_G=0.070$，服从正态分布。

住宅楼面活载：$\qquad X_Q=0.644$，$\delta_Q=0.233$，服从极值 I 型分布。

根据砌体和构件类别，构件的抗力参数统计考虑了三个方面的不确定性，即材料、几何和计算公式的不确定性，然后根据误差传递公式，可以得到抗力的参数统计值，具体见表 3-3～表 3-6，抗力服从对数正态分布[3-5]。

砌体材料强度的统计参数　　　　　　　　　表 3-3

砌　体　类　别	构　件　类　别	平　均　值	变　异　系　数
砖　砌　体	轴　压	1.0	0.174
	偏　压	1.0	0.174
	受　剪	1.0	0.24
混凝土小型砌块砌体	轴　压	1.0	0.14
	通缝受剪	1.0	0.24

砌体截面几何特征的统计参数　　　　　　　　表 3-4

砌　体　类　别	构　件　类　别	平　均　值	变　异　系　数
砖　砌　体	轴　压	1.0	0.023
	偏　压	1.0	0.023
	受　剪	1.0	0.036
混凝土小型砌块砌体	轴　压	1.0	0.014
	通缝受剪	1.0	0.014

砌体构件的计算模式不定性　　　　　　　　　表 3-5

砌　体　类　别	构　件　类　别	平　均　值	变　异　系　数
砖　砌　体	轴　压	1.0922	0.2059
	偏　压	1.1814	0.2195
	受　剪	1.017	0.126
混凝土小型砌块砌体	轴　压	1.1680	0.24
	通缝受剪	1.180	0.155

无筋砌体各类构件的抗力统计参数　　　　　　表 3-6

砌　体　类　别	构　件　类　别	平　均　值	变　异　系　数
砖　砌　体	轴　压	1.0922	0.2705
	偏　压	1.1814	0.2811
	受　剪	1.017	0.2734
混凝土小型砌块砌体	轴　压	1.1680	0.2782
	通缝受剪	1.180	0.288

以上各统计参数大部分仍沿用 88 规范修订时采用的数据，但有的作了调整，例如：

(1) 砖砌体材料强度统计参数采用了南宁、长沙、西安、成都和沈阳 5 个地区砌体抗压强度变异系数试验平均值 0.174，过去考虑砌体结构和砌体试件材料性能的差异对轴压和偏压砌体材料强度不定性平均值乘以提高系数 1.15、1.1。考虑到该项试验数量较少且因砌体施工质量差别较大，从偏于安全计取消了提高系数。

(2) 砖砌体偏压构件公式不定性，由材料强度计算公式和承载力影响系数计算公式不定性组成，前者根据全国 1102 个试验统计得出平均值 1.0438，变异系数 0.20；后者由于新规范 $e_0/y \leqslant 0.6$ 因此统计参数为平均值 1.138，变异系数 0.0908。

然后两者合成偏压计算公式不定性，其平均值为 $1.0438 \times 1.1318 = 1.1814$。变异系数为 $\sqrt{0.2^2 + 0.0908^2} = 0.2195$。

(3) 砖砌体轴压构件不定性也由材料强度计算公式和承载力影响系数计算公式不定性组成，前者有平均值 1.0438，变异系数 0.20，后者根据四川省建筑科学研究院资料，平均值 1.0464，变异系数 0.0493，两者合成后平均值 1.0922，变异系数为 0.2059。

砌体结构可靠度计算可仅取一个永久荷载和一个可变荷载计算，其极限状态方程为：

$$\gamma_0(\gamma_G C_G G_K + \gamma_Q C_Q Q_K) \leqslant R \tag{3-2}$$

规范编制组综合分析各类砌体各种构件的 γ_f 变化，考虑适当提高结构可靠度的要求，最后确定砌体结构的材料分项系数 γ_f 统一取为 1.6。

公式 (3-2) 中的荷载分项系数分别考虑 $\gamma_G = 1.2$，$\gamma_Q = 1.4$ 和 $\gamma_G = 1.35$，$\gamma_Q = 1.0$ 两种组合。

确定 $\gamma_f = 1.6$ 之后，按《统一标准》的方法可求得轴压构件设计表达式内涵的可靠指标值列于表 3-7（荷载分项系数永久荷载取 1.35，可变荷载取 1.0）。

砌体轴压构件的可靠指标　　　　　　　　表 3-7

砌 体 类 别	$\rho=0.1$	$\rho=0.25$	$\rho=0.5$	平均 β
砖 砌 体	4.038	4.098	4.142	4.093
小砌块砌体	4.176	4.235	4.278	4.230

表中两类砌体的平均可靠指标值变化不大，说明轴压砌体采用统一的 γ_f 是可靠的。

对砌体受剪构件，规范编制组采用分析轴压设计强度同样的方法，求得通缝抗剪的材料分项系数亦为 $\gamma_f = 1.6$。按 $\gamma_f = 1.6$ 计算得到的通缝抗剪设计表达式的内涵可靠指标 β 值列于表 3-8（荷载分项系数永久荷载取 1.35，可变荷载取 1.0）。

砌体通缝抗剪时可靠指标　　　　　　　　表 3-8

砌 体 类 别	$\rho=0.1$	$\rho=0.25$	$\rho=0.5$	平均 β
砖 砌 体	4.007	4.067	4.112	4.062
小砌块砌体	4.198	4.172	4.088	4.153

表 3-8 说明，砌体抗剪可靠指标均已大于 3.7，达到 4 左右。

综上所述，01 规范的设计可靠度水平有了适当的提高，以住宅房屋而言，其可靠度水平比 88 规范提高 16％。

（四）国外规范关于可靠度方面的规定

1. 关于荷载分项系数的规定

表 3-9 列出几本国外规范对荷载分项系数的取值，相比之下均比我国 88 规范高。

荷载分项系数表　　　　　　　　　　　表 3-9

标　　　准	γ_G	γ_Q
国际建议 CIB58	1.35	1.5
英国规范 BS5628	1.4	1.6
国际规范 ISO/TC179	1.4	1.6
中国 GBJ 3—88	1.2	1.4

2. 关于材料性能分项系数 γ_f 的规定

国外规范的材料分项系数 γ_f 值一般还考虑生产和施工质量控制等级而给出不同的值（表 3-10），我国 01 规范已经将结构设计可靠度与施工质量控制等级联系起来，这是科学的，对保证质量十分有效的措施。

从表 3-10 可看出我国规范的材料分项系数偏低较多。

材料分项系数 γ_f 表　　　　　　　　　　　表 3-10

标　　　　准			施　工　控　制		
			A	B	C
CIB58	生产控制	A	2.0	2.3	—
		B	—	2.5	3.5
TC179	生产控制	A	2.0	2.5	3.0
		B	2.3	2.8	3.0
BS5628	生产控制	A	2.5	3.1	—
		B	2.8	3.5	—
GBJ 3—88			1.5		

3. 可靠指标 β 值

表 3-11 列出几本规范反映的可靠指标值，尽管各国的具体计算法不尽相同，但大体上反映出我国的可靠指标偏低较多，相信今后随着我国经济实力的增长，结构可靠度水平还会逐渐有所提高。

砌体结构可靠指标 β　　　　　　　　　　　表 3-11

标　　　准				
	CIB58	生产控制 B 级	施工控制 B 级	5.67
	BS5628	生产控制 B 级	施工控制 B 级	5.98
	GBJ 3—88	生产控制 B 级	施工控制 B 级	3.7

三、砌体的抗压强度设计值

前已述及，砌体抗压强度标准值是取抗压强度平均值 f_m 的概率密度分布函数 0.05 的分位值，即

$$f_k = f_m(1 - 1.645\delta_f) \tag{3-3}$$

式中　δ_f——砌体受压强度的变异系数。

对于除毛石砌体外的各类砌体的抗压强度，δ_f 可取 0.17，则

$$f_k = f_m(1 - 1.645 \times 0.17) = 0.72 f_m$$

砌体抗压强度设计值是强度标准值除以材料分项系数 γ_f

$$f = f_k / \gamma_f \tag{3-4}$$

因 $\gamma_f = 1.6$，所以

$$f = 0.45 f_m \tag{3-5}$$

根据上式可得出各类砌体轴心抗压强度设计值见表 3-12～表 3-17。

尚应注意，规范规定各类砌体的强度设计值 f 在下列情况下还应乘以调整系数：

1. 有吊车房屋、跨度≥9m 的梁下砖砌体、跨度≥7.5m 的梁下多孔砖、蒸压粉煤灰砖砌体、蒸压灰砂砖砌体和混凝土小型空心砌块砌体，$\gamma_a = 0.9$。这是考虑厂房受吊车动力影响而且柱受力情况较为复杂而采取的降低抗力、保证安全的措施。

2. 砌体截面面积 $A < 0.3m^2$ 时，$\gamma_a = 0.7 + A$。这是考虑截面较小的砌体构件，局部碰损或缺陷对强度影响较大而采用的调整系数，此时 A 以 m^2 计。

3. 各类砌体，当采用水泥砂浆砌筑时，由于水泥砂浆和易性差，对抗压强度 $\gamma_a = 0.9$；对抗剪强度 $\gamma_a = 0.8$。

4. 对配筋砌体构件，当其中的砌体采用水泥砂浆砌筑时，仅对砌体的强度乘以调整系数 γ_a；或当其中砌体的截面积小于 $0.2m^2$ 时，γ_a 为其截面面积加 0.8。

烧结普通砖和烧结多孔砖砌体的抗压强度设计值（MPa）　　　　表 3-12

砖强度等级	砂　浆　强　度　等　级					砂浆强度
	M15	M10	M7.5	M5	M2.5	0
MU30	3.94	3.27	2.93	2.59	2.26	1.15
MU25	3.60	2.98	2.68	2.37	2.06	1.05
MU20	3.22	2.67	2.39	2.12	1.84	0.94
MU15	2.79	2.31	2.07	1.83	1.60	0.82
MU10	—	1.89	1.69	1.50	1.30	0.67

混凝土普通砖和混凝土多孔砖砌体的抗压强度设计值（MPa）　　　　表 3-13

砖强度等级	砂　浆　强　度　等　级					砂浆强度
	Mb20	Mb15	Mb10	Mb7.5	Mb5	0
MU30	4.61	3.94	3.27	2.93	2.59	1.15
MU25	4.21	3.60	2.98	2.68	2.37	1.05
MU20	3.77	3.22	2.67	2.39	2.12	0.94
MU15	—	2.79	2.31	2.07	1.83	0.82

蒸压灰砂普通砖和蒸压粉煤灰普通砖砌体的抗压强度设计值（MPa）　　　　表 3-14

砖强度等级	砂　浆　强　度　等　级				砂浆强度
	M15	M10	M7.5	M5	0
MU25	3.60	2.98	2.68	2.37	1.05
MU20	3.22	2.67	2.39	2.12	0.94
MU15	2.79	2.31	2.07	1.83	0.82

单排孔混凝土和轻集料混凝土砌块对孔砌筑砌体的抗压强度设计值（MPa） **表 3-15-1**

砌块强度等级	砂　浆　强　度　等　级					砂浆强度
	Mb20	Mb15	Mb10	Mb7.5	Mb5	0
MU20	6.30	5.68	4.95	4.44	3.94	2.33
MU15	—	4.61	4.02	3.61	3.20	1.89
MU10	—	—	2.79	2.50	2.22	1.31
MU7.5	—	—	—	1.93	1.71	1.01
MU5	—	—	—	—	1.19	0.70

注：1. 对独立柱或厚度为双排组砌的砌块砌体，应按表中数值乘以 0.7；

2. 对 T 型截面砌体，应按表中数值乘以 0.85。

轻集料混凝土砌块砌体的抗压强度设计值（MPa） **表 3-15-2**

砌块强度等级	砂　浆　强　度　等　级			砂浆强度
	Mb10	Mb7.5	Mb5	0
MU10	3.08	2.76	2.45	1.44
MU7.5	—	2.13	1.88	1.12
MU5	—	—	1.31	0.78
MU3.5	—	—	0.95	0.56

注：1. 表中的砌块为火山灰、浮石和陶粒轻集料混凝土砌块，其孔洞率不大于 35％；

2. 对厚度方向为双排组砌的轻集料混凝土砌块砌体的抗压强度设计值，应按表中数值乘以 0.8。

毛料石砌体的抗压强度设计值（MPa） **表 3-16**

毛料石强度等级	砂　浆　强　度　等　级			砂浆强度
	M7.5	M5	M2.5	0
MU100	5.42	4.80	4.18	2.13
MU80	4.85	4.29	3.73	1.91
MU60	4.20	3.71	3.23	1.65
MU50	3.83	3.39	2.95	1.51
MU40	3.43	3.04	2.64	1.35
MU30	2.97	2.63	2.29	1.17
MU20	2.42	2.15	1.87	0.95

注：对下列各类料石砌体，应按表中数值分别乘以系数：

细料石砌体	1.4
粗料石砌体	1.2
干砌勾缝石砌体	0.8

表 3-17

毛石砌体的抗压强度设计值（MPa）

毛石强度等级	砂浆强度等级			砂浆强度
	M7.5	M5	M2.5	0
MU100	1.27	1.12	0.98	0.34
MU80	1.13	1.00	0.87	0.30
MU60	0.98	0.87	0.76	0.26
MU50	0.90	0.80	0.69	0.23
MU40	0.80	0.71	0.62	0.21
MU30	0.69	0.61	0.53	0.18
MU20	0.56	0.51	0.44	0.15

四、砌体的轴心抗拉、弯曲抗拉及抗剪强度设计值

对于各类砌体拉、弯、剪强度的变异系数 δ_f 可取为 0.2（毛石砌体 δ_f 为 0.26），这样，和抗压强度一样可得出各类砌体拉、弯、剪的强度标准值和强度设计值。

各类砌体轴心抗拉、弯曲抗拉及抗剪强度设计值见表 3-18。

沿砌体灰缝截面破坏时砌体的轴心抗拉强度设计值、弯曲抗拉强度设计值和抗剪强度设计值（MPa） 表 3-18

强度类别	破坏特征及砌体种类		砂浆强度等级			
			≥M10	M7.5	M5	M2.5
轴心抗拉	沿齿缝	烧结普通砖、烧结多孔砖 混凝土普通砖、混凝土多孔砖 蒸压灰砂普通砖、蒸压粉煤灰普通砖 混凝土和轻集料混凝土砌块 毛石	0.19 0.19 0.12 0.09 —	0.16 0.16 0.10 0.08 0.07	0.13 0.13 0.08 0.07 0.06	0.09 — — — 0.04
弯曲抗拉	沿齿缝	烧结普通砖、烧结多孔砖 混凝土普通砖、混凝土多孔砖 蒸压灰砂普通砖、蒸压粉煤灰普通砖 混凝土和轻集料混凝土砌块 毛石	0.33 0.33 0.24 0.11 —	0.29 0.29 0.20 0.09 0.11	0.23 0.23 0.16 0.08 0.09	0.07 — 0.12 — 0.07
	沿通缝	烧结普通砖、烧结多孔砖 混凝土普通砖、混凝土多孔砖 蒸压灰砂普通砖、蒸压粉煤灰普通砖 混凝土和轻集料混凝土砌块	0.17 0.17 0.12 0.08	0.14 0.14 0.10 0.06	0.11 0.11 0.08 0.05	0.08 — 0.06 —
抗剪	烧结普通砖、烧结多孔砖 混凝土普通砖、混凝土多孔砖 蒸压灰砂普通砖、蒸压粉煤灰普通砖 混凝土和轻集料混凝土砌块 毛石		0.17 0.17 0.12 0.09 —	0.14 0.14 0.10 0.08 0.19	0.11 0.11 0.08 0.06 0.16	0.08 — 0.06 — 0.11

注：1. 对于用形状规则的块体砌筑的砌体，当搭接长度与块体高度的比值小于 1 时，其轴心抗拉强度设计值 f_t 和弯曲抗拉强度设计值 f_{tm} 应按表中数值乘以搭接长度与块体高度比值后采用；

2. 表中数值是依据普通砂浆砌筑的砌体确定，采用经研究性试验且通过技术鉴定的专用砂浆砌筑的蒸压灰砂普通砖、蒸压粉煤灰普通砖砌体，其抗剪强度设计值按相应普通砂浆强度等级砌筑的烧结普通砖砌体采用；

3. 对混凝土普通砖、混凝土多孔砖、混凝土和轻集料混凝土砌块砌体，表中的砂浆强度等级分别为：≥Mb10、Mb7.5 及 Mb5。

五、灌孔砌块砌体的抗压强度和抗剪强度设计值

1. 灌孔砌块砌体的抗压强度

空心砌块的竖向孔洞中灌以混凝土即为芯柱,则灌孔后砌块砌体的抗压强度必然高于空心砌体。试验表明,芯柱混凝土受砌块周壁的约束,空心砌体与芯柱混凝土能够共同工作。

根据试验结果,灌芯砌块砌体的抗压强度平均值为:

$$f_{g,m} = f_m + 0.94\alpha f_{c,m} \tag{3-6}$$

或

$$f_{g,m} = f_m + 0.63\alpha f_{cu} \tag{3-7}$$

式中　f_m——空心砌块砌体抗压强度平均值;

　　　α——砌块砌体中灌芯混凝土面积与砌体毛面积的比值;

　　　$f_{c,m}$——灌芯混凝土轴心抗压强度平均值;

　　　f_{cu}——灌芯混凝土立方体抗压强度平均值。

国内 150 个砌体的试验值与式(3-6)计算值之比的平均值为 1.112,变异系数为 0.193。

当砌体和混凝土材料性能分项系数分别取 1.6 和 1.4,砌体和混凝土受压时的变异系数均取 0.17 时,按照《统一标准》,灌芯砌体的抗压强度设计值为:

$$f_g = f + 0.82\alpha f_c \tag{3-8}$$

式中　f——空心砌块砌体抗压强度设计值;

　　　f_c——灌芯混凝土轴心抗压强度设计值。

工程上,由于每层墙体的第一皮往往设有清扫和检查孔,此处混凝土受砌块壁的约束程度要差些,将灌芯混凝土项乘以降低系数 0.75。因而灌芯砌体的抗压强度设计值,可按下式计算[3-6][3-7]:

$$f_g = f + 0.6\alpha f_c \tag{3-9}$$

在统计的试验资料中,试件采用的块体及灌芯混凝土的强度等级大多数为 MU10~MU20 及 C10~C30 的范围内,而少量的高强混凝土灌芯的砌体,其抗压强度达不到上述公式的计算值。经分析,在采用式(3-9)时应限制 $f_g/f \leqslant 2$。

式(3-9)较好地反映了空心砌块砌体和灌芯混凝土的抗压强度以及不同灌芯率对砌体抗压强度的影响。

2. 灌孔砌块砌体的抗剪强度

砌体受剪时有可能产生剪摩、剪压和斜压三种破坏形态。按照现行砌体结构设计规范,砌体的抗剪强度与砂浆强度的平方根成正比,应该说它主要考虑的是在第一种破坏形态下的抗剪强度。为了便于今后建立砌体在上述三种破坏形态下的抗剪强度,提出砌体抗剪强度与砌体抗压强度的指数关系的表达式。

118 个砌块砌体的抗剪试验结果,灌芯砌块砌体的抗剪强度平均值,可按下式计算:

$$f_{vg,m} = 0.32 f_{g,m}^{0.55} \tag{3-10}$$

该式同样计入了不同灌芯率对砌体抗剪强度的影响,也与美国标准和国际标准的表达模式相类似。按上述试验结果统计,试验值与计算值之比的平均值为 1.061,其变异系数为 0.235。

当砌体和混凝土材料性能分项系数分别取 1.6 和 1.4,其变异系数均取 0.20 时,灌芯砌块砌体的抗剪强度设计值,可按下式计算:

$$f_{vg} = 0.208 f_g^{0.55} \tag{3-11}$$

最后取

$$f_{vg} = 0.20 f_g^{0.55} \tag{3-12}$$

3. 灌孔砌块砌体的弹性模量

单排孔且对孔砌筑的混凝土砌块砌体的弹性模量按下式计算

$$E = 1700 f_g \tag{3-13}$$

六、可靠度调整前后单位长度砌体承载力设计比较

砌体结构是一个空间结构，在设计时单位长度砌体承载力设计是砌体结构设计的主要内容。影响砌体结构可靠度的诸因素，如荷载效应组合、荷载标准值的取值、砌体强度的取值、砌体材料最低强度等级的确定以及房屋的层高和开间尺寸等在单位长度砌体承载力设计中均能得到综合的反映。砌体结构主要是承受压力为主的结构，大量的应用在住宅房屋，本节以住宅单位墙体的轴压承载力设计对可靠度调整前后二本规范进行比较，估计二者在受压构件的可靠度水平[3-5]。

（一）单位长度轴压砌体承载力比较依据的条件

1. 根据住宅的实际情况，住宅层数取 4～7 层，层高为 2.8m，开间采用 3.3m、3.6m和 4m。

2. 荷载效应组合和砌体强度设计值分别按 GB 50003 和 GBJ 3—88 计算。

3. 住宅楼面活荷载，根据修订的荷载规范规定按 GB 50003 计算时，采用 $Q_k = 2.0kN/m^2$。按 GBJ 3—88 计算时，仍采用 $Q_k = 1.5kN/m^2$。

4. 砌体采用砖砌体和混凝土小型空心砌块砌体。

砖砌体采用：MU10；M5、M7.5、M10。

混凝土空心砌块砌体采用：MU10、MU7.5；M5、M7.5、M10。

砖砌体为 240mm 厚 KPI 型多孔砖，单位面积墙体重为 4.5kN/m²。

混凝土小型空心砌块砌体为 190mm 厚单排孔砌块砌体，单位面积墙体重 3.5kN/m²。

5. 层盖：架空隔热板，防水层、20mm 厚水泥砂浆找平层、120mm 厚钢筋混凝土现浇板、20mm 厚顶棚抹灰。

6. 楼盖：30mm 厚细石混凝土面层、100mm、120mm 厚钢筋混凝土现浇板、20mm厚顶棚抹灰。

（二）墙体荷载计算和分析

砌体每层 1m 长墙体荷载设计值 N 见表 3-19。

砌体每层 1m 长墙体荷载设计值 N（kN/m）　　　　表 3-19

墙体类别	规范	部位	开间（m）					
			3.3		3.6		4.0	
			N	ρ	N	ρ	N	ρ
砖砌体	GB 50003	顶层	41.77	0.079	44.02	0.082	47.03	0.085
		楼层	39.47	0.271	41.52	0.283	46.93	0.277
		底层	42.52	0.248	44.55	0.260	49.97	0.257
	GBJ 3—88	顶层	38.31	0.079	40.42	0.082	43.23	0.084
		楼层	36.15	0.203	38.06	0.212	43.01	0.208
		底层	38.85	0.186	40.76	0.195	45.71	0.193

墙体类别	规　范	部　位	开　间　（m）					
			3.3		3.6		4.0	
			N	ρ	N	ρ	N	ρ
混凝土小型砌块砌体	GB 50003	顶　层	37.99	0.087	40.24	0.090	43.25	0.093
		楼　层	35.69	0.306	37.74	0.318	43.15	0.307
		底　层	38.06	0.283	40.10	0.295	45.52	0.288
	GBJ 3—88	顶　层	34.95	0.087	37.06	0.0902	39.87	0.093
		楼．层	32.79	0.230	34.70	0.239	39.65	0.230
		底　层	34.89	0.213	36.80	0.222	41.75	0.216

注：1. 表中 ρ 值为荷载效应比值；

　　2. 表中底层墙体高度取 2.8m+0.5m=3.3m。

根据表 3-19 分别计算砖砌体和混凝土小型空心砌块砌体 4～7 层房屋底层单位墙体的轴压设计值见表 3-20。

房屋底层单位长度砌体的轴压设计值（kN/m）　　　　表 3-20

砌体类别　　开间　　房屋层数	GB 50003			GBJ 3—88		
	3.3	3.6	4.0	3.3	3.6	4.0
砖砌体						
4	163.23	171.61	190.86	149.46	157.30	174.96
5	202.70	231.13	237.79	185.61	195.36	217.97
6	242.17	254.65	284.72	221.76	233.42	260.98
7	281.17	296.17	331.65	257.91	271.48	303.99
混凝土小型砌块砌体						
4	147.43	155.82	175.07	135.42	143.26	160.92
5	183.12	193.56	218.22	168.21	177.96	200.57
6	218.81	231.30	261.37	201.0	212.66	240.22
7	254.5	269.04	304.52	233.79	247.36	279.87
8	290.19	306.78	347.67	266.58	282.06	319.52

分析表 3-20 可以得出：

1. 统计表 3-20 GB 50003 和 GBJ 3—88 4～7 层底层三种开间单位墙体轴压设计值的比值。

砖砌体 GB 50003/GBJ 3—88=1.091～1.092

混凝土砌块砌体 GB 50003/GBJ 3—88=1.087～1.089

说明二类砌体设计表达式变化和住宅楼面荷载标准值提高，荷载效应设计值 GB 50003 较 GBJ 3—88 分别提高 9.1%～9.2%、8.7%～8.9%。

以本例 7 层底层比较，上述提高中，设计表达式影响和荷载标准值影响二类砌体提高值分别为：

砖砌体：设计表达式影响为 3.2%～3.5%

　　　　　楼面荷载调整为 5.7%～5.9%

混凝土砌块砌体：设计表达式影响为 2.3%～2.6%

2. 按表 3-20 计算七层住宅底层的荷载效应比。

砖房：3.3m 开间 $\rho=0.240$

        3.6m 开间 $\rho=0.251$

        4.0m 开间 $\rho=0.247$

混凝土砌块房：3.3m 开间 $\rho=0.271$

                3.6m 开间 $\rho=0.282$

                4.0m 开间 $\rho=0.274$

以上荷载效应比值统计表明，在住宅设计中，无特殊情况，设计表达式由 $\gamma_G=1.35$、$\gamma_Q=1$ 控制。

（三）单位长度墙体承载力计算分析

按 GB 50003 和 GBJ 3—88 计算的单位长度抗压承载力见表 3-21。

每米砌体抗压承载力   表 3-21

规　格	砌体类别		材料强度	砌体强度设计值（MPa）	每米砌体抗压承载力 ϕAf（kN/m）
GB 50003	砖	MU10	M5	1.48	355.2ϕ
			M7.5	1.68	403.2ϕ
			M10	1.87	448.3ϕ
	混凝土小型砌块	MU10	M5	2.22	421.8ϕ
			M7.5	2.56	475.0ϕ
			M10	2.79	530.1ϕ
		MU7.5	M5	1.72	326.8ϕ
			M7.5	1.93	366.7ϕ
GBJ 3—88	砖	MU10	M5	1.58	379.2ϕ
			M7.5	1.79	429.6ϕ
			M10	1.99	477.6ϕ
	混凝土小型砌块	MU10	M5	2.37	450.3ϕ
			M7.5	2.67	507.3ϕ
			M10	2.98	566.2ϕ
		MU7.5	M5	1.83	347.7ϕ
			M7.5	2.06	391.4ϕ

表 3-21 中，砖砌体截面为 240×1000、砌块砌体截面为 190×1000。承载力影响系数 ϕ，在本例计算中取：

砖砌体：楼层 $\phi=0.83$，底层 $\phi=0.76$

砌块砌体：楼层 $\phi=0.74$，底层 $\phi=0.65$

按 GB 50003 和 GBJ 3—88 墙体轴压承载力和荷载设计值产生的轴向力的比值 $\phi Af/N$ 见表 3-22、表 3-23。

单位长度砖砌体 $\phi Af/N$ 比值表   表 3-22

房层部位	材料		GB 50003			GBJ 3—88		
			开 间 （m）			开 间 （m）		
			3.3	3.6	4.0	3.3	3.6	4.0
六层底层	MU10	M5	1.115	1.060	0.948	1.300	1.235	1.104
		M7.5	1.265	1.203	1.076	1.472	1.399	1.251
		M10	1.408	1.339	1.118	1.637	1.555	1.391
七层底层	MU10	M5	0.959	0.912	0.814	1.117	1.062	0.948
		M7.5	1.088	1.035	0.924	1.266	1.203	1.074
		M10	1.211	1.152	1.029	1.407	1.337	1.194

单位长度砌块砌体 $\phi Af/N$ 比值表   表 3-23

房层部位	材料		GB 50003			GBJ 3—88		
			开 间 （m）			开 间 （m）		
			3.3	3.6	4.0	3.3	3.6	4.0
六层底层	MU10	M5	1.253	1.185	1.049	1.456	1.376	1.218
		M7.5	1.410	1.335	1.181	1.641	1.551	1.373
		M10	1.575	1.490	1.318	1.831	1.731	1.532
七层底层	MU10	M5	1.077	1.019	0.900	1.252	1.183	1.046
		M7.5	1.213	1.148	1.014	1.410	1.333	1.178
		M10	1.354	1.281	1.132	1.574	1.488	1.315
七层底层	MU7.5	M5	0.835	0.790	0.698	0.967	0.914	0.808
		M7.5	0.937	0.886	0.783	1.088	1.029	0.909

对表 3-22、表 3-23 进行分析对比可见：

1. 按表 3-22 砖砌体 $\phi Af/N$ 比值，砖砌体两本规范在六层房屋能满足承载力设计要求，仅 GB 50003 采用 M5 砂浆，在 4m 开间时不满足。七层房屋 GB 50003 采用 M10 砂浆时满足，采用 M7.5 砂浆时 4m 开间和采用 M5 砂浆时不满足。GBJ 3—88 除采用砂浆不满足外，均能满足。表中黑框内均为不满足。

2. 按表 3-23 砌块砌体 $\phi Af/N$ 比值，七层房屋中采用 MU10 砌块 GB 50003 仅采用 M5 砂浆在 4m 开间时承载能力不满足，当采用 MU7.5 砌块时，GB 50003 均不能满足承载力要求，GBJ 3—88 在采用 M5 砂和 M7.5 砂浆、开间 4m 时不满足要求。

3. 按表 3-22、表 3-23 两本规范 $\phi Af/N$ 的比值作对比，GBJ 3—88 的 $\phi Af/N$ 和 GB 50003 的 $\phi Af/N$ 二者的比值砖砌体为 1.161～1.165，砌块砌体为 1.157～1.162。说明 GB 50003 较 GBJ 3—88 轴心抗压安全水平总体提高 16%。16% 的提高值是设计表达式变化、住宅楼面活载的提高以及砌体强度材料性能分项系数综合提高值。

4.16% 的综合提高值相当建造相同条件房屋时，GB 50003 和 GBJ 3—88 相比约提高 1.4～1.5 级砂浆强度等级。观察表 3-20（GB 50003）六层底层 $\phi Af/N$ 比值和 GBJ 3—88 七层的比值很接近，本例计算说明 GB 50003 和 GBJ 3—88 在住宅墙体设计时约相差一层的荷载水平。

5. 从本例六层和七层底层墙体的承载力计算表明，砖砌体采用砖最低强度等级为MU10后，低于六层和六层房屋砌体强度一般均能满足墙体承载力设计的要求。修订后的GB 50003 在材料用量上仅涉及 7 层的底二层和六层的底层。

6. 需要说明，本例墙体承载力计算，砌体承载力影响系数 ϕ 是按底层层高 2.8m 加 0.5m 计算，计算高度取 3.3m，在实际设计中计算高度与墙体柱拉结有关，因此本例计算 ϕ 值在实际设计中应调整。同时本例是单位长度墙体计算，未涉及小墙肢截面承载力设计和墙集中力对墙体影响等因素。

第二节　砌体结构耐久性规定

砌体结构的耐久性规定包括两个部分：一是对配筋砌体构件的钢筋的保护；二是对砌体材料的保护和要求。原规范中虽均有所反映，但比较分散，而且对砌体耐久性的要求或保护措施比较薄弱一些。这次新修订的规范对耐久性进行了增补和完善，并集中单列这一重要的结构性能要求。

一、砌体结构耐久性失效的几种情况

1. 碳化作用。在一般环境，指仅有正常大气和温，湿度作用下，非烧结硅酸盐制品，尤指非蒸压硅酸盐制品，存在着碳化作用，而且很严重。调查发现某些部位的墙体碳化深度达到 10~20mm，导致了不得不进行加固；对配筋砌体，应分别不同的材料组成考虑可能的碳化削弱的保护层厚度而引起的钢筋锈蚀影响。

2. 冻融循环环境。当砌体块体、混凝土内部含水量很高时，特别是多孔块体，轻质材料等，冻融循环的作用会引起内部或表面的冻蚀损伤，甚至胀裂，会严重影响结构材料的承载能力和安全。当水中含有盐分还会加重结构材料的损伤程度。因此冰冻地区与雨水接触的露天环境，砌体墙材应按规定的冻融循环次数进行试验检验。另外对配筋砌体，反复冻融会造成复合保护层的削弱，甚至可能因施工因素导致的砌块与灌孔混凝土间的分离会大大降低钢筋保护层厚度，从而会加速钢筋的腐蚀。

3. 碱骨料反应。碱骨料反应不仅存在于钢筋混凝土中，同样存在含有这种原材料的砌体结构材料之中。当砌体块体材料包括混凝土中的碱与砂石骨料中的活性硅会发生化学反应，称为碱硅反应，某些碳酸盐类岩石骨料也能与碱起反应，称为碱碳酸盐反应。这些均称为碱骨料反应。这些碱骨料反应在骨料界面生成的膨胀性产物会引起砌体、混凝土开裂，在国内外都发生过此类工程损坏的事例。

发生碱骨料反应的充分条件是，砌体或混凝土有较高的碱含量，骨料有较高的活性，还要有水或水汽的参与。限制砌体块体或混凝土含碱量，在其中加入足够掺量的粉煤灰、矿渣或沸石岩等掺合料，能够抑制碱骨料反应；采用密实的低水胶比，加有微泡剂的灌孔混凝土、抗掺混凝土砌块也能有效阻止水分进入砌体混凝土内部，有利于阻止反应的发生。

4. 软化系数。材料的软化系数是用来表示块体材料耐水性的优劣的一个指标。其耐水性主要与其组成在水中溶解度和材料的孔隙率有关。非烧结、非蒸压硅酸盐材料，如免烧、免蒸砖等，虽然在干燥状态下抗压强度较高，甚至达到 MU10。这是由于靠机械的成

型压力或物理成型作用，而不是靠组成材料稳定的化学作用形成的水泥石，其耐水性能很差，故遇水后其强度降低很快，乃至完全失去了强度，解体破坏。所以块体材料的软化系数也是个很重要的指标。

5. 收缩率过大。有些墙体材料，特别是一些新型轻质多孔砌体材料由于其干缩值过大，在产品生产块型结构设计上不合理，加之设计，施工应用不当，有可能引起墙体开裂、渗透，损害了材料应有的耐久性能，这也是工程中屡见不鲜的。

以上所述影响砌体结构耐久性种种因素中，有些因素可以通过新近编制的国家墙体材料统一标准规定的性能指标，从而提高了合格块材准入门槛来解决的。研究发现，还有一些因素可以通过提高不同环境条件下砌体材料最低强度等级（实质是提高材料密实性）来解决。新规范根据研究成果和国内外工程应用经验提出了下面的砌体结构耐久性的一些规定。

二、砌体结构的环境类别

砌体结构的耐久性应根据环境类别和设计使用年限进行设计。表 3-24 所列环境类别主要参照国际标准《配筋砌体结构设计规范》ISO 9652-3 和英国标准 BS5628，其分类方法和我国《混凝土结构设计规范》GB 50010 很接近。

砌体结构的环境类别 表 3-24

环境类别	条 件
1	正常居住及办公建筑的内部干燥环境，包括夹心墙的内叶墙
2	潮湿的室内或室外环境，包括与无侵蚀性土和水接触的环境
3	严寒和使用化冰盐的潮湿环境（室内或室外）
4	与海水直接接触的环境，或处于滨海地区的盐饱和的气体环境
5	有化学侵蚀的气体、液体或固态形式的环境，包括有侵蚀性土壤的环境

三、砌体中钢筋的保护层厚度的规定

设计使用年限 50 年，砌体中钢筋的耐久性选择应符合表 3-25 的规定。对填实的夹心墙或特别的墙体构造，选用表 3-25 中钢筋的最小保护层，应符合下列要求：

1. 用于环境类别 1 时，应取 20mm 厚砂浆或灌孔混凝土与钢筋直径较大者；

2. 用于环境类别 2 时，应取 20mm 厚灌孔混凝土与钢筋直径较大者；

3. 采用热镀锌钢筋时，应取 20mm 厚砂浆或灌孔混凝土与钢筋直径较大者；

4. 采用不锈钢筋时，应取钢筋的直径。

砌体中钢筋耐久性选择 表 3-25

环境类别	钢筋种类和最少保护等级	
	位于砂浆中的钢筋	位于灌孔混凝土中的钢筋
1	普通钢筋	普通钢筋
2	重镀锌或有等效保护的钢筋	普通钢筋；当用砂浆灌孔时应为重镀锌或有等效保护的钢筋
3	不锈钢或有等效保护的钢筋	重镀锌或有等效保护的钢筋
4 和 5	不锈钢或等效保护的钢筋	不锈钢或等效保护的钢筋

注：1. 对夹心墙的外叶墙应采用重镀锌或有等效保护的钢筋；

2. 表中的钢筋即为国家现行标准《钢筋混凝土结构设计规范》GB 50010 和《冷轧带肋钢筋混凝土结构技术规程》JGJ 95 等规范规定的普通钢筋或非预应力钢筋。

砌体中钢筋的保护层厚度，应符合下列规定：

1. 配筋砌体中钢筋的最小混凝土保护层应符合表 3-26 的规定；
2. 灰缝中钢筋外露砂浆保护层的厚度不应小于 15mm；
3. 所有钢筋端部均应有与对应钢筋的环境类别条件相同的保护层厚度。

钢筋的最小保护层厚度   表 3-26

环境类别	混凝土强度等级			
	C20	C25	C30	C35
	最低水泥含量（kg/m³）			
	260	280	300	320
1	20	20	20	20
2	—	25	25	25
3	—	40	40	30
4	—	—	40	40
5	—	—	—	40

注：1. 材料中最大氯离子含量和最大碱含量应符合国家现行标准《钢筋混凝土结构设计规范》GB 50010 的规定；
    2. 当采用防渗砌体块体和防渗砂浆时，可以考虑部分砌体（含抹灰层）的厚度作为保护层，但对环境类别 1、2、3，其混凝土保护层的厚度不应小于 10mm、15mm 和 20mm；
    3. 钢筋砂浆面层的组合砌体构件的钢筋保护层厚度宜比表 3-26 规定的数值增加 5～10mm；
    4. 对安全等级为一级或设计使用年限为 50 年以上的砌体结构，钢筋保护层的厚度应至少增加 10mm。

处于环境类别 2 的夹心墙的钢筋连接件或钢筋网片、连接钢板、锚固螺栓或钢筋，应采用热镀锌或等效的防护涂层，镀锌层的厚度不应小于 $290g/m^2$，当采用环氯涂层时，灰缝钢筋涂层厚度不应小于 $290\mu m$，其余部件涂层厚度不应小于 $450\mu m$。

配筋砌体中钢筋的保护层厚度要求，英国规范比美国规范更严，而国际标准有一定灵活性表现在：

1）砌体或其他材料具有吸水性，内部允许在渗流，因此就钢筋的防腐要求而论，砌体保护层几乎起不到防腐作用，可忽略不计。另外砂浆的防腐性能通常较相同厚度的密实混凝土防腐性能差，因此在相同暴露情况下，要求的保护层厚度通常比较混凝土截面保护层大。

2）国际标准与英国标准要求相同，但在砌体块体和砂浆满足抗渗性能要求条件下钢筋的保护层可考虑部分砌体厚度。

3）据 UBC 砌体规范 2002 版本，其对环境仅有室内正常环境和室外或暴露于地基中两类，而后者的钢筋保护层，当钢筋直径大于 No.5（$\Phi=16$）不小于 2 英寸（50.8mm），当不大于 No.5 时不小于 1.5 英寸（38.1mm）。在条文解释中，传统的钢筋是不镀锌的，砌体保护层可以延缓钢筋的锈蚀速度，保护层厚度是指从砌体外表面到钢筋最外层的距离。如果横向钢筋围着主筋，则应从箍筋的最外边缘测量。砌体保护层包括砌块、抹灰层、面层的厚度。在水平灰缝中，钢筋保护层厚度是指从钢筋的最外缘到抹灰层外表面的砂浆和面层总厚度。

4）本条的 5 类环境类别对应情况下钢筋混凝土保护层厚度采用了国际标准的规定，并在环境类别 1～3 时给出了采用防渗块材和砂浆时混凝土保护层的低限值，并参照国外规范规定了某些钢筋的防腐镀（涂）层的厚度或等效的保护。随着新防腐材料或技术的发展也可采用性价比更好、更节能环保的钢筋防护材料。

5）砌体中钢筋的混凝土保护层厚度要求基本上同混凝土规范，但适用的环境条件也根据砌体结构复合保护层的特点有所扩大。

四、砌体材料的耐久性规定

（一）地面以下或防潮层以下的砌体、潮湿房间的墙或环境类别2的砌体，所用材料的最低强度等级应符合表3-27的要求：

地面以下或防潮层以下的砌体、潮湿房间的墙所用材料的最低强度等级　　　　表3-27

潮湿程度	烧结普通砖	混凝土普通砖、蒸压普通砖	混凝土砌块	石材	水泥砂浆
稍潮湿的	MU15	MU20	MU7.5	MU30	MU5
很潮湿的	MU20	MU20	MU10	MU30	MU7.5
含水饱和的	MU20	MU25	MU15	MU40	MU10

注：1. 在冻胀地区，地面以下或防潮层以下的砌体，不宜采用多孔砖，如采用时，其孔洞应用不低于MU10的水泥砂浆灌实。当采用混凝土砌体时，其孔洞应采用强度等级不低于Cb20的冰封灌实。

　　2. 对安全等级为一级或设计使用所限大于50年的房屋，表中材料强度等级应至少提高一级；

（二）处于环境类别3～5等有侵蚀性介质的砌体材料应符合下列要求：

1）不应采用蒸压灰砂普通砖、蒸压粉煤灰普通砖；

2）应采用实心砖，砖的强度等级不应低于MU20，水泥砂浆的强度不应低于M10；

3）混凝土砌块的强度等级不应低于MU15，灌孔混凝土的强度等级不应低于Cb30，砂浆的强度等级不应低于Mb10；

4）根据环境条件对砌体材料的抗冻指标、耐酸、碱性能提出要求，或符合有关规范的要求。

无筋高标号砖石结构经历数百年和上千年考验其耐久性是不容置疑的。对非烧结块材、多孔块材的砌体处于冻胀或某些侵蚀环境条件下其耐久性易于受损，故提高其砌体材料的强度等级是最有效和普遍采用的方法。

参 考 文 献

[3-1]　建筑结构设计统一标准，GBJ 68—84. 北京：中国建筑工业出版社，1984

[3-2]　胡秋谷，砖石结构无筋砌体可靠度校准分析，砖石结构安全研究报告集. 1982年1月

[3-3]　砌体结构设计规范，GBJ 3—88. 北京：中国建筑工业出版社，1988

[3-4]　砌体结构设计规范，GB 50003—2001. 北京：中国建筑工业出版社，2002

[3-5]　严家熺等. 无筋砌体的可靠度分析，现代砌体结构. 北京：中国建筑工业出版社，2008

[3-6]　杨伟军，施楚贤. 灌芯混凝土砌块砌体抗剪强度的理论分析，现代砌体结构. 北京：中国建筑工业出版社，2000

[3-7]　江波，唐岱新. 高强砌块灌芯砌体基本力学性能试验研究，现代砌体结构，北京：中国建筑工业出版社 2000

[3-8]　混凝土结构耐久性设计规范 GB/T 50476—2008，[S]. 北京：中国建筑工业出版社，2008

[3-9]　苑振芳，刘斌. 砌体结构的耐久性，砌体结构设计规范修订背景材料，2010

第四章 无筋砌体受压构件及受剪构件承载力计算

砌体结构的特点是抗压能力远远超过抗拉，所以在工程上往往作为承重墙体和柱。当压力作用于构件截面重心时为轴心受压构件；不作用于截面重心，但作用于截面的一根对称轴上时，为偏心受压构件。如果构件上有轴心压力 N，同时有弯矩 M 作用时，也可视为偏心受压构件，其偏心矩 $e_0 = M/N$。不论轴心受压还是偏心受压都属于受压构件。

第一节 受 压 短 柱

在短柱情况下可不考虑构件纵向弯曲对承载力的影响。

当轴向压力作用在截面重心时，砌体截面的应力是均匀分布的，破坏时截面所能承受的最大压应力就是砌体的轴心抗压强度。当轴向力具有较小偏心时，截面的压应力为不均匀分布，破坏将从压应力较大一侧开始，该侧的压应变和应力均比轴心受压时大（图 4-1a）。当偏心距增大，应力较小边可能出现拉应力（图 4-1b）；一旦拉应力超过砌体沿通缝的抗拉强度时，将出现水平裂缝，实际的受压截面将减小。此时，受压区压应力的合力将与所施加的偏心压力保持平衡（图 4-1c）

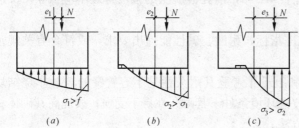

图 4-1 砌体偏心受压构件截面内应力分布

对比不同偏心距的偏心受压短柱试验发现，随着偏心距的增大，构件所能承担的轴向压力明显下降。

四川省建筑科学研究院对偏压短柱做过大量试验，有矩形、T 形、十字形和环形截面。试验表明偏压短柱的承载力可用下式表达[4-2]：

$$N = \alpha_1 A f \tag{4-1}$$

式中 α_1——偏心受压构件与轴心受压构件承载力的比值，称为偏心影响系数。

图 4-2 展示了偏心影响系数 α_1 试验点的分布和回归得到的 α_1 与 e_0/i 的关系曲线。

偏心影响系数 α_1 的关系式如下：

$$\alpha_1 = \frac{1}{1 + (e_0/i)^2} \tag{4-2}$$

式中 i——截面的回转半径，$i = \sqrt{\dfrac{I}{A}}$，I 为截面沿偏心方向的惯性矩，A 为截面面积。

对于矩形截面的 α_1 可写成：

$$\alpha_1 = \frac{1}{1 + 12(e_0/h)^2} \tag{4-3}$$

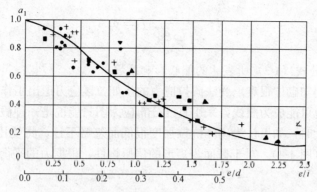

图 4-2　砌体偏心受压构件 $\alpha_1 - \dfrac{e_0}{i}$ 关系曲线

当截面为 T 形或其他形状时,可用折算厚度 $h_{\mathrm{T}} = \sqrt{12} \cdot i \approx 3.5i$ 代替 h 仍按公式(4-3)计算。

对式（4-2）曾经试图从物理概念方面加以解释,但均不理想。从理论上来说,如果已知截面上的应力分布及应力-应变关系,偏心影响系数是可以直接推求的。例如,对于弹性范围内的偏心受压,受压区应力按材料力学可以解得:

$$\sigma = \frac{N}{A}\left(1 + \frac{e_0 y}{i^2}\right) \tag{4-4}$$

如令边缘最大压应力 $\sigma_1 \leqslant f$ 作为强度条件,则有

$$\frac{N}{A}\left(1 + \frac{e_0 y}{i^2}\right) \leqslant f \tag{4-5}$$

写成

$$N \leqslant \frac{Af}{1 + \dfrac{e_0 y}{i^2}} = \alpha_2 Af \tag{4-6}$$

$$\alpha_2 = \frac{1}{1 + \dfrac{e_0 y}{i^2}} \tag{4-7}$$

α_2 即偏心影响系数,而截面的应力图形为直线分布（图 4-3）。

如果将式（4-5）中弯曲应力项乘以修正系数 e_0/y,则将得出式（4-2）。修正系数的意义是考虑到应力图形可能曲线变化,边缘应力应予折减。但是,偏心矩较小时,接近于全截面受压,修正折减理应少些,而乘 e_0/y 得出相反的效果,从概念上说不通[4-3]。

有的资料提出,假定应力图形仍为直线,但强度校核点位于外力作用点,即令

$$\sigma_2 \leqslant f$$

根据这个假定可写出

$$\sigma_2 = \frac{N}{A} + \frac{Ne_0 \cdot e_0}{I} \leqslant f$$

或

$$f \geqslant \frac{N}{A}\left(1 + \frac{e_0^2}{i^2}\right)$$

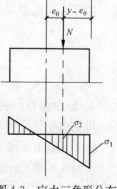

图 4-3　应力三角形分布

$$N \leqslant \frac{1}{1 + \dfrac{e_0^2}{i^2}} Af = \alpha_1 Af$$

此处 α_1 就是公式（4-2）所表达的偏心影响系数。

但是，众所周知砌体很难承受法向拉应力的。如拉区应力退出工作，压区应力势必重新分布，应力图也可能成为曲线，采用直线分布应力图只能说是一种假定。

当偏心距较大时，如果认为砌体抗拉强度很低而忽略不计，将受压区视为轴心受压，应力图形为矩形（图4-4）。对于截面为矩形的偏压构件，根据力的平衡可得：

$$N = 2(y - e_0)bf = 2(0.5h - e_0)bf$$

或

$$N = \left(1 - 2\frac{e_0}{h}\right)Af = \alpha_3 Af$$

$$\alpha_3 = \left(1 - 2\frac{e_0}{h}\right) \tag{4-8}$$

α_3 也是一种偏心影响系数，而且为前苏联规范（СНИЛ II -22-81）所采用。

文献［4-4］认为，砌体的应力应变关系为：

$$\varepsilon = -\frac{1}{460\sqrt{f_m}}\ln\left(1 - \frac{\sigma}{f_m}\right)$$

式中 f_m 为砌体的抗压强度平均值，同时忽略砌体抗拉强度，根据平截面假定，可以推得偏心受压构件截面的应力图形为曲线分布（图4-5）。根据内外力平衡条件可求得：

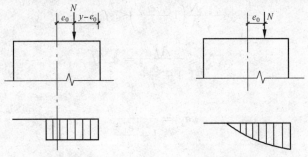

图4-4 应力矩形分布   图4-5 应力曲线分布

$$N = \left(0.934 - 1.87\frac{e_0}{h}\right)Af$$

进行修正后，近似有

$$N = \left(1 - 1.5\frac{e_0}{h}\right)Af = \alpha_4 Af$$

$$\alpha_4 = 1 - 1.5\frac{e_0}{h} \tag{4-9}$$

式中 α_4 也为偏心影响系数，只是式（4-9）只适合于矩形截面。

可见由于压应力图形的假定不同，所得偏心影响系数也各不相同。

图4-6给出了偏心影响系数的各种计算公式的计算曲线，及其与试验结果的比较。

由图4-6可见，材料力学公式所得 α_2 曲线最低，前苏联公式 α_3 其次，规范公式及湖大公式与试验吻合较好。

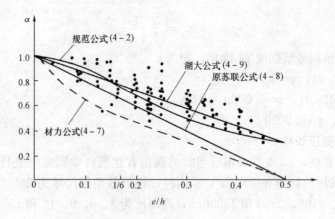

图 4-6 偏心影响系数 α 公式的比较

第二节 受 压 长 柱

一、轴心受压长柱

先来讨论细长柱轴心受压的情况。此时，往往由于侧向变形增大而产生纵向弯曲破坏，因此，在承载力计算中要考虑稳定系数 φ_0 的影响。按材料力学，构件产生纵向弯曲破坏时的临界应力为

$$\sigma_{cr} = \pi^2 E \left(\frac{i}{H_0} \right)^2 \tag{4-10}$$

如果采用湖南大学给出的砖砌体的应力-应变关系公式，即

$$\varepsilon = -\frac{1}{460\sqrt{f_m}} \ln \left(1 - \frac{\sigma}{f_m} \right) \tag{4-11}$$

则

$$E = \frac{d\sigma}{d\varepsilon} = 460 f_m \sqrt{f_m} \left(1 - \frac{\sigma}{f_m} \right) \tag{4-12}$$

代入 (4-10)，可得

$$\sigma_{cr} = 460\pi^2 f_m \sqrt{f_m} \left(1 - \frac{\sigma_{cr}}{f_m} \right) \left(\frac{i}{H_0} \right)^2 \tag{4-13}$$

$$\varphi_0 = \frac{\sigma_{cr}}{f_m} = 460\pi^2 \sqrt{f_m} \left(1 - \frac{\sigma_{cr}}{f_m} \right) \left(\frac{i}{H_0} \right)^2 \tag{4-14}$$

如令 $\varphi_1 = 460\pi^2 \sqrt{f_m} \left(\frac{i}{H_0} \right)^2$，而且对于矩形截面，$i = 0.289h$，可得 $\varphi_1 \approx 370\sqrt{f_m} \frac{1}{\beta^2}$。
$\beta = H_0/h$ 为构件的高厚比。式 (4-14) 可写成

$\varphi_0 = \varphi_1 (1 - \varphi_0)$，由此

$$\varphi_0 = \frac{1}{1 + \frac{1}{\varphi_1}} = \frac{1}{1 + \frac{1}{370\sqrt{f_m}} \beta^2} = \frac{1}{1 + \eta_1 \beta^2} \tag{4-15}$$

式中系数 $\eta_1 = \frac{1}{370\sqrt{f_m}}$，它较全面地考虑了砖和砂浆强度以及其他因素对构件纵向弯曲的影响。88 规范[4-8]参照式 (4-15) 的形式按下式计算轴心受压柱的稳定系数，

$$\varphi_0 = \frac{1}{1 + \eta \beta^2} \tag{4-16}$$

式中系数 η 只依据砂浆强度 f_2 确定，即

$f_2 \geqslant 5\text{MPa}$ 时，$\eta = 0.0015$

$f_2 = 2.5\text{MPa}$ 时，$\eta = 0.0020$

$f_2 = 0$ 时，$\eta = 0.0090$

二、偏心受压长柱

对于偏压长柱，73 规范颁布后当时的四川省建筑科学研究所进行了几批试验研究工作[4-5]。试验采用的截面有矩形和 T 形两种，矩形截面的尺寸为 $240 \times 370\text{mm}$，高度分别为 700、1400、2100、2800 和 3500mm，高厚比为 3、6、9、12 和 15。每种高厚比试件又按不同偏心距分为五组，共计 75 个试验。T 形截面肋部尺寸 $240 \times 240\text{mm}$，翼缘宽615mm，厚 115mm。采用 5 种偏心距，三种高度（$\beta = 3$、7.5 和 12），共计 45 个试件。

在符合试验结果的前提下，国内提出了一些偏压长柱的理论分析和计算公式。主要的有以下几种[4-6]：

1. 试验统计法

偏压长柱的计算公式，一般可用下式表达

$$N \leqslant \varphi A f \tag{4-17}$$

式中 φ 称为考虑纵向弯曲和荷载偏心的影响系数。如果 φ 还通过短柱偏压的偏心影响系数 α 来表示，则 φ 可写成下列形式：

$$\varphi = \alpha \varphi_e \tag{4-18}$$

式中 φ_e 可称为偏心作用时的纵向弯曲系数，它可由所选用的 α 表达式，在符合试验结果的情况得出。

例如，对应于 $\alpha_1 = \dfrac{1}{1 + \left(\dfrac{e_0}{i}\right)^2}$ 可得出

$$\varphi_e = \frac{1}{1 + \eta \beta^2 \left[1 + 1.33 \left(\dfrac{e_0}{i}\right)^2\right]} \tag{4-19}$$

对应于 $\alpha_4 = 1 - 1.5 \dfrac{e_0}{h}$，文献[4-4]得出

$$\varphi_e = \frac{1}{1 + \dfrac{1}{370\sqrt{f_m}} \beta^2 \left[1 + 20\left(\dfrac{e_0}{h}\right)^2\right]} \tag{4-20}$$

试验值与式（4-19）、式（4-20）的比值分别为 1.02 和 1.044，都是符合比较好的。所以，这种试验统计法也是可以应用的方案之一。

2. 相关公式法

文献［4-7］通过压弯构件材料力学公式导出轴力 N 和弯矩 M 的相关公式：

$$\frac{N}{N_u} + \frac{M}{M_u} = 1 \tag{4-21}$$

式中　N_u——轴压时极限承载力；

　　　　M_u——纯弯时的极限承载力。

考虑到初始偏心和附加挠度的存在，上式可写为：

$$\frac{N}{N_u} + \frac{N(e_0 + e_i)\xi}{M_u} = 1 \tag{4-22}$$

ξ 为挠度增大系数，按弹性理论可取

$$\xi = \frac{1}{1 - \dfrac{N}{N_{cr}}}$$

N_{cr} 为杆件受压时的临界力。代入式（4-22）得

$$\frac{N}{N_u} + \frac{Ne_0 + Ne_i}{M_u\left(1 - \dfrac{N}{N_{cr}}\right)} = 1 \tag{4-23}$$

当偏心矩 $e_0 = 0$ 时，为轴心受压，其承载力用 N_x 表示，并解出 e_i 得

$$e_i = \frac{(N_{cr} - N_x)(N_u - N_x)M_u}{N_{cr}N_xN_u} \tag{4-24}$$

代入（4-23）并整理可得

$$\frac{N}{N_u} + \frac{M}{M_u\left(1 - \dfrac{N}{N_{cr}} \cdot \dfrac{N_x}{N_u}\right)} = 1 \tag{4-25}$$

式中 N_x/N_u 恰为轴心受压的纵向弯曲系数 φ_0，则式（4-25）成为

$$\frac{N}{N_u\varphi_0} + \frac{M}{M_u\left(1 - \dfrac{N}{N_{cr}} \cdot \varphi_0\right)} = 1 \tag{4-26}$$

此式即为弹性工作阶段的相关公式。

取 $N_u = Af_m$，$M_u = \gamma Wf_m$，$M = Ne_0$，其中 γ 为考虑塑性发展引进的系数，W 为截面抵抗矩，f_m 为抗压强度平均值。则有

$$\frac{N}{Af_m\varphi_0} + \frac{Ne_0}{\gamma Wf_m\left(1 - \dfrac{N}{N_{cr}} \cdot \varphi_0\right)} = 1 \tag{4-27}$$

由式（4-27）解出 N：

$$N = \varphi A \cdot f_m$$

$$\varphi = \frac{1}{2}\left[\frac{N_{cr}}{Af_m}\left(\frac{1}{\varphi_0} + \frac{Ae_0}{\gamma W}\right) + \varphi_0\right] - \frac{1}{2}\left\{\left[\frac{N_{cr}}{Af_m}\left(\frac{1}{\varphi_0} + \frac{Ae_0}{\gamma W}\right) + \varphi_0\right]^2 - 4\frac{N_{cr}}{Af_m}\right\}^{\frac{1}{2}} \tag{4-28}$$

式中 γ 可根据试验统计求得：

$$\gamma = \frac{1}{\left(\dfrac{e_0}{y} + 0.17\right)^2\left[1 + (\beta - 3)\dfrac{1}{12}\right]} \tag{4-29}$$

试验结果与式（4-28）相比的比值为 0.996，变异系数为 0.0451。

3. 附加偏心距法

这也是 88 规范采用的方法。

细长柱在偏心压力作用下，构件产生纵向弯曲变形，即产生侧向挠度 e_i（图 4-7），侧向挠度引起附加弯矩 Ne_i，所以，侧向挠度 e_i 称为附加偏心距。当构件高厚比较大时，需要考虑侧向挠曲产生的附加弯矩对构件承载力的影响。如认为长柱和短柱破坏时截面上应

图 4-7 附加偏心距

力分布图形相同，而仅仅是长柱较短柱增加一个附加偏心距。所以可直接由短柱的计算公式过渡到长柱。

前节已经介绍四川省建筑科学研究院提出的短柱偏心影响系数 α，它符合各种截面形状试验结果的试验公式，即

$$\alpha = \frac{1}{1 + \left(\dfrac{e_0}{i}\right)^2}$$

在长柱情况下应以（$e_0 + e_i$）代替式中的 e_0，此时，长柱偏压承载力按下式计算：

$$N \leqslant \varphi A f$$

$$\varphi = \frac{1}{1 + \left(\dfrac{e_0 + e_i}{i}\right)^2} \tag{4-30}$$

附加偏心距 e_i 可以根据下列边界条件确定，即 $e_0 = 0$ 时，$\varphi = \varphi_0$，φ_0 为轴心受压的纵向弯曲系数。以 $e_0 = 0$ 代入式（4-30）

$$\varphi_0 = \frac{1}{1 + \left(\dfrac{e_i}{i}\right)^2}$$

解出

$$e_i = i \sqrt{\frac{1}{\varphi_0} - 1} \tag{4-31}$$

对于矩形截面

$$e_i = \frac{h}{\sqrt{12}} \sqrt{\frac{1}{\varphi_0} - 1} \tag{4-32}$$

在 $e_0 / h < 0.3$ 时，此式计算的 φ 值与试验值符合程度较好，但当 $e_0 / h \geqslant 0.3$ 则稍差，也即 e_0 的大小对 e_i 尚有影响，应进行修正：

$$e_i = \frac{h}{\sqrt{12}} \sqrt{\frac{1}{\varphi_0} - 1} \left[1 + 6 \frac{e_0}{h} \left(\frac{e_0}{h} - 0.2 \right) \right] \tag{4-33}$$

当 $\dfrac{e_0}{h}$ 小于 0.2 时方括号内数值取等于 1。

将式（4-33）代入式（4-30）则得

$$\varphi = \frac{1}{1 + 12 \left\{ \dfrac{e_0}{h} + \sqrt{\dfrac{1}{12}\left(\dfrac{1}{\varphi_0} - 1\right)} \left[1 + 6 \dfrac{e_0}{h} \left(\dfrac{e_0}{h} - 0.2 \right) \right] \right\}^2} \tag{4-34}$$

前已得出，轴心受压构件的纵向弯曲系数 φ_0 可按下式计算：

$$\varphi_0 = \frac{1}{1 + \eta \beta^2} \tag{4-35}$$

把式（4-35）代入式（4-32）得

$$e_i = h\beta \sqrt{\frac{\eta}{12}} \tag{4-36}$$

把式（4-35）代入式（4-34）得

$$\varphi = \frac{1}{1 + 12\left\{\frac{e_0}{h} + \beta\sqrt{\frac{\eta}{12}\left[1 + \frac{6e_0}{h}\left(\frac{e_0}{h} - 0.2\right)\right]}\right\}^2} \tag{4-37}$$

以上各式中系数 η 按前节的规定采用。

附加偏心矩法计算模式明确，概念清楚，计算不太复杂，规范已经编制成表格，设计时可以直接查用十分方便。

第三节　01 规范对受压构件计算的修订

一、轴向力偏心距按内力设计值计算

88 规范规定，轴向力的偏心距应按荷载标准值计算。这项规定与《统一标准》的规定不符，在承载力极限状态设计中，荷载效应都用设计值，单是偏心距规定用标准值不符合逻辑。当初这么定主要是因为按 73 规范作可靠度较准时，偏心距是按荷载标准值计算的，如果改为设计值在某些情况下要引起结构可靠度波动，而当时又来不及作调整之故。这是 88 规范的一个不足之处。

根据文献 [4-15] 所做分析，如果偏心距由荷载标准值计算改为设计值则在常用范围内其承载力的降低不超过 6%，可靠指标的降低不超过 5.5%。考虑到 01 规范可靠度水平已经提高，再则对偏心距限值更严（$e_0 \leqslant 0.6y$），所以 01 规范[4-1]明确规定轴向力偏心距一律按荷载设计值计算，也减少了设计工作量。

二、简化了轴向力影响系数 φ 的计算公式

88 规范轴向力影响系数 φ 的公式，考虑到 $e_0/h > 0.3$ 时 φ 的计算值与试验结果符合程度较差，因而须引入修正系数 $\left[1 + 6\frac{e}{h}\left(\frac{e}{h} - 0.2\right)\right]$，而 01 规范规定偏心距 $e_0 \leqslant 0.6y$，因此上述修正系数就没有必要乘，从而简化了计算。相应地影响系数 φ 变为

$$\varphi = \frac{1}{1 + 12\left\{\frac{e}{h} + \sqrt{\frac{1}{12}\left(\frac{1}{\varphi_0} - 1\right)}\right\}^2} \tag{4-38}$$

这样，受压长柱的承载力可表达为

$$N \leqslant \varphi A f \tag{4-39}$$

式中　N——荷载设计值产生的轴向力；

　　　φ——高厚比 β 和轴向力的偏心距 e 对受压构件承载力的影响系数。

轴心受压构件的纵向弯曲系数 φ_0 前已述及

$$\varphi_0 = \frac{1}{1 + \eta\beta^2} \tag{4-40}$$

将式（4-40）代入式（4-38）可得系数 φ 的最终计算公式：

$$\varphi = \frac{1}{1 + 12\left\{\frac{e}{h} + \beta\sqrt{\frac{\alpha}{12}}\right\}^2} \tag{4-41}$$

相应地关于影响系数 φ 表格，可以删掉 $e/h > 0.3$ 的内容，同时 e/h 较大时表格中数值也有所变动（见表 4-1～表 4-3）。

影响系数（砂浆强度等级≥M5）　　　　　　表 4-1

β	e/h 或 e/h_T						
	0	0.025	0.05	0.075	0.1	0.125	0.15
≤3	1	0.99	0.97	0.94	0.89	0.84	0.79
4	0.98	0.95	0.90	0.85	0.80	0.74	0.69
6	0.95	0.91	0.86	0.81	0.75	0.69	0.64
8	0.91	0.86	0.81	0.76	0.70	0.64	0.59
10	0.87	0.82	0.76	0.71	0.65	0.60	0.55
12	0.82	0.77	0.71	0.66	0.60	0.55	0.51
14	0.77	0.72	0.66	0.61	0.56	0.51	0.47
16	0.72	0.67	0.61	0.56	0.52	0.47	0.44
18	0.67	0.62	0.57	0.52	0.48	0.44	0.40
20	0.62	0.57	0.53	0.48	0.44	0.40	0.37
22	0.58	0.53	0.49	0.45	0.41	0.38	0.35
24	0.54	0.49	0.45	0.41	0.38	0.35	0.32
26	0.50	0.46	0.42	0.38	0.35	0.33	0:30
28	0.46	0.42	0.39	0.36	0.33	0.30	0.28
30	0.42	0.39	0.36	0.33	0.31	0.28	0.26

β	e/h 或 e/h_T					
	0.175	0.2	0.225	0.25	0.275	0.3
≤3	0.73	0.68	0.62	0.57	0.52	0.48
4	0.64	0.58	0.53	0.49	0.45	0.41
6	0.59	0.54	0.49	0.45	0.42	0.38
8	0.54	0.50	0.46	0.42	0.39	0.36
10	0.50	0.46	0.42	0.39	0.36	0.33
12	0.47	0.43	0.39	0.36	0.33	0.31
14	0.43	0.40	0.36	0.34	0.31	0.29
16	0.40	0.37	0.34	0.31	0.29	0.27
18	0.37	0.34	0.31	0.29	0.27	0.25
20	0.34	0.32	0.29	0.27	0.25	0.23
22	0.32	0.30	0.27	0.25	0.24	0.22
24	0.30	0.28	0.26	0.24	0.22	0.21
26	0.28	0.26	0.24	0.22	0.21	0.19
28	0.26	0.24	0.22	0.21	0.19	0.18
30	0.24	0.22	0.21	0.20	0.18	0.17

影响系数 φ（砂浆强度等级 M2.5）　　　　　　表 4-2

β	$\dfrac{e}{h}$ 或 $\dfrac{e}{h_T}$						
	0	0.025	0.05	0.075	0.1	0.125	0.15
≤3	1	0.99	0.97	0.94	0.89	0.84	0.79
4	0.97	0.94	0.89	0.84	0.78	0.73	0.67
6	0.93	0.89	0.84	0.78	0.73	0.67	0.62
8	0.89	0.84	0.78	0.72	0.67	0.62	0.57
10	0.83	0.78	0.72	0.67	0.61	0.56	0.52

β	$\dfrac{e}{h}$ 或 $\dfrac{e}{h_T}$						
	0	0.025	0.05	0.075	0.1	0.125	0.15
12	0.78	0.72	0.67	0.61	0.56	0.52	0.47
14	0.72	0.66	0.61	0.56	0.51	0.47	0.43
16	0.66	0.61	0.56	0.51	0.47	0.43	0.40
18	0.61	0.56	0.51	0.47	0.43	0.40	0.36
20	0.56	0.51	0.47	0.43	0.39	0.36	0.33
22	0.51	0.47	0.43	0.39	0.36	0.33	0.31
24	0.46	0.43	0.39	0.36	0.33	0.31	0.28
26	0.42	0.39	0.36	0.33	0.31	0.28	0.26
28	0.39	0.36	0.33	0.30	0.28	0.26	0.24
30	0.36	0.33	0.30	0.28	0.26	0.24	0.22

β	$\dfrac{e}{h}$ 或 $\dfrac{e}{h_T}$						
	0.175	0.2	0.225	0.25	0.275	0.3	
$\leqslant 3$	0.73	0.68	0.62	0.57	0.52	0.48	
4	0.62	0.57	0.52	0.48	0.44	0.40	
6	0.57	0.52	0.48	0.44	0.40	0.37	
8	0.52	0.48	0.44	0.40	0.37	0.34	
10	0.47	0.43	0.40	0.37	0.34	0.31	
12	0.43	0.40	0.37	0.34	0.31	0.29	
14	0.40	0.36	0.34	0.31	0.29	0.27	
16	0.36	0.34	0.31	0.29	0.26	0.25	
18	0.33	0.31	0.29	0.26	0.24	0.23	
20	0.31	0.28	0.26	0.24	0.23	0.21	
22	0.28	0.26	0.24	0.22	0.21	0.20	
24	0.26	0.24	0.23	0.21	0.20	0.18	
26	0.24	0.22	0.21	0.20	0.18	0.17	
28	0.22	0.21	0.20	0.18	0.17	0.16	
30	0.21	0.20	0.18	0.17	0.16	0.15	

影响系数 φ（砂浆强度 0）   表 4-3

β	$\dfrac{e}{h}$ 或 $\dfrac{e}{h_T}$						
	0	0.025	0.05	0.075	0.1	0.125	0.15
$\leqslant 3$	1	0.99	0.97	0.94	0.89	0.84	0.79
4	0.87	0.82	0.77	0.71	0.66	0.60	0.55
6	0.76	0.70	0.65	0.59	0.54	0.50	0.46
8	0.63	0.58	0.54	0.49	0.45	0.41	0.38
10	0.53	0.48	0.44	0.41	0.37	0.34	0.32
12	0.44	0.40	0.37	0.34	0.31	0.29	0.27
14	0.36	0.33	0.31	0.28	0.26	0.24	0.23
16	0.30	0.28	0.26	0.24	0.22	0.21	0.19
18	0.26	0.24	0.22	0.21	0.19	0.18	0.17
20	0.22	0.20	0.19	0.18	0.17	0.16	0.15

β	$\dfrac{e}{h}$ 或 $\dfrac{e}{h_T}$						
	0	0.025	0.05	0.075	0.1	0.125	0.15
22	0.19	0.18	0.16	0.15	0.14	0.14	0.13
24	0.16	0.15	0.14	0.13	0.13	0.12	0.11
26	0.14	0.13	0.13	0.12	0.11	0.11	0.10
28	0.12	0.12	0.11	0.11	0.10	0.10	0.09
30	0.11	0.10	0.10	0.09	0.09	0.09	0.08

β	$\dfrac{e}{h}$ 或 $\dfrac{e}{h_T}$					
	0.175	0.2	0.225	0.25	0.275	0.3
≤3	0.73	0.68	0.62	0.57	0.52	0.48
4	0.51	0.46	0.43	0.39	0.36	0.33
6	0.42	0.39	0.36	0.33	0.30	0.28
8	0.35	0.32	0.30	0.28	0.25	0.24
10	0.29	0.27	0.25	0.23	0.22	0.20
12	0.25	0.23	0.21	0.20	0.19	0.17
14	0.21	0.20	0.18	0.17	0.16	0.15
16	0.18	0.17	0.16	0.15	0.14	0.13
18	0.16	0.15	0.14	0.13	0.12	0.12
20	0.14	0.13	0.12	0.12	0.11	0.10
22	0.12	0.12	0.11	0.10	0.10	0.09
24	0.11	0.10	0.10	0.09	0.09	0.08
26	0.10	0.09	0.09	0.08	0.08	0.07
28	0.09	0.08	0.08	0.08	0.07	0.07
30	0.08	0.07	0.07	0.07	0.07	0.06

三、01 规范计算公式应用的规定

和 88 规范一样，01 规范对受压构件计算承载力时还规定：

(1) 计算影响系数 φ 或查 φ 表之前，应对构件高厚比 β 乘以调整系数 γ_β。

对于烧结黏土砖、烧结多孔砖砌体 $\gamma_\beta = 1.0$；

对于混凝土小型空心砌块砌体 $\gamma_\beta = 1.1$；

对于硅酸盐砖、细料石和半细料石砌体 $\gamma_\beta = 1.2$；

对于粗料石和毛石砌体 $\gamma_\beta = 1.5$；

对于灌孔混凝土砌块砌体 $\gamma_\beta = 1.0$。

这条规定主要是考虑不同类型砌体受压性能的差异。试验和分析表明，构件的纵向弯曲主要和达到强度极限时的变形有关，这取决于构件的高厚比和受压砌体应力应变曲线回归方程的参数—变形系数。影响变形系数的因素很多，试验证明其中块体的强度等级也有很大影响。块体强度高，砌体强度也高，总的变形就大，相应构件在强度到达极限时的影响系数 φ 就小。但反映在 φ 的表达式中，由于稳定系数 φ_0 仍沿用 73 规范的公式，仅与砂浆强度等级和构件高厚比有关，这对砖砌体合适，而对某些类型的砌体结构计算所得的 φ 值就偏大。为了修正这个差别，根据各类砌体试验结果采取对构件高厚比乘以系数的办法来反映。

（2）由于偏心距限制在 $0.6y$ 以内，因此 88 规范关于 $0.7y<e<0.95y$ 时的应力较小边裂缝宽度控制的验算和 $e>0.95y$ 时截面受拉边砌体通缝弯曲抗拉强度的验算均无必要了。

（3）计算构件轴向力影响系数 φ 时的高厚比计算。

受压构件的高厚比是指构件的计算高度 H_0 与截面在偏心方向的高度 h 的比值，即

$$\beta = \frac{H_0}{h} \tag{4-42}$$

各类常用受压构件的计算高度 H_0 可按表 4-4 采用。表 4-4 中 S——相邻横墙间的距离；H_u——变截面柱的上段高度；H_L——变截面柱的下段高度；H——构件高度，在房屋中即楼板或其他水平支点间的距离，在单层房屋或多层房屋的底层，构件下端的支点，一般可以取基础顶面，当基础埋置较深时，可取室内地坪或室外地坪下 $300\sim500mm$；山墙的 H 值，可取层高加山端尖高度的 $1/2$；山墙壁柱的 H 值可取壁柱处的山墙高度。

受压构件的计算高度 H_0　　　　　　　　　　　　　　　　　表 4-4

房　屋　类　别			柱		带壁柱墙或周边拉结的墙		
			排架方向	垂直排架方向	$s>2H$	$2H\geqslant s>H$	$s\leqslant H$
有吊车的单层房屋	变截面柱上段	弹性方案	$2.5H_u$	$1.25H_u$	$2.5H_u$		
		刚性、刚弹性方案	$2.0H_u$	$1.25H_u$	$2.0H_u$		
	变截面柱下段		$1.0H_l$	$0.8H_l$	$1.0H_l$		
无吊车的单层和多层房屋	单　跨	弹性方案	$1.5H$	$1.0H$	$1.5H$		
		刚弹性方案	$1.2H$	$1.0H$	$1.2H$		
	多　跨	弹性方案	$1.25H$	$1.0H$	$1.25H$		
		刚弹性方案	$1.10H$	$1.0H$	$1.1H$		
	刚　性　方　案		$1.0H$	$1.0H$	$1.0H$	$0.4s+0.2H$	$0.6s$

注：1. 表中 H_u 为变截面柱的上段高度；H_l 为变截面柱的下段高度；

　　2. 对于上端为自由端的构件，$H_0=2H$；

　　3. 独立砖柱，当无柱间支撑时，柱在垂直排架方向的 H_0 应按表中数值乘以 1.25 后采用；

　　4. S——房屋横墙间距；

　　5. 自承重墙的计算高度应根据周边支承或拉接条件确定。

偏心受压构件的偏心距过大，构件的承载力明显下降，从经济性和合理性角度看都不宜采用，此外，偏心距过大可能使截面受拉边出现过大的水平裂缝。因此，01 规范规定轴向力偏心距 e 不应超过 $0.6y$，y 是截面重心到受压边缘的距离。

新修订的砌体结构设计规范在砌体受压构件部分没有变动，继续应用 01 规范的各项规定。

四、受压构件计算例题

【例 4-1】截面尺寸为 $370\times490mm$ 的砖柱，砖的强度等级为 MU10，混合砂浆强度等级为 M5，柱高 3.2m，两端为不动铰支座。柱顶承受轴向压力标准值 $N_k=160kN$（其中永久荷载 130kN，已包括砖柱自重），试验算该柱的承载力。

【解】　　　　　　　　　$N=1.2\times130+1.4\times30=198kN$

$$\beta = \frac{3.2}{0.37} = 8.65$$

查表 4-1 得影响系数 $\varphi=0.90$

柱截面面积　　　　　$A=0.37\times0.49=0.18m^2<0.3m^2$

故 $\gamma_a = 0.7 + 0.18 = 0.88$

根据砖和砂浆的强度等级查表 3-12 得砌体轴心抗压强度 $f = 1.5\text{N/mm}^2$，则

$\varphi Af = 0.88 \times 0.18 \times 10^6 \times 0.9 \times 1.5 = 213.84 \times 10^3\text{N} = 213.84\text{kN} > 198\text{kN}$ 安全

由于可变荷载效应与永久荷载效应之比 $\rho = 0.23$ 应属于以自重为主的构件，所以再以荷载分项系数 1.35 和 1.0 重新进行计算

$$N = 1.35 \times 130 + 1.0 \times 30 = 205.5\text{kN}$$

$\varphi Af = 213.84\text{kN} > 205.5\text{kN}$ 仍然安全

【例 4-2】某食堂带壁柱的窗间墙，截面尺寸见图 4-8，壁柱高 5.4m，计算高度 $1.2 \times 5.4 = 6.48\text{m}$，用 MU10 黏土砖及 M2.5 混合砂浆砌筑。承受竖向力设计值 $N = 320\text{kN}$，弯矩设计值 $M = 41\text{kN·m}$（弯矩方向是墙体外侧受压，壁柱受拉）。试验算该墙体的承载力。

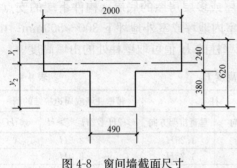

图 4-8 窗间墙截面尺寸

【解】

（1）截面几何特征

截面面积

$$A = 2000 \times 240 + 380 \times 490 = 666200\text{mm}^2$$

截面重心位置

$$y_1 = \frac{2000 \times 240 \times 120 + 490 \times 380 (240 + 190)}{666200} = 207\text{mm}$$

$$y_2 = 620 - 207 = 413\text{mm}$$

截面惯性矩 $I = 174.4 \times 10^8\text{mm}^4$

回转半径

$$i = \sqrt{\frac{I}{A}} = \sqrt{\frac{174.4 \times 10^8}{66.62 \times 10^4}} = 162\text{mm}$$

截面折算厚度

$$h_T = 3.5i = 3.5 \times 162 = 566\text{mm}$$

（2）内力计算

荷载偏心距

$$e = \frac{M}{N} = \frac{41000}{320} = 128\text{mm}$$

（3）强度验算

$$\frac{e}{h_T} = \frac{128}{566} = 0.226$$

$$\beta = \frac{H_0}{h_T} = \frac{6.48}{0.566} = 11.4$$

查表 4-2 得 $\varphi = 0.385$

MU10，M2.5 查表 3-12 得 $f = 1.30\text{N/mm}^2$

$\varphi Af = 0.385 \times 666200 \times 1.30 = 333.43\text{kN} > 320\text{kN}$ 安全

【例 4-3】由混凝土小型空心砌块砌成的独立柱截面尺寸 400mm×600mm，砌块的强度等级 MU10，混合砂浆强度等级 Mb5，柱高 3.6m，两端为不动铰支座。柱顶承受轴向

压力标准值 $N_k=225$kN（其中永久荷载 180kN，已包括柱自重），试验算柱的承载力。

【解】 $$N=1.2\times180+1.4\times45=279\text{kN}$$

对于砌块砌体求影响系数时应考虑修正系数 γ_β，应取 $\gamma_\beta=1.1$，则

$$\beta=\gamma_\beta\frac{H_0}{b}=1.1\frac{3.6}{0.4}=9.9$$

查表 4-1，$\varphi=0.87$

柱截面面积 $$A=0.4\times0.6=0.24\text{m}^2<0.3\text{m}^2$$

调整系数 $$\gamma_a=0.24+0.7=0.94$$

查表 3-14 得砌块砌体的抗压强度设计值（MU10，M5）$f=2.22\text{N/mm}^2$

但对独立柱又是双排组砌应乘以强度降低系数 0.7，则

$$\varphi Af=0.87\times400\times600\times0.94\times0.7\times2.22=305\text{kN}>279\text{kN}\qquad\text{安全}$$

由于可变荷载效应与永久荷载效应之比 $\rho=0.25$ 应属于以自重为主的构件，所以再以荷载分项系数 1.35 和 1.0 重新进行计算

$$N=1.35\times180+1.0\times45=288\text{kN}$$

$$\varphi Af=305\text{kN}>288\text{kN}\qquad\text{安全}$$

【例 4-4】 截面尺寸 190×800mm 混凝土小型空心砌块墙段，砌块的强度等级 MU10，混合砂浆强度等级 Mb5，墙高 2.8m，两端为不动铰支座。墙顶承受轴向压力标准值 $N_k=100$kN（其中永久荷载 80kN，已包括柱自重），沿墙段长边方向荷载偏心距 $e=200$mm。要求验算墙段的承载力。

【解】 $$A=190\times800=152000\text{mm}^2<0.3\text{m}^2$$

调整系数 $$\gamma_a=0.152+0.7=0.852$$

查表 得砌块砌体的抗压强度设计值

（MU10，Mb5） $$f=2.22\text{N/mm}^2$$

$$N=1.2\times80+1.4\times20=124\text{kN}$$

$$M=Ne=124\times0.2=24.8\text{kN}\cdot\text{m}$$

$$e=0.2\text{m}$$

$$\frac{e}{h}=\frac{200}{800}=0.25$$

$$\beta=\frac{H_0}{h}=\frac{2800}{800}=3.5$$

查表得 $$\varphi=0.53$$

$$\varphi Af=0.53\times152000\times0.852\times2.22=152.4\text{kN}>124\text{kN}\qquad\text{安全}$$

由于 $\rho=\dfrac{20}{80}=0.25$ 所以还应考虑 $\gamma_G=1.35$，$\gamma_Q=1.0$ 的组合。

$$N=1.35\times80+1.0\times20=128\text{kN}$$

$$152.4\text{kN}>128\text{kN}\qquad\text{仍为安全}$$

根据规范规定还应在截面短边方向按轴心受压进行验算。

$$\beta=\frac{H_0}{h}=\frac{2800}{190}=14.7$$

$$\varphi=0.75$$

$$\varphi A f = 0.75 \times 152000 \times 0.852 \times 2.22 = 215.6 \text{kN} > 124 \text{kN} \qquad \text{安全}$$

第四节　偏压构件计算方法的讨论

由附加偏心距法得出的受压构件承载力计算公式，可由下式表示

$$N \leqslant \varphi A f \tag{4-43}$$

$$\varphi = \cfrac{1}{1 + \left(\cfrac{e_0 + e_i}{i}\right)^2} \tag{4-44}$$

实际上，式（4-44）中 e_0、e_i 是对应于不同的截面。

按规范规定的计算简图如图 4-9 所示。每层墙体作为竖向放置的简支梁，楼（屋）盖及上层墙体传的荷载作用下产生的弯矩图为三角形分布。显然对偏心影响系数 α 而言，墙上端点为最不利，但是此处稳定系数 φ_0 值并不是最不利。从理论上说，该处 φ_0 应为1，因为在支座截面不可能出现水平位移。所以，前苏联 1955 年规范[4-12]规定，中部 1/3 柱高范围按 φ_0 采用而支座截面取为 1.0，两者之间按线性变化（图 4-10）。

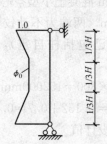

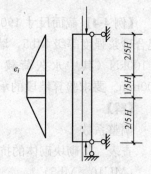

图 4-9　墙体计算简图　　　　图 4-10　φ_0 沿墙高变化　　　图 4-11　e_i 沿墙高变化

73、88 规范为简化计算并偏于安全，取 φ_0 沿柱高不变计算。

01 规范采用附加偏心距法计算受压构件，上述矛盾并未解决。从理论依据到试验验证都表明，所采用的附加偏心距是指构件中部截面处，而不可能是支座截面处。

英国规范 BS5628[4-13]也采用附加偏心距，但用高厚比 β 作为参数

$$e_i = h\left(\frac{1}{2400}\beta^2 - 0.015\right) \tag{4-45}$$

并且规定在中部 $\dfrac{1}{5}H$ 范围以外 e_i 取变值以支座处 $e_i = 0$ 作线性过渡（图 4-11）。

这种处理方法和苏联规范对 φ_0 值处理相类似。

结合工程应用按图 4-9 进行计算时，就会产生这样的问题，如果按中部截面计算附加偏心距 e_i，则所对应的弯矩值只有上端弯矩的一半。如果按上端截面计算则 e_i 只能认为等于零。而习惯的计算方法却是按支座截面最大弯矩产生的偏心距去计算跨中的 e_i 再来验算支座截面的强度。

文献［4-14］参照英国规范规定取 $0.6M_0$ 处作为控制截面，在三角形弯矩图时该处附近的附加偏心矩最大，经过分析提出了该处的 e_i 计算公式

$$e_i = \frac{h}{\sqrt{12}} \sqrt{\frac{1}{\varphi_0} - 1} \left[1 + 3\frac{e}{h}\left(\frac{e}{h} - 0.2\right)\right] \tag{4-46}$$

并指出，按（4-46）计算的承载力比 01 规范方法提高 60% 左右。

笔者认为，对这个问题开展讨论和研究以寻求更为合理的计算方法是有益的也是很有意义的，不过鉴于我国目前结构可靠度水平比较低，特别是偏压构件，让墙体的承载力留一定的安全储备也许是合适的。此外，还应看到，砌体结构偏压构件传统的试验方法，试件下端直接置于压力机底座上，仅是上端加偏心传力刀口，这和上、下都加偏心刀口的情况有一定差距，试验值比理想的偏心受压偏高。

第五节　双 向 偏 压 构 件

砌体双向偏心受压是工程上可能遇到的受力形式，过去研究较少，规范也未能提供计算方法，01 规范补充了这方面的规定。

湖南大学根据 48 个砌体短柱和 30 个长柱双向偏心受压的试验结果，分析了偏心距对砌体受力性能和破坏特征的影响，提出承载力计算公式[4-12]。

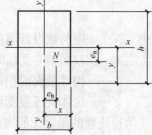

图 4-12　双向偏压示意图

试验表明，偏心距 e_h、e_b 的大小（图 4-12）对砌体竖向、水平向裂缝的出现、发展及破坏形态有着不同的影响。

当两个方向的偏心距均很小时（偏心率 e_b/h、e_b/b 小于 0.2），砌体从受力、开裂以至破坏均类似于轴心受压构件的三个受力阶段。

当一个方向偏心距很大（偏心率达 0.4），而另一方向偏心距很小（偏心率小于 0.1）时，砌体的受力性能与单向偏心受压类似。

当两个方向偏心率达 0.2～0.3 时，砌体内水平裂缝和竖向裂缝几乎同时出现。

当两个方向偏心率达 0.3～0.4 时，砌体内水平裂缝较竖向裂缝出现早。

试验结果还表明，砌体接近破坏时，截面四个边缘的实测应变值接近线性分布。

根据短柱试验结果和单向偏压相似，可以得出双向偏压的偏心影响系数计算公式（矩形截面）：

$$\alpha = \frac{1}{1 + 12\left(\frac{e_b}{b}\right)^2 + 12\left(\frac{e_h}{h}\right)^2} \tag{4-47}$$

和单向偏压一样通过附加偏心距法可得双向偏心受压构件承载力的影响系数计算公式：

$$\varphi = \frac{1}{1 + 12\left[\left(\frac{e_b + e_{ib}}{b}\right)^2 + 12\left(\frac{e_h + e_{ih}}{h}\right)^2\right]} \tag{4-48}$$

沿 h 方向产生单向偏压时

$$\varphi = \frac{1}{1 + 12\left(\frac{e_h + e_{ih}}{h}\right)^2}$$

当 $e_h=0$ 时 $\varphi=\varphi_0$ 则得

$$e_{ih}=\frac{h}{\sqrt{12}}\sqrt{\frac{1}{\varphi_0}-1}$$

同样，沿 b 方向偏压时，可得

$$e_{ib}=\frac{b}{\sqrt{12}}\sqrt{\frac{1}{\varphi_0}-1}$$

根据试验结果进行修正则得：

$$e_{ih}=\frac{h}{\sqrt{12}}\sqrt{\frac{1}{\varphi_0}-1}\left[\frac{e_h/h}{e_h/h+e_b/b}\right] \qquad (4-49)$$

$$e_{ib}=\frac{b}{\sqrt{12}}\sqrt{\frac{1}{\varphi_0}-1}\left[\frac{e_b/b}{e_h/h+e_b/b}\right] \qquad (4-50)$$

这样，砌体双向偏心受压构件的承载力可按下式计算：

$$N\leqslant\varphi Af \qquad (4-51)$$

式中　N——由荷载设计值产生的双向偏心轴向力；

　　　φ——双向偏心受压时的承载力影响系数按式（4-48）～式（4-50）计算；

　　　A——构件截面面积；

　　　f——砌体抗压强度设计值。

值得注意的是，无筋砌体双向偏心受压构件一旦出现水平裂缝，截面受拉边立即退出工作，受压区面积减小，构件刚度降低，纵向弯曲的不利影响随之增大。因此，当荷载偏心距很大时，不但构件承载力低，也不安全。所以 01 规范对双向偏心受压构件的偏心距给予限制，e_b、e_h 分别不宜大于 $0.25b$ 和 $0.25h$。

此外，当一个方向的偏心率（e_b/b 或 e_h/h）不大于另一方向的偏心率的 5% 时，可简化按另一个方向的单向偏心受压计算，其误差不大于 5%。

第六节　砌体受剪构件承载力计算

砌体结构单纯受剪的情况是很难遇到的，一般是在受弯构件中（如砖砌体过梁、挡土墙等）存在受剪情况，再者，墙体在水平地震力或风荷载作用下或无拉杆的拱支座处在水平截面砌体受剪。后几种受剪往往同时还作用有竖向荷载使墙体处于复合受力状态。

一、砌体受剪的破坏形态

第二章所述砌体抗剪强度试验采用"单剪"或"双剪"试件，目的是求得砌体的通缝抗剪强度，希望取得砌体的单纯抗剪强度。实际上，由于荷载偏心在受剪面上还存在着一定的正应力，所以只是一种近似的方法。当采用墙片对角加载试验时，往往出现沿阶梯形截面裂开的破坏状态。由于竖向灰缝不密实，因此沿阶梯形截面的抗剪强度也就是沿水平灰缝截面的抗剪强度。

当砌体受剪力作用的截面上同时还有垂直压应力时，可以通过许多方法进行试验。例如，双向受压的砌体墙片，使水平灰缝与铅直线成不同角度（图 4-13）[4-9]，或者单向受压的墙垛将水平灰缝砌成不同的倾角（图 4-14）[4-10]，都能得到水平灰缝截面上正应力与剪应力不同组合下的抗剪强度。还可以在沿阶梯形截面抗剪试验基础上施加法向应力的办法来反映法向应力对抗剪强度的影响。

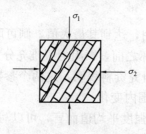

图 4-13 双向受压墙片

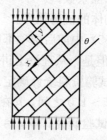

图 4-14 斜砌单向受压墙垛

试验表明，通缝截面上的法向压应力 σ_y 与剪应力 τ 的比值不同，剪切破坏的形态也不同。当 σ_y/τ 较小时，相当于通缝方向与竖直方向的夹角 $\theta \leqslant 45°$ 时，砌体将沿通缝受剪而且在摩擦力作用下产生滑移而破坏，可称为剪切滑移破坏或剪摩破坏（图4-15a）。当 σ_y/τ 较大，即 $45° < \theta \leqslant 60°$ 时，砌体将产生阶梯形裂缝而破坏，称剪压破坏（图4-15b）。当 σ_y/τ 更大时，砌体基本上沿压应力作用方向产生裂缝而破坏，接近于单轴受压时破坏称为斜压破坏（图4-15c）[4-11]。

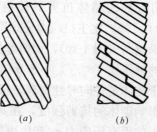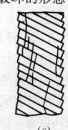

(a)　　　(b)　　　(c)

图 4-15 斜砌墙垛的破坏形态

二、砌体抗剪强度理论

目前关于复合受力下砌体抗剪强度理论基本上有 2 种，即主拉应力破坏理论和剪摩理论。

主拉应力破坏理论提出的破坏准则是砌体复合受力下的主拉应力达到砌体抗主拉应力强度（砌体截面上无垂直荷载作用时沿阶梯形截面的抗剪强度 f_{v0}）而产生剪切破坏，应符合下式条件

$$\sigma_i = -\frac{\sigma_0}{2} + \sqrt{\left(\frac{\sigma_0}{2}\right)^2 + \tau^2} \leqslant f_{v0} \tag{4-52}$$

即

$$\tau \leqslant f_{v0}\sqrt{1 + \frac{\sigma_0}{f_{v0}}} \tag{4-53}$$

此外 τ 即为砌体复合受力下抗剪强度 f_v，可写为

$$f_v \leqslant f_{v0}\sqrt{1 + \frac{\sigma_0}{f_{v0}}} \tag{4-54}$$

我国《工业与民用建筑抗震设计规范》TJ 11—78 即采用此式计算砌体的抗剪强度，《建筑抗震设计规范》对砖砌体仍然采用此式计算。但是这个理论是基于点应力的破坏准则，对于工程上已开裂甚至裂通的墙体仍能整体受力的现象难以解释。这是其不足之处。

剪摩理论认为砌体复合受力的抗剪强度是砌体的粘结强度与法向压力产生的摩阻力之和，即

$$f_{vm} = af_{v0} + \mu\sigma_0 \tag{4-55}$$

式中　f_{vm}——砌体复合受力抗剪强度平均值；

a——参数；

μ——摩擦系数；

f_{v0}——砌体的抗剪强度。

如果式（4-55）中前后两项都能得到充分作用，达到其最大值，则可取 $a=1$，μ 取摩擦系数最大值。但是，从理论上讲，粘结强度破坏之前，摩阻力很难充分发挥作用。因此 a 和 μ 值应根据试验资料统计确定。已有的试验研究资料表明，这两个参数在一定的范围内变动，a 在 $0.5 \sim 1.0$ 之间，μ 在 $0.3 \sim 0.84$ 范围内变化。

根据我国的试验研究，取 $a=1$，$\mu=0.4$，就强度平均值而言，可以写成

$$f_{vm} = f_{v0m} + 0.4\sigma_0 \tag{4-56}$$

此式和砌体结构设计与施工国际建议（CIB58）以及前苏联和英国等国砌体结构规范公式比较一致。

国内 98 个剪切破坏的墙体抗剪试验值和式（4-56）计算值比较，其平均比值为 1.027，变异系数为 0.192。比主拉应力公式符合程度更好一些。主拉应力公式在 σ_0 较小时，给出的计算结果偏高（图 4-16），而剪摩公式当 σ_0 较大时，计算值偏高。但工程中一般来说墙体所承受的轴压比（σ_0/f）小于 0.25，所以基本上处于剪摩破坏形态范围。

应该看到，由于砌体是各向异性材料，随着 σ_0/τ 的比值不同，可能发生不同的剪切破坏形态，也直接影响砌体的抗剪强度，在 σ_0 较小时，水平灰缝中砂浆产生较大的剪切变形，所以受剪面上的垂直压应力 σ_0 产生摩擦力将减小或阻止砌体的水平滑移，因此随着 σ_0 的增加，砌体抗剪强度亦增加。当 σ_0 增加到一定数值时，砌体截面上有可能因抗主拉应力强度不足而发生剪压破坏。此时 σ_0 的增长对砌体抗剪强度的影响趋于平缓。而当 σ_0 更大时，砌体可能产生斜压破坏。

图 4-17 表明，随 σ_0 的增长可能发生的几种破坏形态和不同的抗剪强度值。

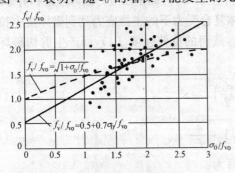

图 4-16　抗剪强度试验值分布

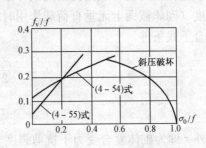

图 4-17　抗剪强度限值

三、88 规范对砌体受剪构件承载力的计算

88 规范采用的抗剪强度公式为

$$f_{vm} = f_{v0m} + 0.4\sigma_0 \tag{4-57}$$

按照强度设计值取值方法及强度变异等因素的影响，对式（4-56）进行交换

$$f_v = \frac{1}{\gamma_1} \cdot f_{vm}(1 - 1.645\delta)$$

取材料分项系数 $\gamma_1 = 1.5$，砌体抗剪强度变异系数 $\delta = 0.2$（毛石砌体除外）则

$$f_v = 0.447 f_{vm}$$

式（4-56）可改写

$$f_v = f_{v0} + 0.18\sigma_k$$

这样，受剪构件的承载力可按下式计算

$$V \leqslant (f_{v0} + 0.018\sigma_k)A \tag{4-58}$$

式中 f_{v0}——砌体的抗剪强度设计值即规范中的 f_v；

σ_k——恒载标准值产生的平均压应力。

当垂直应力较大时，砌体还可能产生斜压破坏，因此在按式（4-58）计算时，还宜使 $f_{v0} + 0.18\sigma_k$ 不大于 $f + 0.47\sigma_0$，σ_0 为上部荷载设计值产生的平均压应力。

四、01 规范采用的受剪构件承载力计算公式

根据重庆建筑大学的试验和分析[4-16][4-17]，发现现有的两种抗剪强度计算模式（主拉应力和剪摩理论模式）存在着一些不尽合理和不完善之处，例如：

1. 随着轴压比 σ_0/f 的增加两种理论的抗剪强度均是有增无减，不符合试验结果。σ_0/f 越大，越偏于不安全。

2. 试验表明，随着 σ_0/f 的增大，构件先后出现了剪摩、剪压和斜压三个破坏阶段和破坏形态而两种理论则无法划分和体现这些区别。

3. 对于不同砌体类别和静力与抗震两种不同受力状态两种理论均难以协调衔接，主拉应力理论公式用于抗震抗剪计算当 σ_0 很小时甚至于得出抗震抗剪强度 f_{vE} 小于静力强度 f_{v0} 的结果。

01 规范根据重庆建筑大学的试验采用变系数剪摩理论的计算模式，能较好地反映了在不同轴压比下的剪压相关性和相应阶段的受力工作机理，克服了原公式的局限性，即

$$V \leqslant (f_v + \alpha\mu\sigma_0)A \tag{4-59}$$

当 $\gamma_G = 1.2$ 时，

$$\mu = 0.26 - 0.082 \frac{\sigma_0}{f} \tag{4-60}$$

当 $\gamma_G = 1.35$ 时，

$$\mu = 0.23 - 0.065 \frac{\sigma_0}{f} \tag{4-61}$$

式中 V——截面剪力设计值；

A——构件水平截面面积。当有孔洞时，取砌体净截面面积；

f_v——砌体的抗剪强度设计值；

α——修正系数，当 $\gamma_G = 1.2$ 时对砖砌体取 0.6，对混凝土砌块砌体取 0.64；当 $\gamma_G = 1.35$ 时，砖砌体取 0.64，砌块砌体取 0.66；

μ——剪压复合受力影响系数，按公式（4-60）、式（4-61）计算；

σ_0——永久荷载标准值产生的水平截面平均压应力；

σ_0/f——轴压比，且不大于 0.8。

新修订的砌体结构设计规范在砌体受剪构件部分没有变动，继续应用 01 规范的各项规定。

【例 4-5】 混凝土小型空心砌块砌体墙长 1.6m，厚 190mm，其上作用正压力标准值 $N_k = 50kN$（其中永久荷载包括自重产生的压力 35kN），在水平推力标准值 $P_k = 20kN$（其中可变荷载产生的推力 15kN）作用下试求该墙段的抗剪承载力。砌块墙采用 MU10 砌块、M5 混合砂浆砌筑。

【解】 当由可变荷载起控制的情况，即取 $\gamma_G=1.2$，$\gamma_Q=1.4$ 的荷载分项系数组合时该墙段的正应力

$$\sigma_0=\frac{N}{A}=\frac{1.2\times35000+1.4\times15000}{1600\times190}=0.2\text{N/mm}^2$$

MU10 砌块，M5 砂浆查表 3-14，表 3-18 得 $f=2.22\text{N/mm}^2$，$f_v=0.06\text{N/mm}^2$

$\alpha=0.64$，$\mu=0.26-0.082\dfrac{\sigma_0}{f}=0.253$

则 $V=(f_v+\alpha\mu\sigma_0)A=(0.06+0.64\times0.253\times0.2)1600\times190=28085\text{N}$

$P=1.2\times5000+1.4\times15000=27000\text{N}<28085\text{N}$ 安全

当由永久荷载起控制的情况，即取 $\gamma_G=1.35$，$\gamma_Q=1.0$ 的组合时

$$\sigma_0=\frac{N}{A}=\frac{1.35\times35000+1.0\times15000}{1600\times190}=0.205\text{N/mm}^2$$

$\alpha=0.66$，$\mu=0.23-0.065\dfrac{\sigma_0}{f}=0.224$

$V=(f_v+\alpha\mu\sigma_0)A=(0.06+0.66\times0.224\times0.205)1600\times190=27453\text{N}$

$P=1.35\times5000+1.0\times15000=21750\text{N}<27453\text{N}$ 安全

参 考 文 献

[4-1] 《砌体结构设计规范》GB 50003—2001,中国建筑工业出版社,2002

[4-2] 四川省建筑科学研究所,"砖石结构构件偏压计算方法的试验研究",1983.8

[4-3] 丁大钧."砖石结构设计中若干问题的商榷",《南京工学院学报》,1982 年 2 期

[4-4] 施楚贤."砖砌体偏心受压构件的承载力分析",《砌体结构研究论文集》.长沙:湖南大学出版社,1989

[4-5] 砖石结构设计规范修订组,"砖石结构构件偏心受压的计算",《建筑技术通讯建筑结构》,1976 年 3 期

[4-6] 钱义良."砌体结构构件的偏心受压",《砌体结构研究论文集》.长沙:湖南大学出版社,1989

[4-7] 张兴武."偏压砖柱的强度相关公式",《砌体结构研究论文集》.长沙:湖南大学出版社,1989

[4-8] 《砌体结构设计规范》(GBJ3—88),北京:中国建筑工业出版社,1988

[4-9] 单荣民,唐岱新."双向受压砖砌体强度的试验研究",《哈尔滨建筑工程学院学报》,1988 年 2 期

[4-10] 王庆霖."无筋墙体的抗震剪切强度",《砌体结构研究论文集》,长沙:湖南大学出版社,1989

[4-11] 砖石结构设计规范抗震设计研究组,"无筋砌体的抗震剪切强度",《建筑结构学报》,1984 年 6 期

[4-12] 刘桂秋,施楚贤.砌体双向偏心受压构件承载力的设计方法,建筑结构,2000 年 3 期

[4-13] A. W. Hendry;A. Code of Practice for Load bearing Briekwork;BS5628 An introduction to Load bearing brick work design Ellis Horwood Ltd Engrand,1981

[4-14] 孙伟民."墙体设计中的附加偏心距和控制截面",《南京建工学院学报》,1991 年 3 期

[4-15] 杨万军.施楚贤,偏心受压砌体构件偏心距计算的讨论,建筑结构,1999 年 11 期

[4-16] 骆万康.砌体抗剪强度计算建议公式与砌体规范和抗震规范的拟合,《现代砌体结构》,中国建筑工业出版社,2000 年 12 月

[4-17] 骆万康,李锡军,砖砌体剪压复合受力动、静力特性与抗剪强度公式,重庆建筑大学学报 2000 年 4 期

第五章　砌体结构局部受压计算

局部受压（以下简称局压）是砌体结构中常见的受力形式。例如砖柱支承在基础上，钢筋混凝土梁支承在砖墙上等。

1975 年开始原哈尔滨建筑工程学院针对砌体均匀局压、梁端有效支承长度、梁端砌体局压以及垫块、垫梁下局压等项目进行了较为系统的试验研究，提出了相应的计算方法，并为 88 规范所采用。1990 年以后原哈尔滨建筑大学继续就垫块上有效支承长度、柔性垫梁三维受力分析以及梁端约束等问题作了试验和电算分析，对局压计算内容进行补充并列入 01 规范[5-1]。

第一节　砌体截面局部均匀受压

当荷载均匀地作用在砌体的局部面积上时，称为均匀局压。按其相对位置不同又可分为下列几种受荷情况：中心局压、中部或边缘局压、角部局压和端部局压等（图 5-1）。

试验表明，局压相对位置是影响局压承载力很重要的因素之一。

均匀局压是研究局压强度的最基本情况。人们根据经验和试验知道，砌体在局部受压情况下的强度大于砌体本身的抗压强度。一般可用局压强度提高系数 γ 来表示。

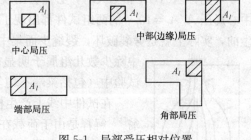

图 5-1　局部受压相对位置

一、砌体局部受压工作实质

通过大量试验，发现砖砌体局部受压可能有三种破坏形态：(1)竖向裂缝发展而破坏；(2)劈裂破坏；(3)局压面积处局部破坏。

一般墙段在中部局压荷载作用下试件中线上的横向应力 σ_x 和竖向应力 σ_y，无论实测还是电算都得到如图 5-2 所示的分布图形。可以看出，在钢垫板下面的砌体处于双向或三向（当中心局压时）受压状态，因而大大提高了局压面积处砌体的抗压强度。垫板下方一段长度上出现横向拉应力，当此拉应力超过砌体的抗拉强度时即出现竖向裂缝。初裂大体上都在最大横向拉应力附近出现。随着荷载的增加，裂缝向上、下方向发展，同时也出现其他竖向裂缝和斜裂缝。这时砌体内应力状况已经发生变化，双向应力可能逐渐转变成竖向裂缝之间条带上的单向压应力了，当此压应力达到砌体抗压强度时，砌体被压坏。临破坏时往往可以看到砖块被压碎掉渣。一般来说破坏时均有一条主要裂缝贯穿整个试件，也即破坏是在试件内部发生，而不是在局部受压面积处产生的。当 A/A_l（A——试件截面积；A_l——局压面积）比值较小时而试件高度又较大，则破坏时裂缝多在试件上部而不贯穿到底。上述情况属于第一种破坏形态（图 5-3a）。

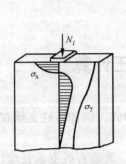

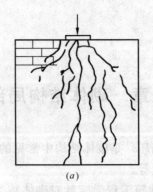

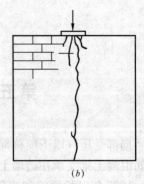

图 5-2　试件中线上的 σ_x、σ_y 分布　　　　图 5-3　砌体局部均匀受压破坏形态

　　局压试验表明，开裂荷载 N_{cr} 与局压破坏荷载 N_l 的比值 β 一般都小于 1，它随着面积比 A/A_l 的增加而增大。在一般墙段边缘均匀局压的系统试验中大致可得出表 5-1 中的关系。

开裂荷载与局部受压破坏荷载的比值　　　　　　　　　　　　　　表 5-1

A/A_l	4.5	5.5	6.5	7.2
N_{cr}/N_l	0.7	0.78	0.82	0.85

　　可见，当 A/A_l 相当大时，必然会出现 $\beta=1$ 的情况。事实上一般墙段 $A/A_l=11.7$ 和中心局压 $A/A_l=10.7$ 的两组试件都出现了这样的情况。$\beta=1$，也即开裂与破坏是同时发生的，实际上就是劈裂破坏，裂缝少而集中，破坏时犹如刀劈（图 5-3b）。大量局压试验中除少数几组属于明显的劈裂破坏外，其余均属于第一种破坏形态。试验中（包括梁端不均匀局压）尚未见到过钢垫板下砖被压碎的现象。

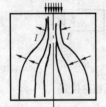

图 5-4　力线分布图

　　在试件中线上产生横向压应力和拉应力（图 5-2）的原因，按居易翁[5-2]解释是由于荷载在试件中扩散所致。图 5-4 中 I 点是力线的拐点，其上边力线向内凹，产生向内压力，下边则产生拉力。用力的扩散来解释局压工作的实质可能是比较恰当的。

　　砖砌体局压工作似乎可以这样来描述，由于力线扩散使钢垫板下砌体处于双向受压状态，因而砌体很难被压坏，中部以下砌体处于竖向受压、横向受拉的应力状态，当最大横向拉应力 σ_x 达到砌体抗拉强度 $f_{t,m}$ 时，即出现第一条竖向裂缝。由于 σ_x 只是在小范围内达到 $f_{t,m}$，所以砌体并不能破坏。随着竖向裂缝的发展和出现其他的竖缝和斜缝，砌体内部应力分布情况发生了变化，可以认为，当被竖向裂缝分割的条带内竖向应力达到砌体抗压强度时，砌体即破坏。局压电算资料表明随着 A/A_l 的增大，横向拉应力 σ_x 的分布越来越均匀，也即中线上比较长的一段 σ_x 会同时达到 $f_{t,m}$ 致使砌体突然劈裂破坏。电算资料还表明随着 A/A_l 的比值减小，最大横向拉应力的位置逐渐上移，这是因为力的扩散作用在上部较小范围内就已完成。因此局压的破坏也就应该在上部发生，而砌体下部破坏则必定是轴压而不是局压引起的。当 A/A_l 比值接近 1 时，力的扩散现象逐渐消失，构件转入轴压的破坏形态。因而在 A/A_l 比值较小时，局压破坏往往掺带着轴压破坏的特征（N_{cr}/N_l 比值较小，裂缝较多等）。

　　可以认为，只要存在未直接受荷的面积，就有力的扩散现象，就会产生双向或三向应力，也就能在不同程度上提高直接受压部分的强度。这样，不但对中心局压，而且对砌体中部边缘局压、端部、角部局压都能得到比较符合实际的解释。

二、局部抗压强度提高系数

一般墙段中部（边缘）局压是工程上最常见的情况，较系统的试验采用固定的局压面积（$A_l=200\text{mm}\times250\text{mm}$）而变化试件的长度 B，取面积比 A/A_l 作为参数（图 5-5）。试验表明，γ 与 A/A_l 存在着密切的相关关系。考虑到 $A/A_l=1$ 时 γ 应等于 1，故采用下列关系式

$$\gamma = 1 + \xi \sqrt{\frac{A-A_l}{A_l}} \tag{5-1}$$

根据 15 组 45 个试件试验结果回归得 $\xi=0.378$，则得[5-3]

$$\gamma = 1 + 0.378 \sqrt{\frac{A-A_l}{A_l}} \tag{5-2}$$

相关系数 $R=0.951$。

式（5-2）由两项组成，意味着砌体的局压强度由两部分所组成：其一是局压面积 A_l 本身的抗压强度；其二是非局压面积（$A-A_l$）所提供的侧向影响，有较为明确的物理概念。

墙段端部均匀局压试验中为了防止非局压破坏（图 5-6a）；在试件后部加一个不大的钢梁锚固在静力台上（图 5-6b），这样做法效果很好，即便已经被拉裂的试件，掉头重新加荷也能得到应有的局压承载力。墙端局压多数取与试件相同的宽度，也有几组小于试件宽度的（图 5-7）。

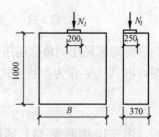

图 5-5　局压试验方案

同样，在拐角墙段角部均匀局压试验时，也在后部采用加压力的办法防止非局压破坏（图 5-8）。

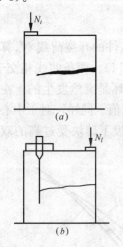

图 5-6　墙端部局压

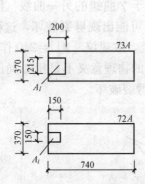

图 5-7　墙端部局压试验

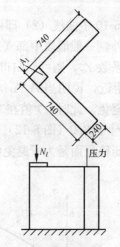

图 5-8　墙段角部局压

试验中发现，一律用试件全部截面与局压面积之比 A/A_l 作为参数并不恰当，有几组试件在另一端头砌体已被压坏的情况下仍然能得出较高的 γ 值，可见有效的 A_0 不会是整个试件。

对于边缘局压，墙端部局压和角部局压情况，实际工程上多为墙体在梁端局部受压的

情况，其 A_0 取值采用梁边算起每边各取一倍墙厚的规定（图 5-9）。采用这种 A_0 取值办法是因为：（1）它和一般墙段边缘局压的试验结果很符合；（2）墙端局压和角部局压按此办法取 A_0 后，发现其试验点和边缘局压试验曲线很接近。也就是说用这种 A_0 取值来反映各种 A_l 与 A 相对位置对 γ 的影响，使复杂的问题简化是有可能的。

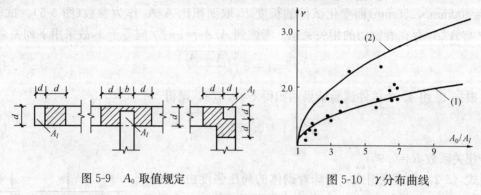

图 5-9　A_0 取值规定　　　　　　　　图 5-10　γ 分布曲线

将端部局压、角部局压 11 组 35 个试件的试验数据连同一般墙段中部边缘局压的数据，取 A_0/A_l 作为参数按式（5-1）的形式重新进行回归，可得 $\xi = 0.364$，亦即

$$\gamma = 1 + 0.364 \sqrt{\frac{A_0 - A_l}{A_l}} \tag{5-3}$$

图 5-10 中曲线（1）即按式（5-3）得出，其相关系数 $R = 0.877$。

对于方形截面中心均匀受压，共作了 11 组 29 个试件试验，根据数理统计可得 $\xi = 0.708$，也即

$$\gamma = 1 + 0.708 \sqrt{\frac{A - A_l}{A_l}} \tag{5-4}$$

图 5-10 中曲线（2）即由式（5-4）给出。

此外，一般墙段中部（边缘）局部受压试验中，如将各组试件的开裂荷载 N_{cr} 算出开裂强度系数 γ_{cr}，则可回归得出不同于 γ 曲线的另一曲线（图 5-11）。两条曲线相交于 $A/A_l = 9$ 附近，说明当 $A/A_l > 9$ 时很可能出现劈裂破坏，这种破坏是突然发生的，在工程上应该避免。此时，γ 值在 2.1 以上，故建议 $[\gamma] = 2.0$ 作为限值。同样，对于中心局压得出 $[\gamma] = 3.0$（图 5-12）。γ 限值的物理意义不是担心局压垫板下砖块受过高的双向压力而被压碎，而是为了避免危险的劈裂破坏。

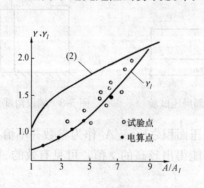

图 5-11　中部（边缘）局压 γ、γ_f 分布

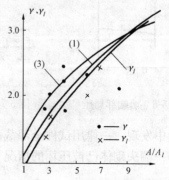

图 5-12　中心局压 γ、γ_f 分布

74

三、规范的表达式

基于上述试验研究结果，88 规范对于一般墙段中部（边缘）、端部、角部局压情况，γ 值按式（5-5）系数取整后采用[5-4]，即

$$N_l \leqslant \gamma A_l f \tag{5-5}$$

$$\gamma = 1 + 0.35 \sqrt{\frac{A_0}{A_l} - 1} \tag{5-6}$$

式中　N_l——局压面积上荷载设计值产生的轴向力；

　　　A_l——局部受压面积；

　　　f——砌体抗压强度设计值；

　　　A_0——影响局部抗压强度的计算面积。

在砌体结构实际工程中，中心局压情况相对来说较为少见。为了简化计算，规范对于中心局压统一按公式(5-6)计算。此时，影响局部抗压强度的计算面积 A_0 可按图 5-13 确定。

关于 γ 限值，规范规定：对于中心局压 $\gamma \leqslant 2.5$；一般墙段中部（边缘）局压 $\gamma \leqslant 2.0$；考虑到墙端部局压和角部局压较为不利，为安全起见，分别规定 $\gamma \leqslant 1.25$（端部），$\gamma \leqslant 1.5$（角部）。

对于中心局压，γ 计算值规范已经改按式（5-6）计算，所以 γ 限值也从 3.0 改为 2.5。这里还包涵着控制 A_0/A_l 的比值不使之过大的用意，因为 A_0/A_l 比值过大，局压强度将增加过多，从安全角度看不大合适。再说 $\gamma = 3.0$，按式（5-6）计算，意味着 $A_0 = 30A_l$ 以上，这实际上是不可能的。当然，对于图 5-13 中其他几种情况，γ 限值的意义主要是防止出现危险的劈裂破坏。

从实际应用的角度看，γ 限值有时起简化计算的作用。例如，图 5-13（b）的情况，一般可不必按式（5-6）计算 γ 值而直接按 $\gamma = 1.25$ 采用。因为图中展示 $A_0 = h(a+h)$，$A_1 = a \cdot h$，则

$$\gamma = 1 + 0.35 \sqrt{\frac{h(a+h)}{ah} - 1} = 1 + 0.35 \sqrt{\frac{h}{a}}$$

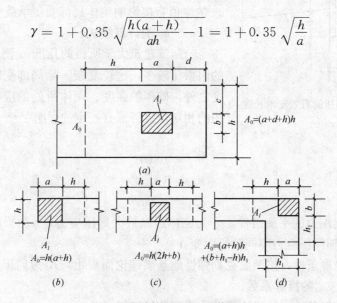

图 5-13　计算面积 A_0 取值规定

一般情况下 a 值在（0.5～1.5）h 范围，代入后有

$$\gamma = 1.28 \sim 1.5 > 1.25$$

所以直接取 1.25 是可以的。

对于图 5-13(c)的情况，为简化计算，一般也可直接按 $\gamma = 1.5$ 采用。因为 $A_l = bh$，$A_0 = (2h+b)h$ 代入式（5-6）

$$\gamma = 1 + 0.35 \sqrt{\frac{(2h+b)h}{ah} - 1} = 1 + 0.35 \sqrt{\frac{2h}{a}}$$

取 $b = h$，则 $\gamma = 1.5$，也即当 $A_0 \geqslant 3A_l$ 时，$\gamma = 1.5$，而这往往是容易满足的。国外规范对上述两种情况有时直接规定其 γ 值，而不进行计算，这是有道理的。而这两种情况往往是砌体结构局压的最一般情况。

哈尔滨建筑大学还做过空心砌块砌体的局压试验，发现未灌实的砌块砌体由于孔洞之间的内壁比较薄，在局压荷载作用下内壁压酥而提前破坏，其局压承载力低于实心砌块砌体[5-5]。所以，规范规定未灌实的空心砌块砌体 γ 值取 1.0，也即不考虑其强度的提高。当按构造灌实一皮砌块时，才可以应用式（5-5）、式（5-6）计算，但砌体强度仍按未灌实者采用。

对于多孔砖砌体孔洞难以灌实时，应按 $\gamma = 1.0$ 取用，因为此时容易产生提前的劈裂破坏。也可设混凝土垫块，按垫块下局压计算。

第二节　梁端有效支承长度

当梁直接支承在砌体上时，由于梁的弯曲，使梁的末端有脱开砌体的趋势（图5-14）。将梁端底面没有离开砌体的长度称为有效支承长度 a_0，因此，a_0 不一定都等于梁端搭入砌体的长度 a。梁端局部受压面积 A_l 由 a_0 与梁宽 b 相乘而得，所以，a_0 的取值直接影响砌体局部受压承载力。

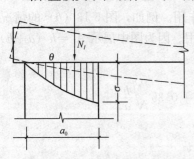

图 5-14　梁端局压的有效支承长度

一、a_0 的计算模式

哈尔滨建筑大学所做的几批 a_0 测定表明，影响 a_0 的因素比较多，比较复杂。除局部受压荷载、梁的刚度之外，砌体的强度、砌体所处的应力阶段、局压面积的相对位置等都有一定的影响[5-6]。

如令：

$$N_l = \eta a_0 b \sigma_c \tag{a}$$

$$\sigma_c = K y_{max} \tag{b}$$

$$y_{max} = a_0 \tan\theta \tag{c}$$

式（a）为梁端力的平衡条件，σ_c 为砌体边缘最大局压应力，η 为梁端底面压应力图形不均匀系数，随局压应力不同阶段而变。

式（b）为物理条件，按照温克勒弹性地基梁理论而得出，K 为局压边缘最大应力 σ_c 与最大竖向变形 y_{max} 的换算系数。

式（c）为几何条件，$\tan\theta$ 为梁端轴线倾角的正切。

将式 (b)、(c) 代入 (a)，则可建立 a_0 的计算模式如下：

$$a_0 = \sqrt{\frac{N_l}{\eta K b \tan\theta}} \qquad (5\text{-}7)$$

式 (5-7) 中，当取 $\eta = 0.5$ 时，即为苏联规范公式；在表达式上式 (5-7) 与它是相近的，但 ηK 的物理意义和取值并不相同，ηK 的取值应根据试验确定。

二、砌体局压临破坏时的 a_0 计算公式

a_0 的测定按墙段中部和端部局压进行 7 组共 20 个试件。

墙端部局压的试验装置如图 5-15 所示。在梁端底面处两侧布置千分表测点，直接量测梁底面与砌体的相对变形值。用直线回归方法求出零点位置即得实测的 a_0 值。

P_1、P_2 为两台千斤顶分级施加的荷载。两点加荷的方案是按获得较大支座反力 N_l 和较大梁端倾角 θ（接近于 $\omega/l = 1/250$），而钢梁又不致先于砌体破坏的原则设计的。

后支座设测力装置，以期准确确定梁

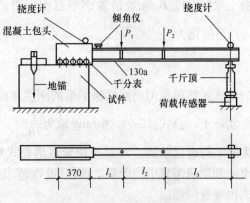

图 5-15　墙端部局压试验装置

端局压荷载 N_l 值。为使每级加荷后钢梁处于水平位置，后支座的高度应能调整。为防止加荷中试件后部翘起和可能出现的非局压破坏，在试件后部加设地锚。

对于墙段中部局压情况，钢梁垂直于墙段长边布置，很难用机械方法直接测定 a_0，改用预埋于钢梁端部混凝土包头中的自制小压力盒量测梁端底面相对变形。

试验表明，各级荷载下的 a_0 值是变化的。一般来说，荷载小时 a_0 值大，荷载大时 a_0 值逐渐减小。对于砌体局部抗压强度计算理应按局压临破坏时的 a_0 值采用。

将各组试件局压临破坏时的 N_l、$\tan\theta$、a_0 值按式 (5-7) 进行分析，发现同组各试件反算出的 ηK 值比较稳定，但各组 ηK 平均值则有一定差别。若除以各组的砌体抗压强度平均值 f_m，则差距缩小，反映出砌体刚性的影响。中部局压各组 $\eta K/f_m$ 值较为接近，墙端部局压各组 $\eta K/f_m$ 值亦较为接近，说明局压位置对 a_0 也有影响。为了简化计算，考虑到砌体的塑性变形等因素，取 $\eta K/f_m = 3.55/\mathrm{cm}$，则式 (5-7) 可写成

$$a_0 = \sqrt{\frac{N_k}{3.55 b f_m \tan\theta}}(\mathrm{cm}) \qquad (5\text{-}8)$$

梁端倾角大则 a_0 值小，但梁端倾角受梁跨中允许挠度控制，而砌体局压破坏时并不能规定梁的倾角具体值，为简化计算，可取对应跨中挠度为 $l/250$ 的倾角值，亦即按 $\tan\theta = 1/78$ 进行计算。

式 (5-8) 的计量单位为工程制，N_l 以 kg 计，b 以 cm 计，平均抗压强度 f_m 以 kg/cm^2 计，θ 以弧度计。按式 (5-8) 计算与试验值比值的平均值 $m = 0.991$，变异系数 $\delta = 0.211$。

式 (5-8) 既反映了梁的刚度也反映了砌体刚度的影响，计算值与实测 a_0 较为接近。

经换算成法定计量单位，式 (5-8) 变换成 88 规范表达式

$$a_0 = 38 \sqrt{\frac{N_l}{bf\tan\theta}} \tag{5-9}$$

式中 N_l 以 kN 计，f 以 MPa 计，b 以 mm 计。

对于均布荷载作用下的钢筋混凝土简支梁，混凝土强度等级为 C20 时，取 $N_l = \frac{1}{2}ql$，$\tan\theta = \frac{1}{24B_c}ql^3$，$\frac{h_c}{l} = \frac{1}{11}$，考虑到混凝土梁开裂对刚度的影响，以及长期荷载刚度折减，混凝土梁的刚度 B_c 在经济含钢率范围内可近似取 $B_c = 0.3E_cL_c$。此处 $I_c = \frac{1}{12}bh_0^3$，则式 (5-9) 可简化为

$$a_0 = 10 \sqrt{\frac{h_c}{f}} \tag{5-10}$$

此式虽然简单但仍然反映了梁的刚度和砌体刚度的影响。

实际上，公式 (5-9) 当 $\tan\theta$ 取为 $\frac{1}{78}$ 时，该式也不是精确公式，而且 a_0 随 N_l 增大而加大是不符合试验的，01 规范决定取消公式 (5-9) 只保留式 (5-10)，以避免处理工程质量事故和注册考试中的矛盾。再说 88 规范颁布 10 多年来工程设计上一直应用简化公式也并未出现过问题。

三、梁端上部荷载对 a_0 的影响

前面所有的 a_0 计算公式均没有考虑上部荷载的影响，也即没能回答在 σ_0 作用下 a_0 应如何计算的问题。在这方面笔者尚未见到任何参考资料。

从哈尔滨建筑大学所进行的有上部荷载时梁端局压强度试验和 a_0 测定来看，上部荷载 σ_0 的存在和增加会导致实测 a_0 值的增加，即使在 σ_0 从零开始增加至 $0.2f_m$，梁端局压承载力并不减少的情况下也是如此。

如果忽略次要因素，以无上部荷载的各组各试件每级荷载下平均 a_0 值作为基础，定为该级荷载下的 a_0^* 值（a_0^* 指 $\sigma_0 = 0$ 时的 a_0 值）。则可算出不同 σ_0/f_m 比值时各组各试件在相应荷载下的 a_0/a_0^* 相对比值。以 σ_0/f_m 和 a_0/a_0^* 为坐标，采用数理统计方法可得到如下关系式[5-6]：

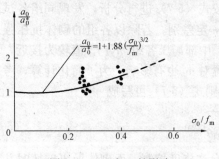

图 5-16　σ_0 对 a_0 的影响

$$\frac{a_0}{a_0^*} = 1 + 1.68\left(\frac{\sigma_0}{f_m}\right)^{3/2} \tag{5-11}$$

样本容量 $n = 30$，相关系数 $R = 0.625$，其曲线如图 5-16 所示。

图中虚线是 $\sigma_0/f_m \geqslant 0.4$ 曲线的延伸。因为 $\sigma_0/f_m > 0.4$ 时，所得的 a_0 均为"名义值"，也即 a_0 值已大于梁端搭接长度 a（或称实际支承长度）。这部分数据没有参加统计。

总之，只要实际支承长度 a 大于 a_0，在上部荷载作用下 a_0 均有不同程度的增大。这一特性必将影响有上部荷载时梁端砌体局部受压的承载能力。

四、板端支承长度的规定

在混合结构房屋中，楼、屋面的竖向荷载往往通过梁和板支座处传递给承重墙体。但

板支座处砌体受压和梁支座处砌体受压的状况是不同的。板下砌体是大面积接触，板的刚度比梁小得多，而所受荷载也要小得多，故板下砌体局压应力分布也要比梁平缓得多，不应该也不必要像梁一样去求有效支承长度，而是直接规定就是实际支承长度。至于支撑压力 N_l 到墙内边的距离可与梁一致，也取为实际支承长度 a 的 0.4 倍。

这部分内容是新修订的砌体结构设计规范新增加的规定，也是原规范的缺项，《国际标准》ISO 9652-1 有简化方法：楼面活荷载不大于 5kN/m² 时，偏心距 $e = 0.05(l_1 - l_2)$ $\leqslant h/3$。式中 l_1、l_2 分别为墙两侧板的跨度，h 为墙厚。当墙厚小于 200mm 时，该偏心距应乘以折减系数 $h/200$。

第三节　梁端砌体局部受压

梁端支承处砌体局压是砌体结构中主要的局部受压情况。梁端底面的压应力分布与梁的刚度和支座构造有关。对于墙梁和钢筋混凝土过梁，由于梁上砌体共同工作，其刚度很大挠曲很小，可以认为梁底面压应力为均匀分布（图 5-17）。对于桁架或大跨度梁的支座，往往采用中心传力构造装置（图 5-18），则其压应力亦均匀分布。对于普通的梁，由于刚度较小，容易挠曲，梁下应力呈三角形的不均匀分布，也可能为梯形分布，如果考虑砌体的塑性，一般认为呈丰满的抛物线图形（图 5-19）。

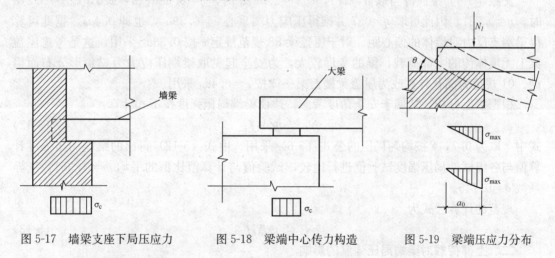

图 5-17　墙梁支座下局压应力　　　图 5-18　梁端中心传力构造　　　图 5-19　梁端压应力分布

一、无上部荷载时梁端局压

试验表明，梁端不均匀局压的实际 γ 值要高于均匀局压的 γ 值，在端部局压情况下约提高 15%，中部局压约提高 50%。

苏联学者波里雅科夫在其著作中[5-7]对苏联 1962 年砖石结构设计规范的局部受压计算公式作了说明。

$$N \leqslant \lambda_{cm} R_{cm} F_{cm}$$

$$\lambda_{cm} = \mu(1.5 - 0.5\mu)$$

式中　μ——局部荷载下应力图形系数，假定砌体为弹性体，当应力均匀分布时 $\mu=1$，三角形分布时 $\mu=0.5$。

λ_{cm}是用来考虑不均匀局压应力图形下比均匀局压产生的变形更小，因而局压强度更高的系数。当$\mu=1$时，$\lambda_{cm}=1$，当$\mu=0.5$时，$\lambda_{cm}=0.625$。可见不均匀局压的γ提高$0.625/0.5=1.25$倍。

我国1964年规范修订稿参照苏联1962年规范采用0.625，定义为局部荷载下应力图形修正系数，也即通常所说的压应力图完整系数η。

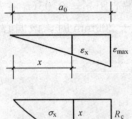

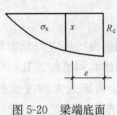

图5-20 梁端底面
应力与应变

根据a_0测定试验，可以认为梁端底面的位移基本上是直线变化的。当实测的a_0小于梁端实际支承长度a时，a_0端头处砌体压应力为零，文献[5-3]假定梁底砌体压应变为直线变化，砌体的应力应变采用对数关系（图5-20），则有：

$$\varepsilon_x = -\frac{n}{a}\ln\left(1-\frac{\sigma_x}{nR_c}\right)$$

$$\sigma_x = nR_c\left(1-e^{\frac{a\varepsilon_x}{n}}\right)$$

$$\varepsilon_x = \varepsilon_{\max}\frac{x}{a_0}$$

$$\eta = \frac{\int_0^{a_0}\sigma_x b\,\mathrm{d}x}{R_c a_0 b}$$

文献[5-8]推证得当取$n=1.1$，$\varepsilon_{\max}=2.66/a$时，$\eta=0.686$；$n=1.5$，$\varepsilon_{\max}=3.2/a$时，$\eta=0.721$。因此可取$\eta=0.7$并推得压应力图重心$e=0.39a_0$，也即$0.4a_0$，据此可算得梁端支反力对墙体的偏心距。对于屋盖梁88规范规定e按$0.33a_0$采用，这是考虑屋盖梁上无墙体传下的上部荷载，梁的变形较大，为安全起见取梁端压应力为三角形分布而得的。01规范为简化计算改为屋盖梁楼盖梁一律按$e=0.4a_0$采用。

根据以上分析，从偏于安全角度考虑，建议梁端局压强度按下式计算：

$$N_l \leqslant \eta\gamma A_l f_m \tag{5-12}$$

式中η取为0.7，γ按均匀局压的公式（5-6）采用。由式（5-12）得出的梁端局压强度计算值与各组试件局压强度试验值进行比较，试验值与计算值比值的平均$m=1.351$，变异系数$\delta=0.146$。

规范的计算公式为

$$N_l \leqslant \eta\gamma A_l f \tag{5-13}$$

二、上部荷载对梁端局压强度的影响

对多层混合结构房屋中梁端砌体局部受压的承载力计算问题曾经有三种意见：其一是从应力迭加原理出发，认为上部墙体传来均匀压力只作用在梁端有效局压面积范围内（$N_0=\sigma_0 A_l$）。这就是73规范的计算公式。其二是认为上部砌体存在内拱作用，因而无需考虑上部荷载的影响，如前苏联1955年的规范[5-9]。其三是考虑到梁端转动上翘，因而梁端顶面吸引了砌体扩散角范围内所有的上部荷载。国外文献资料中关于上部荷载对砌体局压强度影响的计算公式种类较多而差异很大。例如，前苏联学者皮利吉什[5-10]提出下列计算公式：

$$K(N_0+N_l)\leqslant\gamma'A_l R$$

$$\gamma'=\frac{\gamma N_l+N_0}{N_l+N_0} \tag{5-14}$$

式中　$N_0 = \sigma_0 A_l$——上部荷载产生的分布应力在局压面积上的合力。

前苏联学者波利雅科夫[5-11]提出的公式如下：

$$N_l \leqslant \eta A_l R_c'$$

$$R_c' = R_c + \sigma_0(0.8 - \gamma)$$

即

$$\gamma' = \gamma + \frac{\sigma_0}{R}(0.8 - \gamma) \tag{5-15}$$

此式为前苏联 1962 年砖石结构设计规范所采用。

文献[5-12]认为存在 σ_0 时，无异降低了材料的原始强度，从而推理得出

$$N_l \leqslant \gamma(R - \sigma_0)A_l$$

即

$$\gamma = \gamma\left(1 - \frac{\sigma_0}{R}\right) \tag{5-16}$$

必须指出，以上各式连同上面的三种意见都缺乏充分的试验验证。尤其是公式(5-15)当 $\sigma_0 = R$ 时 $\gamma' = 0.8$，也即 $R_c' = 0.8R$，显然是不合理的。

上部墙体及其所传荷载对梁端是否存在约束作用？如何估计这种约束对梁端局压承载力的影响等等。这些都是实际工程上存在而又比较复杂、值得进行研究的问题。

在砖砌体均匀局部受压和无上部荷载时梁端局压试验的基础上，哈尔滨建筑大学进行了四批共 37 个试件的有上部荷载时梁端局压强度试验。

前两批试验是针对一般墙段中部承受局压情况，试验装置见图 5-21。试验时先加墙体上部荷载 N_u，使墙体建立预定的 σ_0 / f_m 比

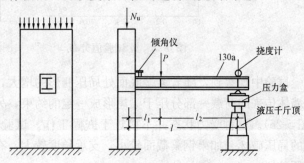

图 5-21　梁端局压试验装置

值（σ_0 为上部荷载产生的均匀压应力；f_m 为砖墙抗压强度平均值），然后分级施加梁上荷载 P 直到梁端砌体局压破坏。

前两批试验结果表明，当梁上荷载增加时，由于梁端底部砌体局部变形较大，砌体内部产生应力重分布现象，梁端顶面附近砌体由上部荷载产生的应力逐渐减小，墙体逐渐以内拱作用传递上部荷载。试验中清楚地观察到，在 $\sigma_0 = 0.2 f_m$ 的梁端局压试验中，当砌体局压临破坏前梁端的 σ_0 完全卸掉，梁顶面与上部砌体完全脱开（铁丝可以缝隙中顺利通过），说明此时梁端根本不存在由上层传来作用于梁端上纵向力 N_0。当 σ_0 较大时，梁顶前部明显脱开，后部可能顶住。σ_0 更大时（例如 $\sigma_0 = 0.6 f_m$），上部砌体对梁端可能压得更多一些，但从试验数据看也绝不是全部 N_0 值。

如以砌体局压破坏时梁上荷载传的 N_l 破坏值按 $N_l = \mu_c A_l f_m$ 计算，可得对应于不同 σ_0 / f_m 的各试件的 μ_c 试验值，散点分布见图 5-22。可以看出，上部荷载对梁端局压强度是有影响的，但在 $\sigma_0 = 0 \sim 0.5 f_m$ 范围内，其承载力均高于不考虑 σ_0 时梁端局压的承载力（按建议的公式计算，此时 $\mu_c = 1.18$）。

图 5-22 中当 $\sigma_0 = 0.2 f_m$ 附近时，μ_c 达到峰值，高于 $\sigma_0 = 0$ 时的 μ_c。这不是偶然的。

文献[5-3]已经指出，砌体局压破坏首先是由于砌体横向抗拉不足产生竖向裂缝开始的，σ_0 的存在和其扩散可能增加砌体横向抗拉能力（图 5-23），从而提高了局压承载力。随着 σ_0 的增加，内拱作用逐渐削弱，这种有利的效应也就逐渐减少。σ_0 更大时，实际上局压面以下砌体已接近于轴心受压的应力状态了。

第三批试验是在条形试件的端部沿截面大边方向布置钢梁。砌体试件截面尺寸为 240×740mm，梁端包头宽 200mm，支承长度 $a=370$mm。试验装置见图 5-24。梁上由两点加荷。因梁端宽度和砌体试件宽度接近，这就能在梁端底面和顶面处沿两个侧边直接布置千分表测点，以测定界面处脱离区的大小和 a_0 值。有一部分试件局压破坏时测得的 a_0 小于 a，所以这批试件的面积比 $A_0/A_l<0.2$（A_0 为影响局压强度的计算面积）。

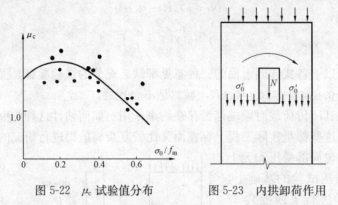

图 5-22　μ_c 试验值分布　　　图 5-23　内拱卸荷作用

试验中观察到，随着梁端底面处局压变形的增大，梁端脱离区的面积也逐渐扩大，上部墙体传来的荷载一部分压于梁尾形成一定的约束，另一部分通过墙体的悬臂作用卸掉了（图 5-25）。这种受力状态并不接近于嵌固工作。试验方案的设计是为了最终实现梁端砌体的局压破坏。如果钢梁截面较小，支承长度较大，有可能接近嵌固工作，但却难使砌体局压破坏。

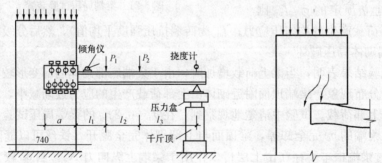

图 5-24　沿墙长方向局压试验装置　　　图 5-25　梁端墙体的卸荷作用

这批试验表明，即使在端部局压这样最不利局压受力状态下，砌体以悬臂作用卸去上部荷载的现象仍然存在。这点也可以从 $\sigma_0=0.2f_m$、$0.4f_m$ 两组的局压破坏荷载值得到证实，因为这几组试件的基本条件都相近，只是 σ_0 不同，结果该两组试件局压破坏时所能承担的梁上荷载几乎相等。

如同样按公式 $N_l=\mu_c A_l f_m$ 计算，可得对应于不同 σ_0/f_m 比值时的 μ_c 试验值，其散点分布见图 5-26。不过，此时并不能真正反映局压的承载力，因为 σ_0 不但影响 μ_c 而且也对 a_0 值起作用。图 5-27 就是以 $A_l\mu_c$ 为纵坐标绘出的曲线，可以看出其形状和图 5-22 极为相似，说明两者均遵从同一个内在规律。

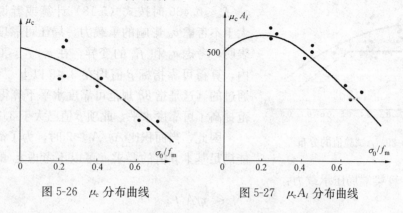

图 5-26 μ_c 分布曲线   图 5-27 $\mu_c A_l$ 分布曲线

第四批试验是为了进一步了解梁端底面局压应力分布和约束作用。有意加大钢梁支承长度（$a=490$mm），但又要易于实现砌体局压破坏。试件的截面尺寸见图 5-28。试验装置与图 5-21 基本相同，但用两点加荷。

按理说，图示截面形状不利于发挥砌体的内拱卸荷作用。后部 120mm×240mm 的壁柱不仅本身难以形成内拱，反而将其荷载转移给试件的前部，一定程度上削弱了前部砌体的内拱效应。这就是这批试件在 $\sigma_0 > 0.4f_m$ 时，梁端局压承载力 N_l 降低较多的原因。但是尽管如此，在 $\sigma_0 \leqslant 0.4f_m$ 时，N_l 值仍和 $\sigma_0=0$ 时相接近。

对于 $\sigma_0 \leqslant 0.4f_m$ 的试件，随着梁上荷载的增加上部压力传感器读数自前向后逐步消失，反映了梁顶的脱离区不断扩大。砌体局压临破坏前，梁顶基本上脱空或仅后面一小部分有接触。进一步证实了梁端砌体的内拱卸荷作用[5-13]。

三、梁端局压承载力计算公式

综合上述几批试验结果可以看出，当局压面积比 A_0/A_l $\geqslant 2.0$ 情况下，梁端墙体的内拱卸荷作用是明显的。而且梁

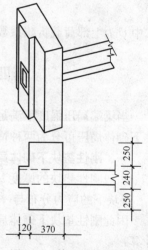

图 5-28 第四批局压试件

端支承长度较小时，墙体的内拱作用相对会大些；支承长度较大时，约束作用加大对局压不利，但与此同时在 σ_0 作用下 a_0 增大提高了承载力，两者可能相抵。这样，在一定的适用条件下，寻求一条既安全又简便的梁端局压计算的途径是可能的。

为了研究梁端局压承载力与 σ_0/f_m 的数值关系，叮按下列模式来反映：

$$N_{l,u} = \rho\gamma\eta A_l f_m \tag{5-17}$$

式中 $N_{l,u}$ 为砌体局压破坏时，由梁上荷载传来按简支计算的梁端反力。公式右边是按 $\sigma_0=0$ 情况计算的局压承载力，而用系数 ρ 来反映 σ_0 的影响。

综合中部局压、端部局压连同无上部荷载的几组共 14 组 41 个试件的试验数据，按公式 (5-17) 的模式可求得各试件的 ρ 试验值。对应各自的 σ_0/f_m 值，回归可得：

$$\rho = 1.4 - 2.2\left(\frac{\sigma_0}{f_{\mathrm{m}}} - 0.2\right)^2 \tag{5-18}$$

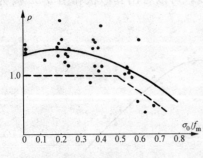

图 5-29　ρ 试验值的分布

一般来说 σ_0/f_{m} 不可能大于 0.435。图 5-29 表明 $\sigma_0/f_{\mathrm{m}} \leqslant 0.435$ 时按式（5-18）计算或者说试验点均大于不考虑 σ_0 影响的承载力。局压可靠度校准分析表明，考虑 σ_0 和 f_{m} 的变异，在 $\sigma_0/f_{\mathrm{m}} \leqslant 0.435$ 范围内，算得可靠指标 β 值均在 3.45 以上[5-14]，是可以通过的（这是指 88 规范可靠度水平下算得的，01 规范提高了可靠度水平，此项 β 值已大于 3.7）。

因此，当面积比 $A_0/A_l \geqslant 2$ 时，为了简化计算又能满足基本 β 值的要求，可以不考虑 σ_0 的影响，直接按下式计算梁端局压承载力：

$$N_l \leqslant \eta \gamma A_l f_{\mathrm{m}} \tag{5-19}$$

面积比 A_0/A_l 从 2 至 1，砌体的内拱作用逐渐减小，以至消失。$A_0/A_l = 1$ 时，N_0 是必须全部考虑的，因此，为适用于一般情况，规范规定梁端局压强度一律按下列公式计算：

$$\psi N_0 + N_l \leqslant \eta \gamma A_l f \tag{5-20}$$

式中 ψ 为上部荷载折减系数，$\psi = 1.5 - 0.5 A_0/A_l$，当 $A_0/A_l \geqslant 3$ 时，取 $\psi = 0$。

第四节　刚性垫块下砌体局部受压

当梁端局压强度不满足要求或墙上搁置较大的梁、桁架时，则常在其下设置垫块。垫块下砌体局压可分为两种情况：刚性垫块下局压和柔性垫梁下局压。

一、刚性垫块下砌体局压强度

一般刚性垫块的厚度 $t_{\mathrm{b}} \geqslant 180\mathrm{mm}$，从梁边挑出的长度 $C \leqslant t_{\mathrm{b}}$。垫块下的应力分布与一般偏心受压的构件相接近。

因此刚性垫块下砌体局压承载力也可采用偏压的计算模式计算：

$$N \leqslant \alpha A_{\mathrm{b}} f_{\mathrm{m}} \tag{5-21}$$

式中　$N = N_l + N_0$——垫块上的轴向力（图 5-30）；

　　　　α——轴向力对垫块面积重心的偏心影响系数；

　　　　$A_{\mathrm{b}} = a_{\mathrm{b}} b_{\mathrm{b}}$——垫块面积（图 5-30）。

式（5-21）即按垫块范围内偏心受压计算，这对于壁柱处可能比较合适，而对于一般墙段不考虑垫块以外面积的有利作用，计算结果是偏于保守的。针对 370mm 厚外墙垛、240mm 厚内墙垛以及带壁柱的墙垛等几种常见情况采用不同加荷位置及直接用钢梁传力分别进行试验，加荷位置示意图见图 5-31、图 5-32。

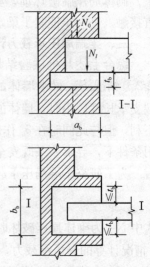

图 5-30　壁柱上设垫块时局部受压

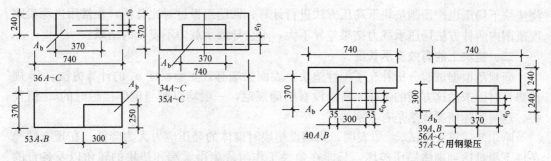

图 5-31　垫块下局压试件　　　　图 5-32　壁柱处垫块下局压试件

为了利用垫块外砌体对局压的有利作用，将式（5-30）改成下式

$$N_0 + N_l \leqslant \varphi\gamma_1 A_b f_m \tag{5-22}$$

式中　γ_1——垫块外砌体面积的有利影响系数，$\gamma_1 = 0.8\gamma$，但不小于 1。γ 为局压强度提高系数，可按前述公式（5-6）以 A_b 代替 A_l 计算得出。之所以采用 0.8γ 是考虑到垫块下局压应力分布的不均匀性并使之偏于安全。

试验表明，壁柱内设垫块时，其局压承载力偏低，所以规定 A_0 只取壁柱截面积而不计翼缘挑出部分，而且构造上垫块应伸入墙内的长度不小于 120mm。

8 组 21 个试件的试验值与按式（5-22）计算值比值的平均值 $m = 1.205$，变异系数 $\delta = 0.23$[5-15]。

考虑到垫块面积比梁的端部要大得多，墙体内拱卸荷作用不大显著，所以上部荷载 N_0 不考虑折减。这样，规范表达式写成：

$$N_0 + N_l \leqslant \varphi\gamma_1 A_b f \tag{5-23}$$

式中 φ 为垫块上轴向力 N_0 及 N_l 的影响系数，按高厚比 $\beta \leqslant 3$ 时的 φ 表查用。

为了改善垫块下的应力状况，提高其局压承载力，可以采用图 5-33 的缺角垫块，这样 N_l 对垫块的偏心将减小，垫块下的应力分布趋于均匀。

在现浇梁板结构中，有时把垫块与梁端浇成整体，垫块的底面与梁底面平齐（或将垫块设于梁高范围内），用增大梁底面积的方法增加局压承载力。此时，这种现浇垫块将与梁共同挠曲，垫块与砌体接触面处的应力分布与梁底相同。因此其局压强度计算公式仍应用式（5-20），不过此时 A_l 以垫块宽度 b_b 乘以 a_0，同时在计算 a_0 时，也应用 b_b 代替公式中的梁宽 b（当采用公式 5-9 计算 a_0 时）。但是 01 规范已经取消了公式（5-9），只好将现

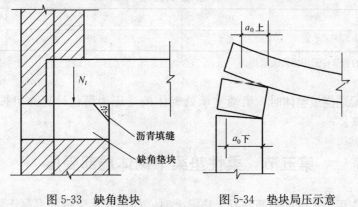

图 5-33　缺角垫块　　　　图 5-34　垫块局压示意

浇垫块下局压也按预制垫块下局压方法进行计算；课题组做过对比分析，在常用进深梁跨度范围内两种方法局压承载力结果差异不大，不会导致承载力不安全的结果。

二、垫块上的有效支承长度

新规范根据试验分析补充了刚性垫块上表面梁端有效支承长度 a_0 的计算方法。88 规范修订时因未做这方面的工作，所以没有明确规定，一般均以梁与砌体接触时的 a_0 值代替，这与实际情况显然是有差别的。

哈尔滨建筑大学试验[5-16]表明，梁端设垫块时砌体的局压应力大为降低。在现有试验条件下很难达到砌体局压破坏，只能在弹性工作阶段测得梁端和垫块的转角以及各自的 a_0 值。根据 44 个实测数据归纳得出垫块下表面有效支承长度 a_0' 的表达式：

$$a_0' = \sqrt{\frac{1000 N_l}{1.93 f_m b_b \tan\theta'}} \tag{5-24}$$

式中 b_b——垫块垂直于梁跨方向的宽度；

$\tan\theta'$——垫块转角的正切。

加荷过程中发现垫块一定程度上随梁端转动（图 5-34）两者存在的线性关系：

$$\tan\theta = 0.000508 + 1.119\tan\theta'$$

试验发现垫块上下表面的 a_0 值存在稳定关系：

$$a_0 = 0.93 a_0'$$

这样，垫块上表面的有效支承长度 a_0 就可以通过梁端转角 $\tan\theta$ 来表达。即

$$a_0 = k\sqrt{\frac{N_l}{b_b f \tan\theta}}$$

式中系数 k，还可以反映上部荷载 σ_0 对 a_0 的影响。

选取钢筋混凝土进深梁图集中常用跨度，按荷载长期效应组合计算梁端实际转角，选取六种常用砖砌体抗压强度进行垫块上表面 a_0 的计算，为方便应用也归纳成 a_0 简化计算模式，还考虑到与现浇垫块及无垫块局压承载力的卸接协调，01 规范采用了如下的垫块 a_0 计算公式：

$$a_0 = \delta_1 \sqrt{\frac{h}{f}} \tag{5-25}$$

式中 δ_1——刚性垫块 a_0 计算公式的系数，可按表 5-2 采用。垫块上 N_l 合力点位置可取 $0.4 a_0$ 处。

系 数 δ_1 值   表 5-2

σ_0/f	0	0.2	0.4	0.6	0.8
δ_1	5.4	5.7	6.0	6.9	7.8

注：表中其间的数值可采用插入法求得。

当垫块与梁端浇成整体时，梁端支承处砌体的受压为简化计算亦可按公式（5-23）、式（5-25）计算。

第五节   柔性垫梁下砌体局部受压

当集中力作用于柔性的钢筋混凝土垫梁上时（如梁支承于钢筋混凝土圈梁），由于垫

梁下砌体因局压荷载产生的竖向压应力分布在较大的范围内，其应力峰值 σ_{ymax} 和分布范围可按弹性半无限体长梁求解（图 5-35）。

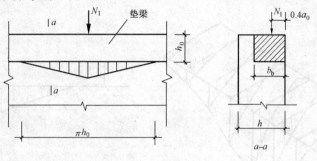

图 5-35　柔性垫梁

根据试验，垫梁下砌体局部受压最大应力值应符合下式要求。

$$\sigma_{ymax} \leqslant 1.5f \tag{5-26}$$

哈尔滨建筑大学的试验表明最大压应力 σ_{ymax} 与砌体抗压强度 f_m 的比值均在 1.6 以上。

当有上部荷载 σ_0 作用时，则左边应叠加 σ_0，取 $N_l = \frac{1}{2}\pi h_0 b_b \sigma_{ymax}$；$N_0 = \frac{1}{2}\pi h_0 b_b \sigma_0$。

则可得下列计算公式

$$N_0 + N_l \leqslant 2.4\delta_2 h_0 b_b f \tag{5-27}$$

$$h_0 = 2\sqrt[3]{\frac{E_c I_c}{E b_b}} \tag{5-28}$$

式中　$N_0 = \frac{1}{2}\pi h_0 b_b \sigma_0$——垫梁在 $\frac{1}{2}\pi h_0 b_b$ 范围内上部荷载产生的纵向力；

h_0——将垫梁高度 h_b 折算成砌体时的折算高度；

δ_2——当荷载沿墙厚方向均匀分布时 δ_2 取 1.0，不均匀时 δ_2 可取 0.8；

$E_c I_c$——垫梁的弹性模量、截面惯性矩；

E——砌体的弹性模量；

b_b、h_b——垫梁的宽度和高度；

h——墙厚。

公式（5-27）中 δ_2 是 01 规范增加的系数[5-17]，根据实际结构中局压荷载作用形式的不同，柔性垫梁下砌体局压工作可能有两种情况，其一，局压荷载对于墙厚方向重心线对称均匀分布；其二，当有垂直墙面的梁端局压时，局压荷载对墙厚为不均匀分布，将引起砌体内三维不均匀分布应力（图 5-36）。

根据上述分析，此时的峰值应力比情况一时的峰值应力约大三倍，而砌体的抗局压强度也将再提高 1.5 倍，即：

$$\sigma_0 + \frac{3 \times 2N_l}{\pi h_0 b_b} \leqslant 1.5 \times 1.5f$$

将两边约分，得

$$\frac{N_0}{3} + N_l \leqslant \frac{1.5}{3} \times 2.4 f b_b h_0$$

偏于安全将荷载不均匀分布时垫梁下砌体局压按式（5-27）计算，式中 δ_2 取为 0.8

对布置在墙段端部的柔性垫梁（图 5-37），也可采用类似方法验算，应力图形为单侧的三角形，应力图的长度则为 $0.93h_0$，此时

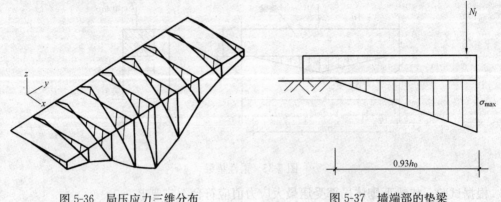

图 5-36　局压应力三维分布　　　　　图 5-37　墙端部的垫梁

$$\sigma_{\max} = 2.14\,\frac{N_l}{h_0 b_{\mathrm{b}}}$$

同样应满足强度条件：

$$\sigma_0 + \sigma_{\max} \leqslant 1.5f$$

对于矩形截面垫梁，$I_{\mathrm{c}} = \frac{1}{12}b_{\mathrm{b}}h_{\mathrm{b}}^3$，则式（5-28）可简化为

$$h_0 = 0.9h\sqrt[3]{\frac{E_{\mathrm{c}}}{E}}$$

【例 5-1】　试验算外墙上梁端砌体局部受压承载力。已知梁截面尺寸 $b \times h = 200 \times 400\mathrm{mm}$，梁支承长度 $a = 240\mathrm{mm}$，荷载设计值产生的支座反力 $N_l = 60\mathrm{kN}$，墙体的上部荷载 $N_{\mathrm{u}} = 260\mathrm{kN}$，窗间墙截面 $1200 \times 370\mathrm{mm}$（图 5-38），采用 MU10 砖、M2.5 混合砂浆砌筑。

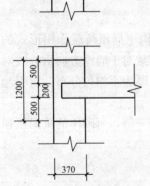

图 5-38　窗间墙平面图

【解】　　　　$f = 1.30\mathrm{N/mm^2}$

$$a_0 = 10\sqrt{\frac{h_{\mathrm{c}}}{f}} = 10\sqrt{\frac{400}{1.30}} = 176\mathrm{mm}$$

$$A_l = a_0 \cdot b = 176 \times 200 = 35200\mathrm{mm^2}$$

$$A_0 = h(2h + b) = 347800\mathrm{mm^2}$$

$$\gamma = 1 + 0.35\sqrt{\frac{A_0}{A_l} - 1} = 2.04$$

取 $\gamma = 2.0$

由于上部荷载 N_{u} 作用在整个窗间墙上，则

$$\sigma_0 = \frac{260000}{370 \times 1200} = 0.58\mathrm{N/mm^2}$$

$$N_0 = \sigma_0 \cdot A_l = 0.58 \times 35200 = 20.42\mathrm{kN}$$

$$\psi N_0 + N_l \leqslant \eta\gamma A_l f$$

由于 $\dfrac{A_0}{A_l} = 9.8 > 3$，所以 $\psi = 0$

$$\eta\gamma A_l \cdot f = 0.7 \times 2 \times 35200 \times 1.30 = 64064\text{N}$$
$$> N_l = 60000\text{N} \quad 安全$$

【例 5-2】 已知条件如上题，若 $N_l = 80\text{kN}$，其他条件不变，试验算局部受压承载力。

【解】 显而易见，梁端不设垫块，梁下砌体的局部受压强度是不能满足的。梁端底部设刚性垫块，其尺寸为 $b_b = 240\text{mm}$，$a_b = 500\text{mm}$，厚 $t_b = 180\text{mm}$。

$$A_b = 240 \times 500 = 120000\text{mm}^2$$
$$N_0 = \sigma_0 \cdot A_b = 0.58 \times 120000 = 69600 \text{ N}$$

垫块下砌体局压承载力应按式（5-23）计算，即

$$N_0 + N_l \leq \varphi\gamma_l A_b f$$

计算垫块上纵向力的偏心距，取 N_l 作用点位于距墙内表面 $0.4a_0$ 处，此处 a_0 应为垫块上表面梁端的有效支承长度。

$$\frac{\sigma_0}{f} = \frac{0.58}{1.30} = 0.446$$

查表 5-2，$\delta_1 = 6.21$
按式（5-25）算得

$$a_0 = \delta_1 \sqrt{\frac{h}{f}} = 6.21 \sqrt{\frac{400}{1.3}} = 109\text{mm}$$

$$e = \frac{N_l\left(\dfrac{b_b}{2} - 0.4a_0\right)}{N_l + N_0} = \frac{80\left(\dfrac{240}{2} - 0.4 \times 109\right)}{80 + 69.6} = 40.9\text{mm}$$

$$\frac{e}{b_b} = \frac{40.9}{240} = 0.17$$

查表 4-3，$\beta \leq 3$ 情况，得 $\varphi = 0.73$
求局压强度提高系数 γ 时应以 A_b 代替 A_l

$$A_0 = 370(370 \times 2 + 500) = 458800\text{mm}^2$$

但 A_0 边长 1240mm 已超过窗间墙实际宽度，所以取 $A_0 = 370 \times 1200 = 444000\text{mm}^2$

$$\gamma = 1 + 0.35\sqrt{\frac{A_0}{A_l} - 1} = 1.57$$
$$\gamma_1 = 0.8\gamma = 1.26$$
$$\varphi\gamma_1 A_b f = 0.73 \times 1.26 \times 120000 \times 1.3 = 143.49\text{kN}$$
$$\approx N_l + N_0 = 149.6\text{kN} \quad 安全$$

超过不足 4% 可认为满足安全要求。

【例 5-3】 混凝土小型空心砌块砌体外墙，支承着钢筋混凝土楼盖梁。已知梁截面尺寸 $b \times h = 200 \times 400\text{mm}$，梁支承长度 $a = 190\text{mm}$，荷载设计值产生的支座反力 $N_l = 60\text{kN}$，墙体的上部荷载 $N_u = 260\text{kN}$，窗间墙截面 $1200 \times 190\text{mm}$，采用 MU10 砌块、M5 混合砂浆砌筑。试验算砌体的局部受压承载力。

【解】 查表 3-5 得 $f = 2.22\text{N/mm}^2$（MU10，M5）

$$a_0 = 10\sqrt{\frac{h_c}{f}} = 10 \sqrt{\frac{400}{2.22}} = 134\text{mm}$$

$$A_l = a_0 \cdot b = 134 \times 200 = 26800\text{mm}^2$$

$$A_0 = h(2h + b) = 190(2 \times 190 + 200) = 110200\text{mm}^2$$

按构造要求，楼盖梁跨度不大，可以在梁端支承处灌实一皮砌块，此时才可以考虑局压强度提高系数 γ 的计算（否则 $\gamma = 1$，不能提高）

$$\gamma = 1 + 0.35\sqrt{\frac{A_0}{A_l} - 1} = 1.62$$

由于上部荷载 N_u 作用在整个窗间墙上，则

$$\sigma_0 = \frac{260000}{190 \times 1200} = 1.14\text{N/mm}^2$$

$$N_0 = \sigma_0 \cdot A_l = 1.14 \times 26800 = 30552\text{kN}$$

$$\psi N_0 + N_l \leqslant \eta \gamma A_l f$$

由于 $\dfrac{A_0}{A_l} = 4.1 > 3$，所以 $\psi = 0$

$$\eta \gamma A_l \cdot f = 0.7 \times 1.62 \times 26800 \times 2.22 = 67468.5\text{N}$$

$$> N_l = 60000\text{N} \quad 安全$$

第六节　墙体对梁端的约束

多层砌体结构房屋中楼盖梁端支座由于上部墙体传来荷载，在梁端形成一定的约束作用。试验表明，梁端约束力矩 M_y 随着梁上局压荷载的增大呈上升趋势，而后由于梁端底部砌体塑性变形的发展，约束力矩又逐渐减小，待到砌体局压临破坏时，M_y 进一步减小甚至于消失（图 5-39）。

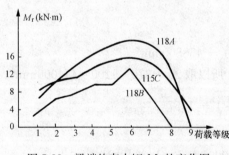

图 5-39　梁端约束力矩 M_y 的变化图

约束力矩的变化说明，它的存在对梁端砌体局压承载力并无影响，但是，在砌体局压破坏之前的使用阶段 M_y 数值可能不小，能不能影响砌体墙柱的受压承载力则是值得重视的问题。

国内几次砌体结构倒塌事故都曾引起关于砌体结构计算简图的讨论。

88 规范规定，刚性方案房屋中屋盖和楼盖可以视为纵墙的不动铰支座。在梁板支承长度不大，梁板跨度较小时，由上述计算简图引起的误差很小，使计算得到了简化，但在梁板支承长度较大，梁板跨度较大时，梁端约束力矩也明显增大，这样，可能对墙体受力产生影响，使墙体的设计偏于不安全。

对于两种梁跨的多层砌体房屋进行弹性有限元分析，M_y 为有限元模型计算所得梁端弯矩，M_1 为用框架模型计算所得梁端弯矩，约束系数 $\mu = M_y/M_1$，计算结果见表 5-3。

正应力 σ_0/f_m	$l_0=5.4$m 时 μ 值	$l_0=9.0$m 时 μ 值
0	0.04	0.06
0.1	0.28	0.182
0.2	0.378	0.268
0.3	0.449	0.363
0.4	0.511	0.467

计算结果表明，（1）当 $\sigma_0/f_m=0$，约束力矩很小，规范计算简图可以成立。（2）在墙体作用相同竖向应力情况下，梁跨由小变大时，按有限元分析得到梁端弯矩是增大的，但其占框架分析弯矩的比值却稍有降低。从数值上看，墙体正应力 $\sigma_0=0.4f_m$ 时，墙体对梁端的约束已经接近按框架计算所得弯矩的 50%。

为了简化计算，避免复杂的框架内力分析，在梁端约束力矩 M_y 大体上能得到反映情况下，将前面的框架分析弯矩 M_1 改用梁的固端弯矩 M 来代替，则令 $k=M_y/M$ 表示梁端约束系数，此时 k 值可见表 5-4。

梁端约束系数 k 表 5-4

正应力 σ_0/f_m	$l_0=5.4$m 时 k 值	$l_0=9.0$m 时 k 值
0	0.013	0.03
0.1	0.091	0.083
0.2	0.123	0.112
0.3	0.146	0.166
0.4	0.166	0.214

为了反映梁端约束力矩对墙体受力不利影响，建议对于梁跨大于 9m 的纵墙承重多层砌体房屋宜按两端固结单跨梁计算梁端弯矩，考虑到节点变形，应将固端弯矩乘以修正系数 γ 后按线刚度分配到上层墙底部和下层墙的顶部。γ 值按下式采用[5-18]：

$$\gamma = 0.2\left(\frac{a}{h}\right)^{0.5} \tag{5-29}$$

式中 a——梁端搭接长度；

       h——支承墙的厚度，可按梁下部墙厚取用。

【例 5-4】 某刚性方案多层砌体房屋，纵墙承重，外墙垛厚 490mm，进深梁跨度 9m，梁端支承长度 370mm，梁上均布荷载设计值（包括自重）38.7kN/m，求下层墙上端弯矩。

【解】 梁固端弯矩 $\overline{M}=\dfrac{1}{12}\times 38.7\times 9^2=261.2$kN·m

按式（5-29）求修正系数

$$\gamma = 0.2\left(\frac{a}{h}\right)^{0.5} = 0.2\sqrt{\frac{370}{490}} = 0.17$$

则梁端约束弯矩为

$$M_y = 0.17\times 261.2 = 44.4 \text{kN·m}$$

节点下部墙体的弯矩

$$M = \frac{1}{2}M_y = 22.2 \text{kN·m}$$

此值均小于按简支计算简图求得的墙上端弯矩，说明只有梁跨更大时才起控制作用。

参 考 文 献

[5-1] 《砌体结构设计规范》GB50003—2001，北京：中国建筑工业出版社，2002

[5-2] R、居易翁著，葛守善译．预应力混凝土理论与实验研究．北京：科学技术出版社，1958

[5-3] 唐岱新，罗维前，孟宪君，砖砌体局部受压强度试验与实用计算方法，建筑结构学报，1980 第 4 期

[5-4] 《砌体结构设计规范》(GBJ3—88)，北京：中国建筑工业出版社，1988

[5-5] 张景吉，唐岱新等，"浮石混凝土空心砌块砌体局部受压工作特性"，《哈尔滨建筑工程学院学报》，1985 年第 2 期

[5-6] 唐岱新，王广才，张景吉，"梁端有效支承长度的测定和计算方法"，《哈尔滨建筑工程学院学报》，1984 年第 3 期

[5-7] С. В. Полякоь，Б. Н. Фалеьич，Проектироьание Калеиных и Крупнопанелных Конструкции，1966

[5-8] 丁大钧，"砖石结构设计中若干问题的商榷"，《南京工学院学报》，1980 年 2 期

[5-9] 《砖石及钢筋砖石结构设计标准及技术规范》(НиТу120-55)，建筑工程出版社，1957

[5-10] М. я. Пильдиш，С. В. Поляков，Каменные л Армокаменные Конструкции здании，1955

[5-11] С. В. Поляков и др. Каменные и Армокаменные Конструкции，1960

[5-12] 蔡绍怀，混凝土及钢筋混凝土局部受压强度，土木工程学报，1963 第 6 期

[5-13] 唐岱新等，"梁端砌体的卸载与约束作用"，《建筑结构学报》，1986 年 2 期

[5-14] 唐岱新等，"砖砌体局部受压可靠度校准分析"，哈尔滨建筑工程学院学报，1983 年 9 月

[5-15] 唐岱新．"砌体结构局部受压试验及计算方法"，《砌体结构研究论文集》．长沙：湖南大学出版社，1989

[5-16] 唐岱新，姜洪斌，吕红军．梁端垫块局压应力分布及有效支承长度测定．哈尔滨建筑大学学报 2000 年 4 期

[5-17] 王凤来，唐岱新，梁端设柔性垫梁的砌体局压计算方法研究，哈尔滨建筑大学学报，2000 年 5 期

[5-18] 唐岱新，王凤来，混合结构房屋墙体计算简图的研究，哈尔滨建筑大学学报，2000 年 5 期

第六章　砌体结构的构造要求

本章包括砌体墙柱的高厚比验算、多层砌体房屋一般构造以及墙体防裂措施。由于住宅商品化进展迅速，购房者对房屋质量要求愈来愈高，砌体房屋的裂缝问题受到社会关注，01规范修订时也在这方面着重给予研究总结列出更具体的更有针对性的构造措施。在墙体高厚比验算方面增加了对带构造柱墙体高厚比验算方法，以适应工程上需要。这次新修订的砌体结构设计规范新增了框架填充墙的构造规定，对其他部分内容也有一些补充。

第一节　墙、柱高厚比验算

一、墙柱的允许高厚比

墙柱的计算高度 H_0 与墙的厚度或矩形柱截面的边长（应取与 H_0 相对应方向的边长）的比值称为高厚比，用 β 表示。墙柱的高厚比过大，虽然强度计算满足要求，但可能在施工砌筑阶段因过度的偏差倾斜鼓肚等现象以及施工和使用过程中出现的偶然撞击、振动等因素造成丧失稳定。同时还考虑到使用阶段在荷载作用下墙柱应具有的刚度，不应发生影响正常使用的过大变形。也可以认为它是保证墙柱正常使用极限状态的构造规定。

它和钢、木结构受压杆件的极限长细比 $[\lambda]$ 具有相类似的物理意义。

墙、柱高厚比的验算公式如下：

$$\beta = \frac{H_0}{h} \leqslant \mu_1 \mu_2 [\beta] \tag{6-1}$$

式中　μ_1——非承重墙允许高厚比的修正系数；

　　　μ_2——有门窗洞口墙允许高厚比的修正系数；

　　$[\beta]$——墙、柱的允许高厚比限值。

墙、柱的允许高厚比限值与墙、柱的承载力计算无关，而是从构造上给予规定的限值，规范规定的 $[\beta]$ 值见表6-1。这主要是根据实践经验和现阶段的材料质量以及施工技术水平综合研究而确定的，01规范沿用了88规范[6-2]的规定，只是取消了砂浆强度等级为M1、M0.4的规定。

墙、柱的允许高厚比 $[\beta]$ 值　　　　　　　　　　　　表6-1

砌体类型	砂浆强度等级	墙	柱
无筋砌体	M2.5	22	15
	M5 或 Mb5.0、Ms5.0	24	16
	≥M7.5 或 Mb7.5、Ms7.5	26	17
配筋砌块砌体	—	30	21

注：1. 毛石墙、柱允许高厚比应按表中数值降低20%；

　　2. 带有混凝土或砂浆面层的组合砖砌体构件的允许高厚比，可按表中数值提高20%，但不得大于28；

　　3. 验算施工阶段砂浆尚未硬化的新砌砌体高厚比时，允许高厚比对墙取14，对柱取11。

影响允许高厚比的因素有：

（1）砂浆强度等级：$[\beta]$ 既是保证稳定性和刚度的条件，就必然和砖砌体的弹性模量有关。由于砌体弹性模量和砂浆强度等级有关，所以砂浆强度等级是影响 $[\beta]$ 的一项重要因素。因此，规范按砂浆强度等级来规定墙柱的允许高厚比限值（见表 6-1），这是在特定条件下规定的允许值，当实际的客观条件有所变化时，有时是有利一些，有时是不利一些，所以还应该从实际条件出发作适当的修正。

（2）横墙间距：横墙间距愈近，墙体的稳定性和刚度愈好；横墙间距愈远，则愈差。因此横墙间距愈远，墙体的 $[\beta]$ 应该愈小，而砖柱的 $[\beta]$ 应该更小。

（3）构造的支承条件：刚性方案时，墙柱的 $[\beta]$ 可以相对大一些，而弹性和刚弹性方案时，墙柱的 $[\beta]$ 应该相对小一些。

（4）砌体截面型式：截面惯性矩愈大，愈不易丧失稳定；相反，墙体上门窗洞口削弱愈多，对保证稳定性愈不利，墙体的 $[\beta]$ 应该愈小。

（5）构件重要性和房屋使用情况：房屋中的次要构件，如非承重墙，$[\beta]$ 值可以适当提高，对使用时有振动的房屋，$[\beta]$ 值应比一般房屋适当降低。

二、矩形截面墙柱高厚比验算

对于矩形截面墙、柱的高厚比应符合式（6-1）规定。非承重墙允许高厚比的修正系数 μ_1，规范规定：当墙厚 $h=240\mathrm{mm}$ 时，$\mu_1=1.2$；$h=90\mathrm{mm}$ 时，$\mu_1=1.5$；$240\mathrm{mm}>h>90\mathrm{mm}$，$\mu_1=1.2\sim1.5$ 的插值。上端为自由端的墙的 $[\beta]$ 值，除按上述规定提高外，尚可提高 30%。

上述规定可以通过压杆稳定问题加以理解。

顶端承受集中荷载作用时的悬臂杆其临界力值为

$$P_{\mathrm{cr}}=\frac{\pi^2 EI}{(2H)^2} \tag{6-2}$$

沿杆件高度承受均布荷载 q 时悬臂杆的临界力值用能量法可推得

$$(qH)_{\mathrm{cr}}=\frac{\pi^2 EI}{\left(\dfrac{2}{1.79H}\right)^2} \tag{6-3}$$

同样，也可以分别求出，两端铰接压杆在顶端承受集中荷载作用时的临界力值为

$$P_{\mathrm{cr}}=\frac{\pi^2 EI}{H^2} \tag{6-4}$$

沿杆件均布荷载 q 作用时的临界力值

$$(qH)_{\mathrm{cr}}=\frac{\pi^2 EI}{\left(\dfrac{H}{\sqrt{2}}\right)^2} \tag{6-5}$$

比较式（6-2）与式（6-3）可见在支承高度及截面材料相同的条件下，承受自重杆的计算高度比顶端作用集中力的杆小 1.79 倍。由于表 6-1 是按顶端受集中力情况规定的，所以在利用表 6-1 验算自承重墙（沿高度均布荷载）的高厚比，则其允许的 $[\beta]$ 值应该提高。

同样，比较式（6-4）与式（6-5）可得出两端铰接杆情况下，承受自重杆的计算高度比顶端作用集中力的杆小 1.41 倍。

此外，由公式推演中知，非承重墙高厚比 β 还与墙厚的立方根有关

$$\beta = \sqrt[3]{\frac{A}{h}} \tag{6-6}$$

这样，非承重墙厚度由 240mm，变为 90mm 时，则因墙厚减小的提高值为 $\beta_{90}/\beta_{240} = $ $\sqrt[3]{\frac{240}{90}} = 1.39$。如按上述自承重墙与承重墙最小比值 1.41 取用，则 90mm 厚非承重墙 β 的提高应为 $1.41 \times 1.39 = 1.96$。

所以规范规定非承重墙墙厚 240mm 时，$\mu_1 = 1.2$（<1.41），墙厚 90mm 时 $\mu_1 = 1.5$（<1.96）是偏于安全的。

考虑到有的地区采用 70mm 厚水平孔空心砖隔墙，只要施工阶段能保持稳定性，两面抹灰之后刚度仍然比较好，01 规范在 6.1.3 条注 2 中指出，两面抹灰之后总厚度大于 90mm 的隔墙可以按 90mm 厚非承重墙进行验算，适当扩大了这类墙的应用范围。

对于有门窗洞口的墙，验算其高厚比时应考虑修正系数 μ_2。

规范规定：

$$\mu_2 = 1 - 0.4 \frac{b_s}{s} \tag{6-7}$$

式中　b_s——在宽度 s 范围内的门窗洞口宽度；

　　　s——相邻窗间墙或壁柱之间的距离。

当按式（6-7）算得的 μ_2 值小于 0.7 时，取 0.7。当洞口高度等于或小于墙高的 1/5 时，可取 $\mu_2 = 1.0$。

带门窗洞口的墙可视为变截面的墙，其允许高厚比 $[\beta]$ 理应乘以折减系数 μ_2。

图 6-1 为变截面柱，其惯性矩上下段分别为 I_u 和 I_l，两端铰接。根据弹性稳定理论按能量法可得出其临界荷载 P_{cr} 为

$$P_{cr} = \frac{\pi^2 E I_l}{(\mu H)^2} \tag{6-8}$$

式中　μ——计算高度的修正系数。

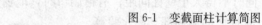

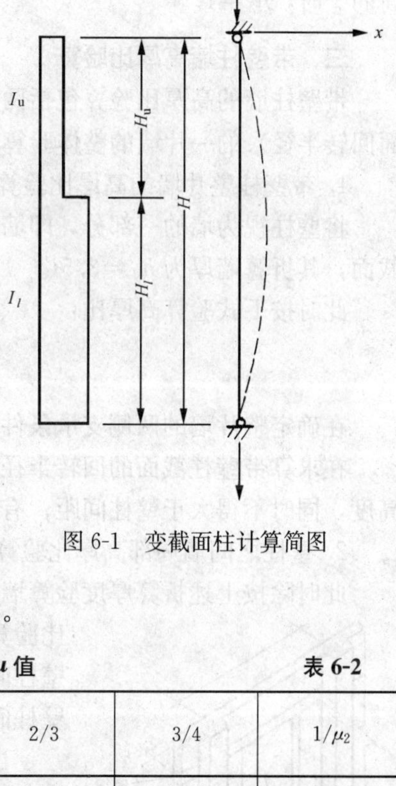

图 6-1　变截面柱计算简图

根据不同的 $\frac{H_u}{H}$ 和 $\frac{I_u}{I_l}$ 值，计算出的 μ 值[6-3]列于表 6-2。

变截面柱的高度修正系数 μ 值 表 6-2

I_u/I_l ＼ H_u/H	1/4	1/3	1/2	2/3	3/4	$1/\mu_2$
0.1	1.04	1.08	1.35	1.74	2.35	1.56
0.2	1.03	1.06	1.29	1.58	1.93	1.47
0.3	1.03	1.05	1.24	1.45	1.65	1.39
0.4	1.03	1.04	1.20	1.34	1.52	1.30
0.5	1.02	1.03	1.16	1.26	1.41	1.25
0.6	1.02	1.02	1.12	1.19	1.29	1.19
0.7	1.00	1.00	1.05	1.08	1.10	1.14
0.8	1.00	1.00	1.03	1.04	1.05	1.09

由表 6-2 可见随着 $\dfrac{I_u}{I_l}$ 的减小，即墙的门窗洞口的增大，μ 值逐渐增大，意味着临界荷载的减小，即应将其允许高厚比降低。

规范规定的修正系数的倒数 $\dfrac{1}{\mu_2}$，相当于表 6-2 中的 μ 值，$\dfrac{1}{\mu_2}$ 也列于表 6-2 中。比较表中 μ 和 $\dfrac{1}{\mu_2}$ 值，可见 $\dfrac{1}{\mu_2}$ 相当于表中 $\dfrac{H_u}{H}$ 为 $\dfrac{2}{3}$ 这列中的 μ 值。基本上能控制住工程上常用的比值范围。由于表 6-1 中柱和墙的允许高厚比的比值基本上都为 0.7，考虑到有门窗洞墙的允许高厚比不应比独立柱更低，所以规范规定计算的 μ_2 值低于 0.7 时，仍按 0.7 取用。

另外，对于 $\dfrac{H_u}{H}$ 较小的情况，例如仓库外墙，按式（6-7）计算则偏于保守，表 6-2 中可见当 $\dfrac{H_u}{H}=\dfrac{1}{4}$ 时的 μ 值已接近于 1，所以规范规定 $\dfrac{H_u}{H}\leqslant\dfrac{1}{5}$，即当洞口高度等于或小于墙高的 $\dfrac{1}{5}$ 时，$\mu_2=1$。

三、带壁柱墙高厚比验算

带壁柱墙的高厚比验算包括两部分内容，即把带壁柱墙视为厚度为 $h_T=3.5i$（i 为截面回转半径）的一片墙的整体验算和壁柱之间墙面的局部高厚比验算

1. 带壁柱整片墙的高厚比验算

将壁柱视为墙的一部分，即墙截面为 T 形按惯性矩和面积都相等的原则换算成矩形截面，其折算墙厚为 $h_T=3.5i$。

此时按下式验算高厚比：

$$\beta = \frac{H_0}{h_T} \leqslant \mu_1\mu_2[\beta] \tag{6-9}$$

在确定整片墙的两侧支承条件时，取支承横墙间距离。即墙长 s 取相邻横墙的距离。

在求算带壁柱截面的回转半径时，翼缘宽度对于无窗洞口的墙面取壁柱宽加 2/3 壁柱高度，同时不得大于壁柱间距；有窗洞口时，取窗间墙宽度。

2. 壁柱之间墙局部高厚比验算

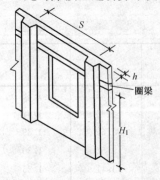

此时除按上述折算厚度验算墙的高厚比外，还应对壁柱之间墙厚为 h 的墙面进行高厚比验算。壁柱可视为墙的侧向不动铰支点。计算 H_0 时 s 取壁柱间的距离。而且不管房屋静力计算采用何种方案，确定壁柱间墙的 H_0 时，均按刚性方案考虑。

当壁柱间的墙较薄、较高以致超过高厚比限值时，可在墙高范围内设置钢筋混凝土圈梁，而且 $\dfrac{b}{s}\geqslant\dfrac{1}{30}$（$b$ 为圈梁宽度）时，该圈梁可以作为墙的不动铰支点（因为圈梁水平方向刚度较大，能够限制壁柱间墙体的侧向变形）。这样，墙高也就降低为由基础顶面至圈梁底面的高度（图 6-2）。

图 6-2　带壁柱墙的 β 计算

此外，当与墙体连接的相邻横墙间距 s 太小时，墙体的高厚比可不受 $[\beta]$ 的限制，墙厚按承载力计算需要加以确定。这时横墙间距规定为：

$$s \leqslant \mu_1\mu_2[\beta]h \tag{6-10}$$

当壁柱间或相邻两横墙间的墙的长度 $s \leqslant H$（H—为墙的高度）时，应按计算高度 $H_0 = 0.6s$ 来计算墙面的高厚比。

四、设置构造柱墙高厚比验算

近年来由于抗震设计的要求，相当多的砌体结构房屋设有钢筋混凝土构造柱，并靠拉结筋、马牙槎等措施与墙体形成整体，使墙体刚度增加，承载力提高。配有构造柱的墙体，由于刚度增强，其允许的高厚比理应比不设构造柱墙体大。这种墙体如何进行高厚比验算已经成为急需解决的问题，01规范根据计算分析，提出了验算方法[6-4]。

工程调查了解到，钢筋混凝土构造柱的配筋率一般都小于 0.2%，因此这种墙体纵向弯曲的影响可按无筋砌体考虑。但构造柱对砌体墙的刚度增强作用还确实存在。

根据压杆稳定理论，无构造柱和有构造柱纵向变形曲线为（图6-3、图6-4）。

$$y_1 = H_0 \sin \frac{\pi x}{H_0} \tag{6-11}$$

$$y_0 = H_{0c} \sin \frac{\pi x}{H_{0c}} \tag{6-12}$$

对两式分别求一阶、二阶导数并根据能量法分析压杆稳定的理论，可推得

$$H_{0c}^2 / H_0^2 = E_2 I_2 / E_1 I_1 = 1 + \frac{b_c}{l}(\alpha - 1) \tag{6-13}$$

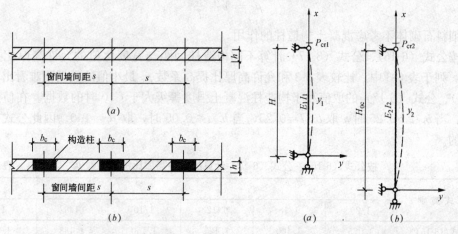

图6-3　墙体构造间图　　　　图6-4　墙体失稳临界曲线
(a) 无构造柱 $H_0 I_1 E_1$；(b) 有构造柱 $H_{0c} I_2 E_2$　　(a) 无构造柱；(b) 有构造柱

令 $\beta = H_0/h$、$\beta_c = H_{0c}/h$ 分别为不设构造柱墙和设构造柱墙的高厚比，可求出设构造柱墙在相同临界荷载下允许高厚比提高系数为

$$\mu_c = \beta_c / \beta = \sqrt{1 + \frac{b_c}{l}(\alpha - 1)} \tag{6-14}$$

$$\alpha = E_0 / E_1 \tag{6-15}$$

式中　μ_c——允许高厚比的提高系数；

　　　l——构造柱间距。

从公式（6-14）可以看出，构造柱对墙的允许高厚比的影响大小是随块材强度等级、砌筑砂浆强度等级以及构造柱的宽度 b_c、构造柱间距（即窗间墙间距）l 的值而变化的。以工程中常用的黏土砖砌体为例，其中构造柱混凝土强度等级 C20，按公式（6-14）计算

的高厚比的提高系数 μ_c 可以看出，随着砖强度等级或砌筑砂浆强度等级的提高，砌体的高厚比提高系数降低。

根据上述规律，把规范中规定的各类砌体的最高块材强度等级和最高砂浆强度等级，在构造柱不同混凝土强度等级和不同柱间距的情况下允许高厚比提高系数 μ_c 的最小值计算出来。

计算中发现，构造柱间距与宽度的比值超过 1/20 允许高厚比提高系数 μ_c 没有明显增加。也就是说，构造柱作用的影响范围不超过构造柱间距与宽度的比值的 1/20。构造柱宽度 b_c 一般为 240mm 或 180mm，当构造柱间距与宽度的比值为 1/20 时，构造柱间距分别是 4.8m 或 3.6m。

设计规定构造柱的混凝土强度等级不低于 C15，根据不同砌体材料可得出如下公式：烧结普通砖、烧结多孔砖；蒸压灰砂砖、蒸压粉煤灰砖；轻骨料混凝土小型空心砌块砌体，按下式取值：

$$\mu_c = 1 + 1.5\frac{b_c}{l} \tag{6-16}$$

混凝土砌块、混凝土多孔砖、粗料石、毛料石及毛石砌体，按下式取值：

$$\mu_c = 1 + \frac{b_c}{l} \tag{6-17}$$

细料石砌体不考虑混凝土构造柱的作用。

按公式（6-16）、公式（6-17）计算不同构造柱间距与宽度比值的允许高厚比提高系数 μ_c，列于表 6-3 中。比较表 6-3 和允许高厚比提高系数 μ_c 最小值的数据不难看出，公式（6-16）、公式（6-17）的取值小于构造柱混凝土强度等级大于 C10 时的数据。在使用中还规定：当 $b_c/l > 0.25$ 时，取 $b_c/l = 0.25$，当 $b_c/l < 0.05$ 时，取 $\mu_c = 1.0$。因此公式是偏于安全的。

按公式（6-16）、公式（6-17）计算的允许高厚比提高系数 μ_c 表 6-3

公式类别	b_c/s					
	1/20	1/15	1/12	1/10	1/8	1/4
公式（6-16）	1.075	1.100	1.125	1.150	1.188	1.375
公式（6-17）	1.050	1.067	1.083	1.100	1.125	1.250

若把公式（6-15）看做构造柱截面积的"放大系数"，那么带构造柱墙可看做相应的带壁柱墙。因此，构造柱对墙体允许高厚比的提高只适用于构造柱与墙体形成整体后的使用阶段，并且构造柱与墙体之间的连接保证是可靠的。

五、墙柱高厚比验算例题

【例 6-1】 某砖混住宅楼底层平面见图 6-5 所示。现浇钢筋混凝土楼盖，外墙 370mm，内墙 240mm，隔墙 120mm，墙高 3.5m（从基础顶算起），隔墙高 3m。承重墙砂浆 M5，隔墙砂浆 M2.5。试验算一部分墙体的高厚比。

【解】 该房屋属于刚性构造方案。

（1）大间外墙

$s = 7.05\text{m} > 2H = 7.0\text{m}$

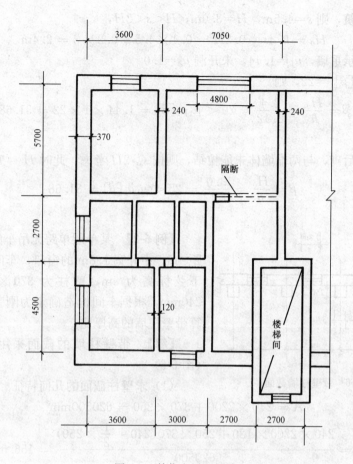

图 6-5　某住宅平面尺寸

$H_0 = 1.0H = 3.5\text{m}$,砂浆 M5

查表 6-1 知 $[\beta] = 24$。外墙为承重墙 $\mu_1 = 1.0$。

$$\mu_2 = 1 - 0.4\frac{b_s}{s} = 1 - 0.4 \times \frac{4.8}{7.05} = 0.73 > 0.7$$

$$\beta = \frac{H_0}{h} = \frac{3.5}{0.37} = 9.46 < \mu_1\mu_2[\beta] = 1 \times 0.73 \times 24 = 17.5$$

满足要求

（2）内横墙（墙长 5.7m）

$s = 5.7\text{m}, H = 3.5\text{m}$　所以

$H < s < 2H$

查表　　　　$H_0 = 0.4s + 0.2H = 0.4 \times 5.7 + 0.2 \times 3.5 = 2.98\text{m}$

内横墙无洞口，且为承重墙，所以 $\mu_1 = \mu_2 = 1.0$

$$\beta = \frac{H_0}{h} = \frac{2.98}{0.24} = 12.4 < [\beta] = 24$$

满足要求

（3）隔墙高厚比验算

半砖隔墙的顶端施工中常用斜放砖顶住楼板，所以顶端可按不动铰支点考虑。如隔墙

与纵墙同时砌筑，则 $s=4.5$m，$H=3.0$m，$H<s<2H$，

$$H_0 = 0.4s + 0.2H = 0.4 \times 4.5 + 0.2 \times 3 = 2.4\text{m}$$

隔墙为非承重墙，$\mu_1 = 1.44$，未开洞 $\mu_2 = 1.0$

M2.5 时 $[\beta] = 22$，则

$$\beta = \frac{H_0}{h} = \frac{2.4}{0.12} = 20 < \mu_1\mu_2[\beta] = 1.44 \times 1 \times 22 = 31.68$$

满足要求

如果隔墙后砌，与两端墙体未能拉结，则按 $s>2H$ 考虑，此时 $H_0 = 1.0H = 3.0$m

$$\beta = \frac{H_0}{h} = \frac{3.0}{0.12} = 25 < \mu_1\mu_2[\beta] = 31.68$$

仍然满足要求

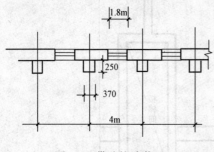

图 6-6 带壁柱墙截面

【例 6-2】 某单层单跨无吊车的仓库，壁柱间距 4m，中开宽 1.8m 的窗口，车间长 40m，屋架下弦标高为 5m，壁柱为 370×490mm，墙厚 240mm，根据车间构造确定为刚弹性方案，试验算带壁柱墙的高厚比。

【解】 带壁柱墙的截面采用窗间墙的截面（图 6-6）

（1）求壁柱截面的几何特征

$$A = 240 \times 2200 + 370 \times 250 = 620500\text{mm}^2$$

$$y_1 = \frac{240 \times 2200 \times 120 + 250 \times 370(240 + \frac{1}{2} \times 250)}{620500} = 156.5\text{mm}$$

$$y_2 = (240 + 250) - 156.5 = 333.5\text{mm}$$

$$I = \frac{1}{12} \times 2200 \times 240^3 + 2200 \times 240$$

$$\times (156.5 - 120)^2 + \frac{1}{12} \times 370 \times 250^3 + 370$$

$$\times 250 \times (333.5 - 125)^2$$

$$= 7,740,000,000\text{mm}^4$$

$$r = \sqrt{\frac{I}{A}} = 111.8\text{mm}$$

$$h_\text{T} = 3.5r = 3.5 \times 111.8 = 391\text{mm}$$

（2）确定计算高度

$$H = 5 + 0.5 = 5.5\text{m（算至基础顶面）}$$

$$H_0 = 1.2H = 1.2 \times 5.5 = 6.6\text{m}$$

（3）整片墙高厚比验算

采用 M2.5 混合砂浆时查表得 $[\beta] = 22$

开有门窗的墙，$[\beta]$ 的修正系数 μ_2 为

$$\mu_2 = 1 - 0.4\frac{b_\text{s}}{s} = 1 - 0.4 \times \frac{1.8}{4} = 0.82$$

$$\beta = \frac{H_0}{h_T} = \frac{6.6}{0.391} = 16.9 < \mu_1\mu_2[\beta] = 0.82 \times 22 = 18$$

满足要求

【例 6-3】 某仓库外墙 240mm 厚，由红砖，M5 砂浆砌筑而成，墙高 5.4m，每 4m 长设有 1.2m 宽的窗洞，同时墙长每 4m 设有钢筋混凝土构造柱（240×240mm），横墙间距 24m（图 6-7），试验算该墙体的高厚比。

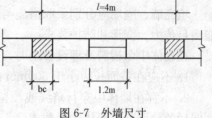

图 6-7 外墙尺寸

【解】 由于 $s=24$m，$H=5.4$m $s>2H$，

$\therefore H_0 = 1.0H = 5.4$m

每 4m 设 1.2m 宽的窗洞

$$\mu_2 = 1 - 0.4\frac{b_s}{s} = 1 - 0.4 \times \frac{1.2}{4} = 0.88$$

砂浆 M5 查表 $[\beta] = 24$

$$\beta = \frac{H_0}{h} = \frac{5400}{240} = 22.5 > \mu_1\mu_2[\beta] = 0.88 \times 24 = 21.1 \quad \text{不满足要求，}$$

考虑每 4m 设构造柱

$b_c = 240$mm，$l = 4$m

$$\mu_c = 1 + 1.5\frac{b_c}{l} = 1 + 1.5 \times \frac{240}{4000} = 1.09$$

$$\mu_c\mu_1\mu_2[\beta] = 1.09 \times 0.88 \times 24 = 23 > \beta = 22.5 \quad \text{满足要求}$$

第二节 一般构造要求

本节主要针对砌体房屋连接构造、最低材料强度等，涉及砌体房屋整体性、耐久性而提出的基本要求。规范大体上分为几个方面给予明确规定。

一、砌体材料的最低强度等级

根据工程调查发现，砖强度等级低于 MU10 或采用石灰砂浆砌筑的普通黏土砖砌体，其耐久性较差，容易腐蚀风化。当砌体处于潮湿环境或具有腐蚀介质时强度及质量的要求更为突出。01 规范从提高房屋的耐久性考虑对其中一些材料强度在 88 规范基础上又进一步提高了要求，新修订的砌体结构设计规范已将这部分内容列入第四章第三节砖体结构耐久性规定中。对安全等级一级或设计使用年限大于 50 年的房屋、受振动或层高大于 6m 的墙、柱所用材料的最低强度等级应比本规范耐久性章节材料最低强度等级的规定至少提高一级。这是从房屋的重要性出发特别强调追加的。这一点也已在表 3-27 注 2 中表达。

二、最小截面规定和墙柱连接构造

为了避免墙柱截面过小导致稳定性能变差，以及局部缺陷对构件影响增大，所以规范规定了各种构件的最小尺寸。

规范规定：承重独立砖柱的截面尺寸，不应小于 240×370mm。毛石墙的厚度，不宜小于 350mm，毛料石柱截面的较小边长不宜小于 400mm。当有振动荷载时，墙、柱不宜用毛石砌体。

为了增强砌体房屋的整体性和避免局部受压损伤，规范从构造上提出一些连接构造规定。

墙体转角处和纵横墙交接处宜沿竖向每隔 400～500mm 设拉结钢筋，其数量为每120mm 墙厚不少于 1φ6 或焊接钢筋网片，埋入长度从墙的转角或交接处算起，对实心砖墙每边不小于 500mm，对多孔砖和砌块墙不小于 700mm。

填充墙、隔墙应分别采取措施与周边主体结构构件可靠连接，连接构造和嵌缝材料应能满足传力、变形和防护要求。

在砌体中留槽洞及埋设管道时，应遵守下列规定：

1. 不应在截面长边小于 500mm 的承重墙体、独立柱内埋设管线；

2. 不宜在墙体中穿行暗线或预留、开凿沟槽，当无法避免时应采取必要的措施或按削弱后的截面验算墙体的承载力。

注：对受力较小或未灌孔的砌块砌体，允许在墙体的竖向孔洞中设置管线。

预制钢筋混凝土板在混凝土圈梁上的支承长度不应小于 80mm，板端伸出的钢筋应与圈梁可靠连接，且同时浇筑；预制钢筋混凝土板在墙上的支承长度不应小于 100mm，并应按下列方法进行连接：

1. 板支承于内墙时，板端钢筋伸出长度不应小于 70mm，且与支座处沿墙配置的纵筋绑扎，用强度等级不应低于 C25 的混凝土浇筑成板带；

2. 板支承于外墙时，板端钢筋伸出长度不应小于 100mm，且与支座处沿墙配置的纵筋绑扎，并用强度等级不应低于 C25 的混凝土浇筑成板带；

3. 预制钢筋混凝土板与现浇板对接时，预制板端钢筋应伸入现浇板中进行连接后，再浇筑现浇板。

支承在墙、柱上的吊车梁、屋架及跨度大于或等于下列数值的预制梁的端部，应采用锚固件与墙、柱上的垫块锚固：

1. 对砖砌体为 9m；

2. 对砌块和料石砌体为 7.2m。

跨度大于 6m 的屋架和跨度大于下列数值的梁，应在支承处砌体上设置混凝土或钢筋混凝土垫块；当墙中设有圈梁时，垫块与圈梁宜浇成整体。

1. 对砖砌体为 4.8m；

2. 对砌块和料石砌体为 4.2m；

3. 对毛石砌体为 3.9m。

山墙处的壁柱或构造柱应砌至山墙顶部，且屋面构件应与山墙可靠拉结。

在跨度大于 6m 的屋架和跨度大于对砖砌体 4.8m，对砌块、料石砌体 4.2m，对毛石砌体 3.9m 的梁的支承面下，应设置混凝土或按构造要求配置双层钢筋网的钢筋混凝土垫块。当墙体中设有圈梁时，垫块与圈梁宜浇成整体。

对墙厚 $h \leqslant 240mm$ 的房屋，当大梁跨度对砖墙为 6m，对 180mm 厚的砖墙砌块、料石墙为 4.8m 时，其支承处的墙体宜加设壁柱或构造柱。

三、砌块砌体的构造规定

混凝土砌块砌体除了前面已提到的一些构造规定外，规范还提出以下的构造规定。

砌块砌体应分皮错缝搭砌，小型空心砌块上下皮搭砌长度，不得小于 90mm。当搭砌长度不满足上述要求时，应在水平灰缝内设置不少于 2ϕ4 的焊接钢筋网片（横向钢筋的间距不应大于 200mm），网片每端均应超过该垂直缝，其长度不得小于 300mm。

　　混凝土砌块房屋，宜在纵横墙交接处，距墙中心线每边不小于 300mm 范围内的孔洞，采用不低于 Cb20 的混凝土灌实，灌实高度应为全部墙身高度。砌块墙与后砌隔墙交接处，应沿墙高每 400mm 在水平灰缝内设置不少于 2ϕ4 的焊接钢筋网片（图 6-8）。

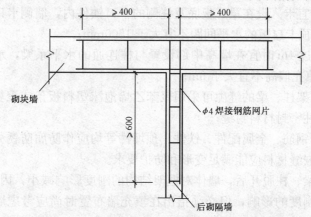

图 6-8　砌块墙与后砌隔墙交接处钢筋网片

　　混凝土小型空心砌块墙体的下列部位，如未设圈梁或混凝土垫块，应采用不低于 Cb20 的混凝土将孔洞灌实：

　　搁栅、檩条和钢筋混凝土楼板的支承面下，高度不小于 200mm 的砌体；

　　屋架、大梁的支承面下，高度不小于 600mm，长度不小于 600mm 的砌体；

　　挑梁支承面下，纵横墙交接处，距墙中心线每边不应小于 300mm，高度不应小于 600mm 的砌体。

第三节　框 架 填 充 墙

　　以往历次大地震，尤其是此次汶川地震的震害情况表明，框架结构填充墙等非结构构件均遭到不同程度破坏，有的损害甚至超出了主体结构，导致不必要的经济损失，尤其高级装饰条件下的高层建筑的损失更为严重。这种现象引起人们的广泛关注，防止或减轻该类墙体震害的有效设计方法和构造措施已成为工程界的急需和共识。

　　《建筑抗震设计规范》GB 50011 对建筑工程中的非结构构件的要求虽然有了较大幅度的提高，并提出"填充墙宜与柱脱开或柔性连接……"的要求，但因我国在这方面的研究甚少，多年来《抗震规范》中的该项要求始终没有具体实施的措施。因为规范的要求与现行计算手段尚无法对填充墙的刚度进行量化分析，填充墙引起整体结构上下刚度、水平刚度的不均匀变化及改变了荷载和结构构件的内力分配问题均未解决。因此实际采用的构造措施（含国家标准图）仍为刚性连接方法。

　　新修订的砌体结构设计规范提出了填充墙与框架柱、梁脱开的构造方案：

　　1）填充墙两端与框架柱，填充墙顶面与框架梁之间留出不小于 20mm 的间隙；

　　2）填充墙端部应设置构造柱，柱间距宜不大于 20 倍墙厚且不大于 4000mm，柱宽度不小于 100mm。柱竖向钢筋不宜小于 Φ10，箍筋宜为 Φ^R5，竖向间距不宜大于 400mm。竖向钢筋与框架梁或其挑出部分的预埋件或预留钢筋连接，绑扎接头时不小于 30d，焊接时（单面焊）不小于 10d（d 为钢筋直径）。柱顶与框架梁（板）应预留不小于 15mm 的缝隙，用硅酮胶或其他弹性密封材料封缝。当填充墙有宽度大于 2100mm 的洞口时，洞口两侧应加设宽度不小于 50mm 的单筋混凝土柱；

3）填充墙两端宜卡入设在梁、板底及柱侧的卡口铁件内，墙侧卡口板的竖向间距不宜大于 500mm，墙顶卡口板的水平间距不宜大于 1500mm；

4）墙体高度超过 4m 时宜在墙高中部设置与柱连通的水平系梁，水平系梁的截面高度不小于 60mm，填充墙高不宜大于 6m；

5）填充墙与框架柱、梁的缝隙可采用聚苯乙烯泡沫塑料板条或聚氨酯发泡填充，并用硅酮胶或其他弹性密封材料封缝；

6）所有连接用钢筋、金属配件、铁件、预埋件等均应作防腐防锈处理，并应符合规范 4.3 节的规定。嵌缝材料应能满足变形和防护要求。

填充墙与框架梁、柱脱开后，墙体对框架结构的刚度影响减小，因此按《抗震规范》规定可不计入墙体刚度的影响，但必须指出在填充墙布置时尚应考虑墙体质量对结构的影响。

填充墙与框架梁、柱脱开后，墙体包括可能出现的构造柱在出平面水平荷载作用下可以按下部固端上部铰支的计算简图进行计算，在抗震设防条件下，尚应按《抗震规范》非结构构件的连接计算原则进行验算。

考虑到非抗震设防地区有时没有必要都采用填充墙与框架梁、柱脱开的构造方案，新修订的砌体结构设计规范同时提出了不脱开的填充墙构造方案：

1）沿柱高每隔 500mm 配置 2 根直径 6mm 的拉结钢筋（墙厚大于 240mm 时配置 3 根直径 6mm），钢筋伸入填充墙长度不宜小于 700mm，且拉结钢筋应错开截断，相距不宜小于 200mm。填充墙墙顶应与框架梁紧密结合。顶面与上部结构接触处宜用一皮砖或配砖斜砌楔紧；

2）当填充墙有洞口时，宜在窗洞口的上端或下端、门洞口的上端设置钢筋混凝土带，钢筋混凝土带应与过梁的混凝土同时浇筑，其过梁的断面及配筋由设计确定。钢筋混凝土带的混凝土强度等级不小于 C20。当有洞口的填充墙尽端至门窗洞口边距离小于 240mm 时，宜采用钢筋混凝土门窗框；

3）填充墙长度超过 5m 或墙长大于 2 倍层高时，墙顶与梁宜有拉接措施，墙体中部应加设构造柱；墙高度超过 4m 时宜在墙高中部设置与柱连接的水平系梁，墙高超过 6m 时，宜沿墙高每 2m 设置与柱连接的水平系梁，梁的截面高度不小于 60mm。

第四节 夹 心 复 合 墙

为适应建筑节能要求，各地（特别是北方寒冷地区）修建了一些高效节能墙体采用多叶墙型式，一般来说内叶墙承重，外叶墙作为保护层，中间夹以高效保温性能材料如苯板、岩棉、玻璃丝棉等，内外叶墙之间用钢筋拉结或丁砖拉结，这种夹心复合墙体从结构上看即是空腔墙，英国用得比较早，也有成功的经验。我国的一些科研单位，如中国建筑科学研究院，哈尔滨建筑大学等先后作过一定数量的试验（包括黏土砖，多孔砖，混凝土砌块，也包括静力和拟静力试验）并提出了相应的构造措施和计算方法。试验表明，在竖向荷载作用下，拉结件能协调内、外叶墙的变形，夹芯墙通过拉结件为内叶墙提供了一定的支持作用，提高了内叶墙的承载力和增加了叶墙的稳定性，在往复荷载作用下，钢筋拉结件能在大变形情况下防止外叶墙失稳破坏，内外叶墙变形协调，共同工作。因此钢筋拉结对防止已开裂墙在地震作用下不致脱落、倒塌有重要作用。另外，两种拉结方案对比试验表明，采用钢筋拉结件的夹芯墙片，不仅破坏较轻，并且其变形能力和承载能力的发挥也较好。

01 规范修订时已将夹心墙的有关构造规定编入规范，这次新修订的砌体规范根据近期的应用研究以及参考国外标准对夹心墙作了一些增补和完善。

一、夹心复合墙应符合下列规定：

1. 夹心墙的夹层厚度，不宜大于 120mm。

2. 外叶墙的各类砖及混凝土砌块的强度等级，不应低于 MU10。

3. 夹心墙的有效面积，承载力计算时，应取承重或主叶墙的面积。高厚比验算时，夹心墙的有效厚度，按下式计算：

$$h_l = \sqrt{h_1{}^2 + h_2{}^2} \tag{6-18}$$

式中 h_l——夹心复合墙的有效厚度；

h_1、h_2——分别为内、外叶墙的厚度。

4. 夹心墙外叶墙的最大横向支承间距，宜按下列规定采用：6 度时不宜大于 9m；7 度时不宜大于 6m；8、9 度时不宜大于 3m。

二、夹心墙的内、外叶墙，应由拉结件可靠拉结，拉结件宜符合下列规定：

1. 当采用环形拉结件时，钢筋直径不应小于 4mm，当为 Z 形拉结件时，钢筋直径不应小于 6mm；拉结件应沿竖向梅花形布置，拉结件的水平和竖向最大间距分别不宜大于 800mm 和 600mm；对有振动或有抗震设防要求时，其水平和竖向最大间距分别不宜大于 800mm 和 400mm；

2. 当采用可调拉结件时，钢筋直径不应小于 4mm，拉结件的水平和竖向最大间距均不宜大于 400mm。叶墙间灰缝的高差不大于 3mm，可调拉结件中孔眼和扣钉间的公差不大于 1.5mm；

3. 当采用钢筋网片作拉结件时，网片横向钢筋的直径不应小于 4mm；其间距不应大于 400mm；网片的竖向间距不宜大于 600mm；对有振动或有抗震设防要求时，不宜大于 400mm；

4. 拉结件在叶墙上的搁置长度，不应小于叶墙厚度的 2/3，并不应小于 60mm；

5. 门窗洞口周边 300mm 范围内应附加间距不大于 600mm 的拉结件。

三、夹心墙拉结件或网片的选择与设置，应符合下列规定：

1. 夹心墙宜用不锈钢拉结件。拉结件用钢筋制作或采用钢筋网片时，应先进行防腐处理，并应符合规范 4.3 的有关规定；

2. 非抗震设防地区的多层房屋，或风荷载较小地区的高层的夹心墙可采用环形或 Z 形拉结件；风荷载较大地区的高层建筑房屋宜采用焊接钢筋网片；

3. 抗震设防地区的砌体房屋（含高层建筑房屋）夹心墙应采用焊接钢筋网作为拉结

件，焊接网应沿夹心墙连续通长设置，外叶墙至少有一根纵向钢筋。钢筋网片可计入内叶墙的配筋率，其搭接与锚固长度应符合有关规范的规定；

4. 可调节拉结件宜用于多层房屋的夹心墙，其竖向和水平间距均不应大于 400mm。

第五节 砌体结构变形裂缝产生机理和形态

一、变形裂缝的种类

砌体结构房屋建成之后，由于种种原因可能出现各种各样的墙体裂缝。从大的方面来说，墙体裂缝可分为受力裂缝与非受力裂缝两大类。各种荷载直接作用下墙体产生的相应形式的裂缝称为受力裂缝。而砌体因收缩、温湿度变化、地基沉降不均匀等引起的裂缝是非受力裂缝，又称变形裂缝。

根据调查，砌体房屋的裂缝中变形裂缝占 80％以上其中温度裂缝更为突出。

从块材类型来看，根据调查，小型砌块房屋的裂缝比砖砌体房屋更多而且更为普遍，引起了工程界的重视。

小型砌块砌体与砖砌体相比，力学性能有着明显的差异。在相同的块体和砂浆强度等级下，小型砌块砌体的抗压强度比砖砌体高许多。这是因为砌块高度比砖大 3 倍，不像砖砌体那样受到块材抗折指标的制约。

但是，相同砂浆强度等级下抗拉、抗剪强度小砌块砌体却比砖砌体小了很多，沿齿缝截面弯拉强度仅为砖砌体的 30％，沿通缝弯拉仅为砖砌体的 45％～50％，抗剪强度仅为砖砌体的 50％～55％。因此，在相同受力状态下，小型砌块砌体抵抗拉力和剪力的能力要比砖砌体小很多，所以更容易开裂。这个特点往往没有被人重视。

此外，小型砌块砌体的竖缝比砖砌体大 3 倍，加大了其薄弱环节更容易产生应力集中。

二、变形裂缝产生机理

以下着重对砌块房屋的温度变形和收缩变形进行分析。

1. 砌块房屋的温度变形

混凝土小砌块砌体的线胀系数为 10×10^{-6}，比砖砌体的大一倍，因此，小型砌块砌体对温度的敏感性比砖砌体高，更容易因温度变形引起裂缝。

由于温度变形引起的墙体裂缝的形状和部位砌块房屋和砖砌体房屋是相类似的，只是带有砌块的特点而已。

多层砌块房屋的顶层墙体和砖砌体房屋一样是最容易出现温度裂缝。

尽管混凝土砌块墙体的线胀系数与顶盖混凝土板线胀系数没有差别，但在夏季阳光照射下两者之间还是存在一定的温差。夏季在阳光照射下，屋面上表面最高温度可达40℃～50℃，而顶层外墙平均最高温度约为30℃～35℃。屋顶和顶层外墙存在 10℃～15℃的温差。在寒冷地区，屋盖结构层上面依次设有隔气层、保温层、找平层和防水层。顶盖结构有保温层的保护，它与外墙的温差按理应有所减少。但是，可能保温层不够厚，或防水层渗漏，保温层浸水，降低了保温隔热效果，这时两者温差还是有可能引起墙体的开裂。

在实际工程中我们发现，单是保温层上的水泥砂浆找平层（厚 20mm，实际施工时往往超厚）在外界温度变化下的伸缩变形也能将外墙推裂。因为按现有的建筑构造定型节点图，砂浆找平层一直铺到女儿墙根部，不但不断开，不留空隙而是在边端还要加厚，堆成三角形（便于做汛水）。找平层虽薄但在平面内还是有相当大的刚度，其上面的卷材防水层是没有隔热效果的，夏季阳光直接照射下找平层伸缩导致墙体开裂就不足为奇了。在顶盖与外墙存在一定温差下，导致两者温度变形不协调，产生墙体裂缝。当外界温度升高时，混凝土顶盖变形大。墙体变形相对较小，使屋盖受压、墙体受拉、受剪。在房屋顶层两端受力最大，往往沿窗口对角线方向呈现八字裂缝，还会在顶盖标高处墙体产生水平裂缝（顶盖板推外墙），有女儿墙时，还会使女儿墙开裂或外倾。

这种温度裂缝是有明显的规律性：两端重中间轻，顶层重往下轻，阳面重阴面轻。

由于顶盖的温度伸缩也会引起与外纵墙相连的顶层横墙的开裂，一般位于天棚下靠近外墙处出现斜向裂缝。

顶层墙体开裂裂缝形态与圈梁设置方法有明显的关系，但仅靠圈梁的设置并不能阻止墙体裂缝的产生。顶层圈梁上直接铺设屋面板时，当屋面板坐浆与圈梁结合较好时，圈梁下仍可能出现斜裂缝。如果结合较差，有可能产生水平裂缝[6-5][6-7]。

2. 砌块房屋的收缩变形

黏土砖是烧结而成的，成品干缩性极小，所以砖砌体房屋的收缩问题一般可不予考虑。

小型空心砌块则是混凝土拌合物经浇注、振捣、养生而成的。混凝土在硬化过程中逐渐失水而干缩，其干缩量因材料和成型质量而异，并随时间增长而逐渐减小。以普通混凝土砌块为例，在自然养护条件下，成型 28 天后，收缩趋于稳定，其干缩率为 0.03%～0.035%，含水率在 50%～60% 左右，砌成砌体后，在正常使用条件下，含水率继续下降，可达 10% 左右，其干缩率为 0.018%～0.07% 左右，干缩率的大小与砌块上墙时含水率有关，也与温度有关。

对于干缩已趋稳定的普通混凝土砌块砌体，如再次被浸湿后，会再次发生干缩，通常称为第二干缩。普通混凝土砌块在含水饱和后的第二干缩，其稳定时间比成型硬化过程的第一干缩时间要短，一般为 15 天左右。第二干缩的收缩率约为第一干缩的 80% 左右。

砌块上墙后的干缩，引起砌体干缩，而在砌体内部产生一定的收缩应力，当砌体的抗拉、拉剪强度不足以抵抗收缩应力时，就会产生裂缝。

因砌块干缩而引起墙体裂缝，这在小型砌块房屋是比较普遍的。在内外墙、在房屋各层均可能出现。干缩裂缝形态一般有几种，其一是在墙体中部出现的阶梯形裂缝，其二是环块材周边灰缝的裂缝，其三在外墙多反映在窗下墙，出现竖向均匀裂缝，其四在山墙等大墙面由于收缩还会出现竖向、有的是水平向裂缝。收缩裂缝一般多表现在下部几层，这是由于墙面的收缩变形受基础及横墙的约束所致。有的砌块房屋山墙大墙面中间部位，出现了由底层一直伸至 3、4 层的竖向裂缝。

北方寒冷地区的砌块房屋为保温要求，往往采用复合墙的形式修建外墙，即 190mm 厚的内叶承重墙，外加保温层（苯板、珍珠岩或岩棉），再加 90mm 厚外叶墙保护层。这种复合墙能一步到位达到寒冷地区墙体的节能保温要求。从结构上看这是一种空腔墙。外叶墙由 90mm 厚砌块砌成，内、外叶墙之间采用钢筋拉接。从防止温度裂缝和收缩裂缝角度来看外叶墙的处境更为不利，所以往往开裂比较严重。

由于砌筑砂浆的强度等级不高，灰缝不饱满，干缩引起的裂缝往往呈发丝状分散在灰缝缝隙中，清水墙时不易被发现，当有粉刷抹面时便显露出来。干缩引起的裂缝宽度不大，且裂缝宽度较均匀。

砌块上墙时含水率较大，经过一段时间后，砌体含水率降低，便可能出现干缩裂缝。即使已砌筑完工的砌体无干缩裂缝，但当砌块因某种原因再次被水浸湿后，出现第二干缩，砌体仍可能产生裂缝。

砌块的含湿量是影响干缩裂缝的主要因素，所以国外对砌块的含湿率（指与最大总吸水量的百分比）有较严格的规定。日本要求各种砌块的含水率均不超过 40%。美国和加拿大等国，则根据使用砌块地区的温度环境和砌块的线收缩系数等提出不同要求。例如美国规定混凝土砌块线收缩系数≤0.03% 时，对于高温环境允许的砌块含水率为 45%，中湿为 40%，干燥环境时要求含水率不大于 35%。

美国试验和材料学会（ASTM）和加拿大标准协会（CSA）的标准，把砌块分为控制含水量砌块和不控制含水量砌块两大类，对于应用于建筑工程中砌筑用的砌块在上墙前必须保持干燥。

三、变形裂缝的主要形态

以下是比较典型的几种变形裂缝形态：

1. 平屋顶下边外墙的水平裂缝和包角裂缝，裂缝位置在平屋顶底部附近或顶层圈梁底部附近（图 6-9），裂缝程度严重的贯通墙厚。产生裂缝的主要原因是钢筋混凝土顶盖板在温度升高时伸长对外墙产生推力。

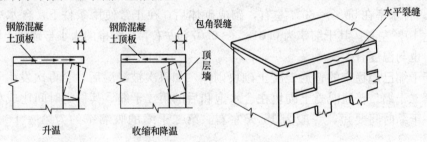

图 6-9 平屋顶下边外墙裂缝

2. 顶层内外纵墙和横墙的八字裂缝。这种裂缝多分布在房屋墙面的两端、或在门窗洞口的内上角和外下角，呈八字形（图 6-10）。主要原因是气温升高后屋顶板沿长度方向伸长比墙体大，使顶层墙体受拉、受剪，拉应力分布大体是墙体中间为零两端最大，因此八字缝多发生在墙体两端附近。屋面保温层做得愈差时，屋面混凝土板和墙体的温差愈大，相对变形亦愈大，则裂缝愈明显；房屋愈大，屋面板与墙体的相对变形愈大，裂缝亦明显；内纵墙裂缝比外纵墙明显，这是因为内纵墙处于室内，它与屋面板的温差比外墙大。

3. 房屋错层处墙体的局部垂直裂缝。这种裂缝产生的原因是由于收缩和降温，使钢筋混凝土楼盖发生比墙体大得多的变形，错层处墙体阻止楼盖的缩短，因而在墙体上产生较大的拉应力使砌体开裂（图 6-11）。

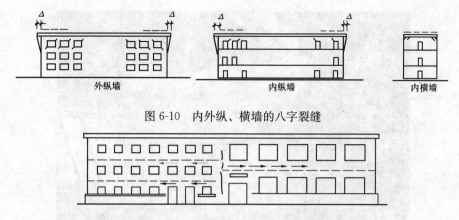

图 6-10　内外纵、横墙的八字裂缝

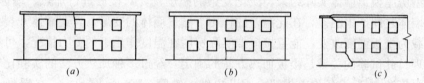

图 6-11　房屋错层墙体的局部垂直裂缝

4. 对砌块砌体房屋，由于基础部分的砌块受到土壤的保护，其收缩变形很小，使得该类房屋的干缩裂缝主要表现在底部几层较长墙体的中部，即山墙、楼梯间墙的中部较易出现竖向裂缝，此裂缝愈向顶层也愈轻。

5. 由于地基不均匀沉降引起墙体开裂的较典型裂缝形态见图 6-12。

图 6-12　地基不均匀沉降引起墙体开裂的裂缝形态
(a) 由沉降不均匀产生的弯曲破坏；(b) 由沉降不均匀产生的反弯破坏；
(c) 由沉降不均匀产生的剪切破坏

第六节　变形裂缝的试验研究

为对砌体房屋的温度裂缝机理和防治方法进行研究，国内曾进行了三次砌体房屋的温度裂缝实测实验，1981 年大连理工大学和镇江设计院曾对镇江某四层砖混楼房进行了实测并用有限元进行分析[6-9]，1988 年合肥工业大学对一四层小砌块楼房进行了为期一年的实测，用 GISTRUDL 软件系统进行了有限元分析[6-10]，最近的一个实测实验是 1999 年浙江大学对杭州市一幢混凝土小型空心砌块建筑进行的温度实测，给出了墙面的温度场[6-11]。三个实验最主要的成就是提供了砌体房屋在实际温度环境下的温度场，为温度裂缝的研究提供了第一手材料。不足之处是因为实测的温度场不足以产生裂缝，所以温度应力的大小和防治措施的有效程度无法评价。

1999 年哈尔滨建筑大学和大庆油田建设设计院合作进行了混凝土砌块房屋裂缝防治技术研究。

为模拟实际房屋在温差下的变形和应力，设计了足尺的一层混凝土小型空心砌块房屋的模型，取两开间、一个进深，前后两道纵墙各模拟内纵墙、外纵墙，且各开有门窗洞口，模型房屋长 5.4m，宽 3.6m，高 3m。具体形状见图 6-13。

图 6-13　砌块模型

一、温度裂缝试验方案

以模型房屋模拟墙体实际约束，淡化复杂的温度场，对楼板进行加热，墙体不加热，使楼板和墙体之间产生温差，在此温差的作用下测量墙体的变形，直至墙体开裂。由于实验所加荷载为楼板温度改变，能直接模拟实际房屋在温度作用下的受力情况，可反映温度裂缝的机理。此试验的关键是楼板加热方法的确定。经过多种加热方法的实验比较，最后选定工频涡流法[6-6]。设备为电焊机，铜芯电缆，铁管，80mm 厚苯板。在混凝土楼板上铺设铁管，电缆线穿过铁管。用电焊机提供低压高强度交流电，使铁管在工频涡流作用下升温，用苯板保温。加热装置见图 6-14。

图 6-14　加热装置

需测定的物理量有温度场、楼板的位移值以及墙体主要部位的变形。温度场用热敏电阻测量，分别测量板顶、板底、板侧、墙顶、墙中、墙底六个位置的温度。

电焊机的输出电流为 $I=210A$，$U=66.4V$，加热时间 200 分钟，楼板的板底升温达到了 13.4℃，各墙片出现了裂缝。在楼板板底升温达到 5.5℃时，一侧纵墙 W-1 首先出现裂缝，纵墙的裂缝首先出现在窗间墙处，然后向两侧发展，集中在过梁上表皮，裂缝只在上面三皮灰缝中出现，有横向裂缝，也有纵向裂缝，裂缝随温度升高开始贯通。另一侧纵墙 W-2 因是复合墙体所以裂缝开裂推迟，且程度较 W-1 为轻。在两端的横墙上裂缝出现在上面三皮砌块的灰缝处，中间的横墙出现的是典型的端角部阶梯裂缝。所有的裂缝都集中在墙体的上三皮灰缝中。

楼板的位移和楼板的升温基本呈线性关系，在墙体开裂时，靠近开裂墙体的千分表 4量测得到的位移有突变。楼板的温度场是均匀的，升温和时间呈正比，测得的数据见图6-15，而墙体的温度保持不变。楼板的位移曲线见图 6-16。

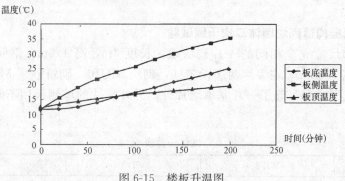

图 6-15　楼板升温图

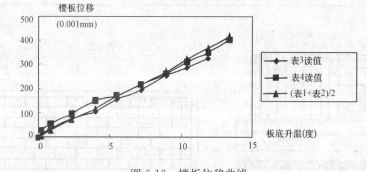

图 6-16　楼板位移曲线

二、温度裂缝试验的几点结论

通过试验和对应的有限元分析可得以下几点结论[6-8]：

1. 试验证实了楼板和墙体之间的温差是使砌体房屋顶层墙体产生温度裂缝的主要原因。当楼板在温差作用下伸长时，墙体约束楼板变形，从而在墙体里产生了以受拉为主的温度应力，当最大温度应力大于墙体抗拉能力时，墙体出现裂缝。

2. 当楼板和墙体之间存在温差时，最大的应力和位移集中在墙体的上部。

3. 通过实测和房屋的有限元分析可以看出温度应力的分布和房屋的布局有关，如门窗洞口分布，纵横墙的设置都会影响应力的大小和分布。

4. 可以用弹性有限元对砌体房屋的温度应力进行计算。在墙体开裂前，理论计算的结果和试验实测吻合良好。所以可通过有限元计算得出墙体应力分布规律，从而判断各种情况下墙体裂缝可能出现的位置，针对薄弱部位采取措施防止裂缝产生。

5. 门窗洞口对墙体的温度应力影响最大。当墙体设有门窗洞口时温度应力增大70％以上，而门窗洞口的大小对温度应力数值影响不大。在有门窗洞口时，因应力集中，边侧的洞口角点成为最危险点。

6. 温度应力和墙体的长度不是线性关系，当墙体长度超过30m后，温度应力几乎不再增长。当墙长小于4倍层高时，温度裂缝会出现在墙体长度的中部，而长宽比大于4时才会出现正八字形裂缝。

7. 楼板厚度，房屋进深、开间的尺寸和温度应力之间都是非线性关系，但影响不大。

8. 纵横墙之间的空间作用便墙体的刚度增大，从而使温度应力增加，但增加的幅度一般不会超过13％。

三、不同面层构造砌块墙体二次干缩试验

砌筑材料和尺寸完全相同的4片砌块墙，长度4m，高1.6m，钢筋混凝土底梁高300mm，顶梁高100mm，在墙片两端设芯柱，砌块MU10，砌筑砂浆M5，试件见图6-17，试验装置见图6-18。除了一片基本墙片外，另外三片的单侧采用不同材料面层（见表6-4）。

试件一览表　　　　　　　　　　　　　　　　表6-4

编　号	WB-1	WB-2	WB-3	WB-4
构造措施	素墙片	一侧抹纤维砂浆面层	一侧涂弹性涂料面层	一侧加钢丝网砂浆面层

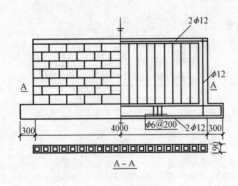 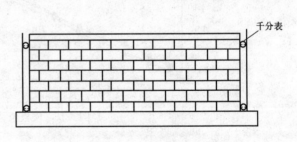

图6-17　试件详图　　　　　　　　图6-18　试验装置图

试验目的是研究，砌块墙浇水湿胀然后干缩的具体变形情况，即模拟墙体的二次干缩。根据砌块含水率的材料报告，算出一片墙所需用水量，为使浇水均匀且每片墙量相等，使用喷雾器进行浇水；同时摆一摞砌块，也算出其用水量，取中间的三块用来追踪同期墙片的含水率，所测的含水率是相对值。墙片端面布置四块千分表，用以量测墙体变形值（图6-18）；墙片的干缩与膨胀还与环境的温度和湿度有关，所以还要读取干湿温度计。本次试验历经一个月左右。

四片墙体养护15天后，再做面层处理。即WB-2的一侧墙体抹纤维砂面层，WB-3的一侧墙体涂弹性涂料，WB-4的一侧墙加钢丝网砂浆面层。面层施工完，养护28天之后，再布置仪表，浇水。这三项措施目的是通过相同含水率下侧移值的测定，对比出不同措施下对砌体干缩的防治效果。

试验中将墙体浇到尽可能饱和为目的，四片墙同时进行，但因季节缘故，在10月和11月期间，环境温、湿度变化幅度大，使得所量测的侧移值不仅仅是因为砌体湿胀干缩所致，还包括环境温度、湿度变化带来的影响。见图6-19、图6-20。

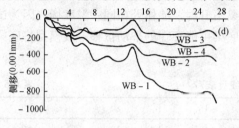

图6-19　墙体变形图

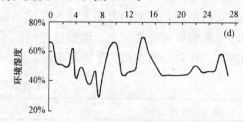

图6-20　环境相对湿度-时间

从图可见：（1）砌块混凝土在含水饱和后的第二次干缩，其稳定时间比成型硬化过程的第一次干缩要短，一般约为15天左右；（2）砌块砌体的干缩率与所处的环境湿度有关，理想的砌块上墙时的含水率应稍低于当地的环境湿度；砌块墙体收缩值随浇水循环的次数增加而递减；基本墙片前后两次的试验数据为，第一次总侧移为1.32mm，第二次总侧移为0.914。所以实际工程中应在主体完工后隔一段时间后，再进行抹灰处理。此时砌块经过多次干湿循环，收缩分散在砌体灰缝内并已稳定，墙面抹灰便不易开裂；（3）试验后期，有构造措施的三片墙收缩已基本趋于稳定，而基本墙片还在继续收缩，说明面层的存在约束了墙体的变形。在浇水过程中发现，弹性涂料不是亲水材料。用其做面层，不仅提高墙体的抗裂和抗变形能力，而且起到了很好的防水效果，基本能杜绝引起干缩裂缝的诱发因素，但其造价太高，不适合推广。相比之下，纤维砂浆易于施工，造价低廉，适合做面层材料。钢丝网砂浆面层中的钢筋网的防火、耐高温性能均较好，且造价不是很高。

砌块的含水率对砌体干缩量的大小起决定性的作用（图6-21、图6-22），图中的含水率为相对于最大吸水率的百分比。排除环境干扰，墙体每天的收缩量随时间的增长而减小，即当试验进行到砌体内的含水率达到接近浇水前状态时，实验值基本接近稳定。为控制收缩量，美国和加拿大等国家对砌块含水率作了明确规定。美国标准ASTMC90—85将砌块按含水率分为Ⅰ型和Ⅱ型，Ⅰ型为控制含水率砌块，Ⅱ型为含水率未做控制的砌块。

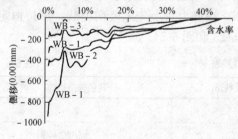

图6-21　含水率—变形

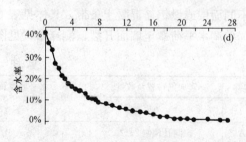

图6-22　含水率—时间

经过前后两次试验，均未发现墙体灰缝出现裂缝。这是因为墙体顶端是自由端，湿胀干缩引起的变形不足以产生足够的约束应力；底梁没有和试验台座锚接，底梁也有一定湿胀干缩，对墙体的底部变形没有能起到很好的约束作用；墙体长度仅为4m，变形所引起的应力未超过砌体的抗拉强度。实际砌块建筑中，墙体收缩引起的裂缝主要集中在底部1、2层，因为基础的约束比较强。

为研究砌体结构收缩性能，将第一次浇水实验的基本墙片的四个测量值，反算成等效温差加到模型上，模型的升温方式为顶梁和底梁不升温，墙体处在同一温度场。因为试验量测时，将表架放在底梁上，读数已经消除了底梁可能存在的平动位移，故模型将底梁设成固定端。计算分析结果[6-12]见表6-5。

试验结果统计表　　　　　　　　　　　　　　　　表6-5

时　　间	(d)	10	15	20	25
实验值 (0.001mm)	顶皮变形	−839	−1029	−1330	−1355
	底皮变形	−63	−75	−118	−125
	等效温差 ΔT	−21℃	−25.7℃	−33.3℃	−33.9℃
有限元值 (0.001mm)	顶皮变形	−536.2	656.5	850.2	865.6
	底皮变形	−79.1	−96.8	123.3	−125.5
实验值/计算值	顶皮变形	1.56	1.57	1.56	1.57
	底皮变形	0.80	0.77	0.96	1.00

通过试验能得出以下几点认识：

（1）对砌块房屋做面层处理是防治干缩裂缝的有效措施之一，面层既可以增强砌体的抗裂能力，也可将砌体灰缝处的裂缝遮住。但面层材料的选择，应注意其经济性和实用性。

（2）应严格控制砌块上墙时的含水率，包括出厂时砌块的含水率控制和施工期的防雨淋。

（3）砌块墙体的二次干缩量随浇水循环的次数增加而递减，所以墙面抹灰应在主体结构全部完工后再进行。

四、不同面层构造砌块墙体抗裂试验

砌块墙体在温度应力或收缩应力作用下可能开裂，为了比较不同面层构造情况下墙体抗裂的能力，也可以通过加荷的方法比较其抗裂能力。砌筑了5片砌块墙片长2.0m，高1.6m，厚190mm，包括有、无窗洞两种，除WA-1，为无洞口素墙片外，其余4片单侧加不同面层或设钢筋混凝土条带，具体见表6-6，在静力台上先加竖向荷载，保持恒定然后加单调水平荷载至墙面开裂，测点布置见图6-23和图6-24。

试　件　一　览　表　　　　　　　　　　　　　　　表6-6

名称	竖向筋位置及数量	水平筋位置及数量	其他构造措施
WA-1	0	0	0
WA-2	窗洞孔两侧 $2\phi12$	0	设 800×800mm 的窗洞
WA-3	边缘孔洞和窗洞两侧 $4\phi12$	窗洞下的5公分混凝土条带内 $2\phi6$	设有 800×800mm 的窗洞及混凝土条带
WA-4	边缘孔洞 $2\phi12$	2和6皮各配2根 $\#8$	一侧抹玻璃丝布砂浆
WA-5	边缘孔洞 $2\phi12$	1、4、7皮各配2根 $\#8$	一侧抹纤维砂浆面层

试验结果见表6-7。

试 件 号	WA-1	WA-2	WA-3	WA-4	WA-5
σ_0 MPa	0.1	0.129	0.1	0.1	0.1
开裂荷载 kN	22.4	30	40	70	50
开裂位置	受拉侧第 4 皮灰缝	第 4 皮窗角	第 2 皮窗角	墙体和底梁脱开	受拉侧第 4 皮灰缝

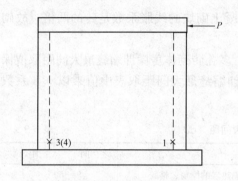

图 6-23　WA-4 钢筋测点布置　　　　　　　图 6-24　WA-2 测点布置

试验结果表明：窗洞口两侧设芯柱、设窗台梁、墙面抹纤维砂浆、抹玻璃丝网格布砂浆都能不同程度提高抗裂能力，其中玻璃丝网格布砂浆效果最好，而且价格低廉[6-12]。

第七节　防止墙体裂缝的主要措施

防止房屋墙体裂缝是多年来科研设计人员一直在探索而未能有效解决的难题，随着住宅商品化进展，人们对房屋裂缝问题愈加关注以至于到"用放大镜找裂缝"的程度，而墙体裂缝涉及因素很多，是个比较复杂的课题，01 规范根据国内已有的研究成果、工程实践经验并参照国外有关资料，对 88 规范已有的内容进行了扩充、总结。这次新规范又作了一些补充。

一、砌体房屋伸缩缝最大间距

为避免因房屋长度过大由于砌体干缩或温度变形引起墙体竖向裂缝，规范规定了伸缩缝的最大间距，这是从房屋整体角度考虑的。88 规范规定的最大间距对石砌体、灰砂砖和混凝土砌块砌体的取值偏大应予以调整。相比之下，国外的控制比我国严。

美国砌体规范（ACI531—79）对砌体伸缩缝的间距有如下规定：

（1）伸缩缝间距 6～7.5m；

（2）最大伸缩缝间距按表 6-8 确定；

（3）配筋砌体，即配筋率 $\mu \geqslant 0.07\%$，伸缩缝的间距可取 $L/H=4$ 和 30m 中较小者。

美国规范伸缩缝的间距（m）　　　　　　　　　　　表 6-8

房 屋 单 元	无 筋 砌 体	水平配筋竖向间距（mm）		
		600	400	200
长高比 L/H	2	2.5	3.0	4.0
最大长度 L（m）	12.0	14.0	15.0	18.0
折算配筋率（%）	0.00	0.01	0.015	0.03

德国对于灰砂砖建筑，建议最大的伸缩缝间距取值如下：

(1) 不加保温层的外墙	25～30m
(2) 加了 60mm 外保温层的外墙	50～55m
(3) 加了 60mm 内保温层的外墙	15～20m
(4) 女儿墙、钢筋混凝土的封闭的阳台拦板	4～6m

英国规定间距为 7.6m；前苏联规定，由于混凝土砌块的线胀系数是砖的两倍，故砌块房屋的伸缩缝间距只为砖砌体房屋的 1/2。

参考以上情况，规范作了如下调整：黏土砖、多孔砖砌体房屋伸缩缝最大间距取值保持不变；石砌体、蒸压灰砂砖和混凝土砌块房屋伸缩缝最大间距取表中值乘以 0.8 系数（表 6-9）。

砌体房屋伸缩缝的最大间距（m） 表 6-9

屋 盖 或 楼 盖 类 别		间　距
整体式或装配整体式钢筋混凝土结构	有保温层或隔热层的屋盖、楼盖	50
	无保温层或隔热层的屋盖	40
装配式无檩体系钢筋混凝土结构	有保温层或隔热层的屋盖、楼盖	60
	无保温层或隔热层的屋盖	50
装配式有檩体系钢筋混凝土结构	有保温层或隔热层的屋盖	75
	无保温层或隔热层的屋盖	60
瓦材屋盖、木屋盖或楼盖、轻钢屋盖		100

注：1. 对烧结普通砖、烧结多孔砖、配筋砌块砌体房屋，取表中数值；对石砌体、蒸压灰砂普通砖、蒸压粉煤灰普通砖、混凝土砌块、混凝土普通砖和混凝土多孔砖房屋，取表中数值乘以 0.8 的系数，当墙体有可靠外保温措施时，其间距可取表中数值；

2. 在钢筋混凝土屋面上挂瓦的屋盖应按钢筋混凝土屋盖采用；

3. 层高大于 5m 的烧结普通砖、烧结多孔砖、配筋砌块砌体结构单层房屋，其伸缩缝间距可按表中数值乘以 1.3；

4. 温差较大且变化频繁地区和严寒地区不采暖的房屋及构筑物墙体的伸缩缝的最大间距，应按表中数值予以适当减小；

5. 墙体的伸缩缝应与结构的其他变形缝相重合，缝宽度应满足各种变形缝的变形要求；在进行立面处理时，必须保证缝隙的变形作用。

按表 6-9 设置墙体伸缩缝，一般来说还不能防止由于钢筋混凝土屋盖的温度变化和砌体干缩变形引起的墙体裂缝，所以尚应根据具体情况采取下述措施。

二、防止顶层墙体裂缝的措施

主要是针对温度变形引起的裂缝在 88 规范措施基础上增加了八条措施。

1. 屋面设置保温、隔热层，能减少屋盖与顶层墙体的温差，是"防"裂的最直接的措施。

2. 屋面保温（隔热）层或屋面刚性面层及砂浆找平层应设置分隔缝，分隔缝间距不宜大于 6m，缝宽不小于 30mm，并与女儿墙隔开，这是针对屋盖面层"放"的措施至少根绝屋面面层的温度变形顶推女儿墙。

3. 采用装配式有檩体系屋盖和瓦材屋盖以减小屋盖刚度，另外变形应力也小得多。

4. 加强顶层圈梁设置的密度和刚度，横墙处圈梁应拉通，另外适当加大高度，必要时圈梁下砌体内设置水平筋，这是"抗"的措施。

5. 顶层挑梁末端墙体在顶盖温度变形时，往往从挑梁末端处将墙体拉裂，所以在挑梁末端下面砌体适当配筋能防止开裂这也是"抗"的措施。

6. 顶层门窗洞口过梁上部水平灰缝内设置2～3道水平钢筋或焊接网片，前面试验表明这个部位温度应力比较大，容易开裂。或者在此部位抹贴玻璃丝网格布砂浆面层，前面试验表明也是非常有效的。

7. 女儿墙应设构造柱加强构造柱间距不宜大于4m，并采用M7.5砂浆砌筑，这也是工程实践的总结。

8. 对顶层墙体必要时施加竖向预应力，这也是防止墙体开裂的一种"防"的措施。

三、防止底层墙体裂缝的措施

底层墙体的裂缝主要是地基不均匀沉降引起的，或地基反力不均匀所致，例如加强基础圈梁的刚度，必然对抵抗地基不均匀沉降有利，底层窗口下墙体配筋是针对地基反力不均匀，窗下墙带受到反拱以致窗台处开裂，设钢筋混凝土窗台板并要进窗间墙600mm相当于窗下口配筋加强对抵抗窗洞口下角应力集中也是有利的。

房屋两端和底层第一、第二开间门窗洞处，可采取下列措施：

1. 在门窗洞口两边墙体的水平灰缝中，设置长度不小于900mm、竖向间距为400mm的2根直径4mm的焊接钢筋网片。

2. 在顶层和底层设置通长钢筋混凝土窗台梁，窗台梁高宜为块材高度的模数，梁内纵筋不少于4根，直径不小于10mm，箍筋直径不小于6mm，间距不大于200mm，混凝土强度等级不低于C20。

3. 在混凝土砌块房屋门窗洞口两侧不少于一个孔洞中设置直径不小于12mm的竖向钢筋，竖向钢筋应在楼层圈梁或基础内锚固，孔洞用不低于Cb20混凝土灌实。

四、针对砌块房屋的防裂措施

这是根据砌块房屋特点提出的对顶层和底层两端门窗洞口的加强措施，提了3条，其一是洞口两侧用配筋芯柱加强；其二是洞口两边墙体用焊接钢筋网片加强；其三设通长窗台梁，相当于将洞口周边用混凝土构件围箍起来。这是"抗"的措施。

五、其他措施

针对灰砂砖、粉煤灰砖、混凝土砌块等非烧结砖的砌体房屋因为其收缩性较大，抗剪能力差，因此在应力集中的部位如各层门窗过梁上方，窗台下砌体设焊接钢筋网片，另外这类墙体当长度大于5m时，也容易被拉开，因此也应适当配筋。

填充墙砌体与梁、柱或混凝土墙体结合的界面处（包括内、外墙），宜在粉刷前设置钢丝网片，网片宽度可取400mm，并沿界面缝两侧各延伸200mm，或采取其他有效的防裂、盖缝措施。

对于墙体转角处和纵横墙交接处是应力集中部位，为避免墙体间相互变形不协调出现裂缝而适当配筋加强。

新规范对墙体设控制缝以释放应力避免开裂的措施持慎重态度，主要是担心降低墙体刚度对抗震不利，这方面国内研究尚不太充分，所以暂时只提当房屋刚度较大时设控制缝，其实在国外已经应用较多，而且是防裂的经济有效的一种措施。

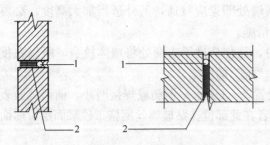

图 6-25　控制缝构造
1—不吸水的、闭孔发泡聚乙烯实心圆棒；
2—柔软、可压缩的填充物

当房屋刚度较大时，可在窗台下或窗台角处墙体内、在墙体高度或厚度突然变化处设置竖向控制缝。

竖向控制缝宽度不宜小于 25mm，缝内填以压缩性能好的填充材料，且外部用密封材料密封，并采用不吸水的、闭孔发泡聚乙烯实心圆棒（背衬）作为密封膏的隔离物（图 6-25）。

国外有的做法，在多层砌体房屋顶层每开间设控制缝用可相对滑动而出墙面方向又有约束的金属连接件拉接而楼屋盖及圈梁可以拉通，确实消除了顶层墙体因温度收缩产生的裂缝。

夹心复合墙的外叶墙宜在建筑墙体适当部位设置控制缝，其间距宜为 6～8m。

第八节　墙体控制缝对抗侧刚度的影响

哈尔滨建筑大学曾做过砌块墙片设控制缝的抗侧试验（图 6-26）。

试验及有限元分析结果表明[6-13]，墙体中间设控制缝后，抗侧刚度的降低程度随墙片宽高比的增大而减小，墙长 20m 时，设缝后刚度降低 11.06%；当墙长 10m 时，降低 20.59%。

为了解设控制缝后对房屋抗震性能影响，对多层砌块房屋进行了抗震时程分析。

选用 7 层混凝土小型空心砌块典型住宅房屋进行计算，地基为Ⅲ类场地土、抗震设防烈度为 7 度（近震），房屋长度 30m（两个单元）宽度 10.2m，内外墙均为 190mm 厚砌块墙体。

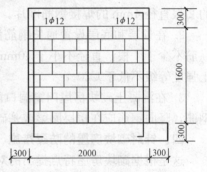

图 6-26　试件详图

为进行对比，计算分为两种情况：其一不设缝；其二在房屋顶层两道外纵墙上设控制缝，其间距取为 10m，设缝后外纵墙的抗侧刚度根据试验和分析为原刚度（不设缝时）的 85%。

沿纵向输入 el-centro 波，最大加速度幅值按 7 度区调整为 0.35m/s^2、1.00m/s^2 和 2.20m/s^2，持续时间取 10s。

设缝前后砌块房屋周期的对比见表 6-10，顶层墙体设缝后，墙体刚度降低，从而使结构整体的刚度相应降低，房屋振动周期加大，但增长幅度很小，甚至高阶周期没有变化。

结构周期的对比　　　　　　　　　　　　　　　　　　　　表 6-10

周　期	$T1$	$T2$	$T3$	$T4$	$T5$	$T6$	$T7$
不设缝房屋周期 T（s）	0.3918	0.1458	0.0919	0.0694	0.0582	0.0507	0.0433
设缝房屋周期 T（s）	0.3924	0.1475	0.0945	0.0715	0.0588	0.0507	0.0433
周期增长率	0.153%	1.166%	2.829%	3.026%	1.031%	0	0

表 6-11、表 6-12 给出了设缝前后砌块房屋在 EL—CENTRO 波作用下纵方向的位移反应[6-13]。

对比结果表明，当最大加速度峰值为 $0.35 \mathrm{m/s^2}$ 时，相当于 7 度小震时的最大加速度，设置控制缝情况下，除顶层外，其余各层的层间位移与楼层绝对位移均小于不设缝情况。随着地震波加速度强度的增大（$1.00 \mathrm{m/s^2} \sim 2.20 \mathrm{m/s^2}$），此时，相当于 7 度中震和大震时的最大加速度，控制缝使结构的刚度降低，变形增大，导致层间位移与楼层绝对位移总体较设缝前增加（个别楼层比设缝前减少），但增加的程度不大。另外，通过计算的结果可以看出，设置控制缝后，在不同幅值的地震波作用下，结构的最终破坏情况并未因顶层墙体开缝而改变。当输入其他地震波时，计算结果相似。所以，通过本文的分析结果，7 度地震区的多层砌块房屋，当顶层墙体设置控制缝时，对整体的抗震性能影响不大，能够满足抗震要求。图 6-27 为设缝前后最大层间位移的比较。

EL—CENTRO 波作用下纵方向房屋的最大层间位移比较　　　　　表 6-11

最大加速度峰值 （$\mathrm{m/s^2}$）		0.35			1.00			2.20		
		不设缝	设　缝	增长率	不设缝	设　缝	增长率	不设缝	设　缝	增长率
最大层间位移 （mm）	1 层	0.613	0.611	−0.33%	2.138	2.157	0.89%	13.658	13.676	0.13%
	2 层	0.559	0.556	−0.54%	1.749	1.760	0.63%	9.332	9.324	−0.09%
	3 层	0.533	0.530	−0.56%	1.368	1.374	0.44%	5.349	5.312	−0.69%
	4 层	0.542	0.538	−0.74%	2.051	2.029	−1.07%	7.859	7.930	0.90%
	5 层	0.489	0.487	−0.41%	1.200	1.200	0	2.750	2.809	2.15%
	6 层	0.428	0.426	−0.47%	1.059	1.056	0.28%	1.463	1.461	−0.14%
	7 层	0.266	0.322	21.05%	0.666	0.789	18.47%	0.850	1.019	19.88%

EL—CENTRO 波作用下纵方向房屋的动力反应比较　　　　　表 6-12

最大加速度峰值 （$\mathrm{m/s^2}$）		层间位移 δ （mm）	顶点位移 Δ（mm）	δ/h （h-层高）	Δ/H （H-房屋总高）	最终状态和破坏情况
0.35	不设缝	0.613	3.320	1/4894	1/5964	弹性、完好
	设　缝	0.611	3.372	1/4910	1/5872	弹性、完好
1.00	不设缝	2.138	9.435	1/1403	1/2099	弹塑性、轻微破坏
	设　缝	2.157	9.572	1/1391	1/2069	弹塑性、轻微破坏
2.20	不设缝	13.658	38.816	1/220	1/510	塑性、严重破坏
	设　缝	13.676	38.960	1/219	1/508	塑性、严重破坏

北方寒冷地区出于保温性能的考虑，外墙采用保温复合墙体，它是由内叶墙（承重砌块墙体，厚 190mm）和外叶墙（围护砌块墙体，厚 90mm）组成，两者之间填充苯板或珍珠岩等保温材料，结构上也称为空腔墙。在这种墙体上设置控制缝的做法目前国内还处于摸索阶段，一般为两种方案，即外叶设缝，内叶不设缝；内、外叶都设缝。对于第一种情况的空腔墙，控制缝的设置对墙体刚度降低的影响程度更小，同样条件下其抗震性能要优于上述算例。

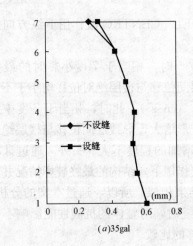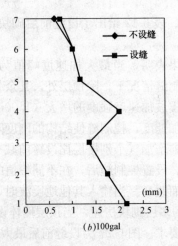

(a)35gal (b)100gal

图 6-27 层间位移的比较

总之，通过分析计算可以认为顶层设控制缝至少在 7 度区对 7 层砌块房屋抗震性能影响不大。

参 考 文 献

[6-1] 砌体结构设计规范 GB 50003—2001，北京：中国建筑工业出版社，2002

[6-2] 砌体结构设计规范 GBJ 3—88，北京：中国建筑工业出版社，1988

[6-3] 施楚贤．砌体结构理论与设计．北京：中国建筑工业出版社，1992

[6-4] 林文修，关于构造要求修编情况介绍，砌体结构设计规范 GB 50003 送审报告材料，2000 年 11 月

[6-5] 唐岱新，马晓儒，多层砌块房屋的变形裂缝成因与防治，建筑砌块与砌块建筑，2000 年 1 期

[6-6] 马晓儒，唐岱新，工频涡流法在砌块房屋温度裂缝试验中的应用，低温建筑技术，2001 年 3 期

[6-7] 唐岱新，寒冷地区建筑温差变形的危害，低温建筑技术，2000 年 3 期

[6-8] 马晓儒，多层砌块房屋墙体变形裂缝机理及防治的试验研究，哈尔滨工业大学博士学位论文，2001 年 8 月

[6-9] 魏兆征，张英，房屋建筑温度裂缝分析与计算，中国工程建设标准化委员会砖石结构技术委员会年会论文，1983

[6-10] 合肥工业大学建工系科研小组，小砌块房屋温度裂缝实测研究的中间报告，1983

[6-11] 金伟良等．混凝土小型空心砌块建筑温度应力有限元分析，现代砌体结构．北京：中国建筑工业出版社，2000

[6-12] 张玉红，多层砌块房屋墙体变形裂缝防治措施试验研究，哈尔滨工业大学硕士学位论文，2000 年

[6-13] 翟希梅，唐岱新，张玉红，控制缝对砌块建筑抗震性能影响与分析，低温建筑技术，2001 年 4 期

[6-14] 叶列平等，从汶川地震框架结构震害谈"强柱弱梁"屈服机制的实现，[J]．建筑结构，2008，(11)

[6-15] 苑振芳，苑磊，刘斌，与框架柱脱开的砌体填充墙设计应用探讨，砌体结构设计规范修订背景材料，2010.12

[6-16] 苑振芳等，再论夹心墙的设计应用[J]．工程建设标准化，2009(3)

第七章 配筋砌体构件

在砌体中配置钢筋可增强其承载能力和变形能力，改变其脆性性质，称为配筋砌体。配筋砌体是现代砌体结构的重要特征，根据配筋的形式、配筋率和砌体种类可以分为多种类别，主要包括：网状配筋砖砌体、组合砖砌体、砖砌体和钢筋混凝土构造柱组合墙体、配筋混凝土砌块砌体剪力墙。

配筋砌块剪力墙结构体系和钢筋混凝土结构具有类似的受力性能，强度高、延性好，可用于大开间及中高层建筑，符合国家节土、节能的基本国策，其经济性与适用性在国内的多栋建筑中已得到充分体现。配筋砌块剪力墙体的计算方法和构造要求是 01 规范新加入的内容，也仍是本章重点介绍的内容。

第一节 网状配筋砖砌体构件

在砖砌体的水平灰缝内设置一定数量和规格的钢筋网以共同工作，这就是网状配筋砖砌体。因为钢筋设置在水平灰缝内，又称横向配筋砖砌体。常用的钢筋网有方格形，称为方格钢筋网（图 7-1a），还可做成连弯形，称为连弯钢筋网（图 7-1b）。用相邻两皮灰缝中布置的相互垂直的两层连弯钢筋起到一层方格钢筋网同样的作用。这样，可以用较粗直径的钢筋而又不至于使灰缝厚度过大。

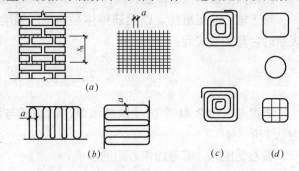

图 7-1 网状配筋砖砌体的配筋方式

近年来，东南大学和南京新宁砖瓦厂研究的盘旋形钢筋（图 7-1c）的配筋砌体试验表明[7-2]，对于同一直径的盘旋形钢筋与方格钢筋网，当钢筋间距相同时，盘旋形配筋砌体的强度并不低于方格网配筋砌体的强度，而前者用钢量减少 50％以上。这种配筋形式是值得进一步研究的。在国外，还有如图 7-1d 所示的横向配筋形式，其砌体的抗压强度可比无筋砌体提高 20％左右。

一、网状配筋砖砌体的试验研究

当砌体上作用有轴向压力时，不但砌体发生纵向压缩，同时也发生横向膨胀。试验研究表明，如果能用任何方法阻止砌体的横向变形的发展，那么构件承载力将大大提高。当砌体配置横向钢筋时，由于钢筋的弹性模量大于砌体的弹性模量，故能阻止砌体横向变形，从而提高砌体的抗压强度。文献[7-2]观察试验过程后指出，这种提高并不是由于钢筋约束使砌体产生三向受压状态的结果，而是由于钢筋能联结被竖向裂缝所分割的小砖柱，使之不会过早失稳破坏，因而间接地提高了砌体承担轴向荷载的能力。所以，这种配筋又称间接配筋。

试验表明，砌体和横向钢筋的共同工作可一直维持到砌体完全破坏，当然，这里有一个前提条件，即两者必须有足够的粘结力。

网状配筋砖砌体的破坏特征与无筋砌体完全不同，受力的初始阶段虽然与无筋砌体一样个别砖块先出现竖向裂缝（相当于 $60\sim75\%$ 破坏荷载），继续加荷时，裂缝发展很缓慢，由于被横向钢筋所阻断，很少出现贯通的竖裂缝，所以临破坏时，也不像无筋砌体那样被竖向裂缝分割成几个小柱失稳破坏，而是个别砖被压碎脱落。

对比无筋和横向配筋砌体的试验过程发现，配置横向钢筋提高了砌体的初裂荷载，这是因为灰缝中的钢筋提高了单砖的抗弯、剪能力。由于钢筋的拉结作用，避免了被竖向裂缝分割的小柱失稳破坏，因而大大地提高了砌体的承载能力。当有足够的配筋时，甚至于破坏发生在砖被压碎，这在无筋砌体是不可能达到的。

试验表明，当荷载偏心作用时，横向配筋的效果将随偏心距的增大而降低。这是因为偏心荷载作用下，截面中压应力分布很不均匀，在压应力较小的区域钢筋的作用难以发挥。同时对于高厚比较大的构件，整个构件失稳破坏的因素愈来愈大，此时横向钢筋的作用也难以施展。所以，规范规定，网状配筋砌体只适用于高厚比 $\beta\leqslant16$ 的轴心受压构件和偏心荷载作用在截面核心范围内的偏心受压构件，对于矩形截面，即 $e/h\leqslant0.17$。

二、网状配筋砖砌体的抗压强度

湖南大学曾对网状配筋砖砌体进行了较系统的试验和研究[7-3][7-4]。

对于轴心受压短柱，以无筋砌体平均抗压强度（f_m）和钢筋的平均抗拉强度（f_{ym}）表示时，其关系式为：

$$f_{nm} = f_m + \frac{2\rho}{100} f_{ym} \tag{7-1}$$

根据湖南大学 41 个试件试验结果，试验值与计算值的平均比值为 1.02，变异系数为 0.149[7-3]。

偏心受压时，需考虑偏心距的影响：

$$f_{nm} = f_m + \frac{2\rho}{100}\left(1 - \frac{2e}{y}\right) f_{ym} \tag{7-2}$$

湖南大学 50 个试件（配筋率 $\rho=0.1\sim1\%$，$e\leqslant\frac{1}{3}y$）的试验结果，试验值与计算值的平均比值为 1.163，是偏于安全的。

同时，根据试验 f_{nm}/f_m 与 ρ 的关系可采用线性公式：

$$f_{nm}/f_m = 1 + 3\rho \tag{7-3}$$

当 $\rho=1.0\%$ 时，由式（7-3）得 $f_{nm}/f_m=4$，当 $\rho>1.0\%$ 时，试验点在该斜线之下，说明此时砌体的抗压强度发挥有限，因此为安全和经济考虑，取 $\rho\leqslant1.0\%$，也即 $f_{nm}\leqslant4f_m$ 作为限值。

式（7-2）中钢筋强度如用标准值表达，因为 $f_{ym}=1.2f_{yk}$，所以可写成

$$f_{nm} = f_m + \frac{2.4}{100}\rho\left(1 - \frac{2e}{y}\right)f_{yk} \tag{7-4}$$

三、规范设计表达式

对于网状配筋砖砌体构件，规范采用类似于无筋砌体的计算公式

$$N \leqslant \varphi_n A f_n \tag{7-5}$$

网状配筋砌体抗压强度设计值 f_n 按下式计算

$$f_n = f + 2\left(1 - \frac{2e}{y}\right)\frac{\rho}{100}f_y \tag{7-6}$$

式中　e——纵向力的偏心距；

　　　y——截面重心到轴向力所在偏心方向截面边缘的距离；

　　　f_y——钢筋的抗拉强度设计值，当 $f_y > 320\text{N/mm}^2$ 时，按 $f_y = 320\text{N/mm}^2$ 采用；

　　　ρ——钢筋网配筋率 $\rho = \dfrac{V_s}{V} \times 100$ 或 $\rho = \dfrac{2A_s}{as_n} \times 100$，$V_s$、$V$ 分别为钢筋和砌体的体积。

式中 $(1 - 2e/y)$ 是考虑偏心影响而得出的强度降低系数。

网状配筋砌体构件矩形截面的影响系数 φ_n 可按下式计算

$$\varphi_n = \frac{1}{1 + 12\left\{\dfrac{e}{h} + \sqrt{\dfrac{1}{12}\left(\dfrac{1}{\varphi_{0n}} - 1\right)}\right\}^2} \tag{7-7}$$

稳定系数 φ_{0n} 可按下式计算

$$\varphi_{0n} = \frac{1}{1 + \dfrac{1 + 3\rho}{667}\beta^2} \tag{7-8}$$

也可按表 7-1 直接查用。

对于矩形截面构件，当轴向力偏心方向的截面边长大于另一方向的边长时，除按偏心受压计算外，还应对较小边长方向按轴心受压进行验算。

影 响 系 数 φ_n　　　　　　　　　　　　　　　　　　表 7-1

ρ	β	e/h 0	0.05	0.10	0.15	0.17
0.1	4	0.97	0.89	0.78	0.67	0.63
	6	0.93	0.84	0.73	0.62	0.58
	8	0.89	0.78	0.67	0.57	0.53
	10	0.84	0.72	0.62	0.52	0.48
	12	0.78	0.67	0.56	0.48	0.44
	14	0.72	0.61	0.52	0.44	0.41
	16	0.67	0.56	0.47	0.40	0.37
0.3	4	0.96	0.87	0.76	0.65	0.61
	6	0.91	0.80	0.69	0.59	0.55
	8	0.84	0.74	0.62	0.53	0.49
	10	0.78	0.67	0.56	0.47	0.44
	12	0.71	0.60	0.51	0.43	0.40
	14	0.64	0.54	0.46	0.38	0.36
	16	0.58	0.49	0.41	0.35	0.32

ρ	β \ e/h	0	0.05	0.10	0.15	0.17
0.5	4	0.94	0.85	0.74	0.63	0.59
	6	0.88	0.77	0.66	0.56	0.52
	8	0.81	0.69	0.59	0.50	0.46
	10	0.73	0.62	0.52	0.44	0.41
	12	0.65	0.55	0.46	0.39	0.36
	14	0.58	0.49	0.41	0.35	0.32
	16	0.51	0.43	0.36	0.31	0.29
0.7	4	0.93	0.83	0.72	0.61	0.57
	6	0.86	0.75	0.63	0.53	0.50
	8	0.77	0.66	0.56	0.47	0.43
	10	0.68	0.58	0.49	0.41	0.38
	12	0.60	0.50	0.42	0.36	0.33
	14	0.52	0.44	0.37	0.31	0.30
	16	0.46	0.38	0.33	0.28	0.26
0.9	4	0.92	0.82	0.71	0.60	0.56
	6	0.83	0.72	0.61	0.52	0.48
	8	0.73	0.63	0.53	0.45	0.42
	10	0.64	0.54	0.46	0.38	0.36
	12	0.55	0.47	0.39	0.33	0.31
	14	0.48	0.40	0.34	0.29	0.27
	16	0.41	0.35	0.30	0.25	0.24
1.0	4	0.91	0.81	0.70	0.59	0.55
	6	0.82	0.71	0.60	0.51	0.47
	8	0.72	0.61	0.52	0.43	0.41
	10	0.62	0.53	0.44	0.37	0.35
	12	0.54	0.45	0.38	0.32	0.30
	14	0.46	0.39	0.33	0.28	0.26
	16	0.39	0.34	0.28	0.24	0.23

当网状配筋砖砌体构件下端与无筋砌体相交接时，尚应验算无筋砌体的局部受压承载力。

四、网状配筋砖砌体的构造要求

网状配筋砖砌体除了前面已经提到的适用范围（$\beta \leqslant 16$，$e \leqslant 0.17h$）外，还应满足以下的一些构造要求：

（1）网状配筋砖砌体中的配筋率不应小于 0.1%，过小效果不大，也不应大于 1%，否则钢筋的作用不能充分发挥。

（2）采用钢筋网时，钢筋的直径宜采用 3～4mm，钢筋过细，虽然也一样能在砖砌体中发挥作用，但从钢筋锈蚀观点看，细钢筋没有粗钢筋耐久。但是直径过粗的钢筋两个方向相叠会使水平灰缝过厚或保护层得不到保证。对于采用连弯钢筋网，因为没有相叠问题，钢筋直径可以放宽，但也不应大于 8mm。

（3）钢筋网中钢筋的间距不应大于 120mm$\left(即\dfrac{1}{2}砖\right)$，也不得小于 30mm。此外，为了检查砖砌体中钢筋网是否漏放，每一钢筋网中的钢筋应有一根露在砖砌体外面 5mm。网的最外面一根钢筋离开砖砌体边缘为 20mm。

（4）钢筋网的间距（沿构件高度方向）不应大于 5 皮砖，并不大于 400mm。因为钢筋网间距布置过稀，则对砖砌体的承载力提高就很有限。

（5）网状配筋砖砌体所用的砖不应低于 MU10，其砂浆不应低于 M7.5，这样，可避免钢筋的锈蚀和提高钢筋与砌体的粘结力。有钢筋网的砖砌体灰缝厚度应保证钢筋上下至少各有 2mm 的砂浆层。

【例 7-1】 砖柱截面尺寸为 370×740mm，其计算高度为 5.2m，用 MU10 红砖，M5 混合砂浆砌筑，承受轴心压力设计值 $N=450$kN。试验算其承载力。

【解】 先按无筋砌体验算

$$\beta = \frac{H_0}{h} = \frac{5200}{370} = 14.05$$

查表得 $\varphi = 0.77$，$f = 1.5$MPa

但由于 $A = 0.37 \times 0.74 = 0.27\text{m}^2 < 0.3\text{m}^2$，所以应考虑调整系数，$\gamma_a = 0.7 + 0.27 = 0.97$，调整后的砌体抗压强度为

$$\gamma_a f = 0.97 \times 1.5 = 1.455\text{MPa}$$

砖柱承载力为：

$$\varphi A f = 0.77 \times 370 \times 740 \times 0.97 \times 1.5 = 306752\text{N}$$
$$= 307\text{kN} < 450\text{kN}$$

不满足要求。

现采用网状配筋加强。用冷拔低碳钢丝 $\phi^b 4$，其抗拉强度设计值 $f_y = 430$MPa，设方格网孔眼尺寸为 60mm，网的间距为三皮砖（180mm），则

$$\rho = \frac{2A_n}{as_n} \times 100 = \frac{2 \times 12.6}{60 \times 180} \times 100 = 0.233\%$$
$$> 0.1\% \text{且小于} 1\%$$

$f_y = 430\text{MPa} > 320\text{MPa}$，取 $f_y = 320\text{MPa}$

$$f_n = f + \frac{2\rho}{100} f_y = 1.5 + \frac{2 \times 0.233}{100} \times 320 = 2.99\text{MPa}$$

对于配筋砌体，规范规定其砌体截面面积小于 0.2m^2 时，才考虑调整系数，因此，此处不必再乘以 γ_a。

由 β 及 ρ 查表得 $\varphi_n = 0.67$

$$\varphi_n A f_n = 0.67 \times 370 \times 740 \times 2.99 = 548503\text{N}$$
$$= 549\text{kN} > 450\text{kN} \quad \text{安全}$$

【例 7-2】 已知条件同上题，但轴向力设计值改为 $N=200$kN，$M=20$kN·m（沿截面长边）。已知荷载设计值产生的偏心距 $e=95$mm。砖柱按上题配置网状钢筋。试验算其承载力。

【解】
$$e = 95\text{mm} < 0.17h = 125.8\text{mm}$$

$$\frac{e}{h} = \frac{95}{740} = 0.128$$

$$f_n = 1.5 + 2\left(1 - \frac{2 \times 0.095}{0.37}\right) \times \frac{0.233}{100} \times 320 = 2.225\text{MPa}$$

$$\beta = \frac{H_0}{h} = \frac{5200}{740} = 7.03$$

查表求 φ_n 时需多次内插，不如直接按公式计算。

由式（7-8）

$$\varphi_{0n} = \frac{1}{1 + \frac{1+3\rho}{667}\beta^2} = \frac{1}{1 + \frac{1+3\times0.233}{667}\times7.03^2} = 0.888$$

由式（7-7）

$$\varphi_n = \frac{1}{1 + 12\left[\frac{e}{h} + \frac{1}{\sqrt{12}}\sqrt{\frac{1}{\varphi_{0n}} - 1}\right]^2}$$

$$= \frac{1}{1 + 12\left[0.128 + \frac{1}{\sqrt{12}}\sqrt{\frac{1}{0.888} - 1}\right]^2} = 0.61$$

$$\varphi_n A f_n = 0.61 \times 370 \times 740 \times 2.225 = 371615\text{N}$$
$$= 372\text{kN} > 200\text{kN} \qquad 安全$$

尚应沿截面短边方向按轴心受压进行验算，

$$\beta = \frac{5200}{370} = 14.05$$

$$\varphi_{0n} = \frac{1}{1 + \frac{1+3\times0.233}{667}\times14.05^2} = 0.665$$

对轴心受压 $\qquad \varphi_n = \varphi_{0n}$

$$f_n = 1.5 + \frac{2\times0.233}{100}\times320 = 2.99\text{MPa}$$

$$\varphi_n A f_n = 0.665 \times 370 \times 740 \times 2.99 = 544410\text{N}$$
$$= 544\text{kN} > 200\text{kN} \qquad 安全$$

第二节　组合砖砌体构件

在砖砌体内配置纵向钢筋或设置部分钢筋混凝土或钢筋砂浆以共同工作都是组合砖砌体。它不但能显著提高砌体的抗弯能力和延性，而且也能提高其抗压能力，具有和钢筋混凝土相近的性能。规范指出，轴向力偏心距超过无筋砌体偏压构件的限值时宜采用组合砖砌体。

前苏联在 40 年代主要用组合砌体建造和修复单层砖结构厂房。英、美等国已经用它建筑十几层高的公寓，有的还经受住强烈地震的作用。新中国成立后大规模经济建设中，组合砖砌体在工业建筑中也得到应用，取得了较好的经济效果。仅徐州市约在二十年的时间内就建造了近四十万平方米的组合砖砌体结构的厂房，其中跨度最大达 24m，吊车起重量最大达 20t。1976 年唐山大地震后，组合砖砌体还被广泛应用于地震区的砖房加固和新建砖房中。

直接将钢筋砌在砌体的竖向灰缝内的组合砌体又称纵配筋砌体（图 7-2a），也可以在砌体内部灌筑钢筋混凝土（图 7-2b），还可以将钢筋混凝土或钢筋砂浆置于砌体截面的外侧（图 7-2c、d）前面两种砌体，钢筋虽可得到较好的保护，但施工相当困难，尤其是内芯混凝土的质量难以检查，受力性能也较差，不能充分发挥钢筋与砌体的共同工作，现已较少应用。当然，组合砌体还有许多形式，规范所列主要是指由砖砌体和钢筋混凝土面层或钢筋砂浆面层组成的组合砖砌体。规范还规定，对于砖墙与组合砌体一同砌筑的 T 形截面构件，为简化计算可按矩形截面组合砌体计算（图 7-2e）[7-5]。

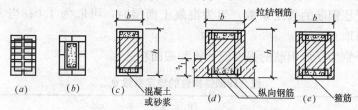

图 7-2　组合砖砌体的几种形式

在 70 年代初，湖南大学进行了组合砌体的轴心受压和小偏心受压试验。1976 年唐山大地震后，中国建筑科学研究院对钢筋砂浆组合砖柱进行了压弯荷载及恢复力特性的初步试验。1978 年开始，四川省建筑科研所对钢筋混凝土和钢筋砂浆两种类型的组合砖柱进行了较系统试验。

一、轴心受压组合砖砌体的承载力

组合砖砌体是由砖砌体、钢筋、混凝土或砂浆三种材料所组成。在荷载作用下，三者获得了共同的变形，但是，每种材料相应于达到其自身的极限强度时的压应变并不相同，钢筋最小（$\varepsilon_y = 0.0011 \sim 0.0016$），混凝土其次（$\varepsilon_c = 0.0015 \sim 0.002$），砖砌体最大（$\varepsilon_c = 0.002 \sim 0.004$）。所以组合砖砌体在轴向压力作用下，钢筋首先屈服，然后面层混凝土达到抗压强度，此时砖砌体尚未达到其抗压强度。可以将组合砌体破坏时截面中砖砌体的应力与砖砌体的极限强度之比定义为砖砌体的强度系数。对于钢筋混凝土面层的组合砌体，可根据变形协调的原则确定，即以组合砌体破坏时的应变值，从砖砌体的应力应变曲线上得出此时砖砌体的应力，以之与砖砌体极限强度之比即为砖砌体的强度系数。根据四川省建筑科研所的试验结果，该系数的平均值为 0.945。当面层采用水泥砂浆时，砂浆的极限压应变还小于受压钢筋的屈服应变、受压钢筋的强度亦不能被充分利用。根据试验结果砂浆面层中钢筋的强度系数平均为 0.93。

组合砖砌体构件的稳定系数 φ_{com} 理应介于无筋砌体构件的稳定系数 φ_0 与钢筋混凝土构件的稳定系数 φ_{rc} 之间，四川省建筑科研所的试验表明，φ_{com} 主要与高厚比 β 和含钢率 ρ 有关[7-6]。

$$\varphi_{com} = \varphi_0 + 100\rho(\varphi_{rc} - \varphi_0) \leqslant \varphi_{rc} \tag{7-9}$$

试验值与按式（7-9）计算值的平均比值为 1.01，变异系数为 0.058，规范按式（7-9）编制成表可直接查用。见表 7-2。

组合砖砌体轴心受压构件的承载力可按下式计算：

$$N \leqslant \varphi_{com}(fA + f_c A_c + \eta_s f'_y A'_s) \tag{7-10}$$

式中　A——砖砌体的截面面积；

　　f_c——混凝土或面层砂浆的轴心抗压强度设计值，砂浆的轴心抗压强度设计值可取为同强度等级混凝土的轴心抗压强度设计值的 70%，当砂浆为 M15 时，取 5.2MPa；当砂浆为 M10 时，其值取 3.5MPa；当砂浆为 M7.5 时取 2.6MPa；

A_c——混凝土或砂浆面层的截面面积；

η_s——受压钢筋的强度系数，当为混凝土面层时，可取为 1.0；当为砂浆面层时，可取 0.9；

f'_y、A'_s——分别为受压钢筋的强度设计值和截面积。

组合砖砌体构件的稳定系数 φ_{com} 表 7-2

高厚比 β	配 筋 率 $\rho\%$					
	0	0.2	0.4	0.6	0.8	$\geqslant 1.0$
8	0.91	0.93	0.95	0.97	0.99	1.00
10	0.87	0.90	0.92	0.94	0.96	0.98
12	0.82	0.85	0.88	0.91	0.93	0.95
14	0.77	0.80	0.83	0.86	0.89	0.92
16	0.72	0.75	0.78	0.81	0.84	0.87
18	0.67	0.70	0.73	0.76	0.79	0.81
20	0.62	0.65	0.68	0.71	0.73	0.75
22	0.58	0.61	0.64	0.66	0.68	0.70
24	0.54	0.57	0.59	0.61	0.63	0.65
26	0.50	0.52	0.54	0.56	0.58	0.60
28	0.46	0.48	0.50	0.52	0.54	0.56

注：组合砖砌体构件截面的配筋率 $\rho = \dfrac{A'_s}{bh}$。

二、偏心受压组合砖砌体的承载力

组合砖砌体构件偏心受压时，其承载力和变形性能与钢筋混凝土构件相近。组合砖柱的荷载——变形曲线（图 7-3）表明，偏心距较大的柱变形较大，即延性较好，柱的高厚比 β 对柱的延性也有较大影响，β 大的柱延性也大。

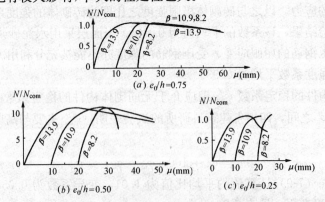

图 7-3 组合砖柱的荷载-变形曲线

对于偏心受压组合砖柱，当达到极限荷载时，受压较大一侧的混凝土或砂浆面层可以达到混凝土或砂浆的抗压强度，而受拉钢筋仅当大偏心受压时，才能达到屈服强度。因此偏压构件破坏基本上可分为两种破坏形态，小偏压时，受压区混凝土或砂浆面层及部分受

128

压砌体受压破坏；大偏压时，受拉区钢筋首先屈服，然后受压区破坏。破坏形态与钢筋混凝土柱相似。

组合砖砌体构件发生小偏心受压破坏时，距轴向力 N 较远一侧钢筋 A_s 的应力 σ_s 可按平截面假定并经线性处理求得：

$$\sigma_s = 650 - 800\xi, \quad f'_y \leqslant \sigma_s \leqslant f_y \tag{7-11}$$

式中　ξ——受压区折算高度 x 与截面有效高度 h_0 的比值。

界限受压区相对高度 ξ_b，对于 HPB300 级钢筋，取 $\xi_b = 0.57$；对于 HRB335 级钢筋 $\xi_b = 0.55$。

计算组合砌体偏压柱时，需要考虑由于柱纵向弯曲所产生的附加偏心距。

由截面边缘极限应变及试验结果求得

$$e_a = \frac{\beta^2 h}{2200}(1 - 0.022\beta) \tag{7-12}$$

根据平衡条件，可得偏压组合砖柱基本计算公式如下（图 7-4）。

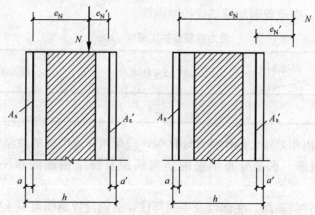

图 7-4　组合砖砌体受压构件承载力计算

$$N \leqslant fA' + f_c A'_c + \eta_s f'_y A'_s - \sigma_s A_s \tag{7-13}$$

或　　　$$Ne_N \leqslant fS_s + f_c S_{c,s} + \eta_s f'_y A'_s(h_0 - a') \tag{7-14}$$

此时，受压区高度 x 可按下式确定

$$fS_N + f_c S_{c,N} + \eta_s f'_y A'_s e'_N - \sigma_s A_s e_N = 0 \tag{7-15}$$

式中　A'——砖砌体受压部分的面积；

A'_c——混凝土或砂浆面层受压部分的面积；

S_s——砖砌体受压部分的面积对钢筋 A_s 重心的面积矩；

$S_{c,s}$——混凝土或砂浆面层受压部分的面积对钢筋 A_s 重心的面积矩；

S_N——砖砌体受压部分的面积对轴向力 N 作用点的面积矩；

$S_{c,N}$——混凝土或砂浆面层受压部分的面积对轴向力作用点的面积矩；

e'_N、e_N——分别为钢筋 A'_s 和 A_s 重心至轴向力 N 作用点的距离（图 7-4）；

e_a——组合砖砌体构件在轴向力作用下的附加偏心距。

$$e'_N = e + e_a - \left(\frac{h}{2} - a'\right) \tag{7-16}$$

$$e_N = e + e_a + \left(\frac{h}{2} - a\right) \qquad (7\text{-}17)$$

三、构造要求

组合砖砌体构件尚应符合下列构造要求：

面层混凝土强度等级宜采用C20，面层水泥砂浆强度等级不得低于M10。砌筑砂浆不得低于M7.5，砖不低于MU10。砂浆面层的厚度可采用30～45mm，当面层厚度大于45mm时，其面层宜采用混凝土。

受力钢筋一般采用HPB235级钢筋，对于混凝土面层亦可采用HPB335级钢筋。受压钢筋一侧的配筋率对砂浆面层不宜小于0.1%，对混凝土面层，不宜小于0.2%。受拉钢筋的配筋率不应小于0.1%。受力钢筋直径不应小于8mm。钢筋净距不应小于30mm。受力钢筋的保护层厚度，不应小于表7-3规定。

箍筋的直径不宜小于4mm及0.2倍的受压钢筋直径，并不宜大于6mm。箍筋间距不应大于20倍受压钢筋直径及500mm，并不应小于120mm。当组合砖砌体构件一侧的受力钢筋多于4根时，应设置附加箍筋或拉结钢筋。

受力钢筋保护层厚度（mm）   表7-3

结构部位 \ 环境条件	室内正常环境	露天或室内潮湿环境
墙	15	25
柱	25	35

对于截面长短边相差较大的构件如墙体等，应采用穿通墙体的拉结钢筋作为箍筋，同时设置水平分布钢筋。水平分布钢筋的竖向间距及拉结钢筋的水平间距均不应大于500mm（图7-5）。

组合砖砌体构件的顶部、底部以及牛腿部位，必须设置钢筋混凝土垫块，受力钢筋伸入垫块的长度，必须满足锚固要求。

【例7-3】 截面为370×490mm的组合砖柱（图7-6），柱高6m，两端为不动铰支座，承受轴心压力设计值 $N=700$kN，组合砌体采用MU10砖，M7.5混合砂浆砌筑，混凝土面层采用C20，HPB235级钢筋。试验算其承载能力。

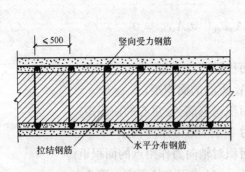

图7-5 组合砖砌体墙的配筋

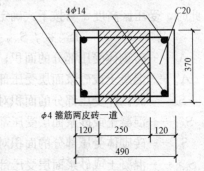

图7-6 组合砖柱截面

【解】 砖砌体面积

$$A = 250 \times 370 = 92500 \text{mm}^2$$

混凝土截面积

$$A_c = 2 \times 120 \times 370 = 88800 \text{mm}^2$$
$$f = 1.69 \text{MPa}(\text{MU10、M7.5})$$

和网状配筋砌体一样，对于截面积 $A < 0.2\text{m}^2$ 的组合砌体应考虑强度调整系数 γ_a。

$$\gamma_a = 0.8 + 0.092 = 0.9$$
$$\gamma_a f = 0.9 \times 1.69 = 1.521 \text{MPa}$$
$$f_c = 9.6 \text{MPa} \quad (\text{C20})$$
$$f'_y = f_y = 210 \text{MPa}$$

截面配筋率

$$\rho = \frac{A'_s}{bh} = \frac{615}{370 \times 490} = 0.339\%$$

$$\beta = \frac{H_0}{h} = \frac{6000}{370} = 16.2$$

查表得 $\varphi_{com} = 0.771$

对于混凝土面层 $\eta_s = 1.0$，则

$$\varphi_{com} \times (fA + f_c A_c + \eta_s f'_y A'_s)$$
$$= 0.771 \times (1.69 \times 0.9 \times 92500 + 9.6 \times 88800 + 210 \times 615)$$
$$= 865310 \text{N}$$
$$= 865 \text{kN} > 700 \text{kN} \quad \text{安全}$$

【例7-4】 有一无吊车房屋的柱，截面尺寸为 $490 \times 740\text{mm}$ 的组合砌体，柱高 7.4m。房屋系刚性方案，承受轴向压力设计值 $N = 980\text{kN}$，并在长边方向作用弯矩设计值 $M = 49\text{kN·m}$，按荷载设计值计算的初始偏心距 $e = 45\text{mm}$。采用 MU10 砖，M7.5 混合砂浆砌筑，面层混凝土采用 C20，钢筋用 HPB235 级钢。求 A_s 及 A'_s（图7-7）。

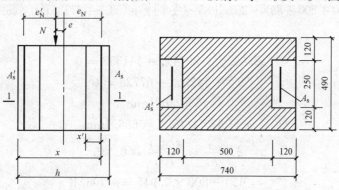

图 7-7　组合砖柱截面

【解】 初始偏心距 $e = 45\text{mm} > 0.05h$ 应按偏心受压计算，考虑到 e 很小，A_s 肯定受压，但可能不屈服，可暂时按构造配置，取 $A_s = 0.1\% \times 490 \times 740 = 363\text{mm}^2$，选 3φ14，$A_s = 462\text{mm}^2$。

高厚比

$$\beta = \frac{H_0}{h} = \frac{7400}{740} = 10$$

附加偏心距

$$e_a = \frac{\beta^2 h}{2000}(1 - 0.022\beta) = \frac{10^2 \times 740}{2200}(1 - 0.022 \times 10) = 26.2\text{mm}$$

$$e'_N = e + e_a - \left(\frac{h}{2} - a'\right) = 45 + 26.2 - \left(\frac{740}{2} - 35\right) = -263.8\text{mm}$$

负值表示 N 作用在 A'_s 和 A_s 之间

$$e_N = e + e_a + \left(\frac{h}{2} - a\right) = 45 + 26.2 + (370 - 35) = 406.2\text{mm}$$

查表得砌体、混凝土及钢筋的强度设计值为：

$$f = 1.69\text{MPa}, f_c = 9.6\text{MPa}, f'_y = 210MPa$$

假定中和轴进入 A_s 一侧的混凝土内 x'，则

$$\sigma_s = 650 - 800\frac{x}{h_0} = 650 - 800\frac{500 + 120 + x'}{705} = -53.5 - 1.135x'$$

从式 (7-14)，$\eta_s = 1.0$

$$f'_y A'_s = \frac{Ne_N - fS_s - f_c S_{c,s}}{h_0 - a'}$$

将上面 σ_s 及 $f'_y A'_s$ 代入式 (7-13)

$$N \leqslant fA' + f_c A'_c + \frac{Ne_N - fS_s - f_c S_{c,s}}{h_0 - a'}$$

$$+ (53.5 + 1.135x') \times 462，则$$

$$980000 = 1.69 \times [2 \times 120 \times 120 + 500 \times 490 + 2 \times 120x'] + 9.6 \times (250 \times 120 + 250x')$$

$$+ \frac{1}{670}\left\{980000 \times 406.2 - 1.69 \times \left[2 \times 120 \times 120 \times (60 + 500 + 85)\right.\right.$$

$$+ 500 \times 490 \times (250 + 85) + 2 \times 120x'\left(85 - \frac{x'}{2}\right)\right] - 9.6 \times \left[250 \times 120\right.$$

$$\left.\left.\times (60 + 500 + 85) + 250x'\left(85 - \frac{x'}{2}\right)\right]\right\} + (53.5 + 1.135x') \times 462$$

化简得

$$2.09x'^2 + 2974x' - 141552 = 0$$

$$x'^2 + 1423x' - 67728 = 0$$

解得

$$x' = 46.1\text{mm}$$

$$x = 620 + 46.1 = 666.1\text{mm}$$

$$\xi = \frac{x}{h_0} = \frac{666.1}{705} = 0.945$$

$$\sigma_s = 650 - 800 \times 0.945 = -106\text{MPa}$$

负值表示受压，虽然 x 值尚未到达 A_s 的重心，但实际中和轴高度 x_0 可能已大于 h，所以 σ_s 有可能受压。

将 x' 代入式 (7-14) 可求出 A'_s

$$A'_s = \frac{1}{f'_y(h_0 - a')}(Ne_N - fS_s - f_c S_{c,s})$$

$$= \frac{1}{210 \times 670}\left\{980000 \times 406.2 - 1.69 \times \left[2 \times 120 \times 120 \times (60 + 500 + 85)\right.\right.$$

$$+500\times490\times(250+85)+2\times120\times46.1\left(85-\frac{1}{2}\times46.1\right)\Big]$$

$$-9.6\times\left[250\times120\times(60+500+85)+250\times46.1\times\left(85-\frac{1}{2}\times46.1\right)\right]\Big\}$$

$$=243.1\text{mm}^2$$

按式（7-13）检查

$$1.69\times(2\times120\times120+500\times490+2\times120\times46.1)+9.6$$
$$\times(250\times120+250\times46.1)+210\times243.1+106\times462$$
$$=980083\text{N}$$
$$=980.083\text{kN}$$
$$\approx980\text{kN}\qquad\text{安全}$$

选用 $3\phi14$，$A_s'=462\text{mm}^2$。

对截面较小边的轴心受压验算从略。

【例 7-5】 组合砖柱的截面为 $490\times740\text{mm}$。采用对称配筋。承受轴向力设计值 $N=400\text{kN}$，弯矩设计值 $M=180\text{kN}\cdot\text{m}$，其他条件同上题。求 A_s 及 A_s'。

【解】 初始偏心距 $\qquad e=\dfrac{M}{N}=\dfrac{180}{400}=0.45\text{m}$

附加偏心距

$$e_a=\frac{\beta^2 h}{2000}(1-0.022\beta)=\frac{10^2\times740}{2200}(1-0.022\times10)=26.2\text{mm}$$

$$e_N=e+e_a+\left(\frac{h}{2}-a\right)=450+26.2+\left(\frac{740}{2}-35\right)=811.2\text{mm}$$

这么大的偏心距，可按大偏压计算

$$\sigma_s=f_y=210\text{MPa}$$

按式（7-13）

$$N\leqslant fA'+f_cA_c'+\eta_s f_y'A_s'-\sigma_s A_s$$

由于对称配筋后两项相消，则

$$N=fA'+f_cA_c'$$

设中和轴进入砖砌体部分 x' 处（从柱边 120mm 算起）

$$400000=1.69\times(2\times120\times120+490x')+9.6\times250\times120$$

解得 $x'=76.5\text{mm}$

$$x=120+76.5=196.5\text{mm}$$

$$\xi=\frac{196.5}{670}=0.293<\xi_b=0.55$$

说明构件确系大偏心受压

由式（7-14）得

$$400000\times811.2=1.69\times2\times120\times120(740-60-35)$$

$$+1.69\times490\times76.5\left(500+120-\frac{1}{2}76.5-35\right)$$

$$+250\times120\times9.6\times(740-60-35)$$

$$+A'_s \times 210 \times (740-35-35)$$

化简后得

$$32448 \times 10^4 = 3139.3 \times 10^4 + 3463.6 \times 10^4 + 18576 \times 10^4 + 14 \times 10^4 A'_s$$

解得 $A'_s = 519.2\text{mm}^2$

采用 $3\phi18$，$A_s = A'_s = 763\text{m}^2$

第三节　砖砌体和钢筋混凝土构造柱组合墙

一、应用场合

《建筑抗震设计规范》GB 50011 指出，对于多层砌体房屋应按要求设置钢筋混凝土构造柱，这里的构造柱设置目的主要是为了加强墙体的整体性，增加墙体抗侧延性，和一定程度上利用其抵抗侧向地震力的能力。

砖混结构墙体设计中，有时会遇到砖墙竖向承载力不足又不愿意为此增大墙体厚度，往往在墙体中设钢筋混凝土柱予以加强，柱的厚度与墙厚一样，也可以被视为构造柱。

构造柱在墙体中的位置，可以设在墙面的两端，也可以在墙体中部，或且两者兼而有之。沈阳地区曾经出现过的组合墙结构也是属于这种类型的墙体。

过去对这类墙体在竖向荷载下的承载力计算，往往习惯于采用折算截面的方法，即将构造柱的混凝土面积按混凝土弹性模量与砌体弹性模量之比，换算成砖砌体面积，然后按无筋砌体轴心受压计算公式计算。试验表明，这种算法过高估计了混凝土构造柱的承载力而偏于不安全。实际上构造柱的抗压强度往往未能充分发挥，而砖墙就已经被压坏了。

如何正确而恰当地反映这种组合墙的承载能力是工程界关心的问题。砌体结构新规范提出了砖砌体和钢筋混凝土构造柱组合墙的承载力计算方法。

二、试验与有限元分析

湖南大学所做试验的墙体尺寸如图 7-8 所示，试件 No.5 墙体尺寸同 No.4 只是取消

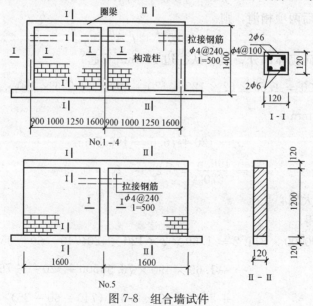

图 7-8　组合墙试件

134

了两端的构造柱。试验结果见表 7-4[7-7][7-8]。

构造柱不但自身可以承受一定荷载，而且与圈梁组成了"构造框架"对墙体有一定约束作用，此外，混凝土构造柱提高了墙体的受压稳定性。有限元分析表明，构造柱附近墙体的竖向压应力比构造柱之间中部墙体低，中部砌体压应力峰值随着构造柱间距的减小而降低。电算结果表明层高对组合墙内力分配影响不大，而构造柱间距却是最主要的影响因素。

组合墙试验数据

表 7-4

试 件 编 号		No.1	No.2	No.3	No.4	No.5
柱间距（mm）		900	1000	1250	1600	中间 1 根柱两端无柱
砖强度（MPa）		7.35	6.55	7.35	7.35	7.35
砂浆强度（MPa）		2.79	5.96	2.79	2.95	2.49
混凝土立方体强度（MPa）		19.76	20.30	19.76	22.16	19.93
钢筋屈服强度（MPa）		290	290	290	290	290
开裂荷载（N/mm²）	试 验 值	2.30	2.83	2.11	1.92	1.55
	计 算 值	2.45	2.65	2.13	1.96	1.64
极限荷载（N/mm²）	试 验 值	3.75	3.90	3.20	2.88	1.99
	计 算 值	3.11	3.15	2.62	2.28	1.79

根据有限元非线性分析结果，得出组合墙与无构造柱砌体轴心受压承载力之比，即强度提高系数可按下式计算

$$\gamma = 1 + 2e^{-0.65s} \tag{7-18}$$

式中 s——构造柱的间距。

表 7-4 中极限荷载计算值即按式（7-18）计算的结果。可见，按式（7-18）计算是偏于安全的。

三、组合墙轴心受压承载力计算公式

新修订的砌体结构设计规范采用了与组合砖砌体受压构件承载力相同的计算模式，但引入强度系数 η 来反映其差别，即

$$N \leqslant \varphi_{\text{com}}[fA_n + \eta(f_cA_c + f'_yA'_s)] \tag{7-19}$$

$$\eta = \left[\frac{1}{\dfrac{L}{b_c} - 3}\right]^{\frac{1}{4}} \tag{7-20}$$

式中 φ_{com}——组合墙的稳定系数，可按组合砖砌体的稳定系数采用；

  b_c——沿墙长方向构造柱的宽度；

  A_n——砖砌体的净截面面积；

  η——强度系数，当 L/b_c 小于 4 时，取 L/b_c 等于 4。

按式（7-19）计算与（7-18）计算结果非常接近，而且当 $L/b_c \leqslant 4$ 按 $L/b_c = 4$ 计算则体现与组合砖砌体构件受压承载力计算公式的衔接。

上述各项符号可在图 7-9 中更清楚地展示。

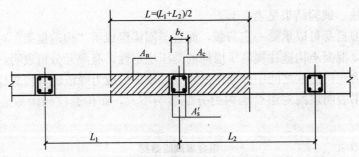

图 7-9　砖砌体和构造柱组合墙截面

四、组合墙的构造要求

组合砖墙的材料和构造应符合下列规定：

1. 砂浆的强度等级不应低于 M5，构造柱的混凝土强度等级不宜低于 C20；

2. 柱内竖向受力钢筋的混凝土保护层厚度，应符合表 7-3 的规定；

3. 构造柱的截面尺寸不宜小于 240mm×240mm，其厚度不应小于墙厚，边柱、角柱的截面宽度宜适当加大。柱内竖向受力钢筋对于中柱，不宜少于 $4\phi12$；对于边柱、角柱，不宜少于 $4\phi14$。其箍筋，一般部位宜采用 $\phi6$、间距 200mm，楼层上下 500mm 范围内宜采用 $\phi6$、间距 100mm。构造柱的竖向受力钢筋应在基础梁和楼层圈梁中锚固，并应符合受拉钢筋的锚固要求；

4. 组合砖墙砌体结构房屋，应在纵横墙交接处、墙端部和较大洞口的洞边设置构造柱，其间距不宜大于 4m。各层洞口宜设置在相应位置，并宜上下对齐；

5. 组合砖墙砌体结构房屋应在基础顶面、有组合墙的楼层处设置现浇钢筋混凝土圈梁。圈梁的截面高度不宜小于 240mm；纵向钢筋不宜小于 $4\phi12$，纵向钢筋应伸入构造柱内，并应符合受拉钢筋的锚固要求；圈梁的箍筋宜采用 $\phi6$、间距 200mm；

6. 砖砌体与构造柱的连接处应砌成马牙槎，并应沿墙高每隔 500mm 设 $2\phi6$ 拉结钢筋，且每边伸入墙内不宜小于 600mm；

7. 组合砖墙的施工程序应为先砌墙后浇混凝土构造柱。

第四节　配筋混凝土砌块砌体剪力墙

一、配筋砌体剪力墙结构的应用

1. 概述

配筋混凝土砌块剪力墙结构的成型工艺是采用预制的混凝土空心砌块砌筑而成，在墙体的竖直和水平方向都预留孔洞，砌筑时按设计要求布置水平钢筋，砌筑完成并清除孔洞内残留的砂浆后，自墙顶向孔洞内插入竖向钢筋，经绑扎固定，用混凝土将墙体内部预留孔洞灌实，形成装配整体式钢筋混凝土墙。由于配筋砌块砌体结构体系具有强度高、延性好等优点，近年来已开始应用于高层建筑。1997 年根据哈尔滨建筑大学（现为哈尔滨工业大学）等单位的试验研究，中国建筑东北设计院设计在辽宁盘锦建成了一栋 15 层配筋砌块剪力墙点式住宅楼，该试点工程地处Ⅲ类土，7 度设防，主体 13 层，局部 15 层，建筑高度分别为 39.4m 和 46m；1998 年在同济大学、哈尔滨建筑大学（现为哈尔滨工业大学）、湖南大学等单位合作试验研究基础上，上海住宅总公司在上海市园南新村建成一栋配筋砌块剪力墙18层塔楼,该工程抗震设防烈度7度,Ⅳ类场地土,该项目成为我国配筋砌块砌体剪力墙结构阶段性发展的标志性建筑,如图7-10所示;2000年辽宁抚顺又建成一栋6.6m大开间12层配筋砌块剪力墙板式住宅楼。

2000年开始哈尔滨工业大学与黑龙江省建工集团等单位合作,相继在黑龙江省建成了多栋配筋砌块砌体结构房屋,如表7-5及图7-11~图7-13所示,其中哈尔滨阿继科技园13及18层住宅成为黑龙江省首批采用该结构形式的高层住宅[7-9]。大庆油田开发的奥林国际公寓工程共分四期进行建设,前两期D区和A区已入住,该小区建筑面积120万 m²,成为世界上采用配筋砌块砌体剪力墙结构体系面积最大的示范小区。

黑龙江省配筋砌块砌体剪力墙结构工程项目应用　　　　表 7-5

序号	项　目　名　称	面积万 m²	建设时间	开　发　商	备 注
1	阿继先锋路13层住宅	1.2	2001	黑龙江龙一房产	建成
2	阿继先锋路18层双塔底商综合楼	2.85	2002	黑龙江龙一房产	建成
3	大庆祥阁小区一、二、三期住宅	20.2	2002~2004	大庆祥阁房产	建成
4	哈尔滨街蓝调国际16层底商综合楼	1.98	2004	黑龙江龙一房产	建成
5	大庆东湖上城小区14栋住宅	11.5	2005	大庆达源房产	建成
6	大庆奥林国际公寓D区、A区	68.0	2005~2008	大庆达源房产	建成
7	大庆阳光俊园小区3栋17层住宅	5.98	2006	大庆久隆房产	建成
8	大庆新村靓湖国际小区住宅	30.0	2006	大庆恒基房地产	建成
9	大连中华院住宅小区	15.0	2006	大连永高开发	建成
10	大庆石油管理局登峰家园小区	42.0	2007	大庆达源房产	建成
11	哈尔滨群力西典家园	22.0	2007	哈尔滨西城建设	建成
12	大庆燕都湖畔花园	19.8	2007	大庆市燕都房产	建成
13	大庆新村万城华府2栋15层住宅	2.1	2008	大庆智圣房产	建成
14	大庆让胡路区奥林国际公寓C区	24.0	2008	大庆达源房产	建成
15	大庆让胡路区奥林国际公寓B区	42.0	2009	大庆达源房产	在建
合　　　计			308.61万 m²		

图 7-10　上海18层配筋砌块建筑

图 7-11　哈尔滨阿继科技园18层住宅

图 7-12　大庆东湖上城小区 14 栋住宅

图 7-13　大庆奥林国际公寓工程

2. 经济分析

根据已有的配筋砌块结构建筑的造价分析，配筋砌块剪力墙结构在钢筋用量、总用工量、模板使用量和间接费方面具有非常大的节省优势，最终可取得工程总造价节省 10%～20% 以上的应用优势[7-10]，见表 7-6。此外，根据工程实践工期上可以获得提高 20%～25% 的施工速度优势，10～18 层住宅楼在黑龙江省可以实现当年开工当年竣工交付使用。在上述经济造价分析中，尚有一项应用优势未能够体现，就是墙体抹灰量的减少。根据工程实践，砌块由于工厂预制的尺寸规整，在工程中 8～10mm 的抹灰厚度就可达到墙面平整的验收标准要求，因此在抹灰材料、人工费方面都有一定的节省，若考虑到现浇混凝土结构 20mm 无法实现墙面平整的现实，其节省量更加可观，同时墙体薄、抹灰薄的情况可增加建筑使用面积 3%～5%。

材料及造价	广西 11 层试点楼	盘锦 15 层试点楼	上海 18 层试点楼	抚顺 12 层试点楼	哈尔滨 17 层配筋砌块住宅*
钢筋节省	38%	42%	25%	—	27.6%（含基础及地下室总用钢量） 34.2%（地上部分总用钢量）
造价节省	28%	18%	7.4%	25%	10.9%

＊　该建筑为拟建建筑，其表内数据是与钢筋混凝土短肢剪力墙结构的经济造价对比。

3. 配筋砌块短肢砌体剪力墙结构

配筋砌块短肢砌体剪力墙结构都是指墙肢截面高度与厚度之比，即肢厚比在 5～8 之间的配筋砌块砌体墙。与传统的砌体结构相比，这种体系具有两大优势：一是解决了新型墙体材料收缩开裂和易劈裂破坏的技术通病；二是既有砌体的特征，又有钢筋混凝土的特性。通过对 6 度区和 7 度区采用同一套建筑方案的 7 层房屋进行了多种结构形式（配筋砌块短肢剪力墙结构、砖混结构、多层混凝土空心砌块结构、钢筋混凝土框架结构、钢筋混凝土短肢剪力墙结构、钢筋混凝土异形柱结构）的对比设计[7-11]，并对其进行了工程造价、使用面积、结构功能分析，表明配筋砌块砌体结构的直接费用比砖混结构低 2.2%，但其受力性能及抗震能力却得到极大改善，因此是替代黏土砖砌体建设多层住宅的首选结构形式。

配筋砌块剪力墙结构尽管在国外早有应用并已有相应规范，但在国内尚属初期应用阶段，这种构件截面设计应采用怎样的计算模式，抗震性能到底如何等等均需国内试验研究加以证实。

国内进行过配筋砌块中高层剪力墙试验研究的单位有广西建筑科学研究院、哈尔滨建筑大学、同济大学、湖南大学和沈阳建工学院等。下面将结合哈尔滨建筑大学所做的一部分试验来简要反映这种构件的基本性能和计算方法[7-12][7-13]。

二、配筋砌块剪力墙正截面受力性能

通过 2 批 12 片高悬臂配筋砌块剪力墙的低周反复荷载试验及 2 片小偏压试件的静力试验来研究这种剪力墙的正截面承载力计算方法。

1. 试件设计及试验方案

第一批 5 个试件 SW-1～SW-5，试验的主要参数如下：

(1) 墙体所受正压力：1MPa，2MPa；

(2) 芯柱比率（注芯孔数与截面总孔数的比值）100%，66%，33%；

(3) 墙体剪跨比（即高宽比）：2.59。

为了使有限的墙片高度能反映更大剪跨比的情况，第一批试件剪跨比 2.59 实际上是采用子结构法而获得的，即水平荷载是位于试件上方通过刚臂施加的，其顶端侧移值由辅助墙片试验后侧移叠加而得。

试件详图见图 7-14。

所用砌块强度平均值为 12.1MPa，砂浆强度为 30.5MPa，注芯混凝土强度为 31.3MPa，插筋屈服强度 $\phi16$ 为 323MPa，$\phi8$ 为 316.8MPa。

第二批 7 个试件 ZW-1～ZW-7，试件高均为 2400mm，截面高度 ZW-1 为 1600mm，

ZW-7 为 1000mm，其余为 1200mm。在试件顶部施加水平荷载，则剪跨比分别为 1.6、2.18、2.67 三种。砌块强度 12.1MPa，砂浆强度 28MPa，注芯混凝土强度 38MPa，竖向钢筋 $\phi 16$ 屈服强度 475MPa，$\phi 8$ 为 404MPa。芯柱比率也分为 100％、66％ 和 33％ 三种。

2. 试件破坏过程与破坏特征

2 批 12 片试件，从破坏形态上大部分为延性弯曲破坏只有 2 个试件产生弯剪破坏。

延性弯曲破坏的特性：

（1）加荷时随着水平荷载增加，试件在底部几皮出现水平裂缝，由外向内扩展，表现出明显的受弯形态。临近破坏时构件下部几皮出现断断续续的弯剪裂缝，但不会引起弯剪破坏（图 7-15）。

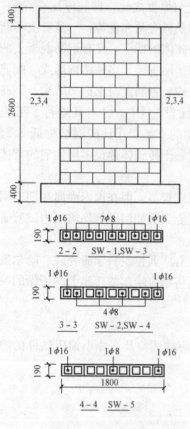

图 7-14 试件详图　　　　　　　图 7-15 墙片柔性弯曲破坏

（2）破坏主裂缝出现在试件最底部的水平灰缝，破坏时，水平裂缝已贯通，且试件产生一定的滑移。

（3）压区混凝土酥裂脱落时，注芯混凝土内部已产生竖向裂缝，说明此时不论是砌体本身还是压区混凝土都已达到极限压应变而破坏。

（4）达到极限荷载时，可以认为在 $h_0-1.5x$ 范围内的分布钢筋全部受拉屈服。

弯剪破坏的特性从破坏特征来看，主要有以下几点：

（1）加荷时，首先在试件底部产生水平裂缝，随着荷载的增加水平裂缝不断伸展和扩张，在主筋受拉屈服前后，陆续产生了弯剪裂缝，当临近破坏时，弯剪裂缝已断断续续的连通起来。

（2）破坏时，压区混凝土被压碎，同时墙片上出现弯剪主裂缝。

（3）由于构件最先产生水平弯曲裂缝，所以以初裂缝荷载的计算同弯曲破坏构件。

（4）达到极限荷载时，可以认为在 $h_0-1.5x$ 范围内的分布钢筋全部受拉屈服。

从试件破坏过程可以看出：

砌块剪力墙经灌芯并配筋后，其破坏形态接近于钢筋混凝土剪力墙。

底部裂缝贯通后，承载力仍能提高。

端部砌体破坏比较突然，砌体破坏时碎渣少，出现少数几条竖缝后，砌块就迸落。

达到极限荷载时，除端部压区一根纵筋外，其他纵筋均达屈服。

主裂缝出现在砌体最下部，其他几条水平裂缝后期并不发展，只是底部主裂缝变宽。

抗弯承载力和芯柱比率（也即纵筋配筋程度）、正压力成正比。

各试件的开裂荷载、屈服荷载及极限荷载见表 7-7。各项荷载均指水平方向加载数值。

试件的开裂荷载、屈服荷载和极限荷载　　　　　　　　　　表 7-7

试件编号	正压力 （MPa）	剪跨比	注芯率 %	开裂荷载 （kN）	屈服荷载 （kN）	极限荷载 （kN）
SW-1	2.2	2.59	100	97.0	151.9	199.4
SW-2	1	2.59	66	78.4	107.8	127.4
SW-3	2	2.59	100	127.4	166.8	191.1
SW-4	2	2.59	66	98.0	147.0	176.4
SW-5	1	2.59	33	68.6	98.0	112.7
ZW-1	2	1.60	100	140.3	242.6	282.0
ZW-2	1	2.18	100	64.6	99.2	146.1
ZW-3	2	2.18	100	70.9	151.7	206.3
ZW-4	1	2.18	100	60.0	236.3	315.0
ZW-5	2	2.18	66	42.5	100.8	118.0
ZW-6	2	2.18	33	56.7	148.1	189.8
ZW-7	2	2.67	100	69.3	123.7	160.7

三、剪力墙正截面承载力计算方法

通过试验发现，配筋砌体剪力墙大偏压构件的受力性能和破坏形态与钢筋混凝土剪力墙大偏压构件是相似的。据此参照钢筋混凝土大偏压计算公式，建立配筋砌体大偏压承载力计算公式。

基本假定：

（1）截面符合平截面假定。

（2）不考虑受压区分布筋作用。

（3）砌体受压区应力图形为矩形。

（4）受拉区分布筋考虑在（$h_0-1.5x$）范围内达屈服，这是根据试验时的情况，并参考钢筋混凝土剪力墙的取法而定的。

计算简图见图 7-16。

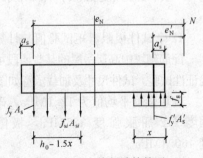

图 7-16　大偏压计算简图

据此建立以下公式：

$$N = f_{g}bx + A'_{s}f'_{y} - A_{s}f_{y} - \Sigma f_{si}A_{si} \tag{7-21}$$

$$N \cdot e_{N} = f'_{y}A'_{s}(h_{0} - a'_{s}) - \Sigma f_{si}S_{si} + f_{g}bx\left(h_{0} - \frac{x}{2}\right) \tag{7-22}$$

式中　f'_{y}——受压区主筋抗压强度；

f_{g}——填芯砌体的抗压强度设计值，$f_{g} = f + 0.6af_{c}$；当 $x < 2a'_{s}$ 时不考虑受压主筋 A'_{s} 工作；

f_{y}，f'_{y}——竖向受拉、压主筋的强度设计值；

f_{si}——分布筋抗拉强度设计值；

A_{si}——第 i 根分布筋截面积；

S_{si}——第 i 根分布筋对受拉主筋的面积矩；

e_{N}——轴向力作用点到竖向受拉主筋合力点之间的距离。

用上式计算时，因不知分布筋有几根屈服，需试算。为简化，可取

$$\Sigma f_{si}A_{si} = \left(\frac{h_{0} - 1.5x}{200} - 1\right)A_{si}f_{si}\beta \tag{7-23}$$

β——芯柱比率，$\beta = \dfrac{n_{1}}{n}$，n_{1} 为注芯数，n 为截面总孔数。

按上述公式计算结果（按材料强度平均值计算）与实测值对比见表 7-8。

剪力墙极限弯矩试验值与计算值对比表　　　　　表 7-8

试 件 编 号	正　压　力	实测极限弯矩 M_{s}（kN·m）	计算值 M_{j}（kN·m）	M_{s}/M_{j}
SW-1	2.2	875.6	705.8	1.24
SW-2	1	560.6	427.0	1.31
SW-3	2	840.8	729.5	1.15
SW-4	2	776.2	675.8	1.15
SW-5	1	495.9	392.7	1.26
ZW-1	2	676.8	638.4	1.06
ZW-2	1	350.6	264.0	1.33
ZW-3	2	495.1	374.4	1.32
ZW-4	1	756.0	475.2	1.59
ZW-5	2	283.2	224.0	1.26
ZW-6	2	455.5	342.9	1.32
ZW-7	2	385.6	374.4	1.03

注：表中极限弯矩是极限水平荷载乘以到试件底面的距离而得。

12 个试件极限弯矩试验值与计算值比值的平均为 1.25，变异系数 $C_{v} = 0.098$。

配筋砌块中高层房屋的某些墙段可能出现小偏心受压的受力状态。进行了两个墙片静力的验证性试验。试件尺寸及加载示意如图 7-17、图 7-18。荷载偏心距选为 $0.25h_{0}$（$h_{0} = 700\text{mm}$）。

砌块强度平均值为 12.1MPa，砂浆强度为 30.5MPa，注芯混凝土为 31.1MPa，插筋强度 $\phi12$ 屈服强度 325MPa，极限强度 436MPa，$\phi8$ 屈服强度 316.8MPa，极限强度 460.4MPa。

小偏压试件 W-2，偏心距为 175mm（$0.25h_{0}$）。随着荷载的增加，一直未发现裂缝。

当加荷达 1764kN 时，受压端上部沿竖向灰缝才出现细微裂缝。继续加荷，受压端靠外侧第一条竖向砂浆裂缝向下发展穿过砌块，同时受压端砌体上部也出现细微裂缝。竖向裂缝继续扩展，此时另一端上半部出现了水平裂缝，压区砌体压碎砌块迸裂，水平裂缝向内延伸，试件破坏。极限荷载为 1862kN。

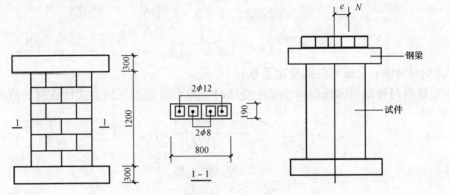

图 7-17　小偏压试件　　　　　　图 7-18　加载示意图

另一试件 W-1，偏心距仍为 175mm。试验过程和破坏形态和 W-2 类似。竖向主裂缝也位于竖向力作用线附近的竖向灰缝上。极限荷载为 1764kN。

对于小偏心受压构件，从试验中观察其截面应变以及荷载侧向挠度曲线，破坏特征均与钢筋混凝土小偏压试件类似。因此，可参照后者建立设计计算公式。

基本假定：1）平截面假定；2）不考虑砌体受拉；3）不考虑分布筋受压。计算简图见图 7-19。

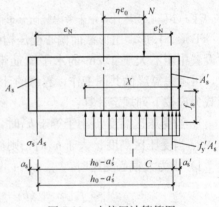

图 7-19　小偏压计算简图

据此建立如下公式：

$$N = f_g bx + f'_y A'_s - \sigma_s A_s \tag{7-24}$$

$$N \cdot e_N = f_g bx \left(h_0 - \frac{x}{2} \right) + f'_y A'_s (h_0 - a'_s) \tag{7-25}$$

$$\sigma_s = f_y \frac{\xi - 0.8}{\xi_b - 0.8} \tag{7-26}$$

式中　σ_s——压应力较小边钢筋 A_s 的实际应力。

关于界限相对受压区高度 ξ_b 的限值，由平截面假定可得

$$\xi_b = 0.8 \frac{\varepsilon_{mc}}{\varepsilon_{mc} + \varepsilon_s} \tag{7-27}$$

钢筋屈服应变 $\varepsilon_s = f_y / E_s$。

配筋砌体极限压应变 ε_{mc} 由试验得出，试验中多数仅测得破坏前一级的压应变，其值偏小，最大的 ε_{mc} 为 $3100\mu\varepsilon$，本文以之代入得：HPB300 级钢筋 $\xi_b = 0.57$；HPB335 级钢筋 $\xi_b = 0.55$，对 HRB400 级钢筋 $\xi_b = 0.52$。以此可作为大小偏心受压的界限。

用上式算得 W-1、W-2 的承载力为 1748.9kN，和实测承载力 W-2 的 1862kN，W-1 的 1764kN 基本吻合。

规范对于轴心受压配筋砌块砌体剪力墙，当配有箍筋或水平分布钢筋时，其正截面受压承载力按下列公式计算：

$$N \leqslant \varphi_{0g}(f_g A + 0.8 f'_y A'_s) \tag{7-28}$$

$$\varphi_{0g} = \frac{1}{1 + 0.001\beta^2} \tag{7-29}$$

式中 φ_{0g} 为轴心受压构件的稳定系数。

矩形截面对称配筋砌块砌体小偏心受压时，也可近似按下列公式计算钢筋截面面积：

$$A_s = A'_s = \frac{Ne_N - \xi(1-0.5\xi)f_g b h_0^2}{f'_y(h_0 - a'_s)} \tag{7-30}$$

$$\xi = \frac{x}{h_0} = \frac{N - \xi_b f_g b h_0}{\dfrac{Ne_N - 0.43 f_g b h_0^2}{(0.8 - \xi_b)(h_0 - a'_s)} + f_g b h_0} + \xi_b \tag{7-31}$$

注：小偏心受压计算中未考虑竖向分布钢筋的作用。

T 形、L 形、工形截面偏心受压构件，当翼缘和腹板的相交处采用错缝搭接砌筑和同时设置中距不大于 1.2m 的水平配筋带（截面高度大于等于 60mm，钢筋不少于 2φ12）时，可考虑翼缘的共同工作，翼缘的计算宽度应按表 7-9 中的最小值采用，其正截面受压承载力应按下列规定计算：

1. 当受压区高度 x 小于等于 h'_f 时，应按宽度为 b'_f 的矩形截面计算；

2. 当受压区高度 x 大于 h'_f 时，则应考虑腹板的受压作用，应按下列公式计算：

1）当为大偏心受压时，

$$N \leqslant f_g[bx + (b'_f - b)h'_f] + f'_y A'_s - f_y A_s - \Sigma f_{si} A_{si} \tag{7-32}$$

$$Ne_N \leqslant f_g[bx(h_0 - x/2) + (b'_f - b)h'_f(h_0 - h'_f/2)] +$$
$$f'_y A'_s(h_0 - a'_s) - \Sigma f_{si} S_{si} \tag{7-33}$$

2）当为小偏心受压时，

$$N \leqslant f_g[bx + (b'_f - b)h'_f] + f'_y A'_s - \sigma_s A_s \tag{7-34}$$

$$Ne_N \leqslant f_g[bx(h_0 - x/2) + (b'_f - b)h'_f(h_0 - h'_f/2)] +$$
$$f'_y A'_s(h_0 - a'_s) \tag{7-35}$$

式中　b'_f——T 形、L 形、工形截面受压区的翼缘计算宽度；

　　　h'_f——T 形、L 形、工形截面受压区的翼缘厚度；

　　　a'_s——受压区纵向钢筋合力点至截面受压区边缘的距离，对 T 形、L 形、工形截面，当翼缘受压时取 100mm，其他情况取 300mm；

　　　a_s——受拉区纵向钢筋合力点至截面受拉区边缘的距离，对 T 形、L 形、工形截面，当翼缘受压时取 300mm，其他情况取 100mm。

144

T形、L形、工形截面偏心受压 构件翼缘计算宽度 b'_f		表 7-9
考 虑 情 况	T、工形截面	L形截面
按构件计算高度 H_0 考虑	$H_0/3$	$H_0/6$
按腹板间距 L 考虑	L	$L/2$
按翼缘厚度 h'_f 考虑	$b+12h'_f$	$b+6h'_f$
按翼缘的实际宽度 b'_f 考虑	b'_f	b'_f

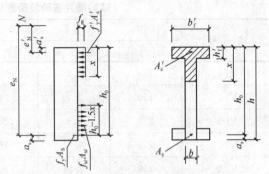

图 7-20 T形截面偏心受压构件
正截面承载力计算简图

四、配筋砌块剪力墙斜截面受剪性能

通过 7 个墙片纵横配筋砌块剪力墙的低周反复荷载试验[7-14]，了解配筋砌块剪力墙在竖向荷载和水平荷载共同作用下的受剪破坏形态和各主要因素对抗剪承载力的影响。

1. 试件设计及试验方案

7 个试件的高度全部取为 1800mm，参数见表 7-10，为了防止先出现弯曲破坏，而要实现剪切破坏，配置较多的纵筋，而且还在体外加配 Φ 25 钢筋。

		试 验 参 数 表			表 7-10
试件编号	截面宽度（mm）	剪跨比（修正后）	正应力（MPa）	纵向配筋	水平配筋
V1-1	1200mm	1.64（1.44）	1.0	6 Φ 25 2ϕ12	ϕ4@600
V1-2	1200mm	1.64（1.44）	1.4	6 Φ 25 2ϕ12	ϕ4@600
V1-3	1200mm	1.64（1.44）	1.8	6 Φ 25 2ϕ12	ϕ4@600
V2-1	1400mm	1.38（1.22）	1.4	6 Φ 25 3ϕ12	ϕ4@600
V2-2	1400mm	1.38（1.22）	1.8	6 Φ 25 3ϕ12	ϕ4@600
V3-1	1600mm	1.2（1.06）	1.0	6 Φ 25 4ϕ12	ϕ4@600
V3-2	1600mm	1.2（1.06）	1.4	6 Φ 25 4ϕ12	ϕ4@600

2. 试件破坏过程和破坏特征

在恒定的轴向荷载下施加侧向循环反复荷载，试件在开始阶段处于弹性状态，此时滞回曲线为直线，随着侧向位移增加，试件塑性性能增加，滞回曲线开始成为环形，当荷载达到 $0.71\sim0.82P_u$ 之间时，底皮水平灰缝先开裂，继续加载，出现断断续续的斜裂缝，同时先出现的水平裂缝沿阶梯形向上发展，从顶部也出现灰缝向下沿阶梯方向开裂，当荷载继续增大，出现斜裂缝连通的交叉主裂缝。在主裂缝的附近还有细小的斜裂缝，试件 V2-1 的破坏照片说明对角交叉的裂缝集中区域范围较大裂缝细而分散（图 7-21），试件破坏虽然呈明显脆性，但破坏时没有压溃、崩裂，而是裂而不倒。这是由于纵横向配筋改善了砌块墙体的脆性性质。剥开砌块可以看到芯柱也被斜向剪裂。

试件配筋情况见图 7-22。

墙片的开裂、屈服、极限荷载值见表 7-11。

试验墙片各阶段荷载和位移（kN·mm） 表 7-11

编　号	开　裂		屈　服		极　限	
	荷　载	位　移	荷　载	位　移	荷　载	位　移
V1-1	160	1.8	208	3.1	225	9.3
V1-2	190	2.2	215	2.9	255	6.4
V1-3	218	2.8	255	4.13	265	6
V2-1	275	3.47	313	4.13	340	7.2
V2-2	230	2.13	250	2.13	308	7.47
V3-1	275	2.33	275	2.33	340	5.73
V3-2	200	1.47	305	2.93	400	8

五、斜截面受剪承载力计算公式

配筋砌块剪力墙的抗剪承载力计算公式可根据各主要参数按试验结果进行归纳拟合，砌体结构设计新规范就是根据国内的几个单位所做试验并参照国际规范而提出。

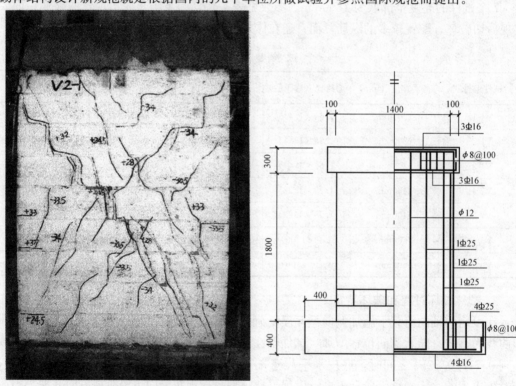

图 7-21　墙片 V2-1 破坏形态　　　　　　图 7-22　试件配筋图

根据同济大学、湖南大学、哈尔滨建筑大学（现为哈尔滨工业大学）、广西建科院和沈阳建工学院所作 34 片无筋和配筋砌块剪力墙试验结果，经分析在偏心受压时，其斜截面受剪承载力的平均值，可按下式计算：

$$V_{\mathrm{G,m}} = \frac{1.5}{\lambda + 0.5}(0.143\sqrt{f_{\mathrm{g,m}}}bh_0 + 0.246N_{\mathrm{k}}) + f_{\mathrm{yh,m}}\frac{A_{\mathrm{sh}}}{s}h_0 \qquad (7\text{-}36)$$

式中 $V_{G,m}$——受剪承载力平均值;

h_0——剪力墙截面的有效高度;

$f_{g,m}$——注芯砌体的抗压强度平均值;

N_k——竖向压力;

$f_{yh,m}$——水平钢筋强度平均值。

试验值与式(7-36)计算的平均比值为 1.186,变异系数为 0.240。

哈尔滨建筑大学近期所做剪跨比大于 1.0,带水平配筋的抗剪恢复力试验结果也验证了规范公式的适用性[7-14]。

按上述公式计算结果与哈建大近期试验结果比较见表 7-12

从表 7-12 可见试验值与式(7-36)计算值比较接近,其比值的平均为 1.20,变异系数为 0.062,是偏于安全的。

砌体结构设计新规范按材料强度设计值表达并与混凝土结构设计规范协调,考虑可靠度因素后对矩形截面配筋砌块剪力墙在偏心受压时斜截面受剪承载力计算公式如下:

规范公式计算值与试验比较表　　　　　　　　　　　表 7-12

编　号	$\dfrac{1.5}{\lambda+0.5}$	$0.143\sqrt{f_{g,m}}bh_0$	$0.246N_k$	$f_{yh,m}\dfrac{A_{sh}}{s}h_0$	规范值	试验值	试验值/规范值
V1-1	0.77	150.41	56.09	27.63	181.12	225	1.24
V1-2	0.77	150.41	78.52	27.63	198.47	247.5	1.25
V1-3	0.77	150.41	100.96	27.63	215.83	265	1.23
V2-1	0.87	177.76	91.61	32.66	263.75	340	1.29
V2-2	0.87	177.76	117.78	32.66	286.61	308	1.07
V3-1	0.96	205.11	74.70	37.68	306.27	340	1.11
V3-2	0.96	205.11	104.70	37.68	335.12	400	1.19

$$V \leqslant \frac{1}{\lambda-0.5}\left(0.6f_{vg}bh_0 + 0.12N\frac{A_w}{A}\right) + 0.9f_{yh}\frac{A_{sh}}{s}h_0 \tag{7-37}$$

$$\lambda = \frac{M}{Vh_0} \tag{7-38}$$

式中 M、N、V——计算截面的弯矩、轴向力和剪力设计值,当 $N>0.25f_gbh_0$ 时取 $N=0.25f_gbh_0$;

A——剪力墙的截面面积,其中翼缘有效面积应按规范规定取用;

A_w——T 形或倒 L 形截面腹板的截面面积,对矩形截面 A_w 等于 A;

λ——计算截面的剪跨比,当 λ 小于 1.5 时取 1.5,当 λ 大于等于 2.2 时取 2.2;

A_{sh}——配置在同一截面内的水平分布钢筋的全部截面面积;

s——水平分布钢筋的竖向间距;

f_{yh}——水平钢筋的抗拉强度设计值。

剪力墙在偏心受拉时的斜截面受剪承载力按下式计算:

$$V \leqslant \frac{1}{\lambda-0.5}\left(0.6f_{vg}bh_0 - 0.22N\frac{A_w}{A}\right) + 0.9f_{yh}\frac{A_{sh}}{S}h_0 \tag{7-39}$$

和式(7-37)不同的是轴向力影响系数由 0.12 改为 0.22,因为此时拉力起不利作用不应低估。

对照钢筋混凝土剪力墙的抗剪承载力公式可以看出配筋砌块剪力墙与其有众多相似之处但又具有砌体结构的一些特色。例如剪跨比影响砌块剪力墙稍低于混凝土剪力墙，水平钢筋影响也稍低，轴向压力 N 的系数 0.12 与混凝土剪力墙的 0.13 接近。

砌体结构新规范对于剪力墙的截面限制条件，提出

$$V \leqslant 0.25 f_g b h_0 \tag{7-40}$$

钢筋混凝土剪力墙的截面限制条件为 $V \leqslant 0.25 f_c b h_0$，所以式(7-40)也是与其相一致的。

六、配筋砌块剪力墙连梁的计算

砌体结构设计新规范根据已有资料参考国际标准对配筋砌块剪力墙连梁斜截面受剪承载力作如下规定：

1. 当连梁采用钢筋混凝土时，连梁的承载力应按现行国家标准《混凝土结构设计规范》GB 50010 的有关规定进行计算；

2. 当连梁采用配筋砌块砌体时，应符合下列规定：

(1) 连梁的截面应符合下列要求：

$$V_b \leqslant 0.25 f_g b h_0 \tag{7-41}$$

(2) 连梁的斜截面受剪承载力应按下式计算：

$$V_b \leqslant 0.8 f_{vg} b h_0 + f_{yv} \frac{A_{sv}}{s} h_0 \tag{7-42}$$

式中 V_b——连梁的剪力设计值；

  b——连梁的截面宽度；

  h_0——连梁的截面有效高度；

  A_{sv}——配置在同一截面内箍筋各肢的全部截面面积；

  f_{yv}——箍筋的抗拉强度设计值；

  s——沿构件长度方向箍筋的间距。

并指出，连梁的正截面受弯承载力应按现行《混凝土结构设计规范》受弯构件的有关规定进行计算，当采用配筋砌块砌体时，应采用其相应的计算参数和指标。

哈尔滨建筑大学（现为哈尔滨工业大学）曾用模型砌块作过 16 个连梁试件的恢复力性能试验[7-15]。

模型砌块尺寸见图 7-23。

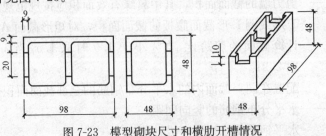

图 7-23 模型砌块尺寸和横肋开槽情况

试验采用 Ⅱ 形加荷架。水平力由电液伺服作动器提供，加荷架两竖杆初始是为垂直，不转动。连梁上下水平向固定在加荷架上，钢筋混凝土底梁与荷载架通过压梁拉杆固定。试验加荷装置见图 7-24。加荷装置实现了墙肢变形。

148

模型砌块的抗压强度 5.3N/mm²，砌筑砂浆强度 25.4N/mm²，砂浆厚度控制在 8mm，灌芯采用高流态砂浆其抗压强度 16.6N/mm²。配筋采用镀锌铁线，8 号铁线的极限强度为 505N/mm²；12 号铁线为 535N/mm²，其条件屈服强度按 0.8 倍的极限强度取用。主要考虑了配筋率，纵筋配筋率等影响因素。试件的尺寸和配筋情况见表 7-13。

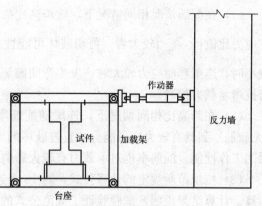

图 7-24　加荷装置

16 个试件的形态充分地反映了砌体自身特点，即由砌块组砌，插筋注芯而成的具有天然的接缝（竖向和水平灰缝）。一般，裂缝首先出现在应力较大区域处，为一条或多条竖向灰缝（垂直于水平砌筑灰缝方向），并随荷载加大，裂缝宽度明显加大；然而导致试件破坏的主导裂缝却是与试件尺寸，配筋和构造等因素有关。交叉裂缝是沿竖向灰缝并贯穿砌块本身的，并未形成阶梯型裂缝，原因是砌块强度偏低。

试验结果见表 7-14。

试验结果表明：

连梁试件参数表　　　　　　　　　　　　　　　　表 7-13

试件编号	跨度	高度	跨高比	配箍率	配筋率	连梁纵筋	连梁箍筋
MLL-1-A	300	150	2.0	0.48	0.16	1×8 号	2×12 号@50
MLL-1-B	300	150	2.0	0.48	0.16	1×8 号	2×12 号@50
MLL-2-A	400	150	2.67	0.48	0.16	1×8 号	2×12 号@50
MLL-2-B	400	150	2.67	0.48	0.16	1×8 号	2×12 号@50
MLL-3-A	500	150	3.33	0.48	0.16	1×8 号	2×12 号@50
MLL-3-B	500	150	3.33	0.48	0.16	1×8 号	2×12 号@50
MLL-4-A	600	150	4	0.48	0.16	1×8 号	2×12 号@50
MLL-4-B	600	150	4	0.48	0.16	1×8 号	2×12 号@50
MLL-5-A	600	100	6	0.48	0.16	1×8 号	2×12 号@50
MLL-5-B	600	100	6	0.48	0.16	1×8 号	2×12 号@50
MLL-6-A	300	150	2.0	0.24	0.16	1×8 号	2×12 号@100
MLL-6-B	300	150	2.0	0.24	0.16	1×8 号	2×12 号@100
MLL-7-A	300	150	2.0	0	0.16	1×8 号	…
MLL-7-B	300	150	2.0	0	0.16	1×8 号	…
MLL-8-A	400	150	2.67	0.48	0.32	2×8 号	2×12 号@50
MLL-8-B	400	150	2.67	0.48	0.32	2×8 号	2×12 号@50

注：长度单位 mm；配筋率（%）。

（1）在配筋情况相同情况下，随跨高比加大，试件明显出现弯曲破坏迹象。剪应力与正应力比值$\left(\lambda=\dfrac{\tau}{\sigma}\right)$较大者，剪切破坏可能性大，因而短跨连梁常常发生剪切破坏；而λ较小时，连梁弯曲应力较大时，发生弯曲破坏可能性大，因而跨度较大的连梁承载力通常由抗弯承载力控制。

（2）在跨高比相同情况下，连梁随配筋率增大，延性增加，破坏由突然的脆性破坏（无腹筋）到具有较大变形能力才宣告破坏的弯曲剪切破坏。可以看出配筋能大大改善连梁的工作性能。配筋率也对承载力有较大影响。

（3）按规范所规定的计算公式，对16个连梁试件的抗剪承载力和抗弯承载力进行了验算。计算结果说明，试验验证了规范公式的适用性。

试验结果一览表 表7-14

试件编号	跨高比 （β）	配箍率 （%）	配筋率 （%）	破坏荷载 （kN）	破坏变形 （mm）	破坏模式
MLL-1-A	2.0	0.48	0.16	16.9	3.87	弯剪破坏
MLL-1-B	2.0	0.48	0.16	13.9	4.20	
MLL-2-A	2.67	0.48	0.16	8.8	4.36	
MLL-2-B	2.67	0.48	0.16	15.7	8.59	
MLL-3-A	3.33	0.48	0.16	13.2	7.67	
MLL-3-B	3.33	0.48	0.16	12.3	8.93	
MLL-4-A	4	0.48	0.16	7.2	4.52	弯　坏
MLL-4-B	4	0.48	0.16	9.0	8.105	
MLL-5-A	6	0.48	0.16	6.4	7.26	
MLL-5-B	6	0.48	0.16	5.9	7.19	
MLL-6-A	2.0	0.24	0.16	10.2	4.61	
MLL-6-B	2.0	0.24	0.16	12.5	3.01	
MLL-7-A	2.0	0	0.16	11.8	1.83	剪　坏
MLL-7-B	2.0	0	0.16	10.6	1.94	
MLL-8-A	2.67	0.48	0.32	10.8	2.56	弯　坏
MLL-8-B	2.67	0.48	0.32	12.3	3.97	

第五节　配筋砌块砌体剪力墙的构造

为了保证配筋砌块剪力墙发挥其应有性能、砌体结构设计新规范对这种剪力墙的构造作了很明确具体的规定，其主要内容有。

1. 钢筋的规格

钢筋的直径不宜大于25mm，当设置在灰缝中时不应小于4mm，其他部位不应小于10mm。

配置在孔洞或空腔中的钢筋面积不应大于孔洞或空腔面积的 6%。

2. 钢筋的设置

（1）设置在灰缝中钢筋的直径不宜大于灰缝厚度的 1/2；

（2）两平行钢筋间的净距不应小于 50mm；

（3）柱和壁柱中的竖向钢筋的净距不宜小于 40mm（包括接头处钢筋间的净距）。

3. 钢筋在灌孔混凝土中的锚固

（1）当计算中充分利用竖向受拉钢筋强度时，其锚固长度 L_a，对 HRB335 级钢筋不宜小于 30d；对 HRB400 和 RRB400 级钢筋不宜小于 35d；在任何情况下钢筋（包括钢丝）锚固长度不应小于 300mm；

（2）竖向受拉钢筋不宜在受拉区截断。如必须截断时，应延伸至按正截面受弯承载力计算不需要该钢筋的截面以外，延伸的长度不应小于 20d；

（3）竖向受压钢筋在跨中截断时，必须伸至按计算不需要该钢筋的截面以外，延伸的长度不应小于 20d；对绑扎骨架中末端无弯钩的钢筋，不应小于 25d；

（4）钢筋骨架中的受力光面钢筋，应在钢筋末端作弯钩，在焊接骨架、焊接网以及轴心受压构件中，可不作弯钩；绑扎骨架中的受力变形钢筋，在钢筋的末端可不作弯钩。

4. 钢筋的接头

钢筋的直径大于 22mm 时宜采用机械连接接头，接头的质量应符合有关标准、规范的规定；其他直径的钢筋可采用搭接接头，并应符合下列要求：

（1）钢筋的接头位置宜设置在受力较小处；

（2）受拉钢筋的搭接接头长度不应小于 1.1L_a，受压钢筋的搭接接头长度不应小于 0.7L_a，但不应小于 300mm；

（3）当相邻接头钢筋的间距不大于 75mm 时，其搭接长度应为 1.2L_a。当钢筋间的接头错开 20d 时，搭接长度可不增加。

5. 水平受力钢筋（网片）的锚固和搭接长度

（1）在凹槽砌块混凝土带中钢筋的锚固长度不宜小于 30d，且其水平或垂直弯折段的长度不宜小于 15d 和 200mm；钢筋的搭接长度不宜小于 35d；

（2）在砌体水平灰缝中，钢筋的锚固长度不宜小于 50d，且其水平或垂直弯折段的长度不宜小于 20d 和 250mm；钢筋的搭接长度不宜小于 55d；

（3）在隔皮或错缝搭接的灰缝中为 55$d+2h$，d 为灰缝受力钢筋的直径，h 为水平灰缝的间距。

6. 钢筋的最小保护层厚度

（1）灰缝中钢筋外露砂浆保护层不宜小于 15mm；

（2）位于砌块孔槽中的钢筋保护层，在室内正常环境不宜小于 20mm；在室外或潮湿环境不宜小于 30mm。

7. 配筋砌块砌体剪力墙、连梁的砌体材料强度等级

（1）砌块不应低于 MU10；

（2）砌筑砂浆不应低于 Mb7.5；

（3）灌孔混凝土不应低于 Cb20。

8. 配筋砌块砌体剪力墙的构造配筋

（1）应在墙的转角、端部和孔洞的两侧配置竖向连续的钢筋，钢筋直径不应小于 12mm；

（2）应在洞口的底部和顶部设置不小于 $2\phi10$ 的水平钢筋，其伸入墙内的长宜小于 40d 和 600mm；

（3）应在楼（屋）盖的所有纵横墙处设置现浇钢筋混凝土圈梁，圈梁的宽度和厚度宜等于墙厚和块高，圈梁主筋不应小于 $4\phi10$，圈梁的混凝土强度等级宜为同混凝土块体强度等级的 2 倍，或该层灌孔混凝土的强度等级，也不应低于 C20；

（4）剪力墙其他部位的竖向和水平钢筋的间距不应大于墙长、墙高的 1/3，也不应大于 900mm；

（5）剪力墙沿竖向和水平方向的构造钢筋配筋率均不应小于 0.07%。

9. 按壁式框架设计的配筋砌块窗间墙

（1）窗间墙的截面墙宽不应小于 800mm，墙净高与墙宽之比不宜大于 5。

（2）窗间墙中的竖向钢筋每片窗间墙中沿全高不应小于 4 根钢筋；沿墙的全截面应配置足够的抗弯钢筋；窗间墙的竖向钢筋含钢率不宜小于 0.2%，也不宜大于 0.8%。

（3）窗间墙中的水平分布钢筋应在墙端部纵筋处向下弯折 90°；水平分布钢筋的间距：在距梁边 1 倍墙宽范围内不应大于 1/4 墙长，其余部位不应大于 1/2 墙长；水平分布钢筋的配筋率不宜小于 0.15%。

10. 配筋砌块砌体剪力墙应按下列情况设置边缘构件

（1）当利用剪力墙端的砌体时，在距墙端至少 3 倍墙厚范围内的孔中设置不小于 $\phi12$ 通长竖向钢筋；当剪力墙端部的设计压应力大于 $0.6f_g$ 时，除按前述的规定设置竖向钢筋外，尚应设置间距不大于 200mm、直径不小于 6mm 的水平钢筋（钢箍），该水平钢筋宜设置在灌孔混凝土中。

（2）当在剪力墙墙端设置混凝土柱时，柱的截面宽度宜等于墙厚，柱的截面长度宜为 $1\sim2$ 倍的墙厚，并不应小于 200mm；柱的混凝土强度等级宜为该墙体块体强度等级的 2 倍，或该墙体灌孔混凝土的强度等级，也不应低于 Cb20；柱的竖向钢筋不宜小于 $4\phi12$，箍筋宜为 $\phi6$、间距 200mm；墙体中的水平钢筋应在柱中锚固，并应满足钢筋的锚固要求；柱的施工顺序宜为先砌砌块墙体，后浇捣混凝土。

11. 配筋砌块砌体剪力墙中当连梁采用钢筋混凝土时

连梁混凝土的强度等级宜为同层墙体块体强度等级的 2 倍，或同层墙体灌孔混凝土的强度等级，也不应低于 C20；其他构造尚应符合现行国家标准《混凝土结构设计规范》的有关规定。

12. 配筋砌块砌体剪力墙中当连梁采用配筋砌块砌体时

（1）连梁的高度不应小于两皮砌块的高度和 400mm；连梁应采用 H 型砌块或凹槽砌块组砌，孔洞应全部浇灌混凝土。

（2）连梁的水平钢筋应符合下列要求：连梁上、下水平受力钢筋宜对称、通长设置，在灌孔砌体内的锚固长度不应小于 40d 和 600mm；连梁水平受力钢筋的含钢率不宜小于 0.2%，也不宜大于 0.8%。

（3）连梁箍筋的直径不应小于 6mm；箍筋的间距不宜大于 1/2 梁高和 600mm；在距支座等于梁高范围内的箍筋间距不应大于 1/4 梁高，距支座表面第一根箍筋的间距不应大于 100mm；箍筋的面积配筋率不宜小于 0.15%；箍筋宜为封闭式，双肢箍末端弯钩为 135°；单肢箍末端的弯钩为 180°，或弯 90°加 12 倍箍筋直径的延长段。

配筋砌块剪力墙的构造规定主要是考虑这种结构的特点为保证其正常工作而提出的很重要的构造措施，其根据有的是国内部分试验的结果和参考国外的资料而编制。例如，关于钢筋的一些规定，就是考虑到孔洞中配筋所受到的尺寸限制不能太粗，钢筋的接头宜采用搭接或非接触搭接接头，以便于先砌墙后插筋，就位扎和浇灌混凝土的施工工艺。

沈阳建工学院和北京建工学院作过锚固试验[7-16]，表明位于灌孔混凝土中的钢筋不论位置是否对中，均能在远小于规定的锚固长度内达到屈服。这是因为钢筋周边有砌块壁约束所致。国际标准《配筋砌体结构设计规范》ISO9652-3 中指出，砌块约束的混凝土内的钢筋锚固粘结强度比无砌块约束的强度对光面钢筋高出 85%～20%，对变形钢筋高 140%～64%。

试验发现配置在水平灰缝中的受力钢筋，其握裹条件比灌孔混凝土中要差些因此其搭接长度要长些。

再如剪力墙的构造配筋，实际上隐含着构造含钢率 0.05～0.06%，主要考虑两个作用，其一限制砌体干缩裂缝，其二保证剪力墙有一定的延性。另外根据我国工程实践提出竖向钢筋间距不大于 600mm。

关于剪力墙的边缘构件即剪力墙的暗柱，主要是提高剪力墙的整体抗弯能力和延性，同时和混凝土剪力墙一样在砌块剪力墙底部也要设置加强区。

第六节　配筋砌块砌体构件计算例题

【例 7-6】某一配筋混凝土砌块墙体，长 2m，高 2.8m，厚 190mm（图 7-25），由 MU20 砌块，Mb10 砂浆砌筑而成，灌孔混凝土为 Cb40，竖向及水平向钢筋皆为 HRB335 级。根据内力分析该墙段作用有下列荷载效应设计值：轴向压力 $N=1813$kN，弯矩 $M=576$kN·m，水平方向剪力 $V=375$kN。试计算该墙段应有的配筋。

【解】

1. 确定强度设计值

未灌孔的空心砌块砌体抗压强度设计值

$$f=4.95\text{MPa}$$

Cb40 混凝土轴心抗压强度设计值

$$f_c=19.1\text{MPa}$$

灌孔砌体的抗压强度设计值

$$\begin{aligned}f_g &= f+0.6\alpha f_c\\&=4.95+0.6\times0.5\times19.1\\&=10.7\text{MPa}\end{aligned}$$

灌孔砌体的抗剪强度设计值

$$f_{vg}=0.2f_g^{0.55}=0.2\times10.7^{0.55}=0.74\text{N/mm}^2$$

钢筋的强度设计值 $f_y=f'_y=300\text{N/mm}^2$，

$f_{yh}=300\text{N/mm}^2$

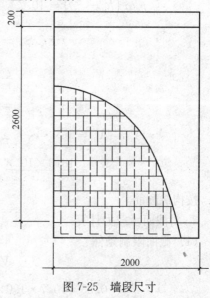

图 7-25　墙段尺寸

2. 构件正截面承载力计算

根据平衡条件　$N = f_g bx + f'_y A'_s - f_y A_s - \Sigma f_{si} A_{si}$

为简化计算，令

$$\Sigma f_{si} A_{si} = (h_0 - 1.5x) b f_y \rho_w$$

以之代入第一式，考虑到对称配筋 $f'_y A'_s = f_y A_s$

ρ_w 为竖向分布钢筋配筋率，取 $\Phi 12@200$，则 $\rho_w = 0.003$

因为暗柱按构造需 600mm，故其中心位于 300mm 处，则 $h_0 = h - 300 = 2000 - 300 = 1700$mm，

则有
$$x = \frac{N + f_y b h_0 \rho_w}{f_g b + 1.5 f_y b \rho_w}$$

$$x = \frac{1813 \times 10^3 + 300 \times 190 \times 1700 \times 0.003}{10.7 \times 190 + 1.5 \times 300 \times 190 \times 0.003}$$

$$= 919\text{mm} < \xi_b h_0 = 0.55 \times 1700 = 935\text{mm}$$

可按大偏心受压构件计算

截面上内外力对 A_s 中心取矩，有

$$N e_N = f_g bx \left(h_0 - \frac{x}{2} \right) + f'_y A'_s (h_0 - a'_s) - \Sigma f_{si} A_{si}$$

$\beta = \dfrac{2800}{2000} = 1.4$，$e_N$ 按公式（7-17）计算

$$e_N = e_0 + e_a + \left(\frac{h}{2} - a \right)$$

$$e_a = \frac{\beta^2 h}{2200} (1 - 0.022\beta) = \frac{1.4^2 \times 2000}{2200} (1 - 0.022 \times 1.4) = 1.73\text{mm}$$

$$e_0 = \frac{M}{N} = \frac{576}{1813} = 0.318\text{m} = 318\text{mm}$$

$$e_N = 318 + 1.73 + 1000 - 300 = 1020\text{mm}$$

$$f_g bx \left(h_0 - \frac{x}{2} \right) = 10.7 \times 190 \times 919 \left(1700 - \frac{919}{2} \right) = 2318\text{kN/m}$$

$$\Sigma f_{si} S_{si} = \frac{1}{2} (h_0 - 1.5x)^2 b f_y \rho_w$$

$$= \frac{1}{2} (1700 - 1.5 \times 919)^2 \times 190 \times 300 \times 0.003$$

$$= 8.8\text{kN-m}$$

$$A_s = A'_s = \left[N \cdot e_N + \Sigma f_{si} S_{si} - f_g bx \left(h_0 - \frac{x}{2} \right) \right] / f'_y (h_0 - a')$$

$$= \frac{1813 \times 10^3 \times 1020 + 8.8 \times 10^6 - 2318 \times 10^6}{300 \ (1700 - 300)} < 0$$

按构造配筋

3. 斜截面承载力计算

（1）截面限制条件

$$V \leqslant 0.25 f_g b h_0$$

$$0.25 \times 10.7 \times 190 \times 1700 = 864000N > V = 37500N$$

截面尺寸满足要求

（2）配筋计算

$$\lambda = \frac{M}{Vh_0} = \frac{567 \times 10^6}{375 \times 10^3 \times 1700} = 0.90 < 1.5$$

取 $\lambda = 1.5$，因 $N > 0.25 f_g bh_0$，则取 $N = 0.25 f_g bh_0$

按公式（7-37）

$$V \leqslant \frac{1}{\lambda - 0.5} \left(0.6 f_{vg} bh_0 + 0.12 N \frac{A_w}{A} \right) + 0.9 f_{yh} \frac{A_{sh}}{s} h_0$$

则

$$\frac{A_{sh}}{s} = \frac{V - \frac{1}{\lambda - 0.5}(0.6 f_{vg} bh_0 + 0.12 N)}{0.9 f_{yh} h_0}$$

$$= \frac{375 \times 10^3 - \frac{1}{1.5 - 0.5}(0.6 \times 0.74 \times 190 \times 1700 + 0.12 \times 864000)}{0.9 \times 300 \times 1700}$$

$$= 0.28$$

取间距 $s = 400\text{mm}$，则 $A_{sh} = 95.2\text{mm}^2$

取 $\Phi 12@400$　　　$A_{sh} = 113.1\text{mm}^2$

4. 墙段最终配筋

竖向：两端暗柱（各 3 个孔洞）配 $3\Phi 14$，

竖向分布钢筋为 $\Phi 12@200$

水平：水平抗剪钢筋为 $\Phi 12@400$

参 考 文 献

[7-1] 《砌体结构设计规范》GBJ 50003—2001，北京：中国建筑工业出版社，2002

[7-2] 丁大钧等，新型横配筋砖砌体试验研究，建筑结构学报，1988年1期

[7-3] 施楚贤，网状配筋砖砌体受压构件的承载力，砌体结构研究论文集，长沙：湖南大学出版社，1989

[7-4] 陈行之，配筋砌体结构可靠度的校准，砌体结构研究论文集，长沙：湖南大学出版社，1989

[7-5] 《砌体结构设计规范》GBJ 3—88，中国建筑工业出版社，1988

[7-6] 柏傲冬．纵配筋组合砖柱的试验研究及设计，砌体结构研究论文集．长沙：湖南大学出版社，1989

[7 7] 施楚贤．设置混凝土构造柱砖砌体结构受压承载力计算，建筑结构，1996年3期

[7-8] 田玉滨．唐岱新，组合墙体的承载力计算方法，现代砌体结构，北京：中国建筑工业出版社，2000

[7-9] 翟希梅，姜洪斌，唐岱新，潘景龙．哈尔滨阿继科技园18层配筋砌块剪力墙高层设计．哈尔滨工业大学学报，2004，36(11)：1540-1542

[7-10] 苑振芳，刘斌．混凝土砌块建筑发展及展望，现代砌体结构，北京：中国建筑工业出版社，2000

[7-11] 盖遵彬．多层住宅结构方案对比分析．哈尔滨工业大学硕士论文，2007

[7-12] 唐岱新，费金标．配筋砌块剪力墙正截面强度试验研究，上海建材学院学报，1995 年 3 期

[7-13] 孙氰萍，唐岱新等．混凝土小型空心砌块建筑设计，北京：中国建材工业出版社，2001

[7-14] 全成华，唐岱新．高强砌块配筋砌体剪力墙抗剪性能试验研究，建筑结构学报，2002 年 2 期

[7-15] 唐岱新，田玉滨．配筋砖块墙体连梁抗震性能试验研究，2001 年建筑砌块与砌块建筑论坛论文集，2001 年 11 月

[7-16] 刘明，苑振芳等．配筋砌块砌体剪力墙灰缝中钢筋的锚固长度的试验研究，现代砌体结构．北京：中国建筑工业出版社，2000

第八章　砌体房屋的静力计算

多层砌体房屋设计时，需首先明确结构的静力计算方案，以确定墙、柱内力，目的是了解结构的空间受力性能，根据房屋的空间刚度确定墙、柱设计时的结构计算简图。

本章主要介绍砌体结构多层房屋的静力计算方案和内力分析方法，《砌体结构设计规范》GB 50003 仍沿用原《砌体结构设计规范》GBJ 3—88 的分析方法，但取消了上刚下柔多层房屋的静力计算方法，这主要是考虑上刚下柔结构存在着显著的刚度突变，在构造处理不当或偶发事件中存在着整体失效的可能性。

第一节　砌体房屋的空间工作与静力计算方案

一、砌体房屋按空间刚度的分类

砌体房屋是复杂的空间力学体系，为了对其墙和柱进行内力分析，必须选取合理的、基本上符合实际且计算简便的计算模型。根据房屋结构和空间工作性能，采用不同的计算模型，这就是规范规定的三种计算方案，即弹性方案，刚弹性方案和刚性方案。

为了说明上述三种计算方案，下面以单层房屋为例分析在水平风荷载作用下房屋的受力情况。

假设有一幢建于均匀地质条件上的单层单跨混合结构房屋，外纵墙承重，屋面是钢筋混凝土平屋顶，由预制板和大梁组成，两端不设山墙。

由于房屋纵向墙体靠屋盖结构连接成整体，在外纵墙上窗口均匀排列的情况下，房屋横向的抗侧刚度是相同的，在所受荷载（包括永久荷载、屋面活荷载、风载等）沿房屋纵向均匀分布时，屋盖受水平荷载作用的侧向变形 $\bar{y}$ 是协调一致的（图 8-1a），因此可以通过两个窗口的中线截出一个单元（如图 8-1a 中的阴影部分），来代表整个房屋的受力状态，从而通

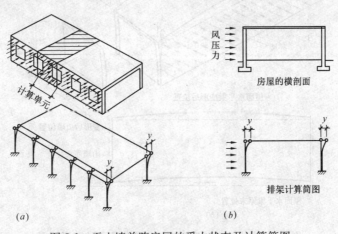

图 8-1　无山墙单跨房屋的受力状态及计算简图

过合理的受力分析，忽略了房屋的空间联系，将空间结构简化分解为平面结构。此外，由于屋面的混凝土结构支承在砖墙上，砖墙对屋面结构的约束作用很小，因此，该连接点可以简化为铰接。这样，砖墙看成立柱，屋面结构看成忽略轴向变形的横梁，基础简化为砖墙的固定支座，因此，两端无山墙的单层房屋在荷载作用下的静力分析就可以按平面排架结构来计算（如图 8-1b 所示），进行结构计算时，可以认为这个计算单元范围内的各种荷载（永久荷载、屋面活荷载和风载等）都是通过该单元本身的结构传到地基上去的。

这个经过合理简化，用来代表结构整体受力状态的单元称为结构的计算单元。用来求解结构构件内力的力学简图（如上述的平面排架结构）称为计算简图。

但是，当该房屋两端设置有山墙时（图 8-2），情况就不同了。在水平荷载作用下屋盖的水平位移受到山墙的约束，水平荷载的传力途径发生了变化。墙体的计算单元可以看成竖立着的柱子，一端支承在基础，一端支承在屋面，屋盖结构可以看成是水平方向的梁（跨度为房屋长度 S，梁高为屋盖结构的沿房屋横向的跨度），两端弹性支承在山墙上，而山墙可以看成竖立悬臂梁支承在基础上。这时，水平荷载通过外墙，一部分传给外墙基础，一部分传给屋面水平梁，屋面水平梁受力后在水平方向发生弯曲，又把荷载传给山

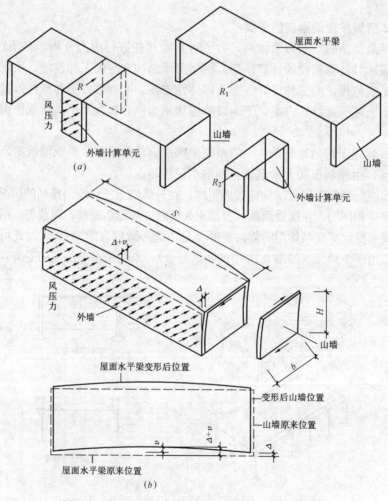

图 8-2　有山墙单跨房屋在水平力作用下的变形情况

墙，最后通过山墙在平面内的变形把荷载传给出墙基础，这种能为屋面水平梁提供水平弹性支承点，并通过自身在平面内的水平抗侧刚度将屋面梁承受的部分水平荷载传给基础的横向承重墙体，称为刚性横墙。设置刚性横墙房屋的水平荷载传递方式已不再是平面受力体系，而是空间受力体系了。从变形方面来看，传给屋面的水平荷载引起屋面水平梁在跨中产生的水平位移为 υ，同时引起山墙顶端产生侧向水平位移 Δ，则房屋中部屋盖的总水平位移就包括两部分，其值为 $\Delta+\upsilon$（图 8-2b）。

在屋盖产生的两部分水平位移中，将依据结构布置时刚性横墙间距的不同，即横向抗侧横墙间距的不同，使得屋面水平梁在跨中产生的水平位移 υ 的大小发生明显变化。也就是说，屋面水平位移的大小受房屋空间刚度的影响，而房屋的空间刚度则和房屋的构造方案有关。房屋的构造方案主要可以分为以下几种：

1. 弹性构造方案

当房屋设置的刚性横墙间距很大时，屋面水平梁的水平刚度相对比较小，产生的 υ 值可能比较大。刚性横墙作为悬臂梁，在平面内弯曲时的刚度很大，所以 Δ 值总是非常小的，这时，屋盖的总水平位移（$\Delta+\upsilon$）值和无山墙时的屋面水平位移 $\bar{y}$ 值很接近，亦即绝大部分的风载是通过平面排架作用传给外墙基础的。这样，房屋中部附近各计算单元的计算简图可简化为平面单跨排架，每个排架的水平位移都不会受到其他排架或抗侧向力结构的约束，故排架内力应按可以自由侧移的有侧移排架进行分析（图 8-1b）。

2. 刚弹性构造方案

当房屋中设置的刚性横墙间距比较小时，这时水平荷载的传递途径未变，而屋面水平梁的跨度短了一些，相应的水平刚度大了一些。从变形分析看，υ 值将比较小，（$\Delta+\upsilon$）将小于 $\bar{y}$。从受力分析看，刚性横墙间距小了以后，空间传力体系的刚度将增加，平面传力体系的刚度将相对减小，因而通过计算单元直接传给基础的水平力 R_2 应等于计算单元上作用的水平力 R 的 η 倍，即 $R_2=\eta R$，η 值小于 1。这时房屋各计算单元的计算简图和弹性方案类似，但水平位移要小于按平面单跨排架算得的 $\bar{y}$（图 8-3）。换句话说，屋面的水平位移由于房屋的空间工作而减小，η 是（$\Delta+\upsilon$）与 $\bar{y}$ 的比值，η 称为空间性能影响系数。所以刚弹性构造方案房屋可以按弹性构造房屋的计算方法，并考虑空间工作的侧移折减之后的平面排架进行计算。

图 8-3　刚弹性方案　　　　　　　　　　图 8-4　刚性方案

3. 刚性构造方案

当房屋中设置的刚性横墙间距更小时，这时水平荷载的传递途径未变，可是由于屋面水平梁在水平方向的刚度很大，$\upsilon\approx0$，$\Delta+\upsilon\approx0$，可以认为屋面受水平荷载后没有水平位移。这时，屋面结构可看成外纵墙的不动铰支座，房屋结构各计算单元的计算简图如图 8-4。这类房屋称为刚性构造方案房屋。

比较上述三个构造方案，肯定是刚性方案最好，不但能充分发挥构件潜力，而且能取得较好的房屋刚性，一般来说砌体房屋均应尽量设计成刚性方案。

根据以上分析，可知房屋的构造方案不同，其计算方法也不同。房屋构造方案的区别主要在于房屋的空间刚度不同，而房屋的空间刚度又和屋面（楼面）的结构类型、刚性横墙间距、横墙结构形式等因素有关。

《规范》规定混合结构房屋静力计算方案应按表 8-1 划分。

房屋的静力计算方案 表 8-1

	屋　盖　类　别	刚性方案	刚弹性方案	弹性方案
1	整体式、装配整体式和装配式无檩体系钢筋混凝土屋盖或楼盖	$S<32$	$32<S\leqslant72$	$S>72$
2	装配式有檩体系钢筋混凝土屋盖、轻钢屋盖和有密铺望板的木屋盖或楼盖	$S<20$	$20<S\leqslant48$	$S>48$
3	瓦材屋面的木屋盖和轻钢屋盖	$S<16$	$16<S\leqslant36$	$S>36$

注：表中 S 为房屋横墙间距，其长度单位为 m。

对装配式无檩体系钢筋混凝土屋盖或楼盖，当屋面板未与屋架或大梁焊接时，应按表第 2 类考虑，楼板采用钢筋混凝土空心楼板时，则可按表中第 1 类考虑。

对无山墙或伸缩缝处无横墙的房屋，应按弹性方案考虑。

在刚性和刚弹性方案房屋中，刚性横墙是保证满足房屋抗侧力要求，具有所需水平刚度的重要构件。《规范》规定这些横墙必须同时满足下列几项要求：

（1）横墙中开有洞口时（如门、窗、走道），洞口的水平截面面积应不超过横墙截面面积的 50％；

（2）横墙的厚度，一般不小于 180mm；

（3）单层房屋的横墙长度，不小于其高度，多层房屋的横墙长度，不小于其总高度的 1/2。

当刚性横墙不能同时符合上述要求时，应对横墙的刚度进行验算。如其最大水平位移不超过 $H/4000$（其中 H 为横墙总高），仍可视为刚性和刚弹性方案房屋的横墙。符合上述刚度要求的一般横墙或其他结构构件（如框架等），也可视为刚性和刚弹性方案房屋的横墙。

二、弹性方案与刚性方案房屋的计算模型

由上所述，我们可确定弹性方案与刚性方案房屋的计算模型。

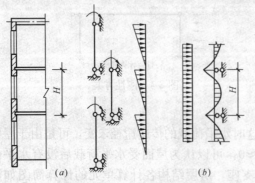

图 8-5　刚性方案多层房屋墙、柱的计算简图
(a)墙柱在垂直荷载作用时；(b)墙柱在水平荷载作用时

弹性方案单层房屋的计算模型为房屋一开间平面单元的平面排架，如图 8-1b 所示。砌体结构的多层房屋一般不设计成弹性方案的房屋，这是由于这类房屋空间工作性能差，内力大，稳定性差，容易引起连续倒塌。

刚性方案单层房屋的计算模型为房屋一开间的墙、柱上端为不动铰支承于屋盖，下端嵌固于基础的竖向构件，即如图 8-4 所示的柱顶施加一水平支杆的无侧移排架。

刚性方案多层房屋，在竖向荷载作用

下，其计算模型为墙、柱在每层高度范围内两端铰支的竖向构件，如图 8-5a 所示的竖向两端简支梁。刚性方案多层房屋，在水平荷载作用下，墙、柱可视为竖向连续梁，如图 8-5b 所示。

关于刚弹性房屋的计算模型和计算方法，将在下几节详细讨论。

第二节　单层刚弹性房屋的计算

刚弹性方案房屋其工作特性界于弹性方案与刚性方案房屋之间，对其进行内力分析需考虑屋盖、楼盖纵向体系变形的空间工作。

如图 8-2a 所示，房屋在水平荷载 q 作用下，屋盖纵向体系将发生变形，中央开间平面单元将受两侧开间的作用力 Q 的影响。因此，该单元受力状态将为如图 8-6 所示。其中 $\eta = 1 - Q/F$，显然 $0 \leqslant \eta \leqslant 1$，称 η 为空间作用系数或空间性能影响系数。当 η 越小，表示房屋空间性能越好。当 $\eta = 0$，即为刚性方案。当 $\eta = 1$，即为弹性方案。可见考虑房屋空间工作时其计算单元所受的力减小。

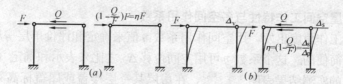

图 8-6　单层刚弹性房屋计算单元的受力与变形状态

据上所述，单层房屋的空间工作性能可由系数 η 来确定和评价。该系数可由实测确定。如图 8-1a，两端无山墙时在水平荷载 q 作用下测得柱顶位移 Δ_p，在两端有山墙时（图 8-2a）在同样荷载 q 作用下测得位移 Δ_s，则：

$$\eta = \frac{\Delta_s}{\Delta_p} \tag{8-1}$$

在 73 规范中称该系数为侧移折减系数 $m^{[8-2]}$。73 规范中给定的该系数值是根据单层房屋的实测及理论分析确定的。由屋盖类型和横墙间距确定该系数值。

88 规范中空间性能影响系数值 η 仍采取 73 规范中规定的 m 值。在 70 年代，哈尔滨建工学院、镇江市建筑设计研究所、华南工学院、安徽省设计院和南京工学院等单位对一些单层房屋进行了较多的实测，根据这些实测资料和原规范修订组的实测资料[8-3][8-4]，以及国内其他单位的实测资料，统计分析了屋盖纵向体系等效变剪切刚度及其沿房屋纵向的变化规律。据此将屋盖作为等效变剪切刚度的纵向体系，以具有抗转动刚度的弹性节点的平面框架作为横向平面体系，以此计算模型分析了空间性能影响系数 η 值。分析时考虑了屋盖类型、横墙间距、开间距、房屋高度、柱截面尺寸以及砌体弹性模量等多因素对 η 的影响。分析结果表明，对 η 有显著影响的是屋盖类型、横墙间距和房屋高度。73 规范的 m 值与房屋高度无关。但从分析结果看，73 规范

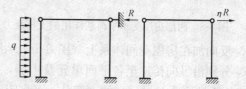

图 8-7　单层刚弹性房屋内力分析两步骤

m 值趋于上限，而且均比实测值大，偏于安全。因此，88 规范的 η 值仍取 73 规范的 m 值。

在水平荷载作用下，对单层刚弹性房屋进行内力分析，可由如图 8-7 所示两步的叠加。其中空间性能影响系数由表 8-2 查得。

房屋各层的空间性能影响系数 η_{i}　　　　　　　　　　　　　　　　表 8-2

屋盖或楼盖类别	横 墙 间 距 S (m)													
	16	20	24	28	32	36	40	44	48	52	56	60	64	68	72
1	—	—	—	—	0.33	0.39	0.45	0.50	0.55	0.60	0.64	0.68	0.71	0.74	0.77
2	—	0.35	0.45	0.54	0.61	0.68	0.73	0.78	0.82						
3	0.37	0.49	0.60	0.68	0.75	0.81	—	—							

注：i 取 $1 \sim n$，n 为房屋的层数。

第三节　多层刚弹性房屋的计算

一、多层房屋空间工作特性与多空间作用系数

从实际设计工作角度出发，用空间作用系数 η 值来确定和评价单层房屋的空间作用是合理的，而且是简便的。这个系数 η 可用空间位移 Δ_{p} 之比来表示和确定（式 8-1）。

对多层房屋的实测结果表明[8-5]~[8-8]，在房屋某一层楼盖或屋盖标高某处施加一集中荷载，沿房屋纵向各开间均发生位移，同时各层也均发生位移，这说明不仅沿房屋纵向各开间在房屋空间工作中均起作用，而且各层在房屋空间工作中也同时起作用。另外，从实测结果可以明显看出，当在下层加力时，下层的位移比上层的位移大，上层具有这样大的反力，这在实测之前是没有预料到的。由此表明，多层房屋与单层房屋的空间工作特性是有区别的。单层房屋只有纵向各开间之间的相互联系的空间作用，而不存在各层之间的相互联系的空间作用。对于多层房屋这两种空间作用同时存在。因此，决定了多层房屋的空间作用系数与单层房屋是有区别的，不能简单地通过空间位移 Δ_{s} 与平面位移 Δ_{p} 之比来表示和确定[8-9]~[8-11]。

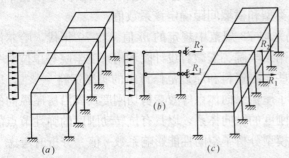

当多层房屋某一开间受有水平荷载时，如图 8-8a 所示的两层房屋，考虑其空间工作进行内力分析可分解为两步叠加。第一步为取多层房屋受有水平荷载开间的平面单元（平面排架或框架），在平面单元各层横梁与柱联结点处加水平支杆，在水平荷载作用下，支杆内产生反力 R_1 与 R_2（图 8-8b）；第二步将支杆反力 R_1 与

图 8-8　两层房屋受水平荷载作用的支杆反力 R_1、R_2

R_2 反向加在房屋空间体系上（图 8-8c）。由于屋盖、楼盖、纵墙与横墙等的作用，R_1 与 R_2 分别沿纵向传递至各平面单元及山墙，并分别沿高度方向向其他层传递，因此计算平面单元只承受 R_1 与 R_2 的一部分。可将图 8-8c 中的 R_1 与 R_2 分配给计算平面单元的荷载

分成两组荷载，如图 8-9 所示。一组为当房屋空间体系只受 R_1 作用，则计算平面单元受力情况如图 8-9a 所示。其中 Q_{11} 为计算平面单元左侧与右侧开间一层楼盖纵向体系的总剪力，Q_{21} 为计算平面单元左侧与右侧开间二层屋盖纵向体系的总剪力。可知

$$\eta_{11} = 1 - \frac{Q_{11}}{R_1} \tag{8-2}$$

$$|\eta_{21}| = Q_{21}/R_1 \; ; \; \eta_{21} = -|\eta_{21}| \tag{8-3}$$

另一组为当房屋只受 R_2 作用，则计算平面单元受力情况如图 8-9b 所示。其中

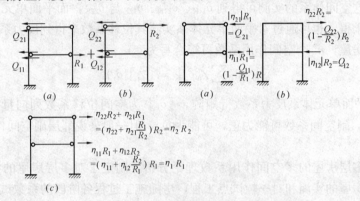

图 8-9　计算平面单元受力情况

$$\eta_{22} = 1 - \frac{Q_{22}}{R_2} \tag{8-4}$$

$$|\eta_{12}| = Q_{12}/R_2 \; ; \; \eta_{12} = -|\eta_{12}| \tag{8-5}$$

在 R_1 与 R_2 同时作用下，计算平面单元受力情况如图 8-9c 所示。将图 8-9b 与图 8-9c 两步分别求得的内力进行叠加，即为考虑空间作用计算平面单元的内力。其中 η_{11}、η_{22}、η_{21} 与 η_{12} 是小于 1 的系数，称为空间作用系数，或空间性能影响系数，称 η_{11}、η_{22} 为主空间作用系数，η_{12}、η_{21} 为副空间作用系数，副空间作用系数是由于各层之间的相互作用而产生的。这些系数有着明确的物理意义。η_{11} 与 η_{21} 为当房屋第一层楼盖处施加单位力（$R_1 = 1$）时计算平面单元第一层与第二层承受的荷载；η_{22} 与 η_{12} 为当房屋第二层屋盖处施加单元力（$R_2 = 1$）时计算平面单元第二层与第一层承受的荷载。

由上述可见，对于多层房屋的空间作用可用多个空间作用系数来确定和评价。对于两层房屋有四个空间作用系数，对于 n 层房屋，有 n 个主空间作用系数和 $n(n-1)$ 个副空间作用系数，共 n^2 个空间作用系数。图 8-9c 中的 η_1 与 η_2 为第一与二层综合空间作用系数。

二、多空间作用系数的确定与计算

当房屋空间体系只受 $R_1 = 1$ 作用时，计算平面单元承受的荷载如图 8-10a 所示，此时房屋空间体系计算平面单元底层位移为 δ_{11K}。上层位移为 δ_{21K}。当房屋空间体系只受 $R_2 = 1$ 作用时，则计算平面单元承受的荷载如图 8-10b 所示，此时房屋空间体系上层位移为 δ_{22K}，底层位移为 δ_{12K}。

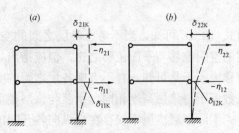

图 8-10　当只有 $R_1 = 1$ 或 $R_2 = 1$ 时：计算平面单元承受的荷载

由力学原理可得

$$
\left.\begin{aligned}
\eta_{11} &= \overline{\gamma}_{11}\delta_{11K} + \overline{\gamma}_{12}\delta_{21K} \\
\eta_{21} &= \overline{\gamma}_{21}\delta_{11K} + \overline{\gamma}_{22}\delta_{21K} \\
\eta_{22} &= \overline{\gamma}_{21}\delta_{12K} + \overline{\gamma}_{22}\delta_{22K} \\
\eta_{12} &= \overline{\gamma}_{11}\delta_{12K} + \overline{\gamma}_{12}\delta_{22K}
\end{aligned}\right\}
\tag{8-6}
$$

式中 $\overline{\gamma}_{11}$、$\overline{\gamma}_{21}=\overline{\gamma}_{21}$ 与 $\overline{\gamma}_{22}$ 为计算平面单元体系的反力系数。

通过房屋这空间体系的实测可得到 δ_{11K}、δ_{21K}、δ_{12K} 与 δ_{22K}，而平面单元系数的反力系数可通过计算求得，也可通过对平面单元体系实测其位移系数来得到反力系数。

对于 n 层房屋，n^2 个空间作用系数可综合写为

$$
\eta_{ij} = \sum_p \overline{\gamma}_{ip}\delta_{pjK} = [\overline{\gamma}_i]\{\delta_j\}
\tag{8-7}
$$

其中 $[\overline{\gamma}_i]$ 为平面单元体系反力系数行矩阵，$[\delta_j]$ 为空间位移系数列向量。主空间作用系数 η_{ii} 均为正，副空间系数可能为正，可能为负，但一般来说邻层副空间作用系数 $\eta_{i(i-1)}$ 与 $\eta_{i(i-2)}$ 为负。

根据上述多层房屋的多空间作用系数理论分析，制定了对多层房屋的实测与试验方案。由对多层房屋的实测和对一幢试点工程厂房随施工过程各阶段的系数试验，证明了这些空间作用系数的客观存在，同时还证明了由邻层相互作用而产生的副空间作用系数是不可忽略的，因为它们与主空间作用系数是同量级的。一般来说，由于层间相互作用而产生的副空间作用系数对多层房屋受力性能是有利的。

由上述可知，房屋层数愈多空间作用系数也愈多，这对于实际工程设计应用是不方便的。因此，必须对多空间作用系数进行深入的分析，在这种分析的基础上，为实际设计应用方便进行简化。

为进一步分析，需对多层房屋建立分析模型。在对多层砖石房屋实测与试验的基础上，建立了多层砖石房屋的分析模型[8-7][8-8]，并据此用计算机对大量多层砌体房屋计算了空间作用系数，得到了空间作用系数值的规律性。分析表明，隔层相互作用的副空间作用系数较小，可以忽略不计；邻层相互作用的副空间作用系数与主空间作用系数为同量级，且为负值，与实测规律一致。

当不考虑各层之间的空间作用时，则副空间作用系数 $\eta_{ij}=0$ $(i \neq j)$，从而

$$
\delta_{iiK} = \overline{\delta}_{ij} \cdot \eta_{ii}
\tag{8-8}
$$

其中 δ_{ij} 为平面单元体系的位移系数。由上式可得

$$
\eta_{ii} = \frac{\delta_{ijK}}{\delta_{ij}}
\tag{8-9}
$$

由式（8-9）可知，当不考虑各层之间的空间作用时，多层房屋空间作用系数分别等于各层的空间位移与平面位移之比。但应指出，这时的空间位移 δ_{iiK} 要比实际多层房屋的空间位移大。于是可知，在不考虑各层之间的空间作用的情况下，多层房屋某一层的空间作用系数等于与该层高度相同、屋盖与该层楼盖（或屋盖）相同的单层房屋的空间作用系数。

实际多层房屋不仅存在沿纵向各开间的空间作用，而且存在着各层之间的空间作用，而副空间作用系数 η_{ij} 不为零，这就使多层房屋的空间作用增大。这种空间作用的增大，不仅表现为出现副空间作用系数，而且表现为空间位移与平面位移比 δ_{ijK}/δ_{ij} 的减小。由

上述可知，在工程设计中对多层房屋各层取单层房屋的空间作用系数是偏于安全的[8-9]。

三、多层刚弹性方案砌体房屋的计算方法

规范考虑到前述多层房屋空间工作特性和多空间作用系数值的规律性，并考虑到实际设计工程的安全可靠性以及计算的简便，作了如下的简化：

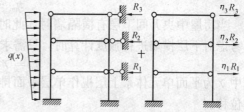

（1）取多层房屋的层综合空间作用系数（或空间性能影响系数）η_i 等于相同层（楼）盖类别的单层房屋的空间性能影响系数值 η，由表 8-2 查得。

（2）楼盖、屋盖梁与墙柱为铰接（如图 8-11）。

图 8-11 多层刚弹性砌体房屋的计算

按上述简化，多层刚弹性房屋的计算可按图 8-11 所示两步的叠加。其中各层空间性能影响系数 η_i 可按该层楼、屋盖类别及横向墙间距由表 8-2 查得。

第四节 上柔下刚多层房屋的计算方法

顶层空旷、横墙间距较大或中间无横墙为柔性结构，而以下各层横墙间距较小为刚性结构时，这类房屋称为上柔下刚多层房屋。这类房屋在工程中常常遇到。例如：顶层为礼堂以下各层为办公室的多层房屋；顶层为木屋盖，以下各层为钢筋混凝土楼盖，而顶层不满足刚性方案要求的房屋。

一、上柔下刚房屋空间工作特性与空间作用系数分析

对于上柔下刚房屋，由于下面各层的刚度大，而分别在各层加力时在下面各层产生的位移很小，在房屋实测中测不出这些位移或测得的数值很小，因此可以假定空间位移 δ_{isK}（$i=1, 2, 3\cdots\cdots n$；$S=1, 2, 3\cdots\cdots (n\text{-}1)$）和 δ_{inK}（$i=1, 2, 3\cdots\cdots (n\text{-}1)$）均等于零，只有顶层屋盖处加力在顶层引起的空间位移 δ_{nnK} 不为零。于是

$$\eta_{ij} = \sum_p \overline{\gamma}_{ip}\delta_{pjK} = 0 \tag{8-10}$$

$$\begin{pmatrix} j=1,2,3 & \cdots\cdots & (n\text{-}1) \\ i=1,2,3 & \cdots\cdots & n \end{pmatrix}$$

只有

$$\eta_{in} = \sum_p \overline{\gamma}_{ip}\delta_{njK} = \overline{\gamma}_{in}\delta_{nnK} \neq 0 \tag{8-11}$$

$$(i=1, 2, 3\cdots\cdots n)$$

由式（8-11）可得

$$\eta_{in} = \frac{\overline{\gamma}_{in}}{\overline{\gamma}_{nn}}\eta_{nn} \tag{8-12}$$

可以证明式（8-12）所示 η_{in} 就是当平面单元体系顶层作用力 η_{nn} 时第 i 层支杆的反力。

如上述可知，对于上柔下刚房屋的空间作用系数可只取 η_{in}（$i=1, 2, 3\cdots\cdots n$）n 个系数，其中只要已知 η_{nn}，其余系数即为已知。由于

$$\eta_{nn} = \overline{\gamma}_{nn}\delta_{nnK} \tag{8-13}$$

其中 δ_{nnK} 为顶层施加单位力时引起顶层的空间位移,它比与顶层结构相同的单层房屋的空间位移稍大些,而 $\bar{\gamma}_{nn}$ 比与顶层结构相同的单层平面单元体系的刚度系数 γ 小一些。因此可近似取

$$\eta_{nn} = \eta_{(\text{单})} \tag{8-14}$$

当房屋中央开间下层有横隔墙时,此时中央开间平面计算简图为如图 8-13 所示。当不考虑对下层横墙进行强度计算时,只需求得顶层空间作用系数 η_n 即可。

$$\eta_n = \gamma\delta_{nnK} = \eta_{nn} \tag{8-15}$$

式中 γ 为平面单元体系上层视作单层平面排架的反力系数,δ_{nnK} 为顶层施加单位力时的空间位移。

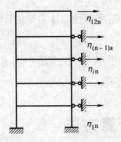

图 8-12 各层支杆反力

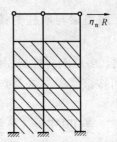

图 8-13 中央开间平面计算简图

二、上柔下刚房屋的计算方法

由上所述,对于上柔下刚房屋,计算时可将顶层作为单层房屋,以其屋盖类别和顶层横墙间距确定空间性能影响系数 η。下面各层按多层刚性方案房屋计算,但应考虑顶层传来的竖向荷载和弯矩。

第五节 横墙刚度的要求与计算

砌体结构房屋静力计算方案是根据横墙间距和屋、楼盖类别而确定的,但其横墙必须具备必要的刚度。如果横墙刚度较小,则在水平荷载作用下将产生较大的侧移。这将使刚性方案房屋计算模型中的不动铰支点与实际偏差较大。同时,对刚弹性方案房屋的空间性能影响系数 η 值也将产生很大影响。因此,规范规定,构成刚性和刚弹性方案房屋的横墙必须满足一定的刚度要求。

规范规定横墙应满足如下三条要求:

(1) 横墙开有洞口时,洞口的水平截面面积不应超过横墙截面面积的 50%。

(2) 横墙的厚度不宜小于 180mm。

(3) 单层房屋的横墙长度不宜小于其高度,多层房屋的横墙长度,不宜小于 $H/2$（H 为横墙总高度）。

当横墙不能同时符合上述三项要求时,规范规定应对横墙刚度进行验算。如横墙顶最大水平变位 $u_{max} \leqslant \dfrac{H}{4000}$（$H$ 为横墙高度）时,仍可视作刚性与刚弹性方案房屋的横墙。

这是因为当 $u_{max} \leqslant \dfrac{H}{4000}$ 时,排架和框架产生的内力与风荷载作用下产生的内力相比很小。

横墙水平变位 u_{max} 的计算，应将横墙作为悬臂构件，考虑其弯曲变形与剪切变形。同时应考虑门窗洞口大小与位置不同对刚度削弱的影响。

对于单层房屋横墙顶的最大水平变位值 u_{max}，当门窗洞口的水平截面面积不超过横墙全截面面积的 75% 时，可按下式计算：

$$u_{max} = \frac{nP_1H^3}{6EI} + \frac{2nP_1H}{EA} \tag{8-16}$$

式中　$P_1 = W + R$；

　　　W——作用于屋架下弦的集中风荷载；

　　　R——排架柱顶固定铰支时，在均布风荷载作用下，铰支座的水平反力；

　　　H——房屋的高度；

　　　n——与该横墙相邻的两横墙间的开间数；

　　　E——砌体的弹性模量；

　　　I——横墙毛截面的惯性矩；

　　　A——横墙毛截面面积。

参 考 文 献

[8-1]　《砖石结构设计规范》(GBJ 3—73)，北京：中国建筑工业出版社，1973

[8-2]　《砌体结构设计规范》(GBJ 3—88)，北京：中国建筑工业出版社，1988

[8-3]　砖石结构设计规范修订组，"关于《砖石结构设计规范》的静力计算问题"，《建筑结构》，1975.4

[8-4]　刘季、王焕定、李暄，"单层房屋空间整体作用的研究"，《多层砖石结构房屋空间工作的研究》报告集，哈尔滨建工学院，1980.8

[8-5]　刘季、王焕定、李暄，"多层厂房空间体系的静力实测与初步分析"，《哈建工学院学报》，1978，第 1 期

[8-6]　刘季、王焕定、李暄、张英，"多层砖石结构厂房空间作用的试验研究"，《哈建工学院学报》，1980，第 2 期

[8-7]　刘季、王焕定、李暄、张英，邓喜旋，"多层砖石结构房屋空间作用的实测与分析"，《建筑结构》，1981，第 4 期

[8-8]　Liu Ji, Wang Huanding, Li Xuan, Zhang Ying, A Research on Space Work of Multistory Brick Masonry Building, 《6th International Brick Masonry Conference Proceedings》, Roma, 1982.5

[8-9]　刘季、王焕定、李暄，"多层房屋的空间作用问题"，《建筑结构》，1981 第 4 期

[8-10]　Liu Ji, Wang Huanding, Li Xuan, Analysis on the Space Action Factors of Multistory Brick Masonry Buildings Without Interior Wall, 《6th International Brick Masonry Conference Proceedings》, Roma, 1982.5

[8-11]　Liu Ji, Wang Huanding, Li Xuan , The Space Action Factors of Multistory Brick Masonry Building Under Lateral Load and Its Design Methed, 《3rd International Sympsium on Wall Structures》, Warsaw, 1984.6

第九章 墙 梁 设 计

第一节 墙梁设计方法综述

一、墙梁及其应用

由混凝土托梁及支承在托梁上的计算高度范围内的砌体墙所组成的组合构件，称为墙梁[9-1]~[9-3]。墙梁可划分为承重墙梁和自承重墙梁两类。前者除承受托梁和墙体自重外，还承受楼盖和屋盖荷载或其他荷载。例如商店—住宅等多层混合结构房屋中，在二层楼盖处设置承重墙梁以解决底层大房间、上层小房间的矛盾。墙梁包括简支墙梁、连续墙梁和框支墙梁等（图 9-1）。

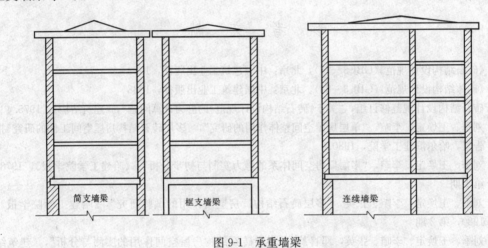

简支墙梁　　框支墙梁　　连续墙梁

图 9-1　承重墙梁

墙梁中承托砌体墙和楼（屋）盖的混凝土简支梁、连续梁和框架梁，称为托梁。墙梁中考虑组合作用的计算高度范围内的砌体墙，简称墙体。墙梁的计算高度范围内墙体顶面处的现浇混凝土圈梁，称为顶梁。墙梁支座处与墙体垂直连接的纵向落地墙体，称为翼墙。

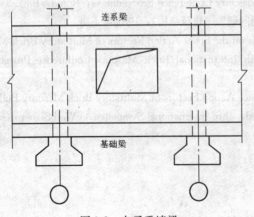

连系梁

基础梁

图 9-2　自承重墙梁

自承重墙梁仅承受托梁和墙体自重。工业厂房围护墙的基础梁、连系梁是典型的自承重墙梁的托梁（图 9-2）。

墙梁广泛应用于工业与民用建筑。与钢筋混凝土框架结构相比，采用墙梁可节约钢材 40%，模板 50%，水泥 25%；节省人工 25%；降低造价 20%。并可加快施工进度。具有较大的经济效益与社会效益。

二、墙梁各种设计方法简介

以往曾采用的墙梁设计方法有以下几种[9-5]：

（1）全部荷载法：托梁考虑全部墙体自重及楼（屋）盖荷载，按混凝土受弯构件计算。

（2）部分荷载法：托梁考虑承托的部分墙体和楼盖荷载，例如两层墙体自重和三层楼盖荷载或四层墙体自重和五层楼盖荷载，按混凝土受弯构件计算。又称为两墙三板法或四墙五板法。

（3）过梁法：托梁当作过梁设计，即考虑过梁的荷载取值按混凝土受弯构件计算。详见《砖石结构设计手册》（第一版）的墙梁设计方法二[9-6]。

（4）弹性地基梁法：根据前苏联学者 Жемочкин 的理论研究，将托梁看做在支座反力作用下倒置于墙体上的弹性地基梁。求解弹性力学半无限平面问题和 1/4 无限平面问题，得出托梁与墙体界面竖向正应力 σ_y 表达式。简化为作用在托梁支座区段的三角形荷载，托梁按混凝土受弯构件计算。详见《砖石结构设计手册》（第一版）的墙梁设计方法一[9-6][9-7]。

（5）当量弯矩法：英国学者 Wood 根据墙梁构件试验研究结果提出托梁考虑全部墙体和楼盖荷载取当量弯矩按混凝土受弯构件设计托梁。对于无洞口或跨中有洞口墙梁，当量弯矩取 $\frac{1}{100}ql_0^2$；对于靠近支座有洞口墙梁，当量弯矩取 $\frac{1}{50}ql_0^2$（q 为全部荷载，l_0 为计算跨度）[9-8]。

（6）极限力臂法：英国学者 wood、以色列学者 Resonhaupt 等根据墙梁试验研究结果，将墙梁看作一个组合梁，受压区位于墙中，取极限力臂为 $\frac{2}{3}H_0$（不超过 $0.7l_0$）或 $0.5H_0$（H_0 为墙梁有效高度，l_0 为计算跨度）以计算托梁钢筋[9-8]~[9-10]。

上述设计方法立论各一，计算结果相差很大。主要问题是没有考虑托梁与墙体的组合作用或考虑得不够（第 6 种方法除外），托梁作为混凝土受弯构件设计（第 6 种方法除外），托梁截面较大、配筋较多（第 5、6 两种方法除外）。上述六种方法都忽略了墙体的受剪承载力验算和托梁支座上部砌体局压承载力验算而可能不安全。

三、砌体结构设计规范墙梁设计方法的演变

1975 年以来，由华南工学院、西安冶金建筑学院、郑州工学院、浙江大学、北京钢铁设计研究总院、中国建筑西南设计院等单位组成的墙梁专题组进行了系统的墙梁构件试验研究和大量的有限元法分析。共试验简支墙梁试件 258 个（其中，无洞口墙梁 159 个，有洞口墙梁 99 个），进行两栋墙梁房屋从施工到使用阶段的实测。进行近千个构件的弹性有限元分析和 15 个构件的非线性有限元分析。基本明确了简支墙梁的受力性能和破坏形态，提出了考虑托梁与墙体组合作用的墙梁极限状态设计方法。它克服了以前墙梁设计方法的缺点，是墙梁设计方法的一项重大改进[9-11]~[9-15]。在这一科研成果的基础上，《砌体结构设计规范》GBJ 3—88 首次列入墙梁设计条文[9-1]。

88 规范应用十余年来，墙梁设计条文在指导商店一住宅墙梁结构设计和基础梁计算方面发挥了重要作用。但也存在一些问题，主要是：仅针对简支墙梁，未包括连续墙梁和多跨框支墙梁设计；仅针对墙梁的非抗震设计，未包括设置墙梁的房屋的抗震设计；简支

墙梁设计方法也有待简化；虽进行了可靠度校准，但托梁的纵筋用量仍偏少；剪力估计偏低，箍筋配置偏少等。

1988 年以来墙梁专业组又完成 21 个连续墙梁和 28 个框支墙梁构件试验和近千个简支墙梁，2～5 跨连续墙梁，单跨和 2～4 跨框支墙梁的有限元分析。国家地震局工程力学研究所、中国建筑科学研究院结构抗震研究所、同济大学、西安建筑科技大学、哈尔滨建筑大学和大连理工大学等共进行了 30 余个框支墙梁墙片的拟静力试验和 8 个框支墙梁房屋模型的振动台试验和拟动力实验。调查总结了 10 余年来国内墙梁结构工程实践经验和科研成果。在此基础上补充和修订了墙梁非抗震设计和抗震设计方法[9-16]～[9-24]。《砌体结构设计规范》GB 50003—2001 关于墙梁部分修订的主要内容是[9-2]～[9-25]：

1）提出墙梁设计合理而简便的统一计算模式，补充了连续墙梁和框支墙梁设计方法；

2）简化了简支墙梁的托梁计算，适当提高托梁作为混凝土偏心受拉构件的承载力的可靠度；

3）简化了托梁斜截面受剪承载力计算，增大了托梁剪力取值，从而较大幅度提高了托梁受剪可靠度；

4）改进了墙梁的墙体承载力计算，考虑顶梁的作用提高了墙体抗剪承载力；

5）提出墙梁抗震设计方法，补充了墙梁抗震设计。

四、改进规范墙梁设计方法的尝试

砌体结构设计规范 GB 50003—2001 规定：在托梁顶面荷载 Q_1、F_1 作用下不考虑墙梁组合作用，仅在墙梁顶面荷载 Q_2 作用下考虑墙梁组合作用。这一计算模式是可靠的、合理的，设计方法简便适用，已涵盖墙梁工程面临的基本设计问题。但 01 规范设计表达式要求进行墙梁在 Q_1、F_1 和 Q_2 分别作用下的两次内力分析，且简支墙梁和连续墙梁（框支墙梁）是两套托梁内力系数计算公式，稍嫌繁琐。新规范修订过程中曾尝试做进一步简化。

2008 年以来，同济大学做了两个简支墙梁在托梁顶面荷载 F_1 单独作用下，以及在墙梁顶面荷载 Q_2 和 F_1 同步按比例加载下的对比试验[9-27]。同济大学、西安建筑科技大学等对无洞口和有洞口的简支墙梁、2～5 跨连续墙梁和 1～3 跨框支墙梁进行了约 500 个构件在 Q_1 和 Q_2 分别作用下的有限元分析[9-28][9-29]。在此基础上提出对 01 规范墙梁设计方法的两项修订建议，曾经列入新规范（征求意见稿）之中。

1）保持 01 规范墙梁计算模式不变，引入托梁上楼层数或荷载比值 $\chi = Q_2/Q_1'$（Q_1' 为托梁顶面当量均布荷载）对托梁内力的修正系数 θ_i（$i=1\sim4$）。使 01 规范设计表达式自然过渡到新规范设计表达式；使得原来要进行在 Q_1、F_1 和 Q_2 分别作用下的墙梁两次内力分析变为仅需进行在 Q_1、F_1 和 Q_2 共同作用下的一次内力分析，可简化计算。

2）保持托梁跨中截面按混凝土偏心受拉构件计算，托梁支座截面按混凝土受弯构件计算的合理原则。统一简支墙梁、连续墙梁和框支墙梁的托梁内力计算为一套公式。

第二节　墙梁的受力性能及破坏形态

一、简支墙梁

1）无洞口墙梁

当托梁混凝土及计算高度范围内的墙体材料达到一定强度后，墙体和托梁共同工作而形成组合深梁。墙梁的弹性有限元分析表明，在墙梁顶面均布荷载作用下沿跨中竖向截面分布的水平正应力 σ_x，在墙体大部受压，托梁全截面或大部分截而受拉，中和轴位于墙体。越靠近托梁竖向正应力 σ_y 越向支座附近集聚，托梁与墙体界面 σ_y 分布大体上和弹性地基梁法的分析结果一致。支座附近的界面上还作用较大的呈曲线分布的剪应力 τ_{xy}。托梁在界面 σ_y 及 τ_{xy} 的作用下，不仅产生弯矩和剪力，而且还产生轴向拉力（图 9-3）。

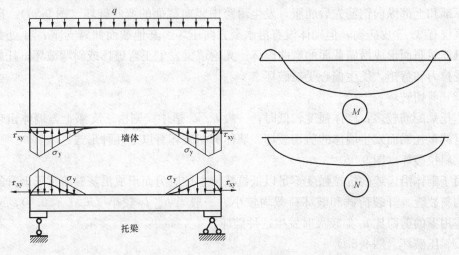

图 9-3　墙梁受力示意

当托梁中的拉应力超过混凝土的抗拉强度，拉应变超过混凝土的极限拉应变时，托梁跨中将首先出现竖向裂缝多条，且很快上升至托梁顶及墙中（图 9-4a）。托梁刚度削弱引起墙体主压应力进一步向支座附近集中。当墙体的主拉应力超过砌体的抗拉强度时，将在支座上方墙体中出现斜裂缝（图 9-4b），很快向斜上方及斜下方延伸。随后穿过界面，形成托梁端部较陡的上宽下窄的斜裂缝。临近破坏时，将在界面出现水平裂缝（图 9-4c），

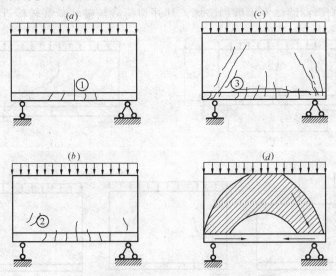

图 9-4　墙梁裂缝及受力模型

（a）托梁和墙体出现竖向裂缝；（b）墙体出现斜裂缝；

（c）界面出现水平裂缝；（d）墙梁的拉杆拱受力模型

但不伸过支座,支座区段始终保持墙体与托梁紧密相连。从墙体出现斜裂缝开始,墙梁逐渐形成以托梁为拉杆,以墙体为拱腹的组合拱受力模型(图 9-4d)。

墙梁可能发生下述几种破坏形态:

(1) 弯曲破坏

当托梁配筋较少,砌体强度较高时,一般 h_w/l_0 稍小;随着跨中竖向裂缝迅速上升,托梁下部和上部纵向钢筋先后屈服,发生沿跨中竖向截面的弯曲破坏(图 9-5a)。破坏时受压区仅有 3~5 皮砖高,但砌体没有沿水平方向压坏。其他截面如离支座 $l_0/4$ 处截面钢筋也可能屈服而形成沿斜截面的弯曲破坏。无论墙梁发生正弯破坏或斜弯破坏,托梁都同时承受拉力和弯矩,发生偏心受拉破坏。

(2) 剪切破坏

当托梁配筋较多,砌体强度较低时,一般 h_w/l_0 适中;则由于支座上方墙体出现斜裂缝并延伸至托梁而发生墙体的剪切破坏。墙体剪切破坏有以下几种形式:

①斜拉破坏(图 9-5b)

由于砌体沿齿缝的抗拉强度不足以抵抗墙体主拉应力而形成沿灰缝阶梯形上升的比较平缓的斜裂缝。开裂荷载和破坏荷载均较小。一般当 h_w/l_0 较小($h_w/l_0 < 0.4$),或集中荷载作用下的剪跨比 a/l_0 较大时发生这种破坏。

②斜压破坏(图 9-5d)

由于砌体斜向抗压强度不足以抵抗主压应力而引起墙体斜向压坏。破坏时裂缝陡峭,倾角较大($55° \sim 60°$),斜裂缝较多且穿过砖和水平灰缝,并有压碎的砌体碎屑。开裂荷载和破坏荷载均较大。一般当 h_w/l_0 较大($h_w/l_0 > 0.4$)或集中力剪跨比 a/l_0 较小时发生这种破坏。

③劈裂破坏(图 9-5c)

在集中荷载作用下,临近破坏时也可能在集中力与支座连线上突然出现一条通长的劈裂裂缝,并伴有响声;墙体发生劈裂破坏。其开裂荷载与破坏荷载较接近,且比斜压破坏

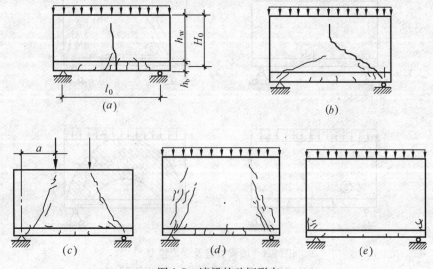

图 9-5 墙梁的破坏形态

(a) 弯曲破坏;(b) 斜拉破坏;(c) 劈裂破坏;(d) 斜压破坏;(e) 局压破坏

172

荷载稍小。这种破坏无预兆而较危险。

除砌体强度很高而混凝土强度很低的情况外，托梁的剪切破坏一般均后于墙体。破坏斜截面较陡且靠近支座，斜裂缝上宽下窄。

（3）局部受压破坏（图 9-5e）

在托梁支座上方砌体中由于竖向正应力的集聚形成较大的应力集中。当该处应力超过砌体的局部抗压强度时，将发生托梁支座上方较小范围砌体的局部压碎甚至个别砖压酥的局部受压破坏。一般当托梁配筋较多，砌体强度很低，且 h_w/l_0 较大（$h_w/l_0 > 0.75$）时发生这种破坏。

此外，由于托梁纵筋锚固不足将发生纵筋锚固破坏。由于支座垫板或加荷垫板的尺寸或刚度较小，都可能引起混凝土或砌体的局部受压破坏。均应采取相应的构造措施加以防止。

2）有洞口墙梁

试验研究和有限元分析表明，墙体跨中段有门洞的墙梁的应力分布和主应力轨迹线与无洞口墙梁基本一致（图 9-6）。斜裂缝出现后也将逐渐形成组合拱受力体系。当墙体靠近支座开门洞时，门洞内侧截面 σ_x 分布变化较大。门洞上的过梁受拉而墙体顶部受压，门洞下的托梁下部受拉而上部受压。说明托梁的弯矩较大而处于大偏心受拉状态（图 9-7）。门洞外侧

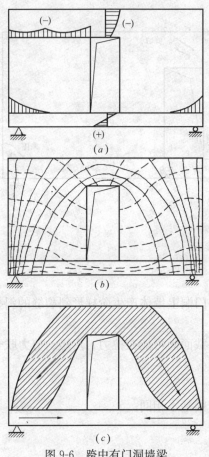

图 9-6 跨中有门洞墙梁

(a)应力分布；(b)主应力轨迹线；(c)受力模型

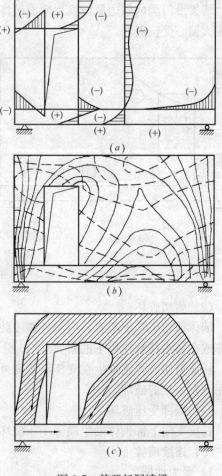

图 9-7 偏开门洞墙梁

(a)应力分布；(b)主应力轨迹线；(c)受力模型

墙肢的门顶处水平截面σ_y呈三角形分布，外边受拉而内边受压。托梁与墙体界面σ_y主要集聚在支座附近及门洞内侧。由于门洞侵入原无洞口墙梁拱形压力传递线而改为上传力线和下传力线，使主应力轨迹线变得极为复杂。斜裂缝出现后，有洞口墙梁将逐渐形成大拱套小拱的组合拱受力体系。

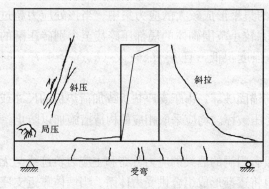

图 9-8 跨中有门洞墙梁裂缝图和破坏形态

试验表明，墙体跨中段有门洞墙梁的裂缝出现规律和破坏形态与无洞口墙梁基本一致（图 9-8）。当墙体靠近支座开门洞时，将先在门洞外侧墙肢沿界面出现水平裂缝①（图 9-9），不久在门洞内侧出现阶梯形斜裂缝②，随后在门洞顶外侧墙肢出现水平裂缝③。加荷至 0.6～0.8 倍破坏荷载时，门洞内侧截面处托梁出现竖向裂缝④，最后在界面出现水平裂缝⑤。偏开门洞墙梁将发生下列几种破坏形态：

（1）弯曲破坏

墙梁沿门洞内侧边截面发生弯曲破坏，即托梁在拉力和弯矩共同作用下沿特征裂缝④形成大偏心受拉破坏。

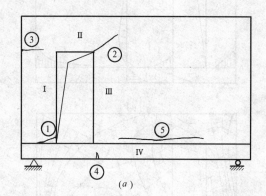 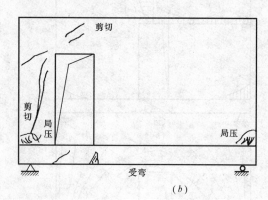

图 9-9 偏开门洞墙梁
(a) 裂缝图；(b) 破坏形态

（2）剪切破坏

墙体剪切破坏形态有：门洞外侧墙肢斜剪破坏，门洞上墙体产生阶梯形斜裂缝的斜拉破坏或在集中荷载作用下的斜剪破坏。

托梁剪切破坏除发生在支座斜截面外，门洞处斜截面尚可能在拉力、弯矩、剪力联合作用下发生拉剪破坏。

（3）局部受压破坏

托梁支座上部砌体发生局部受压破坏和无洞口墙梁基本相同。

二、连续墙梁

1）受力性能

由混凝土连续托梁及支承在连续托梁上的计算高度范围内的墙体所组成的组合构件，

称为连续墙梁。连续墙梁在工程中应用也很广泛，但《砌体结构设计规范》(GBJ 3—88)没有规定有关设计条文。两跨连续墙梁如图9-10所示。墙梁顶面处应按构造要求设置圈梁并宜在墙梁上拉通，以形成连续墙梁的顶梁。在弹性阶段，连续墙梁如同由托梁、墙体和顶梁组合的连续深梁，其应力分布及弯矩、剪力和支座反力均反映连续深梁的受力特点。随着跨高比 l_0/H 的减少，边支座反力增大，中支座反力减少；跨中弯矩增大，支座弯矩减小。有限元分析表明，托梁大部分区段处于偏心受拉状态，而托梁中间支座附近小部分区段处于偏心受压状态。

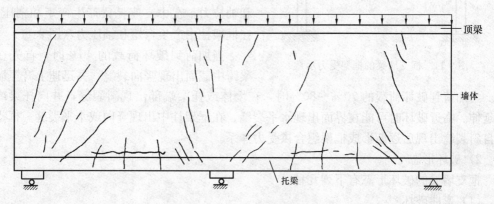

图 9-10　连续墙梁裂缝图

随着荷载的增大，连续托梁跨中段出现多条竖向裂缝，且很快上升到墙中；但对连续墙梁受力影响并不显著（图9-10）。随后，在中间支座上方顶梁出现通长竖向裂缝，且向下延伸至墙中。当边支座或中间支座上方墙体中出现斜裂缝并延伸至托梁时，将对连续墙梁受力性能产生重大影响，连续墙梁逐渐转变为连续组合拱受力体系。临近破坏时，托梁与墙体界面将出现水平裂缝。

2）破坏形态

（1）弯曲破坏

连续墙梁的弯曲破坏主要发生在跨中截面，托梁处于小偏心受拉状态而使下部和上部钢筋先后屈服。随后发生的支座截面弯曲破坏将使顶梁钢筋受拉屈服。由于跨中和支座截面先后出现塑性铰而使连续墙梁形成弯曲破坏机构。

（2）剪切破坏

连续墙梁墙体剪切破坏的特征和简支墙梁相似。墙体剪切多发生斜压破坏或集中荷载作用下的劈裂破坏。由于连续托梁分担的剪力比简支托梁更大些，故中间支座处托梁剪切破坏比简支墙梁更容易发生。

（3）局压破坏

中间支座处托梁上方砌体比边支座处托梁上方砌体更易发生局部受压破坏。破坏时，中支座托梁上方砌体产生向斜上方辐射状斜裂缝，最终导致局部砌体压碎。

三、框支墙梁

1）受力性能

由混凝土框架及砌筑在框架上的计算高度范围内的墙体所组成的组合构件，称为框支墙梁。在多层混合结构房屋，如商店-住宅中，经常采用框支墙梁作为承重结构，以适应

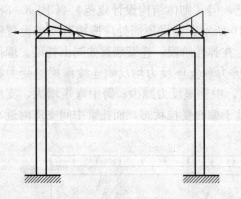

图 9-11　框支墙梁的框架受力示意

较大的跨度和较重的荷载。按抗震设计的墙梁房屋，更应采用框支墙梁。

和简支墙梁类似，框支墙梁也经历了弹性阶段、带裂缝工作阶段和破坏阶段。在弹性阶段，框支墙梁的墙体应力分布和简支墙梁及连续墙梁相似；框架在界面竖向分布力和水平分布剪力作用下将在托梁跨中段产生弯矩、剪力和轴拉力，在中支座托梁产生弯矩和轴压力，在框架柱中产生弯矩和轴压力（图 9-11）。

当加荷到破坏荷载的 40% 时，首先在托梁跨中截面出现竖向裂缝，并迅速上升至墙体中。当加荷到破坏荷载的 70%～80% 时，在墙体或托梁端部出现斜裂缝，并向托梁或墙体延伸。临近破坏时可能在界面出现水平裂缝，在框架柱中出现竖向或水平裂缝。框支墙梁自斜裂缝出现后逐渐形成框架组合拱受力体系。

2）破坏形态

框支墙梁的破坏形态有下列几种：

（1）弯曲破坏

当托梁或柱的配筋较少而砌体强度较高时，一般 h_w/l_0 稍小；跨中竖向裂缝上升导致托梁纵向钢筋屈服，形成第一个塑性铰（拉弯铰）。随后出现第二个或更多的塑性铰，最终使框支墙梁形成弯曲破坏机构而破坏。由于第二个塑性铰出现的部位不同而有以下两种类型：

①框架柱上截面外边纵向钢筋屈服发生大偏心受压破坏而形成压弯塑性铰，框支墙梁形成第一类弯曲破坏机构（图 9-12a）；

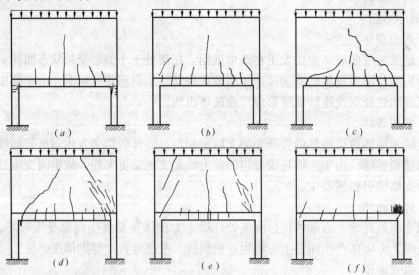

图 9-12　框支墙梁的破坏形态

（a）第一类弯曲破坏机构；（b）第二类弯曲破坏机构；（c）斜拉破坏；
（d）斜压破坏；（e）弯剪破坏；（f）局压破坏

②托梁端截面由于负弯矩使上部纵向钢筋屈服形成第二个塑性铰，墙体出现斜裂缝，框支墙梁形成第二类弯曲破坏机构（图9-12b）。

（2）剪切破坏

当托梁或柱的配筋较多而砌体强度较低时，一般 h_w/l_0 适中，由于托梁端或墙体出现斜裂缝而发生剪切破坏。此时，托梁跨中和支座截面及柱上截面钢筋均未屈服。当墙梁顶面荷载为均布荷载时，有以下两类破坏形态：

（1）斜拉破坏（图9-12c）；

（2）斜压破坏（图9-12d）；

其破坏特征及发生的场合与简支墙梁和连续墙梁相似。

3）弯剪破坏

当托梁配筋率和砌体强弱均较适当时，托梁受拉弯承载力和墙体受剪承载力接近；托梁跨中竖向裂缝开展并向墙中延伸很长导致纵向钢筋屈服；与此同时墙体斜裂缝开展导致斜压破坏；最后，托梁梁端上部钢筋，或者框架柱上部截面外边钢筋也可能屈服。框支墙梁发生弯剪破坏；这是弯曲破坏和剪切破坏间的界限破坏（图9-12e）。

4）局压破坏

发生于框架柱上方砌体的局部受压破坏，其破坏特征和出现的场合与简支墙梁和连续墙梁相似（图9-12f）。

四、加载位置对墙梁受力性能的影响[9-27]

为了修订规范，同济大学于2008年做了两个简支墙梁的对比试验。两试件跨度均为2.4m，所有几何尺寸、配筋构造、材料强度均相同。

WB1试件距支座0.9m处在托梁顶面对称施加一对集中力 $P/2$。试验表明：在弹性工作阶段，墙梁按组合深梁受力，托梁偏心受拉，受压区在墙中。加载至24kN（$0.54P_u$）时，梁、墙界面1/2中段出现水平裂缝，荷载下降至11.8kN（$0.27P_u$）。继续加载，梁墙界面裂缝贯通；意味着墙梁按组合深梁受力基本消失，托梁跨中区段出现竖向裂缝。加载至26kN（$0.59P_u$）时，下部纵筋屈服；上部纵筋自梁墙界面出现裂缝开始，由受拉变为受压。破坏荷载 $P_u=44.27$kN；竖向裂缝上升至离托梁顶70mm处，最大裂缝宽度4mm；托梁上部纵筋（也为2φ12）分担了部分压力，受压应变可达 $-400\sim-450\mu\varepsilon$，故压区上边缘达不到混凝土极限压应变，压区混凝土没有压碎。破坏时梁的最大挠度54.3mm（$l_0/44$）。主要试验结果如图9-13所示。

WB2试件除在托梁同样位置施加一对集中力 $P/12$ 以外，同时在墙梁顶面施加4个局部荷载，每个 $5P/24$，通过4个刚度较大的分配梁将荷载均布到顶梁。加载过程中，保持托梁顶面荷载总值与墙梁顶面荷载总值之比为 $1:5.0$（实际 $4.83\sim4.96$）。试验表明：墙梁在弹性阶段如同组合深梁受力，托梁小偏心受拉，受压区在墙体上部。加载至178kN（$0.4P_u$）时，梁、墙界面上左部1~2皮砖间出现水平裂缝；托梁跨中大部分区段比较均匀地布满竖向裂缝；荷载下降至147.3kN。继续加载至202kN（$0.46P_u$）和214kN（$0.49P_u$）时，跨中区段1~2皮砖和2~3皮砖之间相继出现新的水平裂缝；托梁竖向裂缝不断开展、上升；支座处托梁上部出现大于75°倾角的斜裂缝并向下延伸；墙体斜裂缝竖向上升穿过第5皮砖呈阶梯形向跨中发展至第8皮砖。加载至285kN（$0.65P_u$）时，托梁下部纵筋开始屈服，上部纵筋继续受拉，其应变突然增大。破坏荷载 $P_u=440.39$kN，梁的

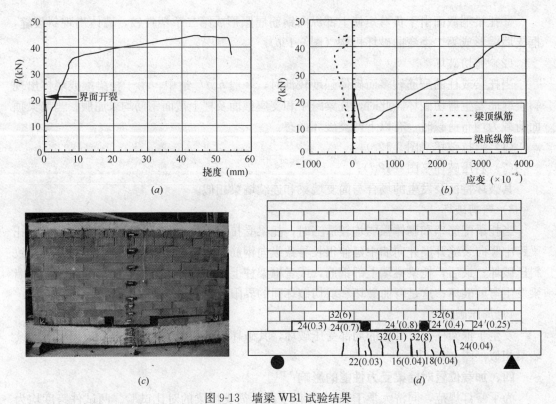

图 9-13 墙梁 WB1 试验结果

(a) 荷载-跨中挠度曲线；(b) 荷载-托梁纵筋应变曲线；(c) 试件正面裂缝图（照片）；(d) 试件反面裂缝图

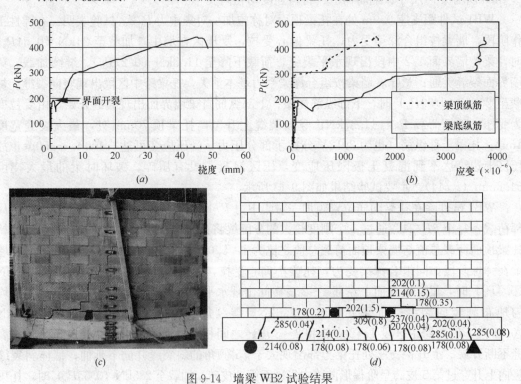

图 9-14 墙梁 WB2 试验结果

(a) 荷载-跨中挠度曲线；(b) 荷载-托梁纵筋应变曲线；(c) 试件正面裂缝图（照片）；(d) 试件反面裂缝图

最大挠度 48.4mm（$l_o/50$）；托梁端部斜裂缝已贯穿梁高，最大宽度裂缝达 5mm；梁墙间水平裂缝宽度已达 20mm。主要试验结果如图 9-14 所示。

同样的墙梁，墙梁顶面和托梁顶面同步比例加载的 WB2 充分发挥墙梁组合作用，其破坏荷载 440.39kN；相当于仅在托梁顶面加载的 WB1 破坏荷载 44.27kN 的 9.95 倍。试验表明：在托梁顶面荷载作用下不应考虑墙梁组合作用，而在墙梁顶面荷载作用下可以考虑墙梁组合作用。再次证明 01 规范规定的墙梁计算模式是正确的。

第三节 墙梁设计的一般规定[9-3]

一、适用条件

1）本章方法适用于工业与民用建筑工程中承受重力荷载为主的简支墙梁、连续墙梁和框支墙梁的非抗震设计。框支墙梁房屋的抗震设计尚应遵守本章第七节的有关规定；

2）采用烧结普通砖、烧结多孔砖砌体、混凝土普通砖砌体、混凝土多孔砖砌体、混凝土砌块砌体和配筋砌块砌体的墙梁设计应符合表 9-1 的规定；

墙 梁 的 一 般 规 定　　　　　　　　　　　　表 9-1

墙梁类别	墙体总高度（m）	跨度（m）	墙体高跨比 h_w/l_{0i}	托梁高跨比 h_b/l_{0i}	洞宽比 b_h/l_{0i}	洞 高 h_h
承重墙梁	≤18	≤9	≥0.4	≥1/10	≤0.3	≤$5h_w/6$ 且 h_w-h_h≥0.4m
自承重墙梁	≤18	≤12	≥1/3	≥1/15	≤0.8	—

注：1. 墙体总高度指托梁顶面到檐口的高度，带阁楼的坡屋面应算到山尖墙 1/2 高度处；

2. h_w——墙体计算高度，按本章第四节、第五节的规定取用；

　　h_b——托梁截面高度；

　　l_{0i}——墙梁计算跨度，按本章第四节、第五节的规定取用；

　　h_h——洞口高度，对窗洞取洞顶至托梁顶面距离；

　　b_h——洞口宽度。

3）墙梁计算高度范围内每跨允许设置一个洞口；洞口边至墙梁支座中心的距离 a_i，距边支座不应小于 $0.15l_{0i}$，距中支座不应小于 $0.07l_{0i}$。对自承重墙梁，洞口至边支座中心的距离不宜小于 $0.1l_{0i}$，门窗洞上口至墙顶的距离不应小于 0.5m；

4）托梁高跨比 h_b/l_{0i} 对无洞口墙梁不宜大于 1/7，对靠近支座有洞口墙梁不宜大于1/6。配筋砌块砌体墙梁的托梁高跨比可适当放宽，但不宜小于 1/14；当墙梁结构中的墙体均为配筋砌块砌体时，墙体总高度可不受本规定限制；

5）托梁支座处上部墙体设置混凝土构造柱，且构造柱边缘至洞口边缘的距离不小于240mm 时，洞口边至支座中心的距离 α_i 的限值可不受本条限制。

以上规定了按规范设计墙梁应满足的条件。关于墙体总高度、墙梁跨度的规定，主要根据工程经验。$\dfrac{h_w}{l_{0i}}$≥$0.4\left(\dfrac{1}{3}\right)$ 的规定是为了避免墙体发生斜拉破坏。托梁是墙梁的关键构件，限制 $\dfrac{h_b}{l_{0i}}$ 不致过小不仅从承载力方面考虑，而且较大的托梁刚度对改善墙体抗剪性能和托梁支座上部砌体局部受压性能也是有利的，故对承重墙梁应规定 $\frac{h_b}{l_{0i}} \geq \frac{1}{10}$。但随着 $\frac{h_b}{l_{0i}}$ 的增大，托梁上竖向正应力向支座集聚的程度逐渐减弱，反而不利于托梁与墙体的组合作用。故规定 $\frac{h_b}{l_{0i}}$ 不宜大于 $\frac{1}{7}$（无洞）或 $\frac{1}{6}$（有洞）。墙体采用配筋砌块砌体，且其竖向钢筋与托梁有可靠连接，墙梁成为装配式组合深梁，$\frac{h_b}{l_{0i}}$ 可放宽至 $\frac{1}{14}$。其墙体总高度也可不受本条限制，遵守第七章和第十一章的有关规定即可。洞宽和洞高限制是为了保证墙体整体性并根据试验情况作出的。偏开洞口对墙梁组合作用发挥是极不利的，洞口外侧墙肢过小，极易剪坏或被推出破坏，限制洞距 a_i 及采取相应构造措施非常重要。对边支座规定 $a_i \geq 0.15 l_{0i}$；中支座规定 $a_i \geq 0.07 l_{0i}$。试验和有限元分析表明，托梁支座处上部墙体设置构造柱将改善偏开洞墙梁受力性能，推迟或防止洞口外侧小墙肢破坏，故可适当放宽洞距 a_i 的限值，直至洞口设在构造柱边。此外，国内、外均进行过混凝土砌块砌体和轻质混凝土砌块砌体墙梁试验，表明其受力性能与砖砌体墙梁相似；近年来国内混凝土砖砌体试验表明其受力性能不亚于烧结砖砌体；故墙体材料包括混凝土砖砌体和混凝土砌块砌体。

大开间墙梁房屋模型拟动力试验和深梁构件试验表明，对称开两个洞口的墙梁的受力性能和偏开一个洞口的墙梁类似。对多层房屋的纵向连续墙梁或多跨框支墙梁，每跨对称开两个窗洞时，也可参照应用。

二、计算内容

试验表明，墙梁在墙梁顶面荷载 Q_2 作用下，将发生以下破坏形态：

1）托梁跨中或洞口处由于下部纵向钢筋屈服而产生的正截面破坏；

2）连续墙梁或框支墙梁的托梁支座处由于上部纵向钢筋屈服产生的正截面破坏；

3）托梁支座或洞口处产生的斜截面剪切破坏；

4）墙体斜截面剪切破坏；

5）托梁支座处上部砌体局部受压破坏。

因此，为保证墙梁安全可靠，墙梁应按表 9-2 的规定的内容进行承载力计算。计算分析表明，自承重墙梁墙体受剪承载力和砌体局压承载力均能满足要求，无需验算。计算分析还表明，承重墙梁托梁配筋由使用阶段承载力计算控制，一般无需做施工阶段承载力验算。而自承重墙梁很可能由施工阶段承载力控制托梁配筋，一定要验算。

三、计算荷载

1）使用阶段作用在承重墙梁上的荷载，应按下列规定采用：

（1）托梁顶面的荷载设计值 Q_1、F_1，取托梁自重及本层楼盖的恒荷载和活荷载；

（2）墙梁顶面的荷载设计值 Q_2，取托梁以上各层墙体自重，以及墙梁顶面以上各层楼盖的恒荷载和活荷载；集中荷载可沿作用的跨度近似化为均布荷载。

2）使用阶段作用在自承重墙梁上的荷载，仅有墙梁顶面的荷载设计值 Q_2，取托梁自重及托梁以上墙体自重。

3）施工阶段作用在托梁上的荷载，包括：

（1）托梁自重及本层楼盖的恒荷载；

（2）本层楼盖的施工荷载；

计 算 内 容			墙　　梁　　类　　别			
			承　重　墙　梁			自承重墙梁
			简　支	连　续	框　支	
使用阶段	正截面承载力计算	托梁跨中	√	√	√	√
		托梁支座	—	√	√	—
		柱或抗震墙	—	√	√	—
	斜截面受剪承载力计算	托　梁	√	√	√	√
		柱或抗震墙	—	√	√	—
	墙体承载力计算	墙体受剪	√	√	√	—
		托梁支座上部砌体局部受压	√	√	√	—
施工阶段	托梁承载力验算	正　截　面	√	√	√	√
		斜截面受剪	√	√	√	√

注：√表示必须计算的内容。

（3）墙体自重，可取高度为 $l_{0max}/3$ 的墙体自重，开洞时尚应按洞顶以下实际分布的墙体自重复核；l_{0max} 为各计算跨度的最大值。

以上分别给出使用阶段和施工阶段的计算荷载取值。试验表明，承重墙梁在托梁顶面荷载 Q_1、F_1 作用下的组合作用是很小的，除非墙体采用配筋砌块砌体，并按 Q_1、F_1 计算竖向钢筋，合理布置于墙体且可靠地按受拉钢筋锚固于托梁和顶梁之中，否则在计算中不应考虑其墙梁组合作用。而在墙梁顶面的荷载 Q_2 作用下的组合作用是很大的，其承载能力比托梁顶面加荷下大数倍，甚至十数倍，计算中考虑其墙梁组合作用是可靠的、合理的。有限元分析和两个两层带翼墙的墙梁试验表明，当 $b_f/l_0=0.13\sim0.3$ 时，在墙梁顶面已有 $30\%\sim50\%$ 以上楼面荷载传至翼墙；墙梁支座处的落地混凝土构造柱同样可以分担 $35\%\sim65\%$ 的楼面荷载，但本节不再考虑上部楼面荷载的折减，仅在墙体受剪和局压计算中考虑翼墙的有利作用，以提高墙梁的可靠度，并简化计算。此外，$1\sim3$ 跨 7 层框支墙梁的有限元分析表明，墙梁顶面以上各层集中力可按作用的跨度近似化为均布荷载（一般不超过该层该跨荷载的 30%），再按本节的方法计算墙梁承载力是安全可靠的。

四、托梁的内力分析及承载力计算的内力表达式

1）墙梁的有限元分析

无论简支墙梁、连续墙梁或是框支墙梁，都是由砌体和混凝土两种材料组成的墙板（平面应力）加杆系的复合问题，且墙体可能有门窗洞口，影响因素众多，解答是复杂的。采用有限元方法分析墙梁的变形和应力，以及由此产生的托梁和框支柱内力，并与按一般结构力学方法分析的简支托梁、连续托梁、框支托梁和框支柱的内力进行比较，可以获得内力的近似计算公式。在此基础上提出可靠、合理、简便的承载力计算公式。

为了减少有限元分析工作量，引入解决多因素对比试验的一个数学方法——正交设计法[9-26]。正交表中各因素的变化水平均匀搭配，仅需计算少量构件，即可通过对计算结果的直观分析和方差分析分清各因素的作用并找出影响显著的因素，由回归分析给出内力近似计算公式。计算构件模拟六层商店—住宅承重墙梁，采用常用材料和几何尺寸，考虑托梁以上墙体及楼层、一个开间的受荷范围，施加在墙梁顶面的竖向荷载为 156.4kN/m。有限元分析的范围包括简支墙梁，2～5 跨连续墙梁，单跨和 2～4 跨框支墙梁。$l_0=6m$，梁宽 $b_b=250mm$，墙厚 $h=240mm$，框支墙梁柱 $b_c \times h_c=400 \times 400$（mm），构造柱 $b_{cc} \times h_{cc}=240mm \times 240mm$，顶梁 $h_t=180mm$。采用 MU10 烧结多孔砖，M5～M10 混合砂浆，C20～C30 混凝土，无洞口墙梁采用正交表 L9（3^4），即 9 构件、4 因素、3 水平，$h_b/l_0=1/8～1/12$，$h_w/l_0=0.45～0.75$，$h_t/l_0=0.02～0.06$，$E_c/E_m=8.54～12.66$。有洞口墙梁采用正交表 L16（$4^4 \times 2^3$），即 16 构件、前 4 因素 4 水平、后 3 因素 2 水平，$a/l_0=0.05～0.35$，$b_h/l_0=1/3、1/6$，$h_h/h_w=2/3、5/6$。托梁内力近似计算将在以后分别讨论。

为进一步修订规范，摸清荷载的竖向不同作用位置对墙梁受力性能的影响，同济大学于 2008 年采用通用有限元程序 ANSYS 对 464 个荷载分别加在墙梁顶面和托梁顶面的墙梁进行有限元分析。仍采用正交设计确定分析构件的参数[9-26]。其中无洞口简支墙梁、2～5 跨连续墙梁和 1～3 跨框支墙梁仍采用正交表 L_9（3^4）。有洞口简支墙梁、2～5 跨连续墙梁和 1～3 跨框支墙梁仍采用正交表 L_{16}（$4^4 \times 2^3$）。而两跨不等跨无洞口及大跨有洞口框支墙梁分别采用正交表 L_{16}（4^5）和 L_{16}（$4^4 \times 2^3$），并将长、短跨比值 l_1/l_2 作为第一影响因素。获得在墙梁顶面或托梁顶面均布荷载分别作用下的变形图和应力分布图；由托梁单元应力值积分得到托梁弯矩图、轴力图和剪力图（图 9-15、图 9-16）。由托梁内力最大值数据建立托梁内力系数回归公式，在此基础上得到一组涵盖简支墙梁、连续墙梁和框支墙梁的托梁内力系数设计公式[9-29]。计算结果和编制 01 规范所进行的有限元分析结果基本一致。

　　2）托梁承载力计算的内力统一表达式

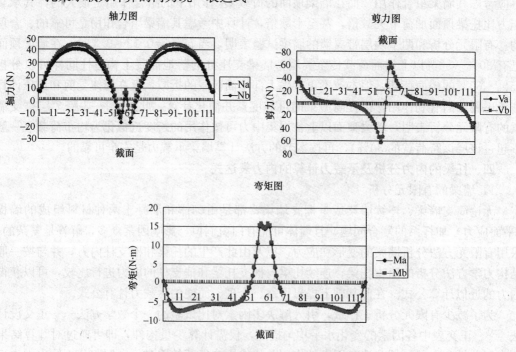

图 9-15　两跨框支墙梁（无洞口）托梁内力图
a—荷载作用于墙梁顶面；b—荷载作用于托梁顶面

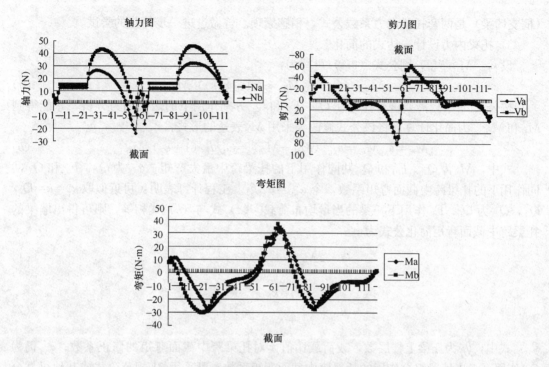

图 9-16　两跨框支墙梁（有洞口）托梁内力图

a—荷载作用于墙梁顶面；b—荷载作用于托梁顶面

试验和有限元分析表明，在墙梁顶面荷载作用下，无洞口墙梁正截面破坏发生在跨中截面或连续墙梁、框支墙梁的支座截面，托梁跨中截面为小偏心受拉，支座截面为大偏心受压。墙梁跨中开洞对正截面破坏性质没有显著影响，而偏开洞墙梁的正截面破坏发生在洞口内边缘截面，托梁处于大偏心受拉状态，支座截面仍为大偏心受压，但弯矩加大。故01 规范规定[9-2]：托梁跨中截面应按混凝土偏心受拉构件计算，其第 i 跨跨中最大弯矩设计值 M_{bi} 及轴拉力设计值 N_{bti} 可按下列公式计算：

$$\begin{cases} M_{bi} = M_{1i} + \alpha_{Mi} M_{2i} & (9-1) \\ N_{bti} = \eta_N M_{2i} / H_0 & (9-2) \end{cases}$$

偏于安全，托梁支座截面按混凝土受弯构件计算，第 j 支座的弯矩设计值 M_{bj} 可按下列公式计算：

$$M_{bj} = M_{1j} + \alpha_{Mj} M_{2j} \tag{9-3}$$

试验表明，墙梁发生剪切破坏时，一般是墙体先剪坏，托梁随后剪坏。破坏往往发生在支座截面，偏开洞口时也可能发生在洞口区段，此处轴向拉力较小。规范规定托梁斜截面受剪承载力应按混凝土受弯构件计算，第 j 支座边缘截面的剪力设计值 V_{bj} 可按下列公式计算：

$$V_{bj} = V_{1j} + \beta_V V_{2j} \tag{9-4}$$

考虑墙梁组合作用的托梁内力系数 α_{Mi}、η_N、α_{Mj}、β_V 的计算公式以及公式中的符号涵义将在后面说明。

01 规范的墙梁托梁内力设计表达式是可靠的、合理的，但需要进行墙梁在托梁顶面荷载 Q_1、F_1 和墙梁顶面荷载 Q_2 分别作用下的两次内力分析，且简支墙梁和连续墙梁

（框支墙梁）是两套托梁内力系数公式，稍感繁琐。曾做过进一步简化的尝试。

3）托梁内力设计表达式的简化[9-28]

设 $\kappa_1 = M_{2i}/M_{1i}$，则公式（9-1）可写为：

$$M_{bi} = M_{1i} + \alpha_{Mt}M_{2i} = (1 + \alpha_{Mt}\kappa_1)M_{1i} \tag{a}$$

按公式（9-1）需要进行托梁在 Q_1、F_1 和 Q_2 分别作用下的两次内力分析，才能得到 M_{1i} 和 M_{2i}。为简化计算，将该公式修改为采用 M_{0i} 表达的形式：

$$M_{bi} = \alpha_{Mi}M_{0i} = \alpha_{Mi}(M_{1i} + M_{2i}) = \alpha_{Mi}\theta_1(1 + \kappa_1)M_{1i} \tag{b}$$

式中，M_{0i} 为 Q_1、F_1 和 Q_2 共同作用下的托梁跨中最大弯矩；α'_{Mi} 为 Q_1、F_1 和 Q_2 共同作用下的托梁跨中截面弯矩系数，令 $\alpha'_{Mi} = \alpha'_{Mt}\theta_1$。工程计算表明：可近似取 $\kappa_1 = \kappa = Q_2/Q'_1$，$Q'_1$ 为 Q_1、F_1 作用下托梁的当量均布荷载。(a) 式与 (b) 式相等，则可得出墙梁的托梁跨中截面弯矩简化公式为：

$$M_{bi} = \alpha_{Mi}\theta_1 M_{0i} \tag{1}$$

$$h_1 = \frac{\dfrac{1}{\alpha_{Mi}} + \kappa_1}{1 + \kappa_1} = \frac{\dfrac{1}{\alpha_{Mi} + \kappa}}{1 + \kappa} \tag{2}$$

式中，θ_1 为托梁上楼层数，或荷载比值 κ 对托梁跨中截面弯矩的修正系数；α_{Mi} 仍为 Q_2 作用下考虑墙梁组合作用的托梁跨中截面弯矩系数，可采用01规范公式或其他可靠合理的公式[9-2][9-29]。

仅在 Q_2 作用下考虑墙梁组合作用，托梁跨中段才会产生拉力。公式（9-2）可写为：

$$N_{bti} = \eta_N \frac{M_{2i}}{H_0} = \eta_N \frac{\kappa_1 M_{1i}}{H_0} \tag{c}$$

为简化计算，将该公式修改为采用 M_{0i} 表达的形式：

$$N_{bti} = \eta'_N \frac{M_{0i}}{H_0} = \eta_N \theta_2 \frac{(1 + \kappa_1)M_{1i}}{H_0} \tag{d}$$

式中，η'_N 为 Q_1、F_1 和 Q_2 共同作用下的托梁跨中截面轴力系数，令 $\eta'_N = \eta_N\theta_2$；H_0 为墙梁组合截面有效高度。(c) 式与 (d) 式相等，则可得出墙梁的托梁跨中截面轴心拉力简化公式为：

$$N_{bti} = \eta_N \theta_2 \frac{M_{0i}}{H_0} \tag{3}$$

$$\theta_2 = \frac{\kappa_1}{1 + \kappa_1} = \frac{\kappa}{1 + \kappa} \tag{4}$$

式中，θ_2 为托梁上楼层数，或荷载比值 κ 对托梁跨中截面轴心拉力的修正系数；η_N 仍为 Q_2 作用下考虑墙梁组合作用的托梁跨中截面轴力系数，可采用01规范公式或其他可靠合理的公式[9-2][9-29]。

设 $\kappa_2 = M_{2j}/M_{1j}$，则公式（9-3）可写为：

$$M_{bj} = M_{1j} + \alpha_{Mj}M_{2j} = (1 + \alpha_{Mj}\kappa_2)M_{1j} \tag{e}$$

按公式（9-3）需要进行托梁在 Q_1、F_1 和 Q_2 分别作用下的两次内力分析，才能得到

M_{1j} 和 M_{2j}。为简化计算，将该公式修改为采用 M_{0j} 表达的形式：

$$M_{bj} = \alpha'_{Mj}M_{0j} = \alpha'_{Mj}(M_{1j}+M_{2j}) = \alpha_{Mj}\theta_4(1+\kappa_2)M_{1j} \qquad (f)$$

式中，M_{0j} 为 Q_1、F_1 和 Q_2 共同作用下的托梁支座截面弯矩；α'_{Mj} 为 Q_1、F_1 和 Q_2 共同作用下的托梁支座截面弯矩系数，令 $\alpha'_{Mj}=\alpha_{Mj}\theta_4$。工程计算表明：可近似取 $\kappa_2=\kappa=Q_2/Q'_1$。(e) 式与 (f) 式相等，则可得出墙梁的托梁支座截面弯矩简化公式为：

$$M_{bj}=\alpha_{Mj}\theta_4 M_{0j} \qquad (5)$$

$$\theta_4 = \frac{\dfrac{1}{\alpha_{Mj}}+\kappa_2}{1+\kappa_2} = \frac{\dfrac{1}{\alpha_{Mj}}+\kappa}{1+\kappa} \qquad (6)$$

式中，θ_4 为托梁上楼层数，或荷载比值 κ 对托梁支座弯矩的修正系数；α_{Mj} 仍为 Q_2 作用下考虑墙梁组合作用的托梁支座截面弯矩系数，可采用 01 规范公式或其他可靠合理的公式[9-2][9-29]。

设 $\kappa_3=V_{2j}/V_{1j}$，则公式（9-4）可写为：

$$V_{bj}=V_{1j}+\beta_V V_{2j} = (1+\beta_V\kappa_3)\,V_{1j} \qquad (g)$$

按公式（9-4）需要进行托梁在 Q_1、F_1 和 Q_2 分别作用下的两次内力分析，才能得到 V_{1j} 和 V_{2j}。为简化计算，将该公式修改为采用 V_{0j} 表达的形式：

$$V_{bj}=\beta'_V V_{0j}=\beta'_V\,(V_{1j}+V_{2j}) = \beta_V\theta_3\,(1+\kappa_3)\,V_{1j} \qquad (h)$$

式中，V_{0j} 为 Q_1、F_1 和 Q_2 共同作用下的托梁支座边截面剪力；β'_V 为 Q_1、F_1 和 Q_2 共同作用下的托梁支座边截面剪力系数，令 $\beta'_V=\beta_V\theta_3$。工程计算表明：可近似取 $\kappa_3=\kappa=Q_2/Q'_1$。(g) 式与 (h) 式相等，则可得出墙梁的托梁支座边截面剪力简化公式为：

$$V_{bj}=\beta_V\theta_3 V_{0j} \qquad (7)$$

$$h_3 = \frac{\dfrac{1}{\beta_V}+\kappa_3}{1+\kappa_3} = \frac{\dfrac{1}{\beta_V}+\kappa}{1+\kappa} \qquad (8)$$

式中，θ_3 为托梁上楼层数，或荷载比值 κ 对托梁剪力的修正系数；β_V 仍为 Q_2 作用下考虑墙梁组合作用的托梁剪力系数，可采用 01 规范公式或其他可靠合理的公式[9-2][9-29]。

以上分析考虑承托的楼层数对托梁内力的影响，引入荷载比值 $\kappa=Q_2/Q'_1$ 对托梁内力的修正系数 θ_i（$i=1\sim4$），简化了 01 规范墙梁的托梁内力设计表达式。使原来需要进行托梁在 Q_1、F_1 和 Q_2 分别作用下的两次内力分析变为仅需进行托梁在 Q_1、F_1 和 Q_2 共同作用下的一次内力分析。该简化表达式（1）～（8）虽已列入新规范（征求意见稿），但新规范仍确定采用 01 规范的墙梁托梁内力设计表达式（9-1）～式（9-4）。

第四节　简支墙梁的设计

一、计算简图
简支墙梁的计算简图应按图 9-17 采用。各计算参数应按下列规定取用：

1）墙梁计算跨度 l_0，取 $1.1l_n$ 或 l_c 两者的较小值；l_n 为净跨，l_c 为支座中心线距离；

2）墙体计算高度 h_w，取托梁顶面上一层墙体高度，包括墙梁的顶梁高度 h_t 在内，当 $h_w>l_0$ 时，取 $h_w=l_0$；

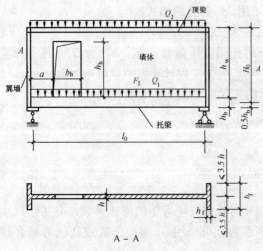

图 9-17 简支墙梁的计算简图

3）墙梁跨中截面计算高度 H_0，取 $H_0 = h_w + 0.5 h_b$；

4）翼墙计算宽度 b_f，取窗间墙宽度或横墙间距的 2/3，且每边不大于 3.5h（h 为墙体厚度）和 $l_0/6$。

计算跨度取值系根据墙梁为组合深梁，其支座应力分布比较均匀而确定的。墙体计算高度仅取一层墙体高度是偏于安全的，分析表明，当 $h_w > l_0$ 时，主要是 $h_w = l_0$ 范围内的墙体参与组合作用。H_0 取值基于轴拉力作用于托梁中心，h_f 限值系根据试验和弹性分析并偏于安全确定的。

二、GBJ 3—88 规范设计方法评述 [9-1][9-5][9-11]~[9-15]

《砌体结构设计规范》GBJ 3—88 首次列入墙梁设计条文，包括托梁计算和墙体验算。首先讨论使用阶段托梁正截面和斜截面承载力计算，墙体承载力将在以后讨论。

1）使用阶段托梁正截面承载力计算

（1）计算墙梁顶面荷载设计值 Q_2 时，考虑楼盖荷载折减，即

$$Q_2 = g_w + \Psi Q_i \qquad (i)$$

$$\Psi = \frac{1}{1 + \dfrac{2.5 b_f h_f}{l_0 h}} \qquad (j)$$

式中：g_w——托梁以上各层墙体自重；

Q_i——墙梁顶面以上各层楼（屋）盖的恒载和活载。

（2）无洞口墙梁取跨中截面 Ⅰ—Ⅰ 为计算截面；有洞口墙梁取洞口内边截面 Ⅱ—Ⅱ 为计算截面并应对截面 Ⅰ—Ⅰ 进行验算。

（3）托梁按混凝土偏心受拉构件计算，托梁弯矩 M_b 及轴拉力 N_{bt} 可按下列公式计算：

$$M_b = M_1 + \alpha M_2 \qquad (k)$$

$$N_{bt} = \xi_1 \frac{(1 - \alpha) M_2}{\gamma H_0} \qquad (l)$$

根据 56 个无洞口简支墙梁试验结果统计分析，内力臂系数 γ 可按下列公式计算：

$$\gamma = 0.1(4.5 + l_0/H_0) \qquad (m)$$

计算值与试验值的比较见图 9-18，其比值的平均值 $\mu = 0.885$，变异系数 $\delta = 0.176$，偏于安全。

ξ_1——有洞口墙梁内力臂修正系数，$\xi_1 \leqslant 1$。

$$\xi_1 = 0.7 + a/l_0 \qquad (n)$$

无洞口墙梁托梁弯矩系数 α 系假定 N_{bt} 位于受拉钢筋合力作用点导出的

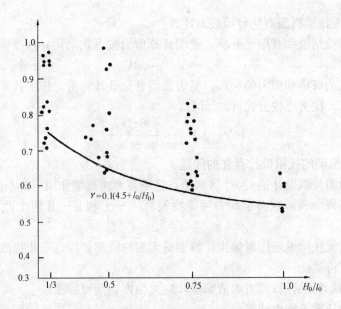

图 9-18　内力臂系数计算值与试验值的比较

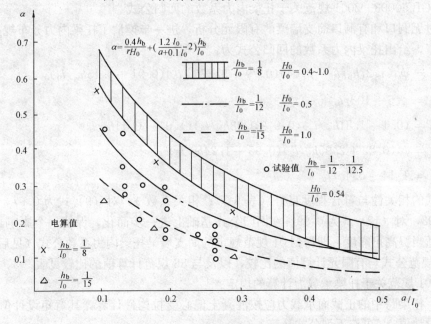

图 9-19　α 计算值与试验值的比较

$$\alpha = \frac{\psi_1 h_{\mathrm{b}}}{\gamma H_0} \qquad (p)$$

对承重墙梁取 $\Psi_1 = 0.4$，对自承重墙梁取 $\Psi_1 = 0.35$。

根据试验结果和有限元分析，并考虑与公式（p）的衔接，有洞口墙梁托梁弯矩系数 α 可按下列公式计算：

$$\alpha = \frac{\psi_1 h_{\mathrm{b}}}{\gamma H_0} + \left(\frac{1.2 l_0}{a + 0.1 l_0} - 2\right)\frac{h_{\mathrm{b}}}{l_0} \qquad (q)$$

计算值与试验值比较见图 9-19，$n = 18$，$\mu = 1.214$，$\delta = 0.237$，偏于安全。

2）使用阶段托梁斜截面受剪承载力计算

（1）根据试验结果和有限元分析，梁端计算剪力按下式采用并按受弯构件计算。

$$V_e = V_1 + 0.4V_2 \qquad (r)$$

（2）由托梁的弯矩和剪力的关系，洞边截面Ⅱ—Ⅱ计算剪力按下式采用并按混凝土偏心受拉构件计算，拉力可按公式（l）计算。

$$V_h = V_{1h} + \frac{1.25\alpha M_2}{a + b_h} \qquad (s)$$

3）88 规范墙梁的托梁设计存在的问题

（1）墙梁顶面荷载设计值 Q_2 计算繁琐，且重复考虑翼墙作用可能不够安全。

（2）托梁正截面和斜截面承载力可能要验算Ⅰ—Ⅰ和Ⅱ—Ⅱ两个截面，增加计算工作量。

（3）承重墙梁托梁纵筋用量偏少，特别是无洞口墙梁，应进一步提高可靠度；且计算公式较复杂，有待简化。

（4）承重墙梁托梁计算剪力取值偏少，应大幅度提高可靠度。

三、墙梁的托梁承载力计算

1）GB 50003—2001 规范关于托梁内力系数的回归公式[9-18]

通过无洞口和有洞口简支墙梁的有限元分析，进一步摸清了托梁内力分布规律和主要影响因素，给出托梁内力系数的回归公式为：

$$\begin{cases} \alpha_M = \psi_M(1.27h_b/l_0 - 0.04)(0.79 + 5.27h_t/l_0)(0.91 + 0.15h_w/l_0) & (9) \\ \psi_M = 4.5 - 10a/l_0 & (10) \\ \eta_N = (0.4 + 1.81h_w/l_0)(0.9 + 0.98h_b/l_0)(1.01 - 0.11h_t/l_0) & (11) \\ \beta_V = \psi_V(0.22 + 2.95h_b/l_0)(0.95 + 1.24h_t/l_0) & (12) \\ \psi_V = 1.14 - 0.4a/l_0 & (13) \end{cases}$$

公式的相关性与符合程度良好（表 9-3）；相关系数 γ，对（9）式为 0.97，对（11）式为 0.98，对（12）式为 0.99。在回归公式基础上进一步简化，保留一个影响最显著的因素并适当提高可靠度，即得到 01 规范规定的简支墙梁托梁内力系数公式（见后）。

01 规范公式与有限元计算值的比较，以及与 88 规范计算值的比较见表 9-3。

2）01 规范关于托梁承载力计算的规定[9-2]

（1）托梁跨中的正截面承载力应按混凝土偏心受拉构件计算，其弯矩设计值 M_b，轴心拉力设计值 N_{bt} 可按下列公式计算：

$$M_b = M_1 + \alpha_M M_2 \qquad (9-1)$$

$$N_{bt} = \eta_N \frac{M_2}{H_0} \qquad (9-2)$$

简支墙梁托梁内力系数比较 表 9-3

类　　别	无洞口墙梁						有洞口墙梁					
内力系数	α_M		η_N		β_V		α_M		η_N		β_V	
回归公式(9)~(13)	μ	δ	μ	δ	μ	δ	μ	δ	μ	δ	μ	δ
与有限元值之比	1.001	0.036	1.002	0.014	1.00	0.016	1.30	0.413	0.939	0.301	1.04	0.071

类　别	无洞口墙梁						有洞口墙梁					
01 规范与 有限元值之比	1.644	0.101	1.146	0.023	1.102	0.078	2.705	0.38	1.153	0.262	1.397	0.123
01 规范与 88 规范之比	1.376	0.156	1.149	0.093	1.50	—	0.972	0.18	1.564	0.237	1.558	0.226

$$\alpha_M = \psi_M \left(1.7 \frac{h_b}{l_0} - 0.03 \right) \tag{9-5}$$

$$\psi_M = 4.5 - 10 \frac{a}{l_0} \tag{9-6}$$

$$\eta_N = 0.44 + 2.1 \frac{h_w}{l_0} \tag{9-7}$$

式中　M_1——荷载设计值 Q_1、F_1 作用下的简支梁跨中最大弯矩；

$\quad\quad M_2$——荷载设计值 Q_2 作用下的简支梁跨中最大弯矩；

$\quad\quad \alpha_M$——考虑墙梁组合作用的托梁跨中截面弯矩系数，可按公式（9-5）计算，但对自承重墙梁应乘以折减系数 0.8；式中，当 $\frac{h_b}{l_0} > \frac{1}{6}$ 时，取 $\frac{h_b}{l_0} = \frac{1}{6}$；当 $\alpha_M > 1.0$ 时，取 $\alpha_H = 1.0$；

$\quad\quad \psi_M$——洞口对托梁跨中截面弯矩的影响系数，对无洞口墙梁取 1.0，对有洞口墙梁，可按公式（9-6）计算；

$\quad\quad \eta_N$——考虑墙梁组合作用的托梁跨中截面轴力系数，可按公式（9-7）计算，但对自承重墙梁应乘以折减系数 0.8；式中，当 $\frac{h_w}{l_0} > 1$ 时，取 $\frac{h_w}{l_0} = 1$；

$\quad\quad a$——洞口边缘至墙梁最近支座中心的距离；当 $a > 0.35l_0$ 时，取 $a = 0.35l_0$。

（2）托梁斜截面受剪承载力应按混凝土受弯构件计算，其剪力设计值 V_b 可按下列公式计算：

$$V_b = V_1 + \beta_V V_2 \tag{9-4}$$

式中　V_1——荷载设计值 Q_1、F_1 作用下的简支梁支座边缘截面剪力；

$\quad\quad V_2$——荷载设计值 Q_2 作用下的简支梁支座边缘截面剪力；

$\quad\quad \beta_V$——考虑墙梁组合作用的托梁剪力系数，对承重墙梁，无洞口时取 0.6，有洞口时取 0.7；对自承重墙梁，无洞口时取 0.45，有洞口时取 0.5。

3）新规范关于墙梁托梁承载力的计算

如前所述，新规范仍采用 01 规范公式（9-1）、公式（9-2）、公式（9-5）、公式（9-6）、公式（9-7）和公式（9-4）确定简支墙梁的托梁内力，进行承载力计算。

四、墙梁的墙体承载力计算

1）墙体受剪承载力

（1）GBJ 3—88 规范公式[9-1][9-11][9-12]

根据砌体在复合应力状态下的剪切强度理论分析得出墙体受剪承载力公式并进行试验验证。用这一公式可以计算按正交设计的两组无洞口墙梁和有洞口墙梁的墙体受剪承载力。对计算值的方差分析表明，h_b/l_0 对无洞口墙梁墙体受剪承载力的影响最显著；a/l_0

和 h_b/l_0 对有洞口墙梁墙体受剪承载力的影响最显著。为简化计算，仅考虑主要因素进行回归分析。在此基础上，按规范规定墙体受剪承载力可按下式计算：

$$V_2 \leqslant \xi_2(0.2+h_b/l_0)hh_w f \tag{t}$$

式中　V_2——荷载设计值 Q_2 产生的最大剪力；

　　　ξ_2——洞口影响系数，无洞口墙梁应取 $\xi_2=1$；由于多层墙体作用可以改善洞边小墙肢的受力状态，使多层有洞口墙梁的墙体受剪承载力有较大提高，故可以取 $\xi_2=0.9$；对单层有洞口墙梁，由于没有多层墙体的有利作用，应按下式计算，且应使 ξ_2 不大于 0.9。

$$\xi_2 = 0.5+1.25a/l_0 \tag{u}$$

　　按公式（t）计算结果与 47 个单层无洞口墙梁试验结果比较见图 9-20，平均值 $\mu=$ 1.062，变异系数 $\delta=0.141$。与 33 个单层有洞口墙梁试验结果比较见图 9-21，$\mu=0.966$，$\delta=0.155$。两个两层有洞口墙梁试验值与计算值之比分别为 1.41 和 1.31。说明按公式（t）计算墙体受剪承载力是偏于安全的。

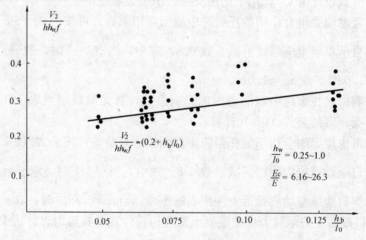

图 9-20　单层无洞口墙梁墙体受剪承载力的比较

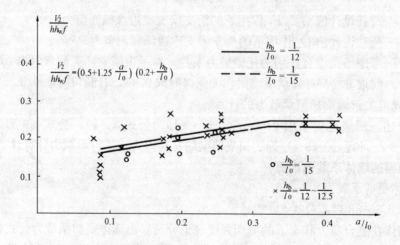

图 9-21　单层有洞口墙梁墙体受剪承载力的比较

190

(2) 01 规范公式及其简化[9-2][9-22]

工程实践表明，由于公式（t）给出的承载力较低，往往成为墙梁设计的控制指标；其主要原因是没有考虑墙梁顶面圈梁（简称顶梁）的作用。试验表明，顶梁如同设置在墙体上的弹性地基梁，能将楼层荷载部分传至支座，并与托梁一起约束墙体的横向变形，延缓和阻滞墙体斜裂缝的发展，因而提高受剪承载力。01 规范根据 7 个设置顶梁的连续墙梁剪切破坏试验结果，给出考虑顶梁作用的墙梁墙体受剪承载力回归公式为：

$$V_u = (0.2 + h_b/l_0 + 2.52h_t/l_0)fhh_w \qquad (v)$$

上式计算值与试验值之比，$\mu - 1.01$，$\delta - 0.088$，符合良好。

01 规范规定，墙体受剪承载力应按下列公式计算：

$$V_2 \leqslant \xi_1 \xi_2 \left(0.2 + \frac{h_b}{l_{0i}} + \frac{h_t}{l_{0i}}\right)fhh_w \qquad (9\text{-}8)$$

式中　V_2——荷载设计值 Q_2 作用下墙梁支座边缘截面剪力的最大值；

　　　ξ_1——翼墙影响系数，对单层墙梁取 1.0，对多层墙梁，当 $\dfrac{b_f}{h} = 3$ 时取 1.3，当 $\dfrac{b_f}{h}$ = 7 时取 1.5；当 $3 < \dfrac{b_f}{h} < 7$ 时，按直线插入取值；

　　　ξ_2——洞口影响系数，无洞口墙梁取 1.0，多层有洞口墙梁取 0.9，单层有洞口墙梁取 0.6；

　　　h_t——墙梁顶面圈梁（顶梁）截面高度。

公式（9-8）与试验值之比，$\mu = 0.844$，$\delta = 0.084$。由于集中荷载占各层荷载比例一般不大，且经多层传递，对墙体受剪承载力的影响较小，故 01 规范取消原规范 ξ_3 这一系数。由于多层墙梁的楼（屋）盖荷载向翼墙或构造柱卸荷而减少墙体承受的剪力，以及翼墙或构造柱对墙体约束作用而改善墙体受剪性能；01 规范采用翼墙或构造柱影响系数 ξ_1 考虑这一有利影响。对于单层墙梁洞口影响系数 ξ_2，01 规范不再采用公式（u），而以 a/l_0 = 0.1 代入，取 $\xi_2 = 0.6$；多层墙梁洞口影响系数仍取 $\xi_2 = 0.9$。

新规范确定采用 01 规范公式（9-8）验算墙梁墙体承载力，并增加以下规定：当墙梁支座处墙体中设置上、下贯通的落地混凝土构造柱，且其截面不小于 240mm×240mm 时，可不验算墙梁的墙体受剪承载力[9-3]。

2）托梁支座上部砌体局部受压承载力[9-1]~[9-3][9-11][9-12]

试验表明，当 $h_w/l_0 > 0.75$ 且砌体强度较低时可能发生托梁支座上方砌体的局部受压破坏。而砌体的局部受压承载力和支座上部砌体的竖向正应力 σ_y 的集中程度，以及砌体局压强度提高的程度有关。h_w/l_0 较小，或 h_b/l_0 较大，或支承长度较大，或有翼墙且较宽；都可使 σ_y 的峰值降低，使砌体局部受压承载力提高。

由实测的墙体与托梁界面的最大压应力与平均应力之比，称为应力集中系数 C。且有 $C = h\sigma_{ymax}/Q_2$。大量有限元分析表明，C 约在 4~6 之间变化。由于砌体部分塑性变形引起的应力重分布，试验测得的 C 约为 3~5，平均为 4。

发生局部受压破坏时的 σ_{ymax} 与砌体抗压强度 f 之比称为局压强度提高系数 γ，且有 $\gamma = \sigma_{ymax}/f$。根据 16 个试件的测试结果，$\gamma = 1.19~1.73$，平均为 1.507。变异系数 δ = 0.112。

γ 与 C 的比值称为局压系数 ζ，则有：

$$\zeta = \gamma/C = \frac{\sigma_{ymax}/f}{h\sigma_{ymax}/Q_2} = \frac{Q_2}{hf} \qquad (w)$$

试验表明，无翼墙的墙梁的 ζ 值为 $0.31 \sim 0.414$。若取 $\gamma=1.5$，$C=4$，则 $\zeta=0.37$。翼墙的存在可以降低应力集中系数。当翼墙宽度与墙厚之比 $b_f/h=2\sim5$ 时，$C=1.33\sim2.38$；比无翼墙的墙梁下降很多。相应的局压系数 ζ 在 $0.475\sim0.797$ 之间变化。根据试验结果，ζ 可按下式计算：

$$\zeta = 0.25 + 0.08b_f/h \qquad (9\text{-}9)$$

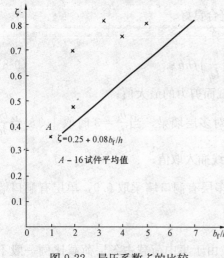

图 9-22 局压系数 ζ 的比较

按上式的计算值与试验结果的比较见图 9-22。

托梁支座上部砌体局部受压承载力应按下式计算：

$$Q_2 \leqslant \zeta fh \qquad (9\text{-}10)$$

对无翼墙墙梁，试验值与计算值比值的平均值 $\mu=1.15$，变异系数 $\delta=0.079$。

01 规范和新规范均采用 88 规范公式（9-10）、公式（9-9）验算墙梁的托梁支座上部砌体的局部受压承载力，并增加以下规定：当墙梁支座处墙体中设置上、下贯通的混凝土构造柱，且其截面不小于 $240\text{mm}\times240\text{mm}$ 时，或当 $\dfrac{b_f}{h} \geqslant 5$ 时，可不验算托梁支座上部砌体的局部受压承载力。

五、托梁在施工阶段的承载力验算

考虑施工阶段作用在托梁上的荷载设计值产生的最大弯矩和剪力，按混凝土受弯构件验算托梁的受弯和受剪承载力。新规范规定：承重墙梁一般可不做此项验算。

【例 9-1】 已知突出柱外的外墙基础梁长 5.95m，伸入支座 0.5m。托梁上墙高 18m，墙厚 240mm，单面粉刷，采用 MU10 烧结普通砖、托梁上 6m 的墙体为 M10，以上为 M5 混合砂浆。环境类别为二类 a，混凝土采用 C30 级，纵筋采用 HRB335 热轧钢筋，箍筋采用 HPB300 热轧钢筋。试设计该基础梁。

【解】

（1）荷载计算

设基础梁断面　$b\times h_b = 240\times450\text{mm}$

托梁自重　$1.35\times0.24\times0.45\times25 = 3.645\text{kN/m}$。

墙体自重　$1.35\times4.9\times18 = 119.07\text{kN/m}$，

$$Q_2 = 122.72\text{kN/m};$$

$l_n = 5.95 - 2\times0.5 = 4.95\text{m}$，$l_c = 5.45\text{m}$，故 $l_0 = 1.1l_n = 1.1\times4.95 = 5.445\text{m}$；

$H = 18\text{m} > l_0 = 5.445\text{m}$，故取 $h_w = l_0 = 5.445\text{m}$；

$H_0 = h_w + h_b/2 = 5.445 + 0.45/2 = 5.67\text{m}$；

计算简图如图 9-23 所示。

（2）使用阶段托梁正截面承载力计算

$$M_2 = \frac{Q_2 l_0^2}{8} = \frac{122.72 \times 5.445^2}{8} = 454.8 \text{kN} \cdot \text{m},$$

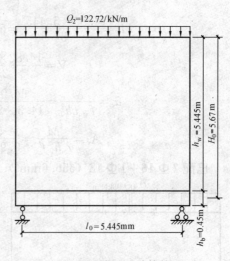

$$\alpha_M = 0.8 \psi_M \left(1.7 \frac{h_b}{l_0} - 0.03\right)$$

$$= 0.8 \left(1.7 \frac{0.45}{5.445} - 0.03\right) = 0.0884,$$

$$\eta_N = 0.8 \left(0.44 + 2.1 \frac{h_w}{l_0}\right)$$

$$= 0.8 \left(0.44 + 2.1 \frac{5.445}{5.445}\right) = 2.032,$$

$$M_b = \alpha_M M_2 = 0.0884 \times 454.8 = 40.20 \text{kN} \cdot \text{m},$$

$$N_{bt} = \eta_N \frac{M_2}{H_0} = 2.032 \frac{454.8}{5.67} = 162.99 \text{kN},$$

$$e_0 = \frac{M_b}{N_{bt}} = \frac{40.2}{162.99} = 0.247 \text{m} > \frac{h}{2} - a_s = \frac{0.45}{2}$$

图 9-23 例 9-1 计算简图

$-0.045 = 0.18$m，故为大偏心受拉构件；

$$e = e_0 - \frac{h_b}{2} + a_s = 247 - \frac{450}{2} + 45 = 67 \text{mm},$$

$$A'_s = \frac{N_{bt} e - \alpha_{smax} f_c b h_0^2}{f_y (h_0 - a'_s)} = \frac{162990 \times 67 - 0.399 \times 14.3 \times 240 \times 405^2}{300 \ (405 - 45)} < 0,$$

按构造配筋，取 $A'_s = 0.002bh = 0.002 \times 240 \times 450 = 216 \text{mm}^2$，选配 2 Φ 12 （226mm²），满足要求。

$$\alpha_s = \frac{N_{bt} e}{f_c b h_0^2} = \frac{162990 \times 67}{14.3 \times 240 \times 405^2} = 0.0194, \gamma_s = 0.99$$

$$A_s = \frac{N_{bt} e}{\gamma_s h_0 f_y} + \frac{N_{bt}}{f_y} = \frac{162990 \times 67}{0.99 \times 405 \times 300} + \frac{162990}{300} = 634.1 \text{mm}^2,$$

选配 2 Φ 16+1 Φ 18 （656.5mm²），满足要求。

（3）使用阶段托梁斜截面受剪承载力计算

$$V_b = V_1 + \beta_v V_2 = 0.45 \times 122.72 \times \frac{4.95}{2} = 136.68 \text{kN}$$

$V_b < 0.25 f_c b h_0 = 0.25 \times 14.3 \times 240 \times 405 = 347.49$kN，受剪截面满足要求；

$V_b > 0.7 f_t b h_0 = 0.7 \times 1.43 \times 240 \times 405 = 97.3$kN，应按计算配置箍筋，

$$\frac{A_{sv}}{S} = \frac{V_b - 0.7 f_t b h_0}{f_{yv} h_0} = \frac{136680 - 0.7 \times 1.43 \times 240 \times 405}{270 \times 405} = 0.36$$

采用双肢箍 ϕ6@150，$\dfrac{A_{sv}}{S} - \dfrac{57}{150} = 0.38 > 0.36$，且

$$\rho_{sv} = \frac{A_{sv}}{bS} = \frac{57}{240 \times 150} = 0.00158 > 0.24 \frac{f_t}{f_{yv}} = 0.24 \times \frac{1.43}{270} = 0.00127, 满足要求。$$

（4）托梁在施工阶段的承载力验算

施工阶段作用在托梁上均布荷载

$$3.645 + 1.35 \times 4.56 \times \frac{1}{3} \times 5.445 = 14.82 \text{kN/m}$$

$$M = \frac{14.82 \times 5.445^2}{8} = 54.92 \text{kN} \cdot \text{m}$$

$$V = \frac{14.82 \times 4.95}{2} = 36.68 \text{kN} \cdot \text{m}$$

$$\alpha_s = \frac{M}{f_{cm} b h_0^2} = \frac{54.92 \times 10^6}{14.3 \times 240 \times 405^2} = 0.098, \quad \gamma_s = 0.949$$

$$A_s = \frac{M}{\gamma_s h_0 f_y} = \frac{54.92 \times 10^6}{0.949 \times 405 \times 300} = 476.3 \text{mm}^2$$

已配 2 Φ 16+1 Φ 18（656.6mm²）满足要求；

$V = 36.68 < 0.7 f_t b h_0 = 97.3 \text{kN}$，已配双肢箍 $\phi 6@150$，满足要求。

【例 9-2】　已知两柱之间基础梁长 5.45m，伸入支座 0.3m。托梁上墙高 15.0m，墙厚 240mm，双面抹灰；采用 MU10 烧结多孔砖、托梁上 6m 墙体为 M10，以上为 M5 混合砂浆。离支座 0.365m 处开一门洞，$b_b = 2$m，$h_b = 2.40$m。环境类别为二类 a，采用 C30 混凝土，纵筋为 HRB335，箍筋为 HPB300；试设计该基础梁。

【解】

（1）荷载计算

$l_c = 5.15$m，$l_n = 4.85$m，$1.1 l_n = 1.1 \times 4.85 = 5.335$m，应取 $l_0 = 5.15$m；设 $b = 240$mm，$h_b = 450$mm；

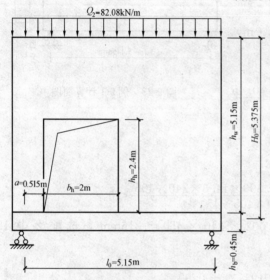

图 9-24　例 9-2 计算简图

墙体自重　$1.35 \times [4.1 \times (15 \times 5.15 - 2 \times 2.4) + 2 \times 2.4 \times 0.45]/5.15 = 78.43 \text{kN/m}$

托梁自重　$1.35 \times 25 \times 0.24 \times 0.45 = 3.645 \text{kN/m}$

$$Q_2 = 82.08 \text{kN/m}$$

$H = 15 \text{m} > l_0 = 5.15 \text{m}$，取 $h_w = 5.15$m

$$H_0 = h_w + \frac{h_b}{2} = 5.15 + \frac{0.45}{2} = 5.375 \text{m};$$

$$a_i = 0.365 + \frac{5.15 - 4.85}{2} = 0.515 \text{m}$$

计算简图如图 9-24 所示。

（2）使用阶段托梁正截面承载力计算

$$M_2 = \frac{Q_2 l_0^2}{8} = \frac{82.08 \times 5.15^2}{8} = 272.12 \text{kN} \cdot \text{m}$$

$$\psi_M = 4.5 - 10 \frac{a}{l_0} = 4.5 - 10 \frac{0.515}{5.15} = 3.5$$

$$\alpha_M = 0.8\psi_M\left(1.7\frac{h_b}{l_0} - 0.03\right) = 0.8 \times 3.5\left(1.7\frac{0.45}{5.15} - 0.03\right) = 0.332$$

$$\eta_N = 0.8\left(0.44 + 2.1\frac{h_w}{l_0}\right) = 0.8\left(0.44 + 2.1\frac{5.15}{5.15}\right) = 2.032$$

$$M_b = \alpha_M M_2 = 0.332 \times 272.12 = 90.35\text{kN} \cdot \text{m}$$

$$N_{bt} = \eta_N\frac{M_2}{H_0} = 2.032\frac{272.12}{5.375} = 102.87\text{kN}$$

$$c_0 = \frac{M_b}{N_{bt}} = \frac{90.35}{102.87} = 0.878\text{m} > \frac{h}{2} - a_s = \frac{0.45}{2} - 0.045 = 0.18\text{m}$$，故托梁为大偏心

受拉构件；

$$e = e_0 - \frac{h}{2} + a_s = 878 - \frac{450}{2} + 45 = 698\text{mm}$$

$$A_s' = \frac{N_{bt}e - \alpha_{smax}f_cbh_0^2}{f_y'(h_0 - a_s')} = \frac{102870 \times 698 - 0.399 \times 14.3 \times 240 \times 405^2}{300(405 - 45)} < 0$$

按构造配筋，$A_s' = 0.002bh = 0.002 \times 240 \times 450 = 216\text{mm}^2$，选配 2 Φ 12（226mm²），

满足要求。

$$\alpha_s = \frac{N_{bt}e}{f_cbh_0^2} = \frac{102870 \times 698}{14.3 \times 240 \times 405^2} = 0.128, \gamma_s = 0.932$$

$$A_s = \frac{N_{bt}e}{\gamma_sh_0f_y} + \frac{N_{bt}}{f_y} = \frac{102870 \times 698}{0.932 \times 405 \times 300} + \frac{102870}{300} = 977\text{mm}^2,$$

选配 4 Φ 18，（1017mm²），满足要求。

（3）使用阶段托梁斜截面受剪承载力计算

$$V_b = V_1 + \beta_v V_2 = 0.5 \times 82.08 \times \frac{4.85}{2} = 99.52\text{kN}$$

$V_b < 0.25f_cbh_0 = 0.25 \times 14.3 \times 240 \times 405 = 347.49\text{kN}$，受剪截面满足要求；

$V_b > 0.7f_tbh_0 = 0.7 \times 1.43 \times 240 \times 405 = 97.3\text{kN}$，应按计算配置箍筋；

$$\frac{A_{sv}}{S} = \frac{V_b - 0.7f_tbh_0}{f_{yv}h_0} = \frac{99520 - 0.7 \times 1.43 \times 240 \times 405}{270 \times 405} = 0.02$$

采用双肢箍 $\phi6@150$，$\frac{A_{sv}}{S} = \frac{57}{150} = 0.38 > 0.02$，且

$$\rho_{sv} = \frac{A_{sv}}{bS} = \frac{57}{240 \times 150} = 0.00158 > 0.24\frac{f_t}{f_{yv}} = 0.24 \times \frac{1.43}{270} = 0.00127$$，满足要求。

（4）托梁在施工阶段的承载力验算

施工阶段作用在托梁上的均布荷载为：

$3.645 + 1.35 \times 4.56 \times 2.4 = 18.42\text{kN/m}$

$$M = \frac{18.42 \times 5.15^2}{8} = 61.07\text{kN} \cdot \text{m}$$

$$V = \frac{18.42 \times 4.85}{2} = 44.67\text{kN}$$

$$\alpha_s = \frac{M}{f_cbh_0^2} = \frac{61.07 \times 10^6}{14.3 \times 240 \times 405^2} = 0.109, \gamma_s = 0.942$$

$$A_s = \frac{M}{\gamma_sh_0f_y} = \frac{61.07 \times 10^6}{0.942 \times 405 \times 300} = 533.6\text{mm}^2$$

已配 4 Φ 18 （1017mm²）满足要求；

$V = 44.67 < 0.7 f_t b h_0 = 97.3 \text{kN}$，已配双肢箍 $\phi 6@150$，满足要求。

【例 9-3】 已知某六层商店住宅开间 3.3m，二层以上层高 2.8m，采用承重墙梁；净跨 $l_n = 5.9$m，中到中跨度 $l_c = 6.52$m；托梁 $b = 350$mm，$h_b = 650$mm，墙厚 $h = 370$mm，纵向翼墙 $b_f = 2590$mm，$h_f = 240$mm，均为双面粉刷，墙体顶面设圈梁 370mm×240mm；混凝土 C30，纵筋 HRB335，箍筋 HPB300；托梁计算高度范围内墙体采用 M10 混合砂浆，其余为 M5 混合砂浆，采用 MU10 烧结多孔砖；二层楼盖荷载标准值：恒载 4.3kN/m²，其余每层 3.3kN/m²，屋盖恒载 5.6kN/m²；楼盖活载 2.0kN/m²，屋盖活载 0.7kN/m²。试设计该简支无洞口承重墙梁。

【解】

（1）荷载计算

1）作用在托梁顶面上的荷载设计值 Q_1

①由永久荷载控制的组合

$$Q_1 = 1.35 \times [25 \times 0.35 \times 0.65 + (0.35 + 0.62 \times 2) \times 0.015 \times 20 + 4.3 \times 3.3]$$
$$+ 2.0 \times 3.3 = 34.10 \text{kN/m}$$

②由可变荷载控制的组合

$$Q_1 = 1.2 \times [25 \times 0.35 \times 0.65 + (0.35 + 0.65 \times 2) \times 0.015 \times 20 + 4.3 \times 3.3]$$
$$+ 1.4 \times 2.0 \times 3.3 = 33.69 \text{kN/m}$$

故 $Q_1 = 34.10 \text{kN/m}$。

2）作用在墙梁顶面上的荷载设计值 Q_2

墙体自重标准值 $g_{wK} = 6.4 \times 2.68 \times 5 = 85.76 \text{kN/m}$

三层以上楼盖和屋盖恒载标准值

$g_{LK} = (3.3 \times 4 + 5.6) \times 3.3 = 62.04 \text{kN/m}$

三层以上楼盖和屋盖活载标准值

$q_{LK} = (2 \times 4 + 0.7) \times 3.3 = 28.71 \text{kN/m}$

①由永久荷载控制的组合

$Q_2 = 1.35(g_{wK} + g_{LK}) + q_{LK} = 1.35 \times (85.76 + 62.04) + 28.71 = 228.24 \text{kN/m}$

②由可变荷载控制的组合

$Q_2 = 1.2(g_{wK} + g_{LK}) + 1.4 q_{LK} = 1.2 \times (85.76 + 62.04) + 1.4 \times 28.71 = 217.55 \text{kN/m}$

故 $Q_2 = 228.24 \text{kN/m}$。墙梁计算简图见图 9-25。

净跨 $l_n = 5.9$m，$1.1 l_n = 1.1 \times 5.9 = 6.49$m $< l_c = 6.52$m，故 $l_0 = 6.49$m。

$h_w = 2800 - 120 = 2680 \text{mm}$，

$H_0 = h_w + h_b/2 = 2.68 + 0.65/2 = 3.005 \text{m}$

（2）使用阶段托梁正截面承载力计算

$$M_1 = \frac{Q_1 l_0^2}{8} = \frac{34.1 \times 6.49^2}{8} = 179.54 \text{kN} \cdot \text{m}$$

$$M_2 = \frac{Q_2 l_0^2}{8} = \frac{228.24 \times 6.49^2}{8} = 1201.69 \text{kN} \cdot \text{m}$$

$$\alpha_M = \psi_M \left(1.7 \frac{h_b}{l_0} - 0.03 \right) = 1.7 \times \frac{0.65}{6.49} - 0.03 = 0.1403$$

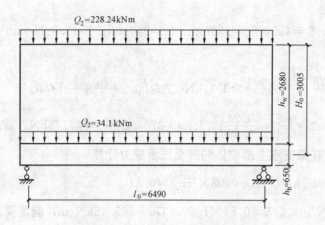

图 9-25　例 9-3 计算简图

$$\eta_N = 0.44 + 2.1 \times \frac{h_w}{l_0} = 0.44 + 2.1 \times \frac{2.68}{6.49} = 1.307$$

$$M_b = M_1 + \alpha_M M_2 = 179.54 + 0.1403 \times 1201.69 = 348.14 \text{kN} \cdot \text{m}$$

$$N_{bt} = \eta_N \frac{M_2}{H_0} = 1.307 \times \frac{1201.69}{3.005} = 522.67 \text{kN}$$

$$e_0 = \frac{M_b}{N_{bt}} = \frac{348.14}{522.67} = 0.666\text{m} > \frac{1}{2} h_b - a_s = \frac{0.65}{2} - 0.06 = 0.265\text{m}, \text{ 故为大偏心受拉}$$

构件；

$$e = e_0 - \frac{h_b}{2} + a_s = 666 - \frac{650}{2} + 60 = 401\text{mm}$$

$$A_s' = \frac{N_{bt}e - \alpha_{smax}f_c b h_0^2}{f_y'(h_0 - a_s')} = \frac{522670 \times 401 - 0.399 \times 14.3 \times 350 \times 590^2}{300(590 - 35)} < 0$$

按构造配筋，$A_s' = 0.002 b h_b = 0.002 \times 350 \times 650 = 455\text{mm}^2$，选配 3 Φ 14（461mm²），满足要求。

$$\alpha_s = \frac{N_{bt}e}{f_c b h_0^2} = \frac{522670 \times 401}{14.3 \times 350 \times 590^2} = 0.12, \ \gamma_s = 0.936$$

$$A_s = \frac{N_{bt}e}{\gamma_s h_0 f_y} + \frac{N_{bt}}{f_y} = \frac{522670 \times 401}{0.936 \times 590 \times 300} + \frac{522670}{300} = 3007\text{mm}^2, \text{ 选配 } 8 \text{ Φ } 22$$

（3041mm²），满足要求。

（3）使用阶段托梁斜截面受剪承载力计算

$$V_b = V_1 + \beta_v V_2 = \frac{34.1 \times 5.9}{2} + 0.6 \times \frac{228.24 \times 5.9}{2} = 504.58 \text{kN}$$

$< 0.25 f_c b h_0 = 0.25 \times 14.3 \times 350 \times 590 = 738.24 \text{kN}$，受剪截面满足要求；

$> 0.7 f_t b h_0 = 0.7 \times 1.43 \times 350 \times 590 = 206.71 \text{kN}$，应按计算配置箍筋。

$$\frac{A_{sv}}{S} = \frac{V_b - 0.7 f_t b h_0}{h_{b0} f_{yv}} = \frac{504580 - 206710}{270 \times 590} = 1.87, \text{ 选配 4 肢箍 } \phi 10@160, \frac{A_{sv}}{S} = \frac{314}{160} =$$

1.963，且 $\rho_{sv} = \frac{A_{sv}}{bS} = \frac{314}{350 \times 160} = 0.00561 > \rho_{svmin} = 0.24\frac{f_t}{f_{yv}} = 0.24 \times \frac{1.43}{270} = 0.00127$，满足要求。

（4）使用阶段墙体受剪承载力计算

$$\frac{b_f}{h}=\frac{2590}{370}=7, \quad \xi_1=1.5, \quad h_b=650mm, \quad h_t=240mm; \quad f=1.89N/mm^2, \quad h_w=2680mm,$$

$l_0=6490mm;$ 则

$$V_2=\frac{Q_2 l_n}{2}=\frac{228.24\times5.9}{2}=673.31kN<\xi_1\xi_2\left(0.2+\frac{h_b}{l_0}+\frac{h_t}{l_0}\right)fhh_w$$

$$=1.5\times\left(0.2+\frac{0.65}{6.49}+\frac{0.24}{6.49}\right)\times1.89\times370\times2680=947.75kN, \text{满足要求。}$$

（5）使用阶段托梁支座上部砌体局部受压承载力计算

$$\zeta=0.25+0.08b_f/h=0.25+0.08\times\frac{2590}{370}=0.81$$

$Q_2=228.24kN/m<\zeta fh=0.81\times1.89\times370=566.43kN/m, \text{满足要求。}$

（6）施工阶段托梁承载力验算

施工阶段作用在托梁上的均布荷载设计值

$$34.1+\frac{1}{3}\times6.49\times0.37\times15.2\times1.35=62.46kN/m,$$

$$M=\frac{1}{8}\times62.46\times6.49^2=328.85kN\cdot m,$$

$$V=\frac{1}{2}\times62.46\times5.9=184.26kN,$$

经验算，现有配筋满足要求。其他承重墙梁算例不再进行托梁施工阶段承载力验算。

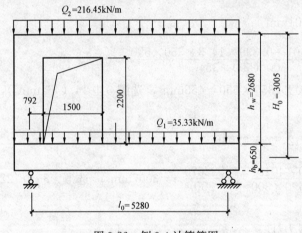

图9-26 例9-4计算简图

【例9-4】 已知七层商店住宅开间3.6m，二层以上层高2.8m，采用承重墙梁；$l_n=4.8m$，$l_0=5.28m$；每层离支座$a=792mm$处开一门洞，$b_h=1500mm$，$h_h=2200mm$；托梁$b=300mm$，$h_b=650mm$，墙厚$h=240mm$，纵向翼墙$b_f=720mm$，$h_f=240mm$，均为双面粉刷，墙体顶面设置圈梁240×240（mm）；混凝土C30，纵筋HRB400，箍筋HPB300；采用MU10烧结多孔砖，托梁以上计算高度范围内墙体采用M10混合砂浆，其余为M5混合砂浆；楼盖和屋盖荷载标准值同【例9-3】。试设计该简支有洞口承重墙梁。

【解】

（1）荷载计算

1）作用在托梁顶面上的荷载设计值Q_1

①由可变荷载效应控制的组合

$$Q_1=1.2\times[25\times0.3\times0.65+(0.3+0.65\times2)\times0.015\times20+4.3\times3.6]$$
$$+1.4\times2.0\times3.6=35.08kN/m$$

②由永久荷载效应控制的组合

$Q_1 = 1.35 \times [25 \times 0.3 \times 0.65 + (0.3 + 0.65 \times 2) \times 0.015 \times 20 + 4.3 \times 3.6] + 2.0 \times 3.6 = 35.33\text{kN/m}$；

故 $Q_1 = 35.33\text{kN/m}$。

2）作用在墙梁顶面上的荷载设计值 Q_2：

墙体自重标准值：$g_{wK} = [4.1 \times (2.68 \times 5.28 - 1.5 \times 2.2) + 1.5 \times 2.2 \times 0.45] \times 6/5.28 = 52.24\text{kN/m}$

三层以上楼（屋）盖恒载标准值：$g_{LK} = (3.3 \times 5 + 5.6) \times 3.6 = 79.56\text{kN/m}$

三层以上楼（屋）盖活载标准值：$q_{LK} = (2 \times 5 + 0.7) \times 3.6 = 38.52\text{kN/m}$

①由可变荷载控制的组合

$Q_2 = 1.2 (g_{wK} + g_{LK}) + 1.4 q_{LK} = 1.2 \times (52.24 + 79.56) + 1.4 \times 38.52 = 212.09\text{kN/m}$

②由永久荷载控制的组合

$Q_2 = 1.35 (g_{wK} + g_{LK}) + q_{LK} = 1.35 \times (52.24 + 79.56) + 38.52 = 216.45\text{kN/m}$

故 $Q_2 = 216.45\text{kN/m}$。

$h_w = 2680\text{mm}$，$H_0 = 2680 + 650/2 = 3005\text{mm}$，计算简图见图 9-26。

（2）使用阶段托梁正截面承载力计算

$$M_1 = \frac{Q_1 l_0^2}{8} = \frac{35.33 \times 5.28^2}{8} = 123.12\text{kN} \cdot \text{m}$$

$$M_2 = \frac{Q_2 l_0^2}{8} = \frac{216.45 \times 5.28^2}{8} = 754.29\text{kN} \cdot \text{m}$$

$$\psi_M = 4.5 - 10\frac{a}{l_0} = 4.5 - 10 \times \frac{0.792}{5.28} = 3.0$$

$$\alpha_M = \psi_M \left(1.7\frac{h_b}{l_0} - 0.03\right) = 3 \times \left(1.7 \times \frac{0.65}{5.28} - 0.03\right) = 0.538$$

$$\eta_N = 0.44 + 2.1 \times \frac{h_w}{l_0} = 0.44 + 2.1 \times \frac{2.68}{5.28} = 1.506$$

$$M_b = M_1 + \alpha_M M_2 = 123.12 + 0.538 \times 754.29 = 528.93\text{kN} \cdot \text{m}$$

$$N_{bt} = \eta_N \frac{M_2}{H_0} = 1.506 \times \frac{754.29}{3.005} = 378.02\text{kN}$$

$e_0 = \dfrac{M_b}{N_{bt}} = \dfrac{528.93}{378.02} = 1.399\text{m} > \dfrac{1}{2}h_b - a_s = \dfrac{0.65}{2} - 0.06 = 0.265\text{m}$，故为大偏心受拉构件；

$$e = e_0 - \frac{h_b}{2} + a_s = 1399 - \frac{650}{2} + 60 = 1134\text{mm}$$

$A_s' = \dfrac{N_{bt}e - \alpha_{smax}f_c bh_0^2}{f_y'(h_0 - a_s')} = \dfrac{378020 \times 1134 - 0.384 \times 14.3 \times 300 \times 590^2}{360 \times (590 - 35)} < 0$ 按构造配筋，

$A_s' = 0.002bh = 0.002 \times 300 \times 650 = 390\text{mm}^2$，选配 2 Φ 16（402mm²），满足要求。

$$\alpha_s = \frac{N_{bt}e}{f_c bh_0^2} = \frac{378020 \times 1134}{14.3 \times 300 \times 590^2} = 0.287, \quad \gamma_s = 0.826$$

$$A_s = \frac{N_{bt}e}{\gamma_s h_0 f_y} + \frac{N_{bt}}{f_y} = \frac{378020 \times 1134}{0.826 \times 590 \times 360} + \frac{378020}{360} = 3493.5\text{mm}^2$$

选配 4 Φ 25＋4 Φ 22（3484mm²），满足要求。

（3）使用阶段托梁斜截面受剪承载力计算

$$V_b = V_1 + \beta_v V_2 = \frac{35.33 \times 4.8}{2} + 0.7 \times \frac{216.45 \times 4.8}{2} = 448.43\text{kN}$$

$V_b < 0.25 f_c b h_0 = 0.25 \times 14.3 \times 300 \times 590 = 632.78\text{kN}$，受剪截面满足要求；

$V_b > 0.7 f_t b h_0 = 0.7 \times 1.43 \times 300 \times 590 = 177.18\text{kN}$，应按计算配置箍筋。

$\frac{A_{sv}}{S} = \frac{V_b - 0.7 f_t b h_0}{h_{b0} f_{yv}} = \frac{448430 - 177180}{270 \times 590} = 1.703$，选配 4 肢箍 $\phi 10@180$，$\frac{A_{sv}}{S} = \frac{314}{180} =$

1.744，且 $\rho_{sv} = \frac{A_{sv}}{bS} = \frac{314}{300 \times 180} = 0.00582 > \rho_{svmin} = 0.24 \frac{f_t}{f_{yv}} = 0.24 \times \frac{1.43}{270} = 0.00127$，满足

要求。

（4）使用阶段墙体受剪承载力计算

$\frac{b_f}{h} = \frac{720}{240} = 3$，$\xi_1 = 1.3$，$\xi_2 = 0.9$，$f = 1.89\text{N/mm}^2$；则

$$V_2 = \frac{Q_2 l_n}{2} = \frac{216.45 \times 4.8}{2} = 519.48\text{kN} < \xi_1 \xi_2 \left(0.2 + \frac{h_b}{l_0} + \frac{h_t}{l_0}\right) f h h_w$$

$$= 1.3 \times 0.9 \times \left(0.2 + \frac{0.65}{5.28} + \frac{0.24}{5.28}\right) \times 1.89 \times 240 \times 2680 = 524.21\text{kN}$$，满足要求。

（5）使用阶段托梁支座上部砌体局部受压承载力计算

$$\zeta = 0.25 + 0.08 b_f/h = 0.25 + 0.08 \times \frac{720}{240} = 0.49$$

$Q_2 = 216.45\text{kN/m} < \zeta f h = 0.49 \times 1.89 \times 240 = 222.26\text{kN/m}$，满足要求。

第五节　连续墙梁和框支墙梁设计

一、计算简图

连续墙梁的计算简图应按图 9-27 采用；框支墙梁的计算简图应按图 9-28 采用。各计算参数应按下列规定取用：

1）墙梁计算跨度 l_{0i}，对连续墙梁取 $1.1 l_{ni}$ 或 l_{ci} 两者的较小值；l_{ni} 为净跨，l_{ci} 为支座中心线距离。对框支墙梁，取框架柱中心线间的距离 l_c（l_{ci}）；

2）墙体计算高度 h_w，取托梁顶面上一层墙体（包括顶梁）高度，当 $h_w > l_0$ 时，取 $h_w = l_0$（对连续墙梁和多跨框支墙梁，l_0 取各跨的平均值）；

3）墙梁跨中截面计算高度 H_0，取 $H_0 = h_w + 0.5 h_b$；

4）翼墙计算宽度 b_f，取窗间墙宽度或横墙间距的 2/3，且每边不大于 $3.5h$（h 为墙体厚度）和 $l_{0i}/6$；

5）框架柱计算高度 H_c，取 $H_c = H_{cn} + 0.5 h_b$；H_{cn} 为框架柱的净高，取基础顶面至托梁底面的距离。

二、GB 50003—2001 规范关于连续墙梁和框支墙梁托梁的承载力计算[9-2][9-16][9-17]

1）连续墙梁和框支墙梁有限元分析及内力系数回归公式

（1）连续墙梁

连续墙梁计算是 01 规范增加的内容，是在 21 个连续墙梁试验基础上，根据 2 跨、3

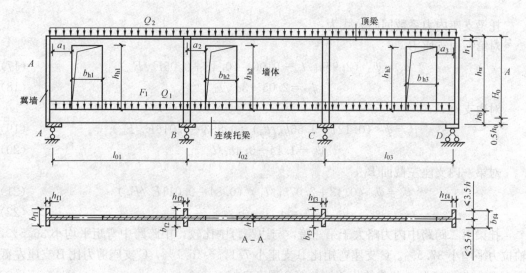

图 9-27 连续墙梁的计算简图

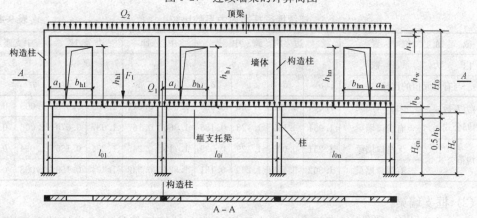

图 9-28 框支墙梁的计算简图

跨、4 跨和 5 跨等跨无洞口和有洞口连续墙梁有限元分析提出的。对于跨中截面，直接给出托梁弯矩和轴拉力计算公式，按混凝土偏心受拉构件设计，与简支墙梁托梁的计算模式一致。对于支座截面，有限元分析表明其为大偏心受压构件，忽略轴压力按受弯构件计算是偏于安全的。弯矩系数 α_M 是考虑在工程常用的范围变化的各种因素并取最大值，其安全储备是较大的。在托梁顶面荷载 Q_1、F_1 作用下，以及在墙梁顶面荷载 Q_2 作用下均采用一般结构力学方法分析连续托梁内力，计算较简便。

2 跨、3 跨、4 跨、5 跨连续梁的内力是不同的，为偏于安全，计算 α_M、η_N 时取 $M_{2L} = 0.07ql^2$，$M_{2B} = 0.1ql^2$；计算 β_v 时取 $V_{2A} = 0.375ql$，$V_{2B}^L = 0.6ql$。为便于比较，计算托梁中跨中和中支座内力组合系数时也取同样数值。

托梁边跨跨中内力系数回归公式为：

$$\alpha_M = \psi_M \ (2.38h_b/l_{0i} - 0.084) \ (0.44 + 0.053E_c/E_m) \ (0.89 + 0.19h_w/l_{0i}) \tag{14}$$

$$\psi_M = 3.1 - 6a_i/l_{0i} \tag{15}$$

$$\eta_N = (0.37 + 2.38h_w/l_{0i}) \ (1.06 - 0.56h_b/l_{0i}) \ (1.03 - 0.61h_t/l_{0i}) \tag{16}$$

托梁支座内力系数回归公式为：

对第一内支座 B,

$$\alpha_M = \psi_M (2.95 h_b/l_{0i} - 0.06)(0.48 + 0.05 E_c/E_m) \tag{17}$$

$$\psi_M = 2.05 - 3a_i/l_{0i} \tag{18}$$

对边支座 A,

$$\beta_V = \psi_V (0.121 + 3.56 h_b/l_{0i})(0.833 + 0.016 E_c/E_m) \tag{19}$$

$$\psi_V = 1.14 - 0.4 a_i/l_{0i} \tag{20}$$

对第一内支座左截面 B_L,

$$\beta_V = \psi_V (0.43 + 2.07 h_b/l_{0i})(0.84 + 0.011 E_c/E_m) \tag{21}$$

$$\psi_V = 1.35 - a_i/l_{0i} \tag{22}$$

托梁第二跨跨中内力略大于第三跨，与边跨跨中比较，中跨跨中弯矩平均小 36.5%，轴拉力平均小 37.5%。C 支座弯矩比 B 支座小 7.1%～15.7%，C 支座剪力比 B 支座左截面小 6.5%～8.9%。公式的相关性与符合程度良好（表 9-4）。

连续墙梁托梁内力系数比较 表 9-4

截面位置		边跨跨中				中支座		边支座		中支座左	
内力系数		α_M		η_N		α_M		β_V		β_V	
与有限元值的比较		μ	δ	μ	δ	μ	δ	μ	δ	μ	δ
内力系数回归公式	无洞口墙梁	1.004	0.016	1.000	0.008	1.006	0.011	1.003	0.008	1.005	0.009
	有洞口墙梁	1.031	0.169	1.128	0.188	1.060	0.167	1.037	0.078	1.006	0.079
01 规范公式	无洞口墙梁	1.251	0.095	1.129	0.039	1.715	0.245	1.254	0.135	1.094	0.062
	有洞口墙梁	1.302	0.198	1.269	0.181	1.826	0.332	1.404	0.159	1.098	0.162

（2）框支墙梁

88 规范规定单跨框支墙梁近似按简支墙梁计算，计算框架柱时考虑墙梁顶面荷载引起的附加弯矩 $M_c = Q_2 l_0^2/60$，这一规定过于简单，且未包括多跨框支墙梁设计条文。01 规范在 9 个单跨框支墙梁和 19 个双跨框支墙梁试验基础上，根据单跨、2 跨、3 跨和 4 跨无洞口和有洞口框支墙梁有限元分析，对托梁跨中截面直接给出弯矩和轴拉力公式，并按混凝土偏心受拉构件计算，也与简支墙梁托梁计算模式一致。托梁支座截面也按受弯构件计算。框支墙梁在托梁顶面荷载 Q_1，F_1 和墙梁顶面荷载 Q_2 作用下分别采用一般结构力学方法分析框架内力，计算较简便。

2 跨、3 跨、4 跨框架的内力是不同的，但框支墙梁托梁的内力较接近。如边跨跨中弯矩，2 跨为 3 跨的 1.07 倍，为 4 跨的 1.08～1.14 倍；又如边跨跨中轴心拉力，2 跨为 3 跨的 1.17 倍，为 4 跨的 1.2 倍。故边跨跨中托梁内力系数，可按 2 跨框支墙梁确定，其回归公式为：

$$\alpha_M = \psi_M (1.71 h_b/l_{0i} - 0.078)(1.5 - 0.83 h_w/l_{0i})(0.52 + 0.046 E_c/E_m) \tag{23}$$

$$\psi_M = 5.55 - 13 a_i/l_{0i} \tag{24}$$

$$\eta_N = (1.24 + 2.31 h_w/l_{0i})(1.42 - 4.1 h_b/l_{0i})(1.14 - 0.013 E_c/E_m) \tag{25}$$

上述公式的相关性与符合程度良好（表 9-5）。托梁中跨中弯矩与边跨中弯矩的比值，对无洞口墙梁为 1.03，对有洞口墙梁为 0.91～0.96。托梁中跨中轴力的比值，对无洞口墙梁为 0.8～0.92，对有洞口墙梁为 0.83～0.94。托梁支座内力系数不再列出回归公式，仅列出最大取值的公式，其与有限元值的比值也见表 9-5，可见这些取值偏于安全较多。

边支座：对无洞口墙梁 α_M 取 0.35（有限元分析最大值 0.268），β_V 取 0.45（有限元分析最大值 0.442）；对有洞口墙梁墙梁按下列公式计算

$$\alpha_M = 0.875 - 1.5a_i/l_{0i} \tag{26}$$

$$\beta_V = 0.625 - 0.5a_i/l_{0i} \tag{27}$$

中支座：对无洞口墙梁 α_M 取 0.35，β_V 取 0.55；对有洞口墙梁按下列公式计算：

$$\alpha_M = 0.7 - a_i/l_{0i} \tag{28}$$

$$\beta_V = 0.725 - 0.5a_i/l_{0i} \tag{29}$$

偏于安全，仅保留一个影响最显著的因素，在连续墙梁和框支墙梁托梁内力系数两套公式的基础上进行简化和统一，即得到 01 规范采用的托梁内力系数公式。01 规范公式取值与有限元值之比见表 9-4 和表 9-5。

框支墙梁托梁内力系数比较　　　　　　　　　表 9-5

截 面 位 置		边 跨 跨 中				边 支 座				中 支 座			
内 力 系 数		α_M		η_N		α_M		β_v		α_M		β_v	
与有限元值的比较		μ	δ	μ	δ	μ	δ	μ	δ	μ	δ	μ	δ
回归公式或最大值公式	无洞口墙梁	1.022	0.07	1.005	0.012	2.495	0.416	1.27	0.131	1.75	0.251	1.248	0.093
	有洞口墙梁	1.02	0.272	1.098	0.095	1.645	0.47	1.485	0.282	1.665	0.289	1.273	0.134
01 规范公式	无洞口墙梁	2.10	0.182	1.047	0.181	2.851	0.416	1.693	0.131	2.017	0.251	1.588	0.093
	有洞口墙梁	1.615	0.252	0.997	0.135	1.663	0.49	2.011	0.31	1.844	0.295	1.659	0.187

2）连续墙梁和框支墙梁的托梁承载力计算

（1）内力分析

①在托梁顶面荷载 Q_1、F_1 作用下，连续托梁或框架可采用一般结构力学方法进行内力分析，得到托梁内力 M_{1i}、M_{1j}、V_{1j} 和框支柱内力 M_{1C}、N_{1C}。（注意：此时不考虑墙梁组合作用。）

②在墙梁顶面荷载 Q_2 作用下，连续托梁或框架可采用一般结构力学方法进行内力分析，得到托梁内力 M_{2i}、M_{2j}、V_{2j} 和框支柱内力 M_{2C}、N_{2C}。（注意：内力分析时无需考虑墙梁组合作用，内力分析后采用内力系数 α_M、η_N、β_V 来考虑墙梁组合作用。）

（2）托梁正截面承载力计算

①托梁跨中正截面承载力应按混凝土偏心受拉构件计算，第 i 跨跨中截面弯矩设计值 M_{bi} 及轴心拉力设计值 N_{bti} 可按下列公式计算：

$$M_{bi} = M_{1i} + \alpha_M M_{2i} \tag{9-1}$$

$$N_{bti} = \eta_N \frac{M_{2i}}{H_0} \tag{9-2}$$

$$\alpha_{Mi} = \psi_M \left(2.7 \frac{h_b}{l_{0i}} - 0.08 \right) \tag{9-11}$$

$$\psi_M = 3.8 - 8 \frac{a_i}{l_{0i}} \tag{9-12}$$

$$\eta_N = 0.8 + 2.6\frac{h_w}{l_{0i}} \tag{9-13}$$

式中　M_{1i}——荷载设计值 Q_1、F_1 作用下按连续梁或框架分析的托梁第 i 跨跨中最大弯矩；

　　　M_{2i}——荷载设计值 Q_2 作用下按连续梁或框架分析的托梁第 i 跨跨中最大弯矩；

　　　α_{Mi}——考虑墙梁组合作用的托梁跨中截面弯矩系数，可按公式（9-11）计算，当式中 $\frac{h_b}{l_{0i}} > \frac{1}{7}$ 时，取 $\frac{h_b}{l_{0i}} = \frac{1}{7}$；当 $\alpha_{Mi} > 1.0$ 时，取 $\alpha_{Mi} = 1.0$；

　　　η_N——考虑墙梁组合作用的托梁跨中截面轴力系数，可按公式（9-13）计算，当式中 $\frac{h_w}{l_{0i}} > 1$ 时，取 $\frac{h_w}{l_{0i}} = 1$；

　　　ψ_M——洞口对托梁跨中截面弯矩的影响系数，对无洞口墙梁取 1.0，对有洞口墙梁可按公式（9-12）计算；

　　　a_i——洞口边缘至墙梁最近支座中心的距离，当 $a_i > 0.35l_{0i}$ 时，取 $a_i = 0.35l_{0i}$。

②托梁支座正截面承载力应按混凝土受弯构件计算，第 j 支座的弯矩设计值 M_{bj} 可按下列公式计算：

$$M_{bj} = M_{1j} + \alpha_{Mj}M_{2j} \tag{9-3}$$

$$\alpha_{Mj} = 0.75 - \frac{a_i}{l_{0i}} \tag{9-14}$$

式中　M_{1j}——荷载设计值 Q_1、F_1 作用下按连续梁或框架分析的托梁第 j 支座截面的弯矩设计值；

　　　M_{2j}——荷载设计值 Q_2 作用下按连续梁或框架分析的托梁第 i 支座截面的弯矩设计值；

　　　α_{Mj}——考虑墙梁组合作用的托梁支座截面弯矩系数，无洞口墙梁取 0.4，有洞口墙梁可按公式（9-14）计算，当支座两边的墙体均有洞口时，a_i 取较小值。

（3）托梁斜截面承载力计算

托梁斜截面受剪承载力应按混凝土受弯构件计算，第 j 支座边缘截面的剪力设计值 V_{bj} 可按下列公式计算：

$$V_{bj} = V_{1j} + \beta_V V_{2j} \tag{9-4}$$

式中　V_{1j}——荷载设计值 Q_1、F_1 作用下按连续梁或框架分析的托梁第 j 支座边缘截面剪力设计值；

　　　V_{2j}——荷载设计值 Q_2 作用下按连续梁或框架分析的托梁第 j 支座边缘截面剪力设计值；

　　　β_V——考虑墙梁组合作用的托梁剪力系数，无洞口墙梁边支座截面取 0.6，中支座截面取 0.7；有洞口墙梁边支座截面取 0.7，中支座截面取 0.8。

三、新规范关于墙梁的托梁承载力计算

如前所述，针对 01 规范墙梁设计存在的问题曾做过简化计算的尝试：其一，引入托梁上楼层数对托梁内力的修正系数 θ_i（$i = 1 \sim 4$），将需要进行两次内力分析的托梁内力表达式（9-1）～式（9-4）简化为仅需要进行一次内力分析的托梁内力表达式（1）～（8）[9-28]。其二，基于在墙梁顶面和托梁顶面分别加载的墙梁有限元分析，提出涵盖简支墙梁、连续墙梁和框支墙梁的托梁内力系数设计公式[9-29]。但新规范仍采用 01 规范公式（9-1）～公式（9-4）和公式（9-11）～公式（9-14）确定连续墙梁和框支墙梁的托梁内力，进行承载力计算。

四、框支墙梁的框支柱承载力计算

在墙梁顶面荷载作用下，由于组合作用将使柱端弯矩减少，但 01 规范考虑"强柱弱梁"的原则并使计算简化，不考虑柱端弯矩的折减。仅考虑由于多跨框支墙梁墙体"大拱效应"可能引起边柱轴压力增大。

框支柱的正截面承载力应按混凝土偏心受压构件计算，其弯矩 M_C 和轴心压力 N_C 可按下列公式计算：

$$M_C = M_{1C} + M_{2C} \tag{9-15}$$

$$N_C = N_{1C} + \eta_N N_{2C} \tag{9-16}$$

式中　　M_{1C}——荷载设计值 Q_1、F_1 作用下按框架分析的柱弯矩；

　　　　N_{1C}——荷载设计值 Q_1、F_1 作用下按框架分析的柱轴心压力；

　　　　M_{2C}——荷载设计值 Q_2 作用下按框架分析的柱弯矩；

　　　　N_{2C}——荷载设计值 Q_2 作用下按框架分析的柱轴心压力；

　　　　η_N——考虑墙梁组合作用的柱轴力系数，单跨框支墙梁的边柱和多跨框支墙梁的中柱取 1.0；多跨框支墙梁的边柱当轴力增大对承载力不利时取 1.2，当轴力增大对承载力有利时取 1.0。

新规范确定仍采用 01 规范方法计算框支墙梁的框支柱承载力。

五、墙梁的墙体承载力计算

（1）墙体受剪承载力应按公式（9-8）验算。当墙梁支座处墙体中设置上、下贯通的落地混凝土构造柱，且截面不小于 240mm×240mm 时，可不验算墙体受剪承载力。

（2）托梁支座上部砌体局部受压承载力应按公式（9-10）、式（9-9）验算。当墙梁各支座处均有翼墙，且 $b_f/h \geqslant 5$ 或墙梁支座处均设置上、下贯通的落地混凝土构造柱，且截面不小于 240mm×240mm 时，可不验算托梁支座上部砌体局压承载力。

六、施工阶段验算

墙梁的托梁应按混凝土受弯构件进行施工阶段的受弯和受剪承载力验算。作用在托梁上的荷载可按本章第三节 3 的规定采用。但承重墙一般可不做此项验算。

【例 9-5】　某七层商店——住宅开间 3.0 和 3.3mm，横向跨度 5.4+3.6+5.5m，底层采用 400×400（mm）混凝土柱承重。纵向内墙采用连续墙梁，二层以上层高 2.8m，每层每开间开门洞 $b_h = 0.95$m，$h_h = 2.1$m，$a_i = 0.24$m；托梁 $b_b = 300$mm，$h_b = 400$mm，采用 C30 级混凝土，HRB335（纵筋）和 HPB300（箍筋）钢筋；墙体双面抹灰，墙厚 $h = 240$mm，采用 MU10 烧结多孔砖，计算高度范围内墙体（二层）采用 M10，其余层用 M5 混合砂浆砌筑。每支座处均设构造柱 $b_{cc} = h_{cc} = 240$mm×240mm，每层均设圈梁 $b_t = 240$mm，$h_t = 220$mm，采用 C30 混凝土。承受荷载标准值（kN/m²）：屋面——活载 0.7，恒载 5.6；一般楼面——活载 2.0，恒载 3.5；二层楼面——活载 2.0，恒载 4.3；墙体自重 4.2kN/m²；楼面荷载按双向板传递（参见图 9-29）。试进行该连续墙梁承载力计算。

【解】

（1）荷载计算

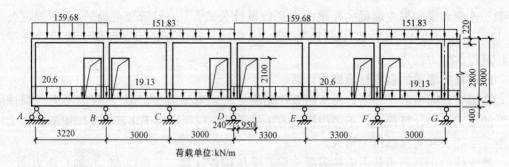

图 9-29 例 9-5 连续墙梁计算简图

1) 结构尺寸：$b=300\text{mm}$，$h_b=400\text{mm}$，$h_w=2800\text{mm}$，$h_t=220\text{mm}$；$l_{01}=3220\text{mm}$，$l_{02}=l_{03}=l_{06}=3000\text{mm}$，$l_{04}=l_{05}=3300\text{mm}$；$H_0=2800+200=3000\text{mm}$。

2) 作用在托梁顶面上的荷载设计值 Q_1：

托梁自重标准值 $25\times0.3\times0.4+（0.3+2\times0.4）\times0.015\times20=3.33\text{kN/m}$

考虑由永久荷载效应控制的组合，

对 1、4、5 跨：$Q_1=1.35\times\left(3.33+4.3\times3.3\times\dfrac{5}{8}\right)+2\times3.3\times\dfrac{5}{8}=20.6\text{kN/m}$；

对 2、3、6 跨：$Q_1=1.35\times\left(3.33+4.3\times3.0\times\dfrac{5}{8}\right)+2\times3.0\times\dfrac{5}{8}=19.13\text{kN/m}$。

3) 作用在墙梁顶面上的荷载设计值 Q_2：

墙体自重标准值 $6\times[4.2\times(2.72\times3.15-0.95\times2.1)+0.45\times0.95\times2.1]/3.15$
$$=54.29\text{kN/m}$$

对 1、4、5 跨：

$$Q_2=1.35\times\left[54.29+（3.5\times5+5.6）\times3.3\times\dfrac{5}{8}\right]+（2\times5+0.7）\times3.3\times\dfrac{5}{8}$$
$$=159.68\text{kN/m}；$$

对 2、3、6 跨：

$$Q_2=1.35\times\left[54.29+（3.5\times5+5.6）\times3.0\times\dfrac{5}{8}\right]+（2\times5+0.7）\times3.0\times\dfrac{5}{8}$$
$$=151.83\text{kN/m}；$$

连续墙梁计算简图如图 9-29 所示。

(2) 内力计算

1) 在 Q_1 作用下的连续梁内力：见图 9-30。

2) 在 Q_2 作用下的连续梁内力：见图 9-31。

(3) 托梁正截面承载力计算

1) 跨中截面

① 1 跨：$\psi_M=3.8-8\dfrac{a_i}{l_{0i}}=3.8-8\dfrac{0.24}{3.22}=3.204$

$$\alpha_{Mi}=\psi_M\left(2.7\dfrac{h_b}{l_{0i}}-0.08\right)=3.204\times\left(2.7\dfrac{0.4}{3.22}-0.08\right)=0.818$$

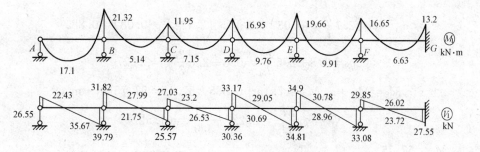

图 9-30　连续梁在 Q_1 作用下的内力

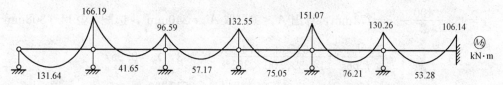

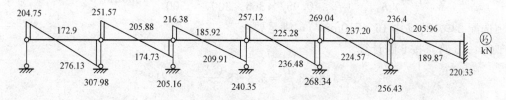

图 9-31　连续梁在 Q_2 作用下的内力

$$\eta_N = 0.8 + 2.6 \frac{h_w}{l_{0i}} = 0.8 + 2.6 \frac{2.8}{3.22} = 3.061$$

$$M_b = M_{11} + \alpha_{Mi} M_{21} = 17.10 + 0.818 \times 131.64 = 124.78 \text{kN} \cdot \text{m}$$

$$N_{bt} = \eta_N \frac{M_{21}}{H_0} = 3.061 \times \frac{131.64}{3.0} = 134.32 \text{kN}$$

$$e_0 = \frac{M_b}{N_{bt}} = \frac{124.78}{134.32} = 0.929 \text{m} > \frac{1}{2} h_b - a_s = \frac{0.4}{2} - 0.035 = 0.165 \text{m},\text{ 故为大偏心受拉}$$

构件；

$$e = e_0 - \frac{h_b}{2} + a_s = 929 - \frac{400}{2} + 35 = 764 \text{mm}$$

$$A'_s = \frac{N_{bt} e - \alpha_{smax} f_c b h_0^2}{f_y(h_0 - a'_s)} = \frac{134320 \times 764 - 0.399 \times 14.3 \times 300 \times 365^2}{300(360 - 35)} < 0$$

按构造配筋，取 $A'_s = 0.002 \times 300 \times 400 = 240 \text{mm}^2$，选配 2 Φ 14 （308mm²），满足要求。

$$\alpha_s = \frac{N_{bt} e}{f_c b h_0^2} = \frac{134320 \times 764}{14.3 \times 300 \times 365^2} = 0.18,\ \gamma_s = 0.9$$

$$A_s = \frac{N_{bt} e}{\gamma_s h_0 f_y} + \frac{N_{bt}}{f_y} = \frac{134320 \times 764}{0.9 \times 365 \times 300} + \frac{134320}{300} = 1479 \text{mm}^2,\text{ 选配 4 } \Phi \text{ 22 （1520mm²），}$$

满足要求。

②2、3、6 跨，按 3 跨计算

$$\psi_M = 3.8 - 8 \frac{a_i}{l_{0i}} = 3.8 - 8 \frac{0.24}{3.0} = 3.16$$

207

$$\alpha_{Mi}=\psi_M\left(2.7\frac{h_b}{l_{0i}}-0.08\right)=3.16\times\left(2.7\frac{0.4}{3.0}-0.08\right)=0.885$$

$$\eta_N=0.8+2.6\frac{h_w}{l_{0i}}=0.8+2.6\frac{2.8}{3.0}=3.227$$

$$M_b=M_{13}+\alpha_{Mi}M_{23}=7.15+0.885\times57.17=57.75\text{kN}\cdot\text{m}$$

$$N_{bt}=\eta_N\frac{M_{23}}{H_0}=3.227\frac{57.17}{3.0}=61.5\text{kN}$$

$e_0=\dfrac{M_b}{N_{bt}}=\dfrac{57.75}{61.5}=0.939\text{m}>\dfrac{1}{2}h_b-a_s=0.165\text{m}$，故为大偏心受拉构件；

$e=939-\dfrac{400}{2}+35=774\text{mm}$，算出 $A'_s<0$，取 $A'_s=240\text{mm}^2$，选配 2 Φ 14（308mm²）。

$$\alpha_s=\frac{N_{bt}e}{f_cbh_0^2}=\frac{61500\times774}{14.3\times300\times365^2}=0.083,\ \gamma_s=0.957$$

$$A_s=\frac{N_{bt}e}{\gamma_sh_0f_y}+\frac{N_{bt}}{f_y}=\frac{61500\times744}{0.957\times365\times300}+\frac{615000}{300}=659\text{mm}^2,$$

选配 2 Φ 18、1 Φ 16（710mm²），满足要求。

③4、5 跨：按 5 跨计算

$$\psi_M=3.8-8\frac{a_i}{l_{0i}}=3.8-8\frac{0.24}{3.3}=3.218$$

$$\alpha_{Mi}=\psi_M\left(2.7\frac{h_b}{l_{0i}}-0.08\right)=3.218\times\left(2.7\frac{0.4}{3.3}-0.08\right)=0.796$$

$$\eta_N=0.8+2.6\frac{h_w}{l_{0i}}=0.8+2.6\frac{2.8}{3.3}=3.006$$

$$M_b=M_{15}+\alpha_{Mi}M_{25}=9.91+0.796\times76.21=70.57\text{kN}\cdot\text{m}$$

$$N_{bt}=\eta_N\frac{M_{23}}{H_0}=3.006\frac{76.21}{3.0}=76.36\text{kN}$$

$e_0=\dfrac{M_b}{N_{bt}}=\dfrac{70.57}{76.36}=0.924\text{m}>\dfrac{1}{2}h_b-a_s=0.165\text{m}$，故为大偏心受拉构件；

$e=924-\dfrac{400}{2}+35=759\text{mm}$，算出 $A'_s<0$，取 $A'_s=240\text{mm}^2$，选配 2 Φ 14。

$$\alpha_s=\frac{N_{bt}e}{f_cbh_0^2}=\frac{76360\times759}{14.3\times300\times365^2}=0.101,\ \gamma_s=0.946$$

$$A_s=\frac{N_{bt}e}{\gamma_sh_0f_y}+\frac{N_{bt}}{f_y}=\frac{76360\times774}{0.946\times365\times300}+\frac{76360}{300}=814\text{mm}^2,$$

选配 2 Φ 18、2 Φ 16（911mm²），满足要求。

2）支座截面

①B 支座：$\alpha_{Mj}=0.75-\dfrac{a_i}{l_{0i}}=0.75-\dfrac{0.24}{3.22}=0.676$

$$M_{bj}=M_{1B}+\alpha_{Mj}M_{2B}=21.32+0.676\times166.19=133.66\text{kN}\cdot\text{m}$$

$$\alpha_s=\frac{M_{bj}}{f_cbh_0^2}=\frac{133.66\times10^6}{14.3\times300\times365^2}=0.234,\ \gamma_s=0.865$$

$$A_s=\frac{M_{bj}}{\gamma_sh_0f_y}=\frac{133.66\times10^6}{0.865\times365\times300}=1411\text{mm}^2,$$

选配 3 Φ 22、1 Φ 20（1454mm²），满足要求。

②C 支座：$\alpha_{Mj}=0.4$

$$M_{bj}=M_{1C}+\alpha_{Mj}M_{2C}=11.95+0.4\times96.95=50.59kN\cdot m$$

算出 $\alpha_s=0.089$，$\gamma_s=0.954$，$A_s=484mm^2$，

选配 2 Φ 14、1 Φ 16（509mm²），满足要求。

③D 支座：$\alpha_{Mj}=0.75-\dfrac{a_i}{l_{0i}}=0.75-\dfrac{0.24}{3.3}=0.677$

$$M_{bj}=M_{1D}+\alpha_{Mj}M_{2D}=16.95+0.677\times132.55=106.69kN\cdot m$$

算出 $\alpha_s=0.187$，$\gamma_s=0.896$，$A_s=1087mm^2$，

选配 2 Φ 20、2 Φ 18（1137mm²），满足要求。

④E 支座：$\alpha_{Mj}=0.4$

$$M_{bj}=M_{1E}+\alpha_{Mj}M_{2E}=19.66+0.4\times151.07=80.09kN\cdot m$$

算出 $\alpha_s=0.14$，$\gamma_s=0.924$，$A_s=792mm^2$，

选配 4 Φ 16（804mm²），满足要求。

⑤F 支座：$\alpha_{Mj}=0.677$

$$M_{bj}=M_{1F}+\alpha_{Mj}M_{2F}=16.65+0.677\times130.26=104.84kN\cdot m$$

算出 $\alpha_s=0.183$，$\gamma_s=0.898$，$A_s=1066mm^2$，

选配 2 Φ 20、2 Φ 18（1137mm²），满足要求。

⑥G 支座：$\alpha_{Mj}=0.4$

$$M_{bj}=M_{1G}+\alpha_{Mj}M_{2G}=13.20+0.4\times106.14=55.66kN\cdot m$$

算出 $\alpha_s=0.097$，$\gamma_s=0.949$，$A_s=536mm^2$，

选配 3 Φ 16（603mm²），满足要求。

(4) 托梁斜截面受剪承载力计算

1) 支座边缘截面剪力设计值

$$V_A=V_{1A}+\beta_V V_{2A}=22.43+0.6\times172.9=126.17kN$$

$$V_B^l=V_{1B}^l+\beta_V V_{2B}^l=35.67+0.8\times276.13=256.57kN$$

$$V_B^r=V_{1B}^r+\beta_V V_{2B}^r=27.99+0.8\times205.88=192.69kN$$

$$V_C^l=V_{1C}^l+\beta_V V_{2C}^l=21.75+0.7\times174.73=144.06kN$$

$$V_C^r=V_{1C}^r+\beta_V V_{2C}^r=23.2+0.7\times185.92=153.34kN$$

$$V_D^l=V_{1D}^l+\beta_V V_{2D}^l=26.53+0.8\times209.91=194.46kN$$

$$V_D^r=V_{1D}^r+\beta_V V_{2D}^r=29.05+0.8\times225.28=209.27kN$$

$$V_E^l=V_{1E}^l+\beta_V V_{2E}^l=30.69+0.7\times236.48=196.23kN$$

$$V_E^r=V_{1E}^r+\beta_V V_{2E}^r=30.78+0.7\times237.20=196.82kN$$

$$V_F^l=V_{1F}^l+\beta_V V_{2F}^l=28.96+0.8\times224.57=208.62kN$$

$$V_F^r=V_{1F}^r+\beta_V V_{2F}^r=26.02+0.8\times205.96=190.79kN$$

$$V_G^l=V_{1G}^l+\beta_V V_{2G}^l=23.72+0.7\times189.87=156.63kN$$

2) 验算受剪截面条件和构造配筋条件

$0.25f_cbh_0=0.25\times14.3\times300\times365=391.46kN$，故所有支座截面均满足受剪截面条件；

$0.7f_tbh_0 = 0.7 \times 1.43 \times 300 \times 365 = 109.61\text{kN}$，故所有支座截面均应按计算配置箍筋。

3）箍筋计算

①A 支座斜截面：$V_A = 126.17\text{kN}$

$\dfrac{A_{sv}}{s} = \dfrac{V_A - 0.7f_tbh_0}{f_{yv}h_0} = \dfrac{126170 - 109610}{270 \times 365} = 0.168$，选配 2 肢箍 $\phi8@200$，

$\dfrac{A_{sv}}{s} = \dfrac{101}{200} = 0.505$，且 $\rho_{sv} = \dfrac{A_{sv}}{bs} = \dfrac{101}{300 \times 200} = 0.00168 > \rho_{svmin} = 0.24\dfrac{f_t}{f_{yv}} = 0.24 \times \dfrac{1.43}{270}$

$= 0.00127$，满足要求。

②B 支座左截面：$V_B^l = 256.57\text{kN}$，

算出 $\dfrac{A_{sv}}{s} = 1.491$，选配 4 肢箍 $\phi8@130$，$\dfrac{A_{sv}}{s} = \dfrac{201}{130} = 1.546$，满足要求。

③B 支座右截面：$V_B^r = 192.69\text{kN}$，

算出 $\dfrac{A_{sv}}{s} = 0.843$，选配 4 肢箍 $\phi8@200$，$\dfrac{A_{sv}}{s} = \dfrac{201}{200} = 1.005$，满足要求。

④C 支座左截面：$V_C^l = 144.06\text{kN}$，

算出 $\dfrac{A_{sv}}{s} = 0.35$，选配 2 肢箍 $\phi8@200\left(\dfrac{A_{sv}}{s} = 0.505\right)$，满足要求。

⑤C 支座右截面：$V_C^r = 153.34\text{kN}$，

算出 $\dfrac{A_{sv}}{s} = 0.444$，选配 2 肢箍 $\phi8@200\left(\dfrac{A_{sv}}{s} = 0.505\right)$，满足要求。

⑥D 支座左截面：$V_D^l = 194.46\text{kN}$，

算出 $\dfrac{A_{sv}}{s} = 0.861$，选配 4 肢箍 $\phi8@200\left(\dfrac{A_{sv}}{s} = 1.005\right)$，满足要求。

⑦D 支座右截面：$V_D^r = 209.27\text{kN}$，

算出 $\dfrac{A_{sv}}{s} = 1.011$，选配 4 肢箍 $\phi8@190\left(\dfrac{A_{sv}}{S} = 1.058\right)$，满足要求。

⑧E 支座左、右截面：$V_E^l = 196.82\text{kN}$，

算出 $\dfrac{A_{sv}}{s} = 0.885$，选配 4 肢箍 $\phi8@200\left(\dfrac{A_{sv}}{s} = 1.005\right)$，满足要求。

⑨F 支座左截面：$V_F^l = 208.62\text{kN}$，

算出 $\dfrac{A_{sv}}{s} = 1.005$，选配 4 肢箍 $\phi8@200\left(\dfrac{A_{sv}}{s} = 1.005\right)$，满足要求。

⑩F 支座右截面：$V_F^r = 190.79\text{kN}$，

算出 $\dfrac{A_{sv}}{s} = 0.824$，选配 4 肢箍 $\phi8@200\left(\dfrac{A_{sv}}{s} = 1.005\right)$，满足要求。

⑪G 支座左、右截面：$V_G^l = 156.63\text{kN}$，

算出 $\dfrac{A_{sv}}{s} = 0.477$，选配 2 肢箍 $\phi8@200\left(\dfrac{A_{sv}}{s} = 0.505\right)$，满足要求。

（5）墙体计算与施工验算

1）墙体受剪承载力验算

柱上墙体内设构造柱，可不做此项验算。为说明验算墙体受剪承载力的过程，可取：$\xi_1 = 1.5$，有洞口 $\xi_2 = 0.9$；

$h = 240$，$h_b = 400$，$h_w = 2800$，$h_t = 220$（单位 mm）；$f = 1.89\text{N/mm}$；

$$\xi_1 \xi_2 \left(0.2 + \frac{h_b}{l_{0i}} + \frac{h_t}{l_{0i}} \right) f h h_w = 1.5 \times 0.9 \times \left(0.2 + \frac{0.40}{3.22} + \frac{0.22}{3.22} \right) \times 1.89 \times 240 \times 2800 =$$

$673.06\text{kN} > V_{2B}^L = 276.13\text{kN}$，满足要求。

2）托梁支座上部砌体局部受压承载力，因设构造柱，无需验算。

承重墙梁一般可不断施工阶段托梁承载力验算。

【**例 9-6**】 某七层商店——住宅的尺寸、材料和荷载均同例 9-5。其中⑥轴线为两跨有洞口框支墙梁，二层及以上墙体的ⓒⓓ轴线间开门洞 $b_h = 1200\text{mm}$，$h_h = 2200\text{mm}$，$a_i = 250\text{mm}$；托梁 $b_b = 300\text{mm}$，$h_b = 650\text{mm}$；框支柱 $b_c = h_c = 400\text{mm}$，柱上设构造柱 $b_{cc} = h_{cc} = 240\text{mm}$；每层均设圈梁 $b_t = 240\text{mm}$，$h_t = 220\text{mm}$，底层层高 3.9m，基础顶面标高 -1.15m。参见图 9-32。试进行该框支墙梁承载力计算。

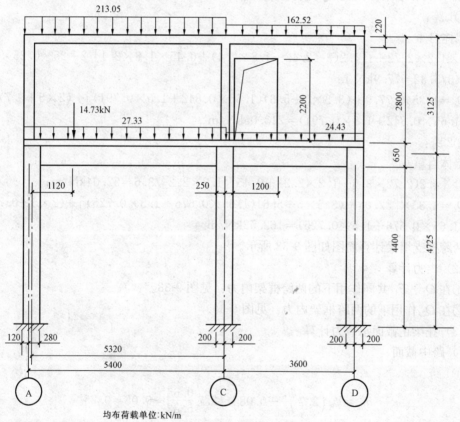

均布荷载单位:kN/m

图 9-32 两跨框支墙梁计算简图

【**解**】

（1）荷载计算

1）结构尺寸：$b = 300\text{mm}$，$h_b = 650\text{mm}$，$h_w = 2800\text{mm}$，$h_t = 220\text{mm}$；$l_{01} = 5320\text{mm}$，$l_{02} = 3600\text{mm}$；$H_0 = 2800 + \dfrac{650}{2} = 3125\text{mm}$；$H_{cn} = 3900 + 1150 - 650 = 4400\text{mm}$；

$$H_c = 4400 + \frac{650}{2} = 4725 \text{mm}.$$

2）作用在托梁顶面上的荷载设计值 Q_1：

托梁自重标准值 $25 \times 0.3 \times 0.65 + (0.3 + 2 \times 0.65) \times 0.015 \times 20 = 5.36 \text{kN/m}$

考虑由永久荷载效应控制的组合，对 1 跨：

$Q_1 = 1.35 \times [5.36 + 4.3 \times (1.65 \times 0.842 + 1.5 \times 0.791)] + 2 \times (1.65 \times 0.842 + 1.5 \times 0.791) = 27.33 \text{kN/m}$

$F_1 = 1.35 \times [4.2 \times (3 \times 2.72 - 1.8 \times 2.4) + 0.45 \times 1.8 \times 2.4]/2 + 1.35 \times 25 \times 0.25 \times 0.3 = 14.73 \text{kN}$；

对 2 跨：

$Q_1 = 1.35 \times [5.36 + 4.3 \times (1.65 \times 0.676 + 1.5 \times 0.725)] + 2 \times (1.65 \times 0.676 + 1.5 \times 0.725) = 24.43 \text{kN/m}$。

3）作用在墙梁顶面上的荷载设计值 Q_2：

①1 跨：

墙体自重

$6 \times 4.2 \times 2.72 + \{[4.2(3 \times 2.42 - 1.8 \times 2.4) + 0.45 \times 1.8 \times 2.4]/2 + 25 \times 0.25 \times 0.3 \times 1.5\} \times 5/5.32 = 77.9 \text{kN/m}$

$Q_2 = 1.35 \times [77.9 + (3.5 \times 5 + 5.6)(1.65 \times 0.842 + 1.5 \times 0.791)] + (2 \times 5 + 0.7)(1.65 \times 0.842 + 1.5 \times 0.791) = 213.05 \text{kN/m}$

②2 跨：

墙体自重

$6 \times [4.2(2.72 \times 3.6 - 1.2 \times 2.2) + 0.45 \times 1.2 \times 2.2]/3.6 = 52.04 \text{kN/m}$；

$Q_2 = 1.35 \times [52.04 + (3.5 \times 5 + 5.6)(1.65 \times 0.676 + 1.5 \times 0.725)] + (2 \times 5 + 0.7)(1.65 \times 0.676 + 1.5 \times 0.725) = 162.52 \text{kN/m}$。

两跨框支墙梁计算简图如图 9-32 所示。

（2）内力计算

①在 Q_1、F_1 共同作用下的两跨框架内力：见图 9-33。

②在 Q_2 作用下的两跨框架内力：见图 9-34。

（3）托梁正截面承载力计算

1）跨中截面

①1 跨：

$$\alpha_{Mi} = \psi_m \left(2.7 \frac{h_b}{l_{01}} - 0.08\right) = 2.7 \frac{0.65}{5.32} - 0.08 = 0.25$$

$$\eta_N = 0.8 + 2.6 \frac{h_w}{l_{01}} = 0.8 + 2.6 \frac{2.8}{5.32} = 2.168$$

$$M_{bi} = M_{11} + \alpha_{Mi} M_{21} = 63.35 + 0.25 \times 447.46 = 175.22 \text{kN·m}$$

$$N_{bt} = \eta_N \frac{M_{21}}{H_0} = 2.168 \frac{447.46}{3.125} = 310.43 \text{kN}$$

$$e_0 = \frac{M_{bi}}{N_{bt}} = \frac{175.22}{310.43} = 0.564 \text{m} > \frac{h_b}{2} - a_s = \frac{0.65}{2} - 0.035 = 0.29 \text{m}, \text{故为大偏心受拉构件；}$$

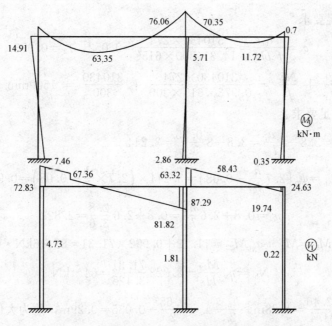

图 9-33　框架在 Q_1、F_1 共同作用下的内力

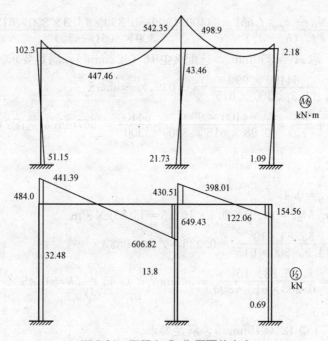

图 9-34　框架在 Q_2 作用下的内力

$$e = e_0 - \frac{h}{2} + a_s = 564 - \frac{650}{2} + 35 = 274\text{mm}$$

$$A'_s = \frac{N_{bt}e - \alpha_{smax}f_c bh_0^2}{f_y (h_0 - a'_s)} = \frac{310430 \times 274 - 0.399 \times 14.3 \times 300 \times 615^2}{300 \times (615 - 35)} < 0$$

按构造配筋，取 $A'_s = 0.002bh = 0.002 \times 300 \times 650 = 390\text{mm}^2$，选配 2 Φ 16

（402mm²），满足要求。

$$\alpha_s=\frac{N_{bt}e}{f_cbh_0^2}=\frac{310430\times274}{14.3\times300\times615^2}=0.052,\ \gamma_2=0.973$$

$$A_s=\frac{N_{bt}e}{\gamma_sh_0f_y}+\frac{N_{bt}}{f_y}=\frac{310430\times274}{0.973\times615\times300}+\frac{310430}{300}=1509mm^2，选配\ 4\ \Phi\ 22$$

（1520mm²），满足要求。

②2跨：$\psi_m=3.8-8\frac{a_i}{l_{02}}=3.8-8\frac{0.25}{3.6}=3.244$

$$\alpha_{Mi}=\psi_m\left(2.7\frac{h_b}{l_{02}}-0.08\right)=3.244\times\left(2.7\times\frac{1}{7}-0.08\right)=0.992$$

$$\eta_N=0.8+2.6\frac{h_w}{l_{01}}=0.8+2.6\frac{2.8}{3.6}=2.822$$

$$M_{bi}=M_{12}+\alpha_{Mi}M_{22}=11.72+0.992\times71.31=82.46kN\cdot m$$

$$N_{bt}=\eta_N\frac{M_{22}}{H_0}=2.822\frac{71.31}{3.125}=64.4kN$$

$$e_0=\frac{M_{bi}}{N_{bt}}=\frac{82.46}{64.4}=1.28m>\frac{h_b}{2}-a_s=\frac{0.65}{2}-0.035=0.29m，故为大偏心受拉构件；$$

$$e=e_0-\frac{h}{2}+a_s=1280-\frac{650}{2}+35=990mm$$

$$A_s'=\frac{N_{bt}e-\alpha_{smax}f_cbh_0^2}{f_y\ (h_0-a_s')}=\frac{64400\times990-0.399\times14.3\times300\times615^2}{300\times\ (615-35)}<0$$

按构造配筋，取 $A_s'=390mm^2$，选配 2 Φ 16（402mm²），满足要求。

$$\alpha_s=\frac{N_{bt}e}{f_cbh_0^2}=\frac{64400\times990}{14.3\times300\times615^2}=0.039,\gamma_s=0.98$$

$$A_s=\frac{N_{bt}e}{\gamma_sh_0f_y}+\frac{N_{bt}}{f_y}=\frac{64400\times990}{0.98\times615\times300}+\frac{64400}{300}=567mm^2，选配2\ \Phi\ 20（628mm^2），$$

满足要求。

2) 支座截面

①A 支座：$\alpha_{Mj}=0.4$

$M_{bj}=M_{1A}+\alpha_{Mj}M_{2A}=14.91+0.4\times102.3=55.83kN\cdot m$

$$\alpha_s=\frac{M_{bj}}{f_cbh_0^2}=\frac{55.83\times10^6}{14.3\times300\times615^2}=0.035,\ \gamma_s=0.983$$

$$A_s=\frac{M_{bj}}{\gamma_sh_0f_y}=\frac{55.83\times10^6}{0.983\times615\times300}=308mm^2<0.45\frac{f_t}{f_y}bh=0.45\times\frac{1.43}{300}\times300\times650$$

$=418mm^2$

选配 2 Φ 16，1 Φ 12（515mm²），满足要求。

②C 支座：$\alpha_{Mj}=0.75-\frac{a_i}{l_0}=0.75-\frac{0.25}{3.6}=0.68$

$M_{bj}=M_{1C}+\alpha_{Mj}M_{2C}=70.35+0.68\times498.9=409.6kN\cdot m$

$$\alpha_s=\frac{M_{bj}}{f_cbh_0^2}=\frac{409.6\times10^6}{14.3\times300\times590^2}=0.274,\ \gamma_s=0.836$$

$$A_s=\frac{M_{bj}}{\gamma_sh_0f_y}=\frac{409.6\times10^6}{0.836\times590\times300}=2768mm^2，选配\ 4\ \Phi\ 22，4\ \Phi\ 20（2776mm^2），满足$$

要求。

③D 支座：$\alpha_{Mj} = 0.68$

$M_{bj} = M_{1D} + \alpha_{MJ} M_{2D} = 0.7 + 0.68 \times 2.18 = 2.18 \text{kN} \cdot \text{m}$

弯矩很小，按构造配筋，选配 2Φ16，1Φ12。

（4）托梁斜截面受剪承载力计算

1）支座边剪力设计值

$V_A = V_{1A} + \beta_V V_{2A} = 67.36 + 0.6 \times 441.39 = 332.19 \text{kN}$

$V_C^l = V_{1C}^l + \beta_V V_{2C}^l = 81.82 + 0.7 \times 606.82 = 505.59 \text{kN}$

$V_C^r = V_{1C}^r + \beta_V V_{2C}^r = 58.43 + 0.8 \times 398.01 = 376.84 \text{kN}$

$V_D = V_{1D} + \beta_V V_{2D} = 19.74 + 0.7 \times 122.06 = 105.18 \text{kN}$

2）验算受剪截面条件和构造配箍条件

$0.25 f_c b h_0 = 0.25 \times 14.3 \times 300 \times 615 = 659.59 \text{kN}$，故所有支座截面均满足受剪截面条件；

$0.7 f_t b h_0 = 0.7 \times 1.43 \times 300 \times 615 = 184.68 \text{kN}$，除 D 支座斜截面按构造配置箍筋以外，其余支座均按计算配置箍筋。

3）箍筋计算

①A 支座斜截面：$V_A = 332.19 \text{kN}$，$h_0 = 615 \text{mm}$；

$\dfrac{A_{SV}}{S} = \dfrac{V_A - 0.7 f_t b h_0}{f_{yv} h_0} = \dfrac{332190 - 184680}{270 \times 615} = 0.888$，选配 4 肢箍 $\phi 8 @ 220$，

$\dfrac{A_{SV}}{S} = \dfrac{201}{220} = 0.914$，且 $\rho_{SV} = \dfrac{A_{SV}}{bs} = \dfrac{201}{300 \times 220} = 0.00305 > \rho_{SVmin} = 0.24 \dfrac{f_t}{f_{yv}} = 0.24 \times$

$\dfrac{1.43}{270} = 0.00127$，满足要求。

②C 支座左截面，$V_C^l = 505.59 \text{kN}$，$h_0 = 590 \text{mm}$；

算出 $\dfrac{A_{SV}}{S} = 2.015$，选配 4 肢箍 $\phi 8 @ 100$，$\dfrac{A_{SV}}{S} = 2.01$，满足要求。

③C 支座右截面：$V_C^r = 376.84 \text{kN}$，$h_0 = 590 \text{mm}$；

算出 $\dfrac{A_{SV}}{S} = 1.206$，选配 4 肢箍 $\phi 8 @ 160$，$\dfrac{A_{SV}}{S} = 1.256$，满足要求。

（5）框支柱承载力计算

1）纵向连续托梁传来的轴向力设计值

A 柱附加轴力：$N_A = 51.13 + 338.64 = 389.77 \text{kN}$

C 柱附加轴力：$N_C = 52.97 + 439.16 = 492.13 \text{kN}$

D 柱附加轴力：$N_D = 50.96 + 187.51 = 238.47 \text{kN}$

2）A 柱正截面承载力计算

$M_C = M_{1C} + M_{2C} = 14.91 + 102.3 = 117.21 \text{kN} \cdot \text{m}$，估计为大偏心受压构件，故取 $\eta_N = 1.0$；

$N_C = N_{1C} + \eta_N N_{2C} + N_A = 72.83 + 484 + 389.77 = 946.6 \text{kN}$，取 $N = N_c = 946.6 \text{kN}$，柱采用对称配筋，

$a_s = a_s' = 40 \text{mm}$，$h_0 = 360 \text{mm}$，$l_0 = 1.0 H_c = 4.725 \text{m}$，$e_a = 20 \text{mm}$，

按《混凝土结构设计规范》[9-4]6.2.4条考虑框支柱的二阶效应：

$$C_{\mathrm{m}} = 0.7 + 0.3\frac{M_1}{M_2} = 0.7 + 0.3 \times 0.5 = 0.85,$$

$$\zeta_{\mathrm{c}} = \frac{0.5 f_{\mathrm{c}} A}{N} = \frac{0.5 \times 14.3 \times 400^2}{946600} = 1.209 > 1.0, \text{取}\ k_{\mathrm{c}} = 1.0,$$

$$\eta_{\mathrm{ns}} = 1 + \frac{1}{1300\left[\dfrac{\dfrac{M_{\mathrm{c}}}{N} + e_{\mathrm{a}}}{h_0}\right]}\left(\frac{l_{\mathrm{c}}}{h}\right)^2 \zeta_{\mathrm{c}} = 1 + \frac{1}{1300 \times \left[\dfrac{\dfrac{117.21 \times 10^6}{946600} + 20}{360}\right]} \times \left(\frac{4.725}{0.4}\right)^2 = 1.269$$

$$M = C_{\mathrm{m}}\eta_{\mathrm{ns}}M_{\mathrm{c}} = 0.85 \times 1.269 \times 117.21 = 126.4\text{kN} \cdot \text{m}$$

$$e_{\mathrm{o}} = \frac{M}{N} = \frac{126.4 \times 10^6}{946600} = 133.5\text{mm}$$

$$e_i = e_{\mathrm{o}} + e_{\mathrm{a}} = 133.5 + 20 = 154\text{mm},$$

$$e = e_i + \frac{h}{2} - a_{\mathrm{s}} = 154 + \frac{400}{2} - 40 = 314\text{mm},$$

$$N_{\mathrm{b}} = \xi_{\mathrm{b}} f_{\mathrm{c}} b h_0 = 0.55 \times 14.3 \times 400 \times 360 = 1132.56\text{kN} > N$$

$$= 946.6\text{kN}，\text{故为大偏心受压构件。}$$

$$\xi = \frac{N_{\mathrm{c}}}{\alpha_1 f_{\mathrm{c}} b h_0} = \frac{946600}{14.3 \times 400 \times 360} = 0.46 < \xi_{\mathrm{b}} = 0.55,$$

$$A'_{\mathrm{s}} = A_{\mathrm{s}} = \frac{Ne - \alpha_1 f_{\mathrm{c}} b h_0^2 \xi(1 - 0.5\xi)}{f'_{\mathrm{y}}(h_0 - a'_{\mathrm{s}})}$$

$$= \frac{946600 \times 314 - 14.3 \times 400 \times 360^2 \times 0.46(1 - 0.5 \times 0.46)}{300 \times (360 - 40)}$$

$$= 361\text{mm}^2，\text{选配}\ 3\,\boldsymbol{\Phi}\,16(603\text{mm}^2)$$

另向加配1$\boldsymbol{\Phi}$16构造钢筋，全截面8$\boldsymbol{\Phi}$16（1608mm²），$\rho = 1.01\% > 0.6\%$；由于剪力很小，按构造配箍筋ϕ8@200；满足要求。

3）C柱正截面承载力计算

$M_{\mathrm{C}} = M_{\mathrm{1C}} + M_{\mathrm{2C}} = 5.71 + 43.46 = 49.17\text{kN} \cdot \text{m}$；

$N_{\mathrm{C}} = N_{\mathrm{1C}} + N_{\mathrm{2c}} + N_{\mathrm{c}} =$（87.29 + 63.32）+（649.43 + 430.51）+ 492.13 = 1722.68kN $> N_{\mathrm{b}} = 1148.29$kN，柱采用对称配筋，故为小偏心受压构件；取 $N = 1722.68$kN，$e_{\mathrm{a}} = 20$mm

$$C_{\mathrm{m}} = 0.7 + 0.3\frac{M_1}{M_2} = 0.7 + 0.3 \times 0.5 = 0.85,$$

$$\zeta_{\mathrm{c}} = \frac{0.5 f_{\mathrm{c}} A}{N} = \frac{0.5 \times 14.3 \times 400^2}{1722680} = 0.664,$$

$$\eta_{\mathrm{ns}} = 1 + \frac{1}{1300\dfrac{\dfrac{M_{\mathrm{c}}}{N} + e_{\mathrm{a}}}{h_0}}\left(\frac{l_{\mathrm{c}}}{h}\right)^2 \zeta_{\mathrm{c}} = 1 + \frac{1}{1300 \times \dfrac{\dfrac{49.17 \times 10^6}{1722680} + 20}{360}}$$

$$\times \left(\frac{4.725}{0.4}\right)^2 \times 0.664 = 1.529$$

$$M = C_{\mathrm{m}}\eta_{\mathrm{ns}}M_{\mathrm{c}} = 0.85 \times 1.529 \times 49.17 = 63.9\text{kN} \cdot \text{m},$$

$$e_o = \frac{M}{N} = \frac{63.9 \times 10^6}{1722680} = 37.1\text{mm},$$

$$e_i = e_o + e_a = 37.1 + 20 = 57\text{mm},$$

$$e = e_i + \frac{h}{2} - a_s = 57 + \frac{400}{2} - 40 = 217\text{mm},$$

$$\xi = \frac{N - \xi_b f_c b h_0}{\dfrac{Ne - 0.43\alpha_1 f_c b h_0^2}{(0.8 - \xi_b)(h_0 - a_s')} + \alpha_1 f_c b h_0} + \xi_b$$

$$= \frac{1722680 - 0.55 \times 14.3 \times 400 \times 360}{\dfrac{1722680 \times 217 - 0.43 \times 14.3 \times 400 \times 360^2}{(0.8 - 0.55) \times (360 - 40)} + 14.3 \times 400 \times 360} + 0.55 = 0.765$$

$$A_s' = A_s = \frac{Ne - \xi(1 - 0.5\xi)\alpha_1 f_c b h_0^2}{f_y'(h_0 - a_s^l)}$$

$$= \frac{1722680 \times 217 - 0.765 \times (1 - 0.5 \times 0.765) \times 14.3 \times 400 \times 360^2}{300 \times (360 - 40)} = 246\text{mm}^2, \text{ 选}$$

配 3 Φ 16（603mm²），另向增配 1 Φ 16；全截面 8 Φ 16（1608mm²），$\rho = 1.01\% > 0.6\%$；由于剪力很小，按构造配箍筋 ϕ8@200；满足要求。

4）D柱正截面承载力计算

$$M_C = M_{1C} + M_{2C} = 0.7 + 2.18 = 2.88\text{kN} \cdot \text{m};$$

$N_C = N_{1C} + N_{2C} + N_D = 24.63 + 154.56 + 238.47 = 417.66\text{kN} < N_b = 1132.56\text{kN}$，故为大偏心受压构件；

取 $N = 417.66\text{kN}$，$e_a = 20\text{mm}$：

$$C_m = 0.7 + 0.3\frac{M_1}{M_2} = 0.7 + 0.3 \times 0.5 = 0.85,$$

$$\zeta_c = \frac{0.5 f_c A}{N} = \frac{0.5 \times 14.3 \times 400^2}{417660} = 2.739 > 1.0, \text{ 取 } \zeta_c = 1.0;$$

$$\eta_{ns} = 1 + \frac{1}{1300\dfrac{\dfrac{M_c}{N} + e_a}{h_0}}\left(\frac{l_c}{h}\right)^2 \zeta_c = 1 + \frac{1}{1300 \times \dfrac{\dfrac{2.88 \times 10^6}{417660} + 20}{360}} \times \left(\frac{4.725}{0.4}\right)^2 = 2.437$$

$$M = C_m \eta_{ns} M_c = 0.85 \times 2.437 \times 2.88 = 5.966\text{kN} \cdot \text{m}$$

$$e_0 = \frac{M_c}{N_c} = \frac{5.966 \times 10^6}{417660} = 14.3\text{mm}$$

$$e_i = e_0 + e_a = 14.3 + 20 = 34.3\text{mm},$$

$$e = e_i + \frac{h}{2} - a_s = 34.3 + \frac{400}{2} - 40 = 194\text{mm}$$

$$\xi = \frac{N_c}{\alpha_1 f_c b h_0} = \frac{417660}{14.3 \times 400 \times 360} = 0.203 < \xi_b = 0.55$$

$$A_s' = A_s = \frac{Ne - \alpha_1 f_c b h_0^2 \xi(1 - 0.5\xi)}{f_y'(h_0 - a_s^l)}$$

$$= \frac{417660 \times 194 - 14.3 \times 400 \times 360^2 \times 0.203 \times (1 - 0.5 \times 0.203)}{300 \times (360 - 40)} < 0$$

$A'_s = A_s = 0.45 \times \dfrac{f_t}{f_y} bh = 0.45 \times \dfrac{1.43}{300} \times 400^2 = 343\text{mm}^2$ ，选配 3 Φ 14 （461mm²），

另向增配 1 Φ 14；总配筋 8 Φ 14 （1231mm²）大于整个截面最小配筋 0.006bh＝0.006×400²＝960mm²；由于剪力很小，按构造配箍筋 φ8@200；满足要求。

（6）墙体承载力验算

1）墙体受剪承载力计算

墙梁框支柱上墙体设构造柱（截面 240mm×240mm），可不验算墙体受剪承载力。为说明验算过程，做以下计算：

$f = 1.89\text{N/mm}^2$，$\xi_1 = 1.5$，C 支座左 $\xi_2 = 1.0$，C 支座右 $\xi_2 = 0.9$；

①C 支座左截面

$$V^l_{c2} = 606.82\text{kN} < \xi_1 \xi_2 \left(0.2 + \frac{h_b}{l_{01}} + \frac{h_t}{l_{01}} \right) fhh_w$$

$$= 1.5 \times \left(0.2 + \frac{0.65}{5.32} + \frac{0.22}{5.32} \right) \times 1.89 \times 240 \times 2800 = 692.58\text{kN}$$

满足要求。

②C 支座右截面

$$V^r_{c2} = 398.01\text{kN} < \xi_1 \xi_2 \left(0.2 + \frac{h_b}{l_{01}} + \frac{h_t}{l_{01}} \right) fhh_w$$

$$= 1.5 \times 0.9 \times \left(0.2 + \frac{0.65}{3.6} + \frac{0.22}{3.6} \right) \times 1.89 \times 240 \times 2800$$

$$= 757.29\text{kN}，满足要求。$$

2）由于柱上墙体设构造柱，无需验算托梁支座上部砌体局压承载力。承重墙梁一般可不做施工阶段托梁承载力验算。

第六节 构 造 要 求

墙梁应符合下列构造要求：

一、材料和一般规定

（1）托梁和框支柱的混凝土强度等级不应低于 C30。

（2）纵向受力钢筋宜采用 HRB400、HRBF400、HRB500、HRBF500 钢筋，也可采用 HRB335、HRBF335、HPB300 钢筋。

（3）箍筋宜采用 HRB400、HRBF400、HPB300、HRB500、HRBF500 钢筋，也可采用 HRB335、HRBF335 钢筋。

（4）承重墙梁的块体强度等级不应低于 MU10，计算高度范围内墙体的砂浆强度等级不应低于 M10（Mb10）；其余墙体和自承重墙梁墙体砂浆强度等级不应低于 M5。

（5）设置框支墙梁的砌体房屋，以及设有承重的简支或连续墙梁的房屋，应满足刚性方案房屋的要求。

（6）当墙梁的跨度较大或荷载较大时，宜采用框支墙梁。

二、墙体

(1) 墙梁的计算高度范围内的墙体厚度，对砖砌体不应小于 240mm，对混凝土砌块砌体不应小于 190mm。

(2) 墙梁洞口上方应设置混凝土过梁，其支承长度不应小于 240mm；洞口范围内不应施加集中荷载。

(3) 承重墙梁的支座处应设置落地翼墙，翼墙厚度，对砖砌体不应小于 240mm，对混凝土砌块砌体不应小于 190mm，翼墙宽度不应小于墙梁墙体厚度的 3 倍，并与墙梁墙体同时砌筑。当不能设置翼墙时，应设置落地且上、下贯通的混凝土构造柱。

(4) 当墙梁的墙体的受剪或局部受压承载力不满足时，可采用网状配筋砌体或加设构造柱。网状配筋砌体的范围为：从支座中线起每边 $0.4h_w$，从托梁顶面起高 $0.6h_w$。

(5) 当墙梁墙体在靠近支座 $\frac{1}{3}$ 跨度范围内开洞时，支座处应设置落地且上、下贯通的构造柱，并应与每层现浇混凝土圈梁连接。

(6) 墙梁计算高度范围内的墙体，每天可砌高度不应超过 1.5m，否则，应加设临时支撑。

(7) 承重墙梁的托梁如现浇时，必须在混凝土达到设计强度等级的 75%、梁上砌体砂浆达到比设计强度等级低一级的强度时，方可拆除模板支撑。

(8) 通过墙梁墙体的施工临时通道的洞口宜开在跨中 $l_0/3$ 范围内，其高度不应大于层高的 5/6，并预留水平拉接钢筋。

(9) 冬期施工时，托梁下应设置临时支撑，在墙梁计算高度范围内的墙体强度达到设计强度的 75% 以前，不得拆除。

三、托梁

(1) 设置墙梁的房屋的托梁两侧各两个开间的楼盖应采用现浇混凝土楼盖，楼板厚度不应小于 120mm，当楼板厚度大于 150mm 时，应采用双层双向钢筋网，楼板上应少开洞，洞口尺寸大于 800mm 时应设洞口边梁。

(2) 托梁每跨底部的纵向受力钢筋应通长设置，不得在跨中段弯起或截断。钢筋连接应采用机械连接或焊接。

(3) 托梁跨中截面纵向受力钢筋总配筋率不应小于 0.6%。

(4) 托梁上部通长布置的纵向钢筋面积不应小于跨中下部纵向钢筋面积的 40%。连续墙梁或多跨框支墙梁的托梁中间支座上部附加纵向钢筋从支座边算起每边的延伸长度不应小于 $l_0/4$。

(5) 承重墙梁托梁在砌体墙、柱上的支承长度不应小于 350mm。纵向受力钢筋伸入支座应符合受拉钢筋的锚固要求。

(6) 当托梁高度 $h_b \geqslant 450mm$ 时，应沿梁截面高度设置通长水平腰筋，其直径不应小于 12mm，间距不应大于 200mm。

(7) 对于偏置洞口的墙梁，其

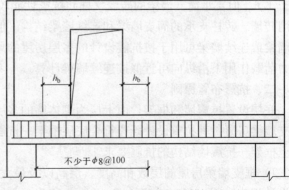

图 9-35　偏开洞时托梁箍筋加密区

托梁应按图 9-35 所示的范围加密箍筋，箍筋直径不应小于 8mm，间距不应大于 100mm。

第七节 框支墙梁抗震

一、墙梁的抗震性能

88 规范没有规定墙梁抗震设计，《建筑抗震设计规范》GBJ11—89 的底层框架砖房抗震设计也未考虑墙梁组合作用，限制了墙梁在地震设防区的广泛应用。1988 年以来，墙梁专题组进行了框支墙梁在水平地震作用下的拟静力试验和框支墙梁房屋模型的震动台试验，收集了国内研究试验成果，包括国家地震局工程力学研究所、中国建研院抗震所、同济大学、西安建筑科技大学、哈尔滨建筑大学、大连理工大学等所进行的 30 余个框支墙梁的拟静力试验和 8 个房屋模型的震动台试验和拟动力试验，调查总结了近 10 年来国内的工程经验[9-20][9-21][9-24][9-32]~[9-36]。01 规范在遵守《建筑抗震设计规范》GB50011—2001 有关规定的基础上，补充了框支墙梁的抗震设计条文[9-2][9-30]。

拟静力试验表明，框支墙梁在竖向荷载作用下由于墙体斜裂缝的出现与开展，由框支组合深梁变为框支组合拱受力体系。在水平低周反复荷载作用下，其墙体斜裂缝的走向和竖向荷载下斜裂缝的走向基本一致，即水平作用对框支墙梁的竖向荷载按组合拱体系传力影响很小。在水平低周反复荷载作用下，托梁端部形成塑性铰，墙体发生沿交叉阶梯形斜裂缝或部分水平通缝的剪切破坏（包括一些构造柱剪坏），如图 9-36 所示。框支墙梁在水平低周反复荷载作用下发生剪切破坏以后，只要裂而不倒，仍能继续承担较大的竖向荷载（为竖向恒定荷载的 1.4~2.3 倍，平均 1.8 倍以上），仍具有相当的墙梁组合作用。底层设置一定数量抗震墙的框支墙梁房屋模型震动台试验表明，地震破坏仍为底层抗震墙和上层构造柱约束砌体墙形成交叉斜裂缝的剪切破坏和底层框架柱的弯曲破坏；水平地震作用使托梁增加的附加应力很小，未发生大的裂缝，故对竖向荷载下的墙梁组合作用影响不大。设置框支墙梁的房屋完全能满足抗震设防三水准的要求，其抗震性能甚至优于同样层数的设置构造柱和圈梁的多层砌体房屋。因此框支墙梁用于抗震设防区是可靠的，底层框架砖房抗震设计考虑墙梁组合作用是可行的。

新砌体结构规范在遵守新抗震规范有关规定的基础上，在 10.4 底部框架——抗震墙砌体房屋抗震构件中继续列入了框支墙梁抗震设计条文。[9-3][9-31]

华南理工大学作过 9 个简支墙梁抗震试验，受剪承载力实测值与现行规范计算值之比大于 1.6。但支承简支墙梁的砖墙（柱）抗震性能较差。故在抗震设防区，多层房屋不得采用砖墙、砖柱支承的简支墙梁和连续墙梁结构。但支承在砌体墙、柱或混凝土梁上的简支墙梁或连续墙梁可用于按抗震设计的多层房屋的局部部位。采用框支墙梁的多层房屋在重力荷载作用下沿纵向可近似按连续墙梁计算。

二、抗震布置原则

底层设置抗震墙和框架，而上层为砌体墙的多层房屋，若考虑墙梁组合作用亦可称为框支墙梁房屋。其抗震设计既应符合底层框架—抗震墙砌体结构的抗震要求，还应符合混凝土框架—抗震墙结构的抗震要求。[9-3][9-4][9-31]

1）框支墙梁房屋的层数和高度、层高以及最大高宽比应符合现行国家标准《建筑抗震设计规范》GB 50011 中 7.1.2、7.1.3 和 7.1.4 的要求。

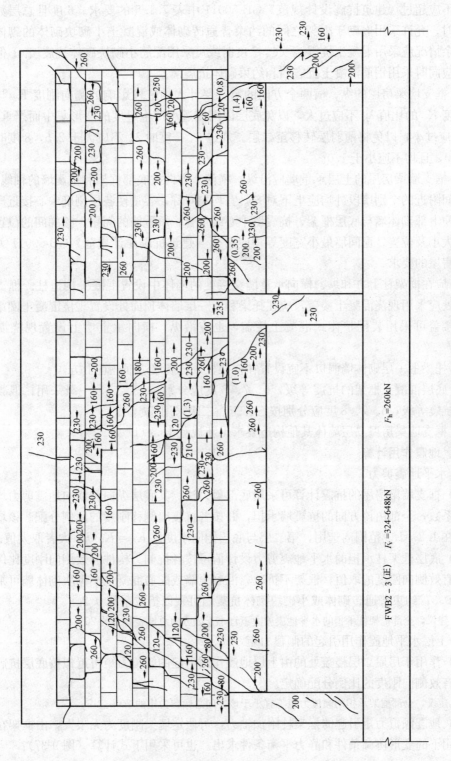

图 9-36　框支墙梁在水平低周反复荷载作用下的破坏裂缝图

2）框支墙梁房屋的底层应沿纵向和横向设置一定数量的抗震墙，且应均匀对称布置。其间距不应超过《建筑抗震设计规范》GB 50011 中表 7.1.5 的要求。6 度且总层数不超过四层时，允许采用嵌砌于框架之间的约束普通砖砌体或混凝土小砌块砌体的砌体抗震墙；其余情况应采用混凝土抗震墙（6、7 度时或可采用配筋小砌块砌体抗震墙）。但同一方向不应同时采用钢筋混凝土抗震墙和约束砌体抗震墙。

3）框支墙梁房屋的纵、横两个方向的第二层计入构造柱影响的侧向刚度 K_2 与底层侧向刚度 K_1 的比值 λ_K 不应过大，以免底层因刚度过小产生过度的变形集中而严重破坏；λ_K 也不应过小，以免将薄弱层转移至二层。规定 6、7 度时 λ_K 不应大于 2.5，8 度时不应大于 2.0，且均不应小于 1.0。

4）框支墙梁房屋的上层承重墙应沿纵、横两个方向按底部框架和抗震墙的轴线布置，除楼梯间附近的个别墙段外均应上下对齐，宜均匀对称，容量使各层刚度中心接近质量中心。宜使上部砌体墙与底层框架、抗震墙中心线重合。承重墙的间距、楼梯间的位置、墙体洞口大小及位置、窗间墙最小宽度等均应符合《建筑抗震设计规范》GB 50011 关于多层砌体房屋的要求。

5）应在框架柱上方和纵、横向承重墙交接处的墙体中设置混凝土构造柱。框支墙梁的托梁处应采用现浇混凝土楼盖，应在托梁和上一层墙体顶面处设置现浇混凝土圈梁。其余各层楼盖可采用装配整体式混凝土楼盖，也应沿纵、横向承重墙上设置现浇混凝土圈梁。

6）托梁上一层砌体墙洞口不宜设置在框架柱或抗震墙边框柱正上方。

7）底层混凝土框架的抗震等级，6、7、8 度应分别按三、二、一级采用；混凝土抗震墙的抗震等级，6、7、8 度应分别按三、三、二级采用。

8）框支墙梁房屋二层墙体其他构造要求见新规范 10.4.11 条。

三、地震作用计算

1）水平地震剪力

（1）框支墙梁房屋的抗震计算可采用底部剪力法。其底层纵向和横向地震剪力均应乘以增大系数，全部由该方向的抗震墙承担，并按各抗震墙侧移刚度的比例分配。该增大系数允许在 1.2～1.5 范围内选用，第二层与底层侧向刚度比 $K_K = K_2/K_1$ 大者取大值。

（2）底层框架柱承担的水平地震剪力设计值可按各抗侧力构件有效侧向刚度比例分配确定；有效侧向刚度的取值，框架不折减；混凝土墙或配筋混凝土小砌块砌体墙可乘以折减系数 0.3；约束普通砖砌体或小砌块砌体抗震墙可乘以折减系数 0.2。

注：建议，全部框架柱承担的水平地震剪力不宜小于该方向总地震剪力的 20%。

2）上层水平地震作用引起的倾覆力矩

（1）作用于房屋二层楼盖处的由上层地震作用引起的倾覆力矩可近似按底层抗震墙和框架的有效侧向刚度的比例分配确定。

注：建议，全部框架承担的倾覆力矩不宜小于该方向总倾覆力矩的 20%。

（2）地震倾覆力矩引起的框架柱附加轴力，可假定墙梁刚度为无限大，由框架在倾覆力矩作用下的变形协调条件和静力平衡条件求出。也可采用下式计算（图 9-37）：

$$N_E = \pm \frac{M_f x_i}{\sum A_i x_i^2} A_i \tag{9-17}$$

式中 M_f——底层一榀钢筋混凝土框架承
担的倾覆力矩；

N_E——由倾覆力矩 M_f 产生的框架
柱附加轴力；

x_i——框架中第 i 根柱轴线到所有
框架柱总截面中和轴的
距离；

A_i——框架中第 i 根柱水平截面
面积。

3) 当抗震墙之间楼盖长宽比大于 2.5
时，框架柱各轴线承担的地震剪力和轴向
力，尚应计入楼盖平面内变形的影响。

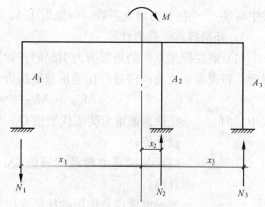

图 9-37　框架柱附加轴力计算简图

四、截面抗震验算

1) 重力荷载代表值及其效应

(1) 重力荷载代表值，包括托梁顶面的 Q_{1E}、F_{1E} 和墙梁顶面的 Q_{2E}，应按《建筑抗震设计规范》GB 50011 中 5.1.3 的有关规定计算。不得另行折减。

(2) 由重力荷载代表值产生的框支墙梁托梁内力应按本书第九章的有关规定计算。但托梁弯矩系数 α_M、剪力系数 β_V 应予增大；当抗震等级为一级时，增大系数：取为 1.15；当为二级时，取为 1.10；当为三级时，取为 1.05。

2) 框架柱抗震承载力计算

(1) 计算底层框架承担的地震剪力引起的柱端弯矩时，可取柱的反弯点距柱底为 0.55 倍柱高。同时应按公式 (9-17) 计算由上层地震倾覆力矩 M_f 产生的框架柱附加轴力；并与重力荷载代表值引起的框架柱内力进行组合。按混凝土偏心受压构件进行框架柱正截面抗震承载力验算。其弯矩 M_{CE} 和轴力 N_{CE} 可按下列公式计算后，M_{CE} 应乘以柱端弯矩增大系数 η_c，对柱上端和柱下端抗震等级为一级取 1.5，二级取 1.25，三级取 1.15。

$$M_{CE} = M_{1CE} + M_{2CE} + V_c y_c \tag{9-18}$$

$$N_{CE} = N_{1CE} + \eta_N N_{2CE} \pm N_E \tag{9-19}$$

式中 M_{1CE}、N_{1CE}——托梁顶面重力荷载代表值 Q_{1E}、F_{1E} 作用下按框架分析的柱弯矩、轴力设计值；

M_{2CE}、N_{2CE}——墙梁顶面重力荷载代表值 Q_{2E} 作用下按框架分析的柱弯矩、轴力设计值；

V_c——框架柱承担的地震剪力；

N_E——框架承担的倾覆力矩 M_f 引起的附加轴力，可按公式 (9-17) 计算；

y_c——反弯点距离，对柱顶截面取 $0.45H_c$，对柱底截面取 $0.55H_c$。

(2) 底层框架承担的地震剪力和柱附加轴力应与重力荷载代表值引起的内力组合，按压剪构件进行框架柱斜截面抗震承载力验算。其轴力 N_{CE} 可按公式 (9-19) 计算，其剪力 V_{CE} 可按下式计算：

$$V_{CE} = \eta_{VC} \left(\frac{1.5 M_{1CE} + 1.6 M_{2CE}}{H_c} + V_c \right) \tag{9-20}$$

式中 η_{VC}——柱剪力增大系数，一级取 1.4，二级取 1.2，三级取 1.1。

3）托梁抗震承载力计算

（1）底层框架承担的地震剪力引起的托梁支座弯矩，应与重力荷载代表值引起的弯矩组合，按混凝土受弯构件进行托梁正截面抗震承载力验算。其弯矩 M_{bjE} 可按下式计算：

$$M_{bjE} = M_{1jE} + \alpha_{Mj} M_{2jE} + M_{jE} \tag{9-21}$$

式中 M_{1jE}——托梁顶面重力荷载代表值 Q_{1E}、F_{1E} 作用下按框架分析的托梁支座截面弯矩设计值；

M_{2jE}——墙梁顶面重力荷载代表值 Q_{2E} 作用下按框架分析的托梁支座截面弯矩设计值；

α_{Mj}——考虑墙梁组合作用的托梁支座弯矩系数，应按本书第九章的规定采用，但对一级、二级和三级抗震等级应分别乘以 1.15、1.10 和 1.05 的增大系数；

M_{jE}——框架地震剪力引起的托梁支座截面弯矩设计值。

（2）底层框架承担的地震剪力引起的托梁支座截面剪力，应与重力荷载代表值引起的剪力组合，按混凝土受弯构件进行斜截面抗震承载力验算。其剪力 V_{bjE} 可按下式计算：

$$V_{bjE} = V_{1jE} + \beta_V V_{2jE} + \eta_{Vb} \frac{M_{jE} + M_{(j+1)E}}{l_{oi}} \tag{9-22}$$

式中 V_{1jE}——托梁顶面重力荷载代表值 Q_{1E}、F_{1E} 作用下按框架分析的托梁 j 支座截面剪力设计值；

V_{2jE}——墙梁顶面重力荷载代表值 Q_{2E} 作用下按框架分析的托梁 j 支座截面剪力设计值；

β_V——考虑墙梁组合作用的托梁剪力系数，应按本书第九章的规定采用，但对一级、二级和三级抗震等级应分别乘以 1.15、1.10 和 1.05 的增大系数；

M_{jE}、$M_{(j+1)E}$——分别为地震剪力引起的托梁 j 支座截面和 $(j+1)$ 支座截面的弯矩设计值；

η_{Vb}——梁端剪力增大系数，一级取 1.3，二级取 1.2，三级取 1.1。

4）抗震墙抗震承载力计算

（1）底层混凝土抗震墙应计算其承担的地震剪力所产生的弯矩和剪力，并与重力荷载代表值引起的内力进行组合。按混凝土偏心受压或偏心受拉构件进行截面抗震承载力验算。[9-4][9-31]

（2）底层嵌砌于框架之间的砌体抗震墙的抗震承载力，应按本书第十一章的有关规定进行验算。

（3）框支墙梁房屋上部砌体抗震墙的抗震承载力，应按本书第十一章的有关规定验算，但在计算公式右边应乘以降低系数 0.9。

五、抗震构造措施

1）材料的最低强度等级

（1）框架柱、抗震墙和托梁的混凝土强度等级不应低于 C30；

（2）托梁上一层墙体块材强度等级不应低于 MU10，砂浆强度等级不应低于 M10

（Mb10），其余墙体的砂浆强度等级不应低于 M5。

2）构造柱、圈梁和楼盖

（1）应在框支墙梁房屋的框架柱的上方的墙体和纵、横墙交接处设置混凝土构造柱，并应符合下列要求：

①构造柱截面不宜小于 240mm×240mm（墙厚 190mm 时为 240mm×190mm），纵向钢筋不宜少于 $4\phi14$，箍筋间距不宜大于 200mm；第二层墙体构造柱的纵向钢筋 6、7 度时不宜少于 $4\phi16$，8 度时不宜少于 $4\phi18$。

②构造柱必须与每层圈梁连接。构造柱纵筋应穿过圈梁主筋，保证上、下贯通。当构造柱设置在无横墙的进深梁墙垛处时，应与进深梁可靠连接。

③构造柱纵向钢筋应锚固在底层框架或抗震墙内。当锚固在托梁内时应对托梁相应位置予以加强，均应满足锚固长度的要求。

④墙与构造柱连接应砌成马牙槎，每一马牙槎的高度不宜超过 300mm。应从每层柱脚开始砌墙，先退后进，且应沿墙高每 500mm 设置 $2\phi6$ 拉结钢筋。每边伸入墙内不应小于 1m。

（2）框支墙梁房屋托梁处的楼层应采用现浇混凝土楼盖，板厚不应小于 120mm，当板厚大于 150mm 时，宜采用双层双向钢筋网；并应少开洞，开小洞；当洞口尺寸大于 800mm 时，应设洞边梁。应在托梁和上一层墙体顶面标高处的纵、横承重墙上设置现浇混凝土圈梁。

（3）其他楼层可采用装配整体式楼盖，也应沿纵、横承重墙设置现浇混凝土圈梁。

（4）上层墙体采用小砌块砌体或配筋混凝土小砌块砌体的构造要求详见本书第十一章。

3）托梁

（1）托梁的截面宽度不应小于 300mm，截面高度不应小于跨度的 1/10，且不宜大于跨度的 1/7；净跨不宜小于截面高度的 4 倍；当墙体在梁端附近有洞口时，梁截面高度不宜小于跨度的 1/8，且不宜大于跨度的 1/6；

（2）托梁每跨底部纵向钢筋应通长设置，不得在跨中弯起或截断，伸入支座锚固长度不应小于受拉钢筋最小锚固长度 l_{aE}，且伸过中心线不应小于 $5d$；钢筋应采用机械连接或焊接接头，不得采用搭接接头；托梁上部纵向钢筋应贯穿中间节点，其在端节点的弯折锚固水平投影长度不应小于 $0.4l_{aE}$，垂直投影长度不应小于 $15d$；

（3）托梁截面受压区高度应符合的要求，对一级抗震等级 $x \leqslant 0.25h_0$，对二、三级抗震等级 $x \leqslant 0.35h_0$；受拉钢筋配筋率均不应大于 2.5%；

（4）托梁上、下部纵向钢筋的最小配筋率，抗震等级一、二级时分别不应小于 0.4%，三、四级时不应小于 0.3%；

（5）托梁箍筋直径不应小于 10mm，间距不应大于 200mm；梁端 1.5 倍梁高且不小于 1/5 净跨范围内及上部墙体洞口处及洞口两侧各一个梁高，且不小于 500mm 范围内，箍筋间距不应大于 100mm；

（6）托梁沿梁高每侧应设置不小于 $1\phi14mm$ 的通长腰筋，间距不应大于 200mm。

4）底部混凝土框架柱、抗震墙和梁、柱节点的构造措施尚应符合现行国家标准《建筑抗震设计规范》GB 50011、《混凝土结构设计规范》GB 50010 和本书第十一章的有关规定。

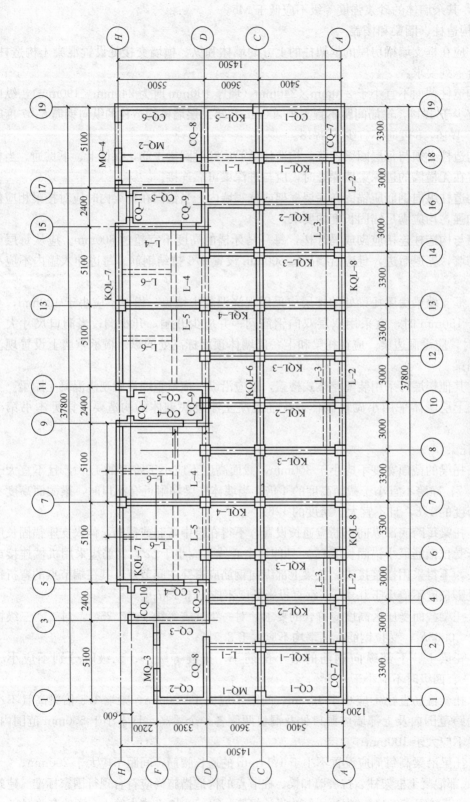

图 9-38 底层框支墙梁和抗震墙布置

226

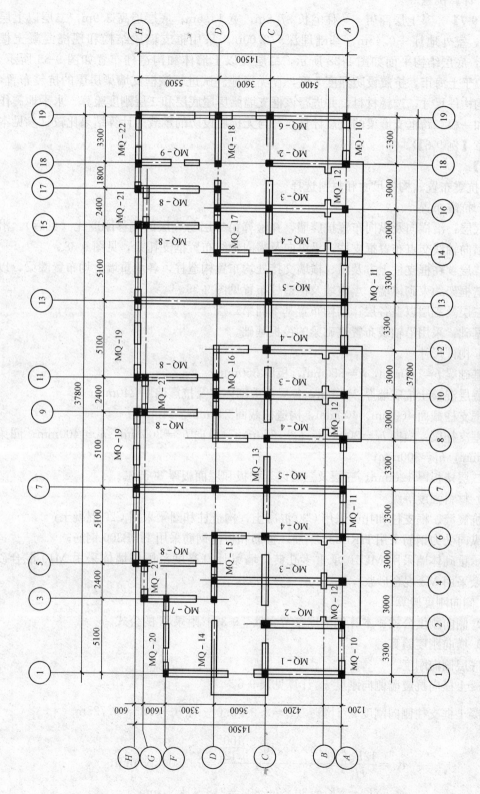

图 9-39 二层墙体和构造柱布置

六、计算例题

【例 9-7】 某七层商店——住宅长 37.8m，宽 14.5m；底层层高 3.9m，二层以上层高 2.8m，室外地坪−0.45m，基础埋深−2.00m。采用框支墙梁结构和现浇混凝土楼（屋）盖，底层结构平面如图 9-38 所示，二层及以上墙体和构造柱布置如图 9-39 所示。该工程位于上海市，抗震设防烈度 7 度，Ⅳ类场地。试进行该框支墙梁房屋的抗震布置，确定结构构件尺寸，选择材料，并进行该框支墙梁房屋底层和二层刚度验算、水平地震作用计算和一榀二跨框支墙梁的抗震计算，并与无抗震设防的承载力计算结果比较（参见本书第九章【例 9-6】）。

【解】

1）抗震布置、构件尺寸和材料选择

（1）抗震布置

①底层：沿横向及纵向布置抗震墙，并验算第二层与底层的侧移刚度比（见后）。沿纵向及横向轴线交点布置框支柱，沿纵向及横向轴线布置框支托梁，见图 9-38。

②二层：在框支柱上方及纵、横墙交接处均布置构造柱，各承重墙上均布置圈梁，以形成构造框架约束砌体墙。承重墙及构造柱布置见图 9-39。

③三层及三层以上各层：结构布置基本同第二层。

④基础：采用沿轴线布置基础梁的筏板基础。

（2）构件尺寸

①基础梁 $b=500$mm，$h=850$mm，板厚 350mm；

②底层混凝土抗震墙厚 240mm，各层承重砌体墙及抗震墙厚 240mm；

③框支柱截面 400mm×400mm，构造柱截面 240mm×240mm；

④框支托梁：横向 $b_b=300$mm，$h_b=650$mm；纵向 $b_b=300$mm，$h_b=400$mm；圈梁 $b_t=240$mm，$h_t=300$mm；

⑤二层楼板厚 120mm，三层及三层以上楼板和屋面板厚 80mm。

（3）材料强度等级

①抗震墙、框支柱和托梁采用 C30 混凝土，构造柱和圈梁采用 C20 混凝土；

②纵向受力钢筋采用 HRB335 钢筋，箍筋和板内钢筋采用 HPB300 钢筋；

③承重砌体墙采用 MU10 承重多孔砖，墙梁计算高度范围内墙体采用 M10 混合砂浆，其余采用 M5 混合砂浆。

2）侧向刚度验算

（1）侧向刚度公式：本算例采用参考文献［9-37］附录 A 的公式。

（2）横向刚度验算

①底层侧向刚度

混凝土横向抗震墙侧向刚度 k_{cw} 计算见表 9-6。

混凝土框支柱侧向刚度 k_c 计算：$H_c=3.9+2.0−\dfrac{0.65}{2}−0.85=4.725$m

$$K_c=\frac{12E_cI_c}{H_c^3}=\frac{12\times3\times10^4\times\dfrac{400^4}{12}}{4725^3}=7.2804\text{kN/mm},$$

$$\Sigma K_f=\Sigma K_c=30\times7.2804=218.41\text{kN/mm}。$$

②二层侧向刚度 K_{mw} 计算见表 9-7。

表 9-6

编号	数量	面积 A_w $(mm^2) \times 10^6$	惯性矩 I_w $(mm^4) \times 10^{12}$	α	K_{cw} $(kN/mm) \times 10^3$	K_{cw}小计 $(kN/mm) \times 10^3$
CQ-1	2	1.4968	4.6474	0	1.5804	3.16
CQ-2	1	0.9696	1.2145	0	0.6027	0.6027
CQ-3	1	1.4136	3.4786	0	1.3281	1.3281
CQ-4	3	1.4976	4.5132	0.257	1.0785	3.2356
CQ-5	2	1.4976	4.5132	0	1.5586	3.1172
CQ-6	1	1.4976	4.6905	0	1.5874	1.5874

$E_c = 3 \times 10^4 \text{N/mm}^2$，$H_w = 5000mm$，$\Sigma K_{cw} = 13.0317 \times 10^3 \text{kN/mm}$

二层横向砌体抗震墙侧移刚度　　　　　表 9-7

编号	数量	面积 A_w $(mm^2) \times 10^6$	惯性矩 I_w $(mm^4) \times 10^{12}$	λ_m	ψ_h	K_{mw} $(kN/mm) \times 10^3$	K_{mw}小计 $(kN/mm) \times 10^3$
MQ-1	1	3.0010	44.024	0.985	0.962	1.0245	1.0245
MQ-2	2	1.6100	5.4303	0.939	1.000	0.5444	1.0888
MQ-3	3	2.5950	20.987	0.974	1.000	0.9096	2.7287
MQ-4	4	2.2082	18.994	0.975	0.964	0.7473	2.9894
MQ-5	2	4.1094	82.203	0.989	1.000	1.4634	2.9268
MQ-6	1	3.3129	72.462	0.990	0.947	1.1181	1.1181
MQ-7	1	1.3322	3.0510	0.913	0.851	0.3727	0.3727
MQ-8	5	1.5265	5.1390	0.939	0.858	0.4431	2.2154
MQ-9	1	1.2138	4.4353	0.944	0.788	0.3252	0.3252

$E_m = 3024 \text{N/mm}^2$，$H_i = 2800mm$，$\Sigma K_{mw} = 14.7896 \times 10^3 \text{kN/mm}$

③框支墙梁房屋二层与底层的横向侧向刚度比验算

$$K_2 = \Sigma K_{mw} = 14.7896 \times 10^3 \text{kN/mm},$$

$$K_1 = \Sigma K_f + \Sigma K_{cw} = (0.2184 + 13.0317) \times 10^3 = 13.2501 \times 10^3 \text{kN/mm},$$

$$\lambda_K = \frac{K_2}{K_1} = \frac{14.7896 \times 10^3}{13.2501 \times 10^3} = 1.116, \text{不大于 2.5，且不小于 1.0，满足要求。}$$

（3）纵向侧向刚度验算

①底层侧向刚度

混凝土纵向抗震墙侧移刚度 K_{cw} 计算见表 9-8。

编号	数量	面积 A_{w} $(\mathrm{mm}^2)\times10^6$	惯性矩 I_{w} $(\mathrm{mm}^4)\times10^{12}$	α	K_{cw} $(\mathrm{kN/mm})\times10^3$	K_{cw}小计 $(\mathrm{kN/mm})\times10^3$
CQ-7	2	0.9928	1.2872	0	0.6319	1.2638
CQ-8	2	1.044	1.5894	0	0.7392	1.4785
CQ-9	3	0.7536	0.5414	0	0.3097	0.9291
CQ-10	1	0.8136	0.6217	0.234	0.2528	0.2528
CQ-11	2	0.8736	0.7148	0.234	0.2862	0.5725

$$E_{\mathrm{c}}=3\times10^4\mathrm{N/mm}^2,\ H_{\mathrm{w}}=5000\mathrm{mm},\ \Sigma K_{\mathrm{cw}}=4.4967\times10^3\mathrm{kN/mm}$$

混凝土框支柱侧向刚度 K_{c} 计算:

$$H_{\mathrm{c}}=3.9+2.0-\frac{0.4}{2}-0.85=4.85\mathrm{m},$$

$$K_{\mathrm{c}}=\frac{12E_{\mathrm{c}}I_{\mathrm{c}}}{H_{\mathrm{c}}^3}=\frac{12\times3\times10^4\times\dfrac{400^4}{12}}{4850^3}=6.7319\mathrm{kN/mm},$$

$$\Sigma K_{\mathrm{f}}=\Sigma K_{\mathrm{c}}=30\times6.7319=201.96\mathrm{kN/mm}_{\circ}$$

②二层侧向刚度 K_{mw} 计算见表9-9。

编号	数量	面积 A_{w} $(\mathrm{mm}^2)\times10^6$	惯性矩 I_{w} $(\mathrm{mm}^4)\times10^{12}$	λ_{m}	ψ_{h}	K_{mw} $(\mathrm{kN/mm})\times10^3$	K_{mw}小计 $(\mathrm{kN/mm})\times10^3$
MQ-10	2	0.6715	1.3145	0.9	0.741	0.1612	0.3225
MQ-11	2	1.2242	6.2854	0.959	0.729	0.3082	0.6164
MQ-13	1	11.5116	/	1.0	0.88	3.6469	3.6469
MQ-14	1	0.9118	0.9881	0.833	1.0	0.2733	0.2733
MQ-15	1	1.3449	2.6517	0.901	0.966	0.4212	0.4212
MQ-16	1	1.7536	6.7834	0.947	0.943	0.5636	0.5636
MQ-17	1	1.5081	3.525	0.915	0.973	0.4832	0.4832
MQ-18	1	1.1058	1.5706	0.867	1.0	0.3452	0.3452
MQ-19	2	1.6562	17.8326	0.98	0.712	0.416	0.832
MQ-20	1	1.1058	3.9325	0.942	0.836	0.3136	0.3136
MQ-21	3	0.5732	0.6607	0.841	0.716	0.1243	0.3728
MQ-22	1	1.0802	3.425	0.936	0.77	0.2802	0.2802

$$E_{\mathrm{m}}=3024\mathrm{N/mm}^2,\ H_i=2800\mathrm{mm},\ \Sigma K_{\mathrm{mw}}=8.4709\times10^3\mathrm{kN/mm}$$

③框支墙梁房屋二层与底层的纵向侧向刚度比验算

$$K_2=\Sigma K_{\mathrm{mw}}=8.4709\times10^3\mathrm{kN/mm},$$

$$K_1=\Sigma K_{\mathrm{f}}+\Sigma K_{\mathrm{cw}}=(0.202+4.4967)\times10^3=4.6987\times10^3\mathrm{kN/mm},$$

$$\lambda_{\mathrm{K}}=\frac{K_2}{K_1}=\frac{8.4709\times10^3}{4.6987\times10^3}=1.803,\ 不大于2.5,\ 且不小于1.0,\ 满足要求。$$

3) 地震作用计算

（1）重力荷载代表值计算

①重力荷载代表值的取值

根据《建筑抗震设计规范》GB 50011 第 5.1.3 条，重力荷载代表值取值如下：

结构和构配件自重标准值（kN/m^2）：

楼（屋）盖：二层 4.3，三～七层 3.5，屋顶 5.6；

墙体：240 混凝土抗震墙 6.6，240 多孔砖墙 4.3（外墙）、4.2（内墙），120 多孔砖墙 2.3；

楼面活荷载和屋面雪荷载组合值（kN/m^2）：

楼面活载：$0.5 \times 2 = 1.0$，屋面雪载：$0.5 \times 0.2 = 0.1$。

②二层楼盖处重力荷载代表值 G_1

底层混凝土抗震墙、柱、砌体墙、隔墙等自重的一半：2169.93kN；

二层楼盖自重及活载组合值，包括雨篷、阳台、走廊：4464.05kN；

二层砌体墙、隔墙自重的一半：1743.39kN；

$G_1 = 2169.93 + 4464.05 + 1743.39 = 8377.37kN$

③三～七层楼盖处重力荷载代表值 $G_2 \sim G_6$

楼盖自重及荷载组合值：三层 2788.95kN，四～七层 2767.1kN；

砌体墙及隔墙自重：3471.31kN；

$G_2 = 2788.95 + 3471.31 = 6260.26kN$

$G_3 = G_4 = G_5 = G_6 = 2767.1 + 3471.31 = 6238.41kN$

④屋盖处重力荷载代表值 G_7

墙体自重：七层砌体墙及隔墙自重的一半：1735.66kN，女儿墙自重：540.42kN；

三个 12t 水箱自重：1593kN；

$G_7 = 3277.35 + 1735.66 + 540.42 + 1593 = 7146.43kN$

（2）水平地震作用计算

①总水平地震作用标准值

采用底部剪力法计算总水平地震作用（图 9-40）：

$$G_{eq} = 0.85 \sum_{i=1}^{n} G_i = 0.85 \times 46737.7 = 39727.05kN，$$

$$F_{EK} = \alpha_{max} G_{eq} = 0.08 \times 39727.05 = 3178.16kN$$

②各楼层水平地震作用（图 9-40）

$F_i = \dfrac{G_i H_i}{\sum\limits_{j=1}^{n} G_j H_j} F_{EK}$，代入各层重力荷载代表值和高度，算出 $F_1 = 216.17kN$，$F_2 = 252kN$，$F_3 = 341.27kN$，$F_4 = 431.42kN$，$F_5 = 521.57kN$，$F_6 = 611.71kN$，$F_7 = 804.02kN$。

③底层地震剪力及分配

$V_{1a} = \eta_E V_1 = \eta_E \sum\limits_{i=1}^{n} F_i$，横向取 $\eta_E = 1.25$，纵向取 $\eta_E = 1.35$。

横向：$V_{1a} = 1.25 \times 3178.16 = 3972.7kN$

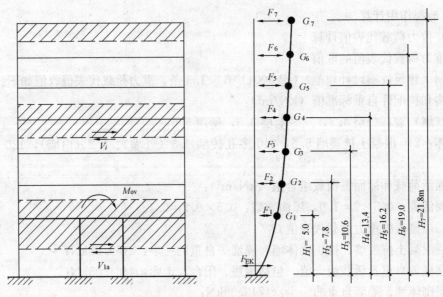

图 9-40　水平地震作用计算简图

纵向：$V_{1a}=1.35\times3178.16=4290.52$kN

V_{1a}应由该方向抗震墙承担，底层混凝土抗震墙分配的剪力见表 9-10。

底层抗震墙分配的地震剪力 表 9-10

横向抗震墙 $V_{1a}=3972.7$kN				纵向抗震墙 $V_{1a}=4290.52$kN			
编　号	数　量	K_{cw} (kN/mm)$\times10^3$	V_{cw} (kN)	编　号	数　量	K_{cw} (kN/mm)$\times10^3$	V_{cw} (kN)
CQ-1	2	1.5804	481.78	CQ-7	2	0.6319	602.95
CQ-2	1	0.6027	183.73	CQ-8	2	0.7392	705.34
CQ-3	1	1.3281	404.87	CQ-9	3	0.3097	295.51
CQ-4	3	1.0785	328.78	CQ-10	1	0.2528	241.22
CQ-5	2	1.5586	475.14	CQ-11	2	0.2862	273.09
CQ-6	1	1.5874	483.92				

底层一个框架柱承担的地震剪力计算：

横向：$V_c=\dfrac{K_c}{0.3\Sigma K_{wc}+\Sigma K_c}V_{1a}$

$$=\dfrac{7.2804}{(0.3\times13.0317+0.2184)\times10^3}\times3972.7=7.007\text{kN}$$

$\Sigma V_f=\Sigma V_c=30\times7.007=210.2\text{kN}<0.2V_{1a}=0.2\times3972.7$

$=794.54$kN，故取：$V_c=\dfrac{794.54}{30}=26.49$kN；

纵向：$V_c=\dfrac{6.7319}{(0.3\times4.4965+0.202)\times10^3}\times4290.52=18.62$kN

$\Sigma V_f = \Sigma V_c = 30 \times 18.62 = 558.69kN < 0.2V_{1a} = 0.2 \times 4290.52 = 858.1kN$，故取：$V_c = \frac{858.1}{30} = 28.6kN$；

（3）底层倾覆力矩计算

①横向总倾覆力矩

$$M_{0v} = \sum_{i=2}^{n} F_i (H_i - H_1) = 252.0 \times 2.8 + 341.27 \times 5.6 + 431.42 \times 8.4$$
$$+ 521.57 \times 11.2 + 611.71 \times 14.0 + 804.02 \times 16.8$$
$$= 34153.7kN \cdot m$$

②倾覆力矩在各抗侧力结构的分配

混凝土剪力墙承担的倾覆力矩和框架承担的倾覆力计算结果见表 9-11。

横向倾覆力矩的分配   表 9-11

构件组合	数量	K_{cw} (kN/mm)$\times 10^3$	K_f (kN/mm)$\times 10^3$	$K_{cw}+K_f$ (kN/mm)$\times 10^3$	$0.3K_{cw}+K_f$ (kN/mm)$\times 10^3$	M_{cw} 或 M_f kN $\cdot$ m
CQ-1，CQ-2	1	2.183		2.183	0.6549	5626.98
KQL-1	2		0.0146	0.0146	0.0146	120.8
KQL-2 CQ-3，CQ-4	1	2.4066	0.0146	2.4212	0.7365	6240.98
KQL-3	4		0.0218	0.0218	0.0218	180.38
KQL-4	2		0.0291	0.0291	0.0291	240.78
KQL-2 CQ-4，CQ-5	2	2.6371	0.0146	2.6517	0.8057	6835.12
CQ-1，CQ-6	1	3.1678		3.1678	0.9503	8165.44

则 $\Sigma M_f = 30 \times 60.24 = 1807.2kN \cdot m < 0.2M_{0v} = 0.2 \times 34153.7 = 6830.74kN \cdot m$

故取：$\Sigma M_f = 6830.74kN \cdot m$；则两跨框支墙梁 KQL-3 承担的倾覆力矩 $M_f = \frac{3}{30} \times 6830.74 = 683.07kN \cdot m$。

③纵向倾覆力矩计算（略）。

4）两跨框支墙梁 KQL-3 的内力计算

（1）在重力荷载代表值作用下的框架内力

①作用在框支墙梁上的重力荷载

Q_{1E} 计算：

第 1 跨：$Q_{11E} = 5.36 + 5.97 + 5.10 + 0.5 \times 5.15 = 19.01kN/m$，

       $F_{1E} = 9.04kN$

第 2 跨：$Q_{12E} = 5.36 + 9.47 + 0.5 \times 4.41 = 17.04kN/m$；

Q_{2E} 计算：

第 1 跨：$Q_{21E} = 80.0 + 59.5 + 0.5 \times 25.76 + 0.26 = 152.64kN/m$，

第 2 跨：$Q_{22E} = 52.04 + 50.89 + 0.5 \times 22.03 + 0.22 = 114.17kN/m$。

框支墙梁在重力荷载代表值作用下的计算简图见图 9-41。

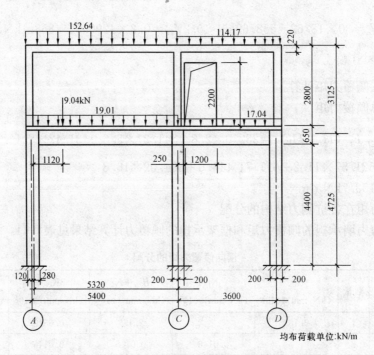

图 9-41 KQL-3 在重力荷载代表值作用下的计算简图

②Q_{1E}、F_{1E}作用下的框架内力（图 9-42）；

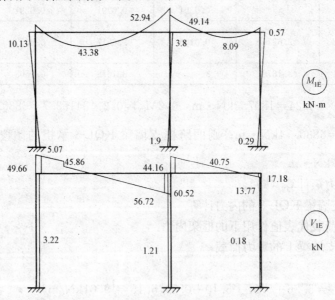

图 9-42 在 Q_{1E}、F_{1E}作用下的框架内力

③Q_{2E}作用下的框架内力（图 9-43）；

（2）在地震作用下的框架内力

①底层水平地震剪力引起的框架弯矩

框架在底层水平剪力 $V_f = 3V_c = 3 \times 26.49 = 79.47\text{kN}$ 作用下的弯矩见图 9-44。

234

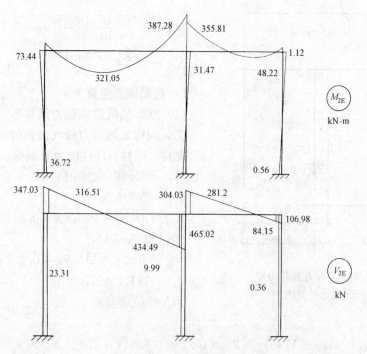

图 9-43 在 Q_{2E} 作用下的框架内力

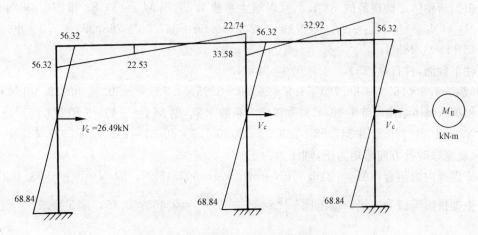

图 9-44 在地震剪力 V_c 作用下的框架内力

②倾覆力矩引起的框支柱附加轴力

采用公式（9-15）求框支柱附加轴力，如图 9-45 所示，柱截面 $A_i = 0.4^2 = 0.16\text{m}^2$；

$$x_1 = \frac{A_i\ (5.32 + 8.92)}{3A_i} = 4.747\text{m},$$

$$x_2 = 5.32 - 4.747 = 0.573\text{m},$$

$$x_3 = 8.92 - 4.747 = 4.173\text{m};$$

$$N_{E1} = \pm\frac{M_f x_i A_i}{\sum A_i x_i^2} = \pm\frac{683.07 \times 4.747 \times A_i}{A_i\ (4.747^2 + 0.573^2 + 4.173^2)} = \pm 80.51\text{kN}$$

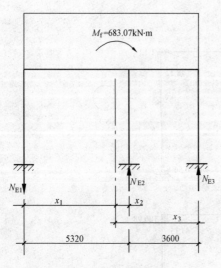

$$N_{E2} = \mp \frac{683.07 \times 0.573}{40.276} = \mp 9.73\text{kN},$$

$$N_{E3} = \mp \frac{683.07 \times 4.173}{40.276} = \mp 70.78\text{kN},$$

5）截面抗震验算

（1）框架柱抗震承载力计算

①纵向传来的重力荷载代表值引起的柱轴力

A柱、C柱、D柱轴力分别为：

$$N_{AE} = 30.86 + 209.14 + 0.5\,(9.47 + 48.31)$$
$$= 268.89\text{kN},$$

$$N_{CE} = 31.87 + 285.89 + 0.5\,(9.94 + 50.72)$$
$$= 348.09\text{kN},$$

$$N_{DE} = 30.76 + 111.77 + 0.5\,(9.43 + 48.18)$$
$$= 171.34\text{kN},$$

②A柱抗震验算

图 9-45　框支墙梁在倾覆力矩
作用下的计算简图

柱上截面：

$M_{CE} = M_{1CE} + M_{2CE} + V_c y_c = 1.2 \times (10.13 + 73.44) \mp 1.3 \times 26.49 \times 0.45 \times 4.725 =$ 27.06 和 173.51kN・m

根据新砌体结构规范的 10.4.3，乘以增大系数 1.25，则 $M_{CE} = 33.83$ 和 216.89kN・m

$N_{CE} = N_{1CE} + \eta_N N_{2CE} + N_{AE} \mp N_{E1} = 1.2 \times (49.66 + 347.03 + 268.99) \mp 1.3 \times 80.51 =$ 694.15 和 903.48kN；

柱下截面：柱自重：$25 \times 0.4^2 \times 5.0 = 20\text{kN}$，

$M_{CE} = 1.2 \times (5.07 + 36.72) \mp 1.3 \times 26.49 \times 0.55 \times 4.725 = -39.35$ 和 139.46kN・m

根据新砌体结构规范的 10.4.3，乘以增大系数 1.25，则 $M_{CE} = -49.19$ 和 174.55kN・m

$N_{CE} = 1.2 \times (49.66 + 347.03 + 268.99 + 20) \mp 1.3 \times 80.51 = 718.15$ 和 927.48kN

（规定顺时针方向弯矩为正，轴压力为正）

应选择内力组合：$M_{CE} = 216.89\text{kN・m}$，$N_{CE} = 903.48\text{kN}$；取 $N = N_{cE} = 903.48\text{kN}$

框架抗震等级为二级，轴压比 $\dfrac{N_{CE}}{f_c bh} = \dfrac{927480}{14.3 \times 400^2} = 0.405 < 0.75$，满足要求。

$$C_m = 0.7 + 0.3\frac{M_1}{M_2} = 0.7 + 0.3 \times \frac{174.55}{216.89} = 0.94$$

$$\xi_c = \frac{0.5 f_c A}{N} = \frac{0.5 \times 14.3 \times 400^2}{903480} = 1.266 > 1.0，取 \xi_c = 1.0$$

$$\eta_{ns} = \frac{1}{1300\left(\dfrac{M_{cE}}{N} + e_a\right)}\left(\frac{l_c}{h}\right)^2 \xi_c = 1 + \frac{1}{1300 \times \left(\dfrac{216.89 \times 10^6}{903480} + 20\right)} \times \left(\frac{4.725}{0.4}\right)^2$$
$$\qquad\qquad\qquad\quad h_o \qquad\qquad\qquad\qquad\qquad\qquad\qquad 360$$

$$= 1.149$$

$$M = C_m \eta_{ns} M_{cE} = 0.94 \times 1.149 \times 216.89 = 234.25\text{kN・m}$$

$$e_o = \frac{M}{N} = \frac{234.25 \times 10^6}{903480} = 259\text{mm}$$

$$e_i = e_o + e_a = 259 + 20 = 279\text{mm}$$

$$e = e_i + \frac{h}{2} - a_s = 279 + 200 - 40 = 439\text{mm},$$

$$N_b = \xi_b f_c b h_0 = 0.55 \times 14.3 \times 400 \times 360 = 1132.56\text{kN}$$

$$> \gamma_{RE} N = 0.8 \times 903.48 = 722.78\text{kN,故为大偏心受压构件;}$$

$$\xi = \frac{\gamma_{RE} N}{f_c b h_0} = \frac{0.8 \times 903480}{14.3 \times 400 \times 360} = 0.351 < \xi_b = 0.55,$$

$$A'_s = A_s = \frac{\gamma_{RE} Ne - f_c b h_0^2 \xi (1 - 0.5\xi)}{f'_y (h_0 - a'_s)}$$

$$= \frac{0.8 \times 903480 \times 459 - 14.3 \times 400 \times 360^2 \times 0.351(1 - 0.5 \times 0.351)}{300 \times (360 - 40)}$$

$$= 1070.5\text{mm}^2,$$

大于非抗震计算得出的 361mm² (参见本章【例 9-6】),选配 2 Φ 20、2 Φ 18 (1137mm²),另向加配 2 Φ 18,全截面 4 Φ 20、8 Φ 18 (3292mm²),配筋率 2.068%>1.0%。由于剪力很小,按抗震构造配箍,采用 φ8 复合箍,柱全高加密@100,$\rho_v = \frac{8 \times 50.3 \times 320}{320^2 \times 100} = 1.26\% >$

$\lambda_v \frac{f_c}{f_{yv}} = 0.09 \times \frac{14.3}{270} = 0.477\%$,且大于 $\rho_{vmin} = 0.6\%$,满足要求。

③C 柱抗震验算

柱上截面:

$M_{CE} = -1.2 \times (3.8 + 31.47) \mp 1.3 \times 56.32 = -115.54$ 和 30.89kN·m,乘以增大系数 1.25,则 $M_{CE} = -144.43$ 和 38.62kN·m

$N_{CE} = 1.2 \times (44.16 + 60.52 + 304.03 + 465.02 + 348.09) \mp 1.3 \times 9.73 = 1478.83$ 和 1453.54kN

柱下截面:

$M_{CE} = -1.2 \times (1.9 + 15.74) \mp 1.3 \times 68.84 = -110.66$ 和 68.32kN·m,乘以增大系数 1.25,则 $M_{CE} = -138.33$ 和 85.4kN·m

$N_{CE} = 1.2 \times (44.16 + 60.52 + 304.03 + 465.02 + 20 + 348.09) \mp 1.3 \times 9.73 = 1502.83$ 和 1477.54kN

应选择内力组合: $M_{CE} = -144.43$ kN·m,$N_{CE} = 1478.83$ kN;取 $N = N_{CE} = 1478.33$ kN;

且 $\gamma_{RE} N_{CE} = 0.8 \times 1478.83 = 1183.06$ kN$> N_b = 1132.56$ kN,故为小偏心受压构件。

轴压比 $\frac{N_{CE}}{f_c b h} = \frac{1502830}{14.3 \times 400^2} = 0.657 < 0.75$,满足要求。

$$C_m = 0.7 + 0.3 \frac{M_1}{M_2} = 0.7 + 0.3 \times \frac{138.33}{144.43} = 0.987$$

$$\xi_c = \frac{0.5 f_c A}{N} = \frac{0.5 \times 14.3 \times 400^2}{148830} = 0.774,$$

$$\eta_{ns}=1+\frac{1}{\dfrac{1300\left(\dfrac{M_{cE}}{N}+e_a\right)}{h_o}}\left(\frac{l_c}{h}\right)^2\xi_c$$

$$=1+\frac{1}{\dfrac{1300\times\left(\dfrac{144.43\times10^6}{1478830}+20\right)}{360}}\times\left(\frac{4.725}{0.4}\right)^2\times0.774=1.254$$

$$M=C_m\eta_{ns}M_{cE}=0.987\times1.254\times144.43=178.76\text{kN}\cdot\text{m}$$

$$e_o=\frac{M}{N}=\frac{178.76\times10^6}{1478830}=120.9\text{mm}$$

$$e_i=e_o+e_a=120.9+20=141\text{mm}$$

$$e=e_i+\frac{h}{2}-a_s=141+200-40=301\text{mm},$$

$$\xi=\frac{\gamma_{RE}N-\xi_b\alpha_1f_cbh_0}{\dfrac{\gamma_{RE}Ne-0.43\alpha_1f_cbh_0^2}{(0.8-\xi_b)(h_0-a_s')}+\alpha_1f_cbh_0}+\xi_b$$

$$=\frac{0.8\times1478830-0.55\times14.3\times400\times360}{\dfrac{0.8\times1478830\times301-0.43\times14.3\times400\times360^2}{(0.8-0.55)\times(360-40)}+0.43\times400\times360}+0.55$$

$$=0.646$$

$$A_s'=A_s=\frac{\gamma_{RE}Ne-\alpha_1f_cbh_0^2\xi(1-0.5\xi)}{f_y'(h_0-a_s')}$$

$$=\frac{0.8\times1478830\times301-14.3\times400\times360^2\times0.646(1-0.5\times0.646)}{300\times(360-40)}=332\text{mm}^2,$$

大于非抗震计算得出的 246mm^2（参见本章【例 9-6】），选配 4 Φ 16（804mm^2），另向加配 2 Φ 16，全截面 12 Φ 16（2412mm^2），配筋率 $1.51\%>0.9\%$。由于剪力很小，按抗震构造配箍，采用 $\phi8$ 复合箍，柱全高加密@100，$\rho_v=1.26\%>\lambda_v\dfrac{f_c}{f_{yv}}=0.15\times\dfrac{14.3}{270}=0.794\%$，且大于 $\rho_{vmin}=0.6\%$，满足要求。

④D 柱抗震验算

柱上截面：

$M_{CE}=-1.2\times(0.57+1.12)\mp1.3\times56.32=-75.24$ 和 71.19kN·m，乘以增大系数 1.25，则 $M_{CE}=-94.05$ 和 88.99kN·m

$N_{CE}=1.2\times(17.18+106.98+171.34)\pm1.3\times70.78=446.61$ 和 262.59kN

柱下截面：

$M_{CE}=-1.2\times(0.29+0.56)\mp1.3\times68.84=-90.51$ 和 88.47kN·m，乘以增大系数 1.25，

则 $M_{CE}=-113.14$ 和 110.59kN·m

$N_{CE}=1.2\times(17.18+106.98+20+171.34)\pm1.3\times70.78=470.61$ 和 286.59kN；

应选择内力组合：$M_{CE}=110.59\text{kN}\cdot\text{m}$，$N_{CE}=286.59\text{kN}$；取 $N=N_{cE}=286.59\text{kN}$；且 $\gamma_{RE}N_{CE}=0.8\times286.59=229.27\text{kN}<N_b=1132.56\text{kN}$，故为大偏心受压构件。

轴压比 $\dfrac{N_{\mathrm{CE}}}{f_c bh} = \dfrac{470610}{14.3 \times 400^2} = 0.206 < 0.8$，满足要求。

$$C_{\mathrm{m}} = 0.7 + 0.3\dfrac{M_1}{M_2} = 0.7 + 0.3 \times \dfrac{88.99}{110.59} = 0.941$$

$$\xi_c = \dfrac{0.5 f_c A}{N} = \dfrac{0.5 \times 14.3 \times 400^2}{286590} = 3.193 > 1.0,\ \text{取 } \xi_c = 1.0;$$

$$\eta_{\mathrm{ns}} = 1 + \dfrac{1}{\dfrac{1300\left(\dfrac{M_{\mathrm{cE}}}{N} + e_{\mathrm{a}}\right)}{h_0}}\left(\dfrac{l_{\mathrm{c}}}{h}\right)^2 \xi_c$$

$$= 1 + \dfrac{1}{\dfrac{1300 \times \left(\dfrac{110.59 \times 10^6}{286590} + 20\right)}{360}} \times \left(\dfrac{4.725}{0.4}\right)^2 = 1.095$$

$$M = C_{\mathrm{m}} \eta_{\mathrm{ns}} M_{\mathrm{cE}} = 0.941 \times 1.095 \times 110.59 = 113.97$$

$$e_{\mathrm{o}} = \dfrac{M}{N} = \dfrac{113.97 \times 10^6}{286590} = 397.7 \mathrm{mm}$$

$$e_i = e_{\mathrm{o}} + e_{\mathrm{a}} = 397.7 + 20 = 418 \mathrm{mm}$$

$$e = e_i + \dfrac{h}{2} - a_{\mathrm{s}} = 418 + 200 - 40 = 578 \mathrm{mm},$$

$$\xi = \dfrac{\gamma_{\mathrm{RE}} N}{\alpha_1 f_c bh_0} = \dfrac{0.8 \times 286590}{14.3 \times 400 \times 365} = 0.111 < \xi_{\mathrm{b}} = 0.55,$$

$$A'_{\mathrm{s}} = A_{\mathrm{s}} = \dfrac{\gamma_{\mathrm{RE}} Ne - \alpha_1 f_c bh_0^2 \xi(1 - 0.5\xi)}{f'_{\mathrm{y}}(h_0 - a'_{\mathrm{s}})}$$

$$= \dfrac{0.8 \times 286590 \times 578 - 14.3 \times 400 \times 360^2 \times 0.111 \times (1 - 0.5 \times 0.111)}{300 \times (360 - 40)}$$

$$= 571 \mathrm{mm}^2,$$

大于非抗震计算得出的值，选配 4 Φ 18（1017mm²），另向加配 2 Φ 18，全截面 12 Φ 18（3054mm²）。配筋率 1.91%＞1.0%。由于剪力很小，按抗震构造配筋，采用 $\phi 8$ 复合箍，柱全高加密@100，$\rho_{\mathrm{v}} = 1.26\% > \lambda_{\mathrm{v}}\dfrac{f_c}{f_{\mathrm{yv}}} = 0.08 \times \dfrac{14.3}{270} = 0.424\%$，且大于 $\rho_{\mathrm{vmin}} = 0.6\%$，满足要求。

（2）托梁抗震承载力计算

①托梁支座正截面抗震验算

A 支座：抗震等级为二级，取 $\alpha_{\mathrm{M}j} = 1.10 \times 0.4 = 0.44$，

$$M_{\mathrm{bAE}} = M_{1\mathrm{E}} + \alpha_{\mathrm{M}j} M_{2\mathrm{E}} + M_{\mathrm{AE}} = 1.2 \times (10.13 + 0.44 \times 73.44) + 1.3 \times 56.32$$
$$= 124.15 \mathrm{kN \cdot m}$$

$$\alpha_{\mathrm{s}} = \dfrac{\gamma_{\mathrm{RE}} M_{\mathrm{bAE}}}{\alpha_1 f_c bh_0^2} = \dfrac{0.75 \times 124.15 \times 10^6}{14.3 \times 300 \times 615^2} = 0.057, \gamma_{\mathrm{s}} = 0.97,$$

$$A_{\mathrm{s}} = \dfrac{\gamma_{\mathrm{RE}} M_{\mathrm{bAE}}}{\gamma_{\mathrm{s}} h_0 f_{\mathrm{y}}} = \dfrac{0.75 \times 124.15 \times 10^6}{0.97 \times 615 \times 300} = 520 \mathrm{mm}^2,\ \text{大于非抗震计算得出的 } 308 \mathrm{mm}^2,$$

且大于最小钢筋面积 418mm²（参见本章【例 9-6】），选配 3 Φ 16（603mm²），满足要求。

C 支座： $\alpha_{Mj}=1.10\times\left(0.75-\dfrac{a_i}{l_{0i}}\right)=1.10\times\left(0.75-\dfrac{0.25}{3.6}\right)=0.749$，

$$M_{bCE}=1.2\times(49.14+0.749\times355.81)+1.3\times33.58=422.42\text{kN}\cdot\text{m}$$

$\alpha_s=\dfrac{0.75\times422.42\times10^6}{14.3\times300\times590^2}=0.212$，$\gamma_s=0.879$，$\xi=0.233<0.35$，满足抗震要求。

$A_s=\dfrac{0.75\times422.42\times10^6}{0.879\times590\times300}=2036\text{mm}^2$，小于非抗震计算得出的 2768mm²（参见本章【例 9-6】），故仍选配 4 Φ 22，4 Φ 20(2776mm²)，满足要求。

D 支座：$\alpha_{Mj}=0.749$，

$$M_{bDE}=1.2\times(0.57+0.749\times1.12)+1.3\times22.53=30.98\text{kN}\cdot\text{m}$$

$\alpha_s=\dfrac{0.75\times30.98\times10^6}{14.3\times300\times615^2}=0.014$，$\gamma_s=0.993$，

$A_s=\dfrac{0.75\times30.98\times10^6}{0.993\times615\times300}=127\text{mm}^2<A_{smin}=418\text{mm}^2$，选配 3 Φ 16(603mm²)，满足要求。

②托梁支座斜截面抗震验算

β_v：边支座：无洞口 $1.10\times0.6=0.66$，有洞口 $1.10\times0.7=0.77$；

中支座：无洞口 $1.10\times0.7=0.77$，有洞口 $1.10\times0.8=0.88$；

$$V_{AE}=V_{1jE}+\beta_v V_{2jE}+1.2\dfrac{M_{jE}+M_{(j+1)E}}{l_{oi}}$$

$$=1.2\times(45.86+0.66\times316.51)+1.2\times1.3\times\dfrac{56.32+22.74}{5.32}=328.89\text{kN}；$$

$$V_{CE}^{L}=1.2\times(56.72+0.77\times434.49)+1.2\times1.3\times\dfrac{56.32+22.74}{5.32}=492.72\text{kN}；$$

$$V_{CE}^{r}=1.2\times(40.75+0.88\times281.2)+1.2\times1.3\times\dfrac{33.58+56.32}{3.6}=384.8\text{kN}；$$

$$V_{DE}=1.2\times(13.77+0.77\times84.15)+1.2\times1.3\times\dfrac{33.58+56.32}{3.6}=133.24\text{kN}；$$

$\dfrac{1}{\gamma_{RE}}(0.2f_c bh_0)=\dfrac{1}{0.85}\times(0.2\times14.3\times300\times590)=599.55\text{kN}$，均大于各支座边剪力设计值，受剪截面满足要求。

A 支座斜截面箍筋计算：

$\dfrac{A_{sv}}{s}=\dfrac{\gamma_{RE}V_{AE}-0.6\alpha_{cv}f_t bh_0}{f_{yv}h_0}=\dfrac{0.85\times328890-0.6\times0.7\times1.43\times300\times615}{270\times615}=1.016$，

大于非抗震计算得出的 0.888（参见本章【例 9-6】），选配 2 肢箍 ϕ10@150，$\dfrac{A_{sv}}{s}=\dfrac{157}{150}=1.047$，且 $\rho_{sv}=\dfrac{A_{sv}}{65}=\dfrac{157}{300\times150}=0.00349>\rho_{svmin}=0.28\dfrac{f_t}{f_{yv}}=0.28\times\dfrac{1.43}{270}=0.00148$，满足要求。

算出 C 支座左截面：$\dfrac{A_{sv}}{s}=1.962$（$h_0=590\text{mm}$），小于非抗震计算得出的 2.015，选配 4 肢箍 ϕ10@150，$\dfrac{A_{sv}}{S}=\dfrac{314}{150}=2.093$，且 $\rho_{sv}=0.00698>\rho_{svmin}=0.00148$，满足要求。

算出 C 支座右截面：$\dfrac{A_{sv}}{S}=1.386$（$h_0=590mm$），大于非抗震计算得出的 1.206，选配 4 肢箍 $\phi10@200$，$\dfrac{A_{sv}}{S}=\dfrac{314}{200}=1.57$，满足要求。

D 支座斜截面：剪力设计值 $\gamma_{RE}V_{DE}=0.85\times133.24=113.25kN$，稍大于 $0.6\alpha_{sv}f_tbh_0=0.6\times0.7\times1.43\times300\times615=110.81kN$。选配 2 肢箍 $\phi10@200$ 即可。

各托梁梁端 $1.5h_b=1.5\times650=975mm$ 范围，以及洞口边两侧 $h_b=650mm$ 范围箍筋加密至 @100。

(3) 墙体抗震承载力计算

①二层横向地震剪力及分配

$V_2=\sum\limits_{i=2}^{7}F_i=F_{EK}-F_1=3178.16-216.17=2961.99\,kN$；二层横向抗震墙侧向刚度见本章表 9-7。框支墙梁 KQL-3 上墙体为 MQ-3，分配的地震剪力为：

$$V_{mw}=\dfrac{K_{mw}V_2}{\Sigma K_{mw}}=\dfrac{0.7473}{14.7896}\times2961.99=149.67kN$$

②框支墙梁 KQL-3 墙体抗震验算

$$\sigma_0=\dfrac{(152.64\times5.52+114.17\times3.72)\times10^3}{9240\times240}=0.572N/mm^2,$$

查《砌体规范》表 3.2.2，$f_v=0.17N/mm^2$，$\dfrac{\sigma_0}{f_v}=\dfrac{0.572}{0.17}=3.365$，

查《砌体规范》表 10.2.1，$\zeta_N=1.29$，$f_{vE}=\zeta_N f_y=1.29\times0.17=0.219N/mm^2$；

$A=(9240-1200)\times240=1929600mm^2$

采用《砌体规范》公式（10.2.2-1）计算，但右边乘以降低系数 0.9，$\gamma_{RE}=0.9$；

$\dfrac{0.9}{\gamma_{RE}}(f_{vE}A)=\dfrac{0.9}{0.9}\times0.219\times1929600=422.58kN>V_{mw}=149.67kN$，满足要求。

参 考 文 献

[9-1] 中华人民共和国国家标准：砌体结构设计规范 GBJ 3—88，北京：中国建筑工业出版社，1988

[9-2] 《砌体结构设计规范》（GB 50003—2001），北京：中国建筑工业出版社，2002

[9-3] 《砌体结构设计规范》（GB 50003—2011），北京：中国建筑工业出版社，2011

[9-4] 《混凝土结构设计规范》（GB 50010—2011），北京：中国建筑工业出版社，2011

[9-5] 东南大学、郑州工学院编．《砌体结构》（第二版），北京：中国建筑工业出版社，1995

[9-6] 砖石结构设计手册，北京：中国建筑工业出版社，1974

[9-7] В. М. Жемочкин. Расчет Рандбалок и перемычек，1960

[9-8] R. H. Wood. The Composite Action of Brink Panel Walls Supported on Reinforced Concrete Beams. Studies in Composite Construction Part Ⅰ，National Building studies Research Paper No. 13，1952，Lodon

[9-9] Saky Rosenhaupt. Experimental Study of Masonry Walls on Beams，Structural Div. ASCE Proceedings. Vol.88. No. ST3. June 1962

[9-10] Burhouse. P. Composite Action between Brink Panel Walls and Their Supporting Beams，Proc. Instn. Civ. Engrs，1969，43：175-194

[9-11] 墙梁专题组. 墙梁研究专题综合报告，参考资料，1984

[9-12] 冯铭硕，王庆霖，易文宗，石国彬，莫庭斌. 墙梁试验研究与考虑组合作用的墙梁设计，砌体结构研究论文集. 长沙：湖南大学出版社，1989

[9-13] 龚绍熙. 框支墙梁的有限元分析及近似计算，砌体结构研究论文集. 长沙：湖南大学出版社，1989

[9-14] 龚绍熙，唐克强. 简支墙梁工作特性和计算方法的试验研究和有限元分析.《郑州工学院学报》第9卷第3期，1988.9

[9-15]《冶金工业厂房钢筋混凝土墙梁设计规程》(YS 07—79)(试行)，北京：冶金工业出版社，1981

[9-16] 龚绍熙、李翔、吴承霞、陈力奋. 框支墙梁的试验研究、有限元分析和承载力计算.《建筑结构》第31卷第9期，2001.9

[9-17] 龚绍熙、李翔、张晔、郭乐工. 连续墙梁的试验研究、有限元分析和承载力计算.《建筑结构》第31卷第9期，2001.9

[9-18] 龚绍熙、周瑛、陈力奋、李翔. 墙梁的内力分析及简化计算.《建筑结构》第31卷第9期，2001.9

[9-19] 李晓文、王庆霖、梁兴文. 竖向荷载作用下连续墙梁设计.《建筑结构》第31卷第9期，2001.9

[9-20] 庄一舟. 底部框剪组合结构体系的模型试验研究(博士学位论文). 大连理工学院，1996

[9-21] 王凤来. 底层大开间框剪组合墙结构框架墙梁试验研究(博士学位论文). 哈尔滨建筑大学，1999

[9-22] 龚绍熙、郭乐工. 连续墙梁的竖向荷载试验和受剪承载力计算.《现代砌体结构》，北京：中国建筑工业出版社，2000

[9-23] 梁兴文、易文宗、王庆森、李晓文、秦福华. 框支连续墙梁抗震试验与分析.《建筑结构》第26卷第9期，1996.9

[9-24] 龚绍熙、李翔、张晔、缪国庆. 框支墙梁的低周反复荷载试验、有限元分析及抗震设计.《现代砌体结构》，北京：中国建筑工业出版社，2000

[9-25] 龚绍熙. 新砌体结构设计规范关于墙梁设计内容的修订.《建筑学报》第33卷第6期，2003.6

[9-26] 北京大学数学力学系概率统计组编. 正交设计法. 北京：化学工业出版社，1979

[9-27] 李翔、顾祥林、龚绍熙、陈贵联、黄冲. 竖向荷载作用位置对简支墙梁受力性能影响的试验研究，新型砌体结构体系与墙体材料——工程应用，北京：中国建材工业出版社，2010

[9-28] 龚绍熙、李翔、顾祥林. 考虑托梁上楼层数影响的墙梁简化计算，新型砌体结构体系与墙体材料——工程应用，北京：中国建材工业出版社，2010

[9-29] 李翔、龚绍熙、崔皓、乐英灏. 基于不同位置加载下墙梁有限元分析的托梁内力计算，新型砌体结构体系与墙体材料——工程应用，北京：中国建材工业出版社，2010

[9-30]《建筑抗震设计规范》(GB 50011—2001)，北京：中国建筑工业出版社，2001

[9-31]《建筑抗震设计规范》(GB 50011—2010)，北京：中国建筑工业出版社，2010

[9-32] 龚绍熙等. 框支墙梁抗震计算与构造研究(综合报告及分项报告). 上海：同济大学，1998

[9-33] 梁兴文、王庆霖、易文宗等. 框支连续墙梁抗震性能研究及设计计算. 建筑结构学报第19卷第4期，1998

[9-34] 梁兴文、王庆霖、梁羽风. 底部框架抗震墙砖房1/2比例模型拟动力试验研究. 土木工程学报第31卷第6期，1998

[9-35] 高小旺、孟俊义、廖兴祥等. 七层底层框架抗震墙砖房1/2比例模型抗震试验研究. 建筑科学，1995.4

[9-36] 夏敬谦、黄泉生、丁世文等. 八层底两层框剪组合墙模型房屋模拟地震振动台试验. 第二届全国砌体建筑结构学术交流会论文集，成都：1994

[9-37]《墙梁结构设计规程》DG/TJ 08-004-2000，上海市工程建设规范，上海：2000

第十章 圈梁、过梁和挑梁设计

第一节 圈 梁[10-1]

一、圈梁的作用

为增强砌体结构房屋的整体刚度，加强结构的整体稳固性（鲁棒性 Robustness），防止和减轻可能的地基不均匀沉降或较大振动荷载等因素对房屋的不利影响，应按本节规定在砌体墙中设置现浇钢筋混凝土圈梁。

新规范加强了多层砌体房屋圈梁设置和构造，取消工程中很少应用的钢筋砖圈梁的规定，且不允许采用预制钢筋混凝土圈梁。设置在基础顶面和檐口部位的圈梁对抵抗不均匀沉降最有效；当房屋中部沉降较两端大时，基础顶面圈梁发挥较大作用；当房屋两端沉降较中部大时，檐口圈梁发挥较大作用。

建筑在软弱地基或不均匀地基上的砌体结构房屋，除按本节规定设置圈梁外，尚应符合现行国家标准《建筑地基基础设计规范》GB 50007 的有关规定。按抗震设计的砌体房屋的圈梁设置，尚应符合现行国家标准《建筑抗震设计规范》GB 50011 的要求以及本书第十一章的有关规定。

二、圈梁的设置规定

1) 空旷的单层房屋，如厂房、仓库、食堂等，应按下列规定设置圈梁：

（1）砖砌体房屋，檐口标高为 5m～8m 时，应在檐口标高处设置圈梁一道，檐口标高大于 8m 时，应增加设置数量；

（2）砌块及料石砌体结构房屋，檐口标高为 4m～5m 时，应在檐口标高处设置圈梁一道，檐口标高大于 5m 时，应增加设置数量；

（3）对有吊车或较大振动设备的单层工业房屋，当未采取有效的隔震措施时，除在檐口或窗顶标高处设置现浇钢筋混凝土圈梁外，尚应增加设置数量。

2) 多层砌体结构房屋，应按下列规定设置圈梁：

（1）多层砌体结构民用房屋，如住宅、办公楼等，且层数为 3～4 层时，应在底层和檐口标高处各设置一道圈梁。当层数超过 4 层时，除应在底层和檐口标高处各设置一道圈梁外，至少应在所有纵、横墙上隔层设置圈梁。

（2）多层砌体工业房屋，应每层设置现浇钢筋混凝土圈梁。

（3）设置墙梁的多层砌体结构房屋，除应按 2) （1）的规定设置圈梁外，至少应在托梁、墙梁顶面和檐口标高处设置现浇钢筋混凝土圈梁。

（4）采用现浇钢筋混凝土楼（屋）盖的多层砌体结构房屋，当层数超过 5 层时，除在檐口标高处设置一道圈梁外，可隔层设置圈梁，并与楼（屋）面板一起现浇。

3) 根据《建筑地基基础设计规范》GB 50007，建筑在软弱地基或不均匀地基上的砌体房屋，应按下列规定设置圈梁：

（1）在多层房屋的基础和顶层檐口处各设置一道圈梁，其他各层可隔层设置。必要时也可层层设置。

（2）单层工业厂房、仓库等，可结合基础梁、连系梁、过梁等酌情设置。

（3）圈梁应设置在外墙、内纵墙和主要内横墙上。

（4）在墙体上开洞过大时，宜在开洞部位适当配筋和采用构造柱和圈梁加强。

三、圈梁的构造要求

1）圈梁宜连续地设在同一水平面上，并形成封闭状；当圈梁被门窗洞口截断时，应在洞口上部增设相同截面的附加圈梁。附加圈梁与圈梁的搭接长度不应小于其中到中垂直间距的2倍，且不得小于1m（图10-1）。

2）纵横墙交接处的圈梁应有可靠的连接，其配筋构造如图10-2所示。

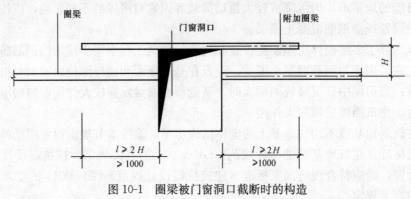

图 10-1　圈梁被门窗洞口截断时的构造

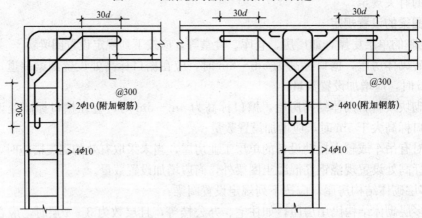

图 10-2　圈梁在房屋转角及丁字交叉处的连接构造

3）刚弹性和弹性方案房屋，圈梁应与屋架、大梁等构件可靠连接。

4）钢筋混凝土圈梁的宽度宜与墙厚相同，当墙厚 $h \geqslant 240mm$ 时，其宽度不宜小于 $2h/3$。圈梁高度不应小于120mm。纵向钢筋不应少于4ϕ10，绑扎接头的搭接长度按受拉钢筋考虑，箍筋间距不应大于300mm。混凝土强度等级不应低于C15。

5）采用现浇钢筋混凝土楼（屋）盖的多层砌体结构房屋的未设置圈梁的楼层，其楼面板嵌入墙内的长度不应小于120mm，并在楼板内沿墙的方向配置不少于2ϕ10的纵向钢筋。

6) 采用装配式楼（屋）盖或装配整体式楼（屋）盖的多层砌体结构房屋的圈梁应留出钢筋与楼（屋）盖拉接。

7) 圈梁兼作过梁时，过梁部分的钢筋应按计算用量另行增配。

第二节　过　　梁[10-1]

一、过梁的分类和适用范围

过梁是墙体门窗洞口上常用的构件，分为砖砌过梁和钢筋混凝土过梁两类。砖砌过梁又有钢筋砖过梁、砖砌平拱和砖砌弧拱等几种不同的形式。

由于砖砌过梁对振动荷载和地基不均匀沉降比较敏感，对有较大振动或可能产生不均匀沉降的房屋，应采用钢筋混凝土过梁。而采用钢筋砖过梁的跨度不应超过 1.5m，采用砖砌平拱的跨度不应超过 1.2m。

二、过梁上的荷载取值

过梁承受荷载有两种情况：第一种仅有墙体荷载；第二种除墙体荷载外，还承受梁板荷载。试验表明，如过梁上的砖砌体采用水泥混合砂浆砌筑，当砌筑的高度接近跨度的一半时，跨中挠度增量减小很快。随着砌筑高度的增加，跨中挠度增加极小。这是由于砌体砂浆随时间增长而逐渐硬化，使参加工作的砌体高度不断增加的缘故。正是这种砌体与过梁的组合作用，使作用在过梁上的砌体当量荷载仅约相当于高度等于跨度的 1/3 的砌体自重。

试验还表明，当在砖砌体高度等于跨度的 0.8 倍左右的位置施加荷载时，过梁挠度变化极微。可以认为，在高度等于或大于跨度的砌体上施加荷载时，由于过梁与砌体的组合作用，荷载将通过过梁与砌体形成的组合深梁的拱作用传给砖墙，而不是单独通过过梁的梁作用传给砖墙，故过梁应力增加很小，而习惯上过梁计算不是按组合截面而只是按砖砌过梁的"计算截面高度"或按钢筋混凝土过梁的截面考虑的。为了简化计算，新规范和01规范一样，规定过梁上的荷载，应按表 10-1 采用。

过梁上的荷载取值　　　　　　　　　　　　　　　　表 10-1

荷载类型	简　图	砌体种类		荷　载　取　值
墙体荷载	注：h_w 为过梁上墙体高度	砖砌体	$h_w < \dfrac{l_n}{3}$	应按墙体的均布自重采用
			$h_w \geq \dfrac{l_n}{3}$	应按高度为 $\dfrac{l_n}{3}$ 的墙体的均布自重采用
		混凝土砌块砌体	$h_w < \dfrac{l_n}{2}$	应按墙体的均布自重采用
			$h_w \geq \dfrac{l_n}{2}$	应按高度为 $\dfrac{l_n}{2}$ 的墙体的均布自重采用

荷载类型	简　图	砌体种类	荷　载　取　值	
梁板荷载	（见简图，注：h_w 为梁、板下墙体高度）	砖砌体，混凝土砌块砌体	$h_w < l_n$	应计入梁、板传来的荷载
			$h_w \geq l_n$	可不考虑梁、板荷载

注：1. 墙体荷载的取值与梁、板的位置无关；
　　2. l_n 为过梁的净跨。

三、过梁的计算

1）砖砌过梁的破坏特征

砖砌过梁承受荷载后，上部受压、下部受拉，像受弯构件一样地受力。随着荷载的增大，当跨中竖向截面的拉应力或支座斜截面的主拉应力超过砌体的抗拉强度时，将先后在跨中出现竖向裂缝，在靠近支座处出现阶梯形斜裂缝。对钢筋砖过梁，过梁下部的拉力将由钢筋承受；对砖砌平拱，过梁下部的拉力将由两端砌体提供的推力来平衡，如图 10-3 所示。这时过梁像一个三铰拱一样地工作。过梁可能发生三种破坏：

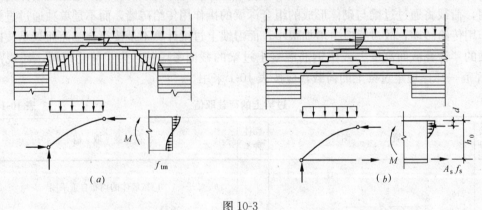

图 10-3
（a）砖砌平拱；（b）钢筋砖过梁

（1）过梁跨中截面因受弯承载力不足而破坏。

（2）过梁支座附近斜截面因受剪承载力不足，阶梯形斜裂缝不断扩展而破坏。

（3）过梁支座处水平灰缝因受剪承载力不足而发生支座滑动破坏；在墙体端部门窗洞口上砖砌弧拱或砖砌平拱最外边的支承墙体就有可能发生支座滑动破坏。

2）砖砌平拱的计算

（1）砖砌平拱受弯承载力可按下列公式计算：

$$M \leqslant f_{tm}W \tag{10-1}$$

式中　M——按简支梁并取净跨计算的过梁跨中弯矩设计值；

　　　f_{tm}——砌体沿齿缝截面的弯曲抗拉强度设计值；

　　　W——过梁的截面抵抗矩。

注：由于过梁支座水平推力的存在，将延缓过梁沿正截面的弯曲破坏，提高了砌体沿通缝截面的弯曲抗拉强度。在公式（10-1）中不采用沿通缝截面的弯曲抗拉强度而采用沿齿缝截面的弯曲抗拉强度以考虑支座水平推力的有利作用。

（2）砖砌平拱受剪承载力可按下列公式计算：

$$V \leqslant f_V b z \tag{10-2}$$

式中　V——按简支梁并取净跨计算的过梁支座剪力设计值；

　　　f_V——砌体的抗剪强度设计值；

　　　b——过梁的截面宽度，取墙厚；

　　　z——内力臂，取 $z = I/S = 2h/3$；

　　　I——截面惯性矩；

　　　S——截面面积矩；

　　　h——过梁的截面计算高度。

3）钢筋砖过梁的计算

（1）钢筋砖过梁受弯承载力可按下列公式计算：

$$M \leqslant 0.85 f_y A_s h_0 \tag{10-3}$$

式中　M——按简支梁并取净跨计算的过梁跨中弯矩设计值；

　　　f_y——钢筋的抗拉强度设计值；

　　　A_s——受拉钢筋的截面面积；

　　　h_0——过梁截面的有效高度，$h_0 = h - a_s$；

　　　h——过梁的截面计算高度，取过梁底面以上的墙体高度，但不大于 $l_n/3$；当考虑梁、板传来的荷载时，则按梁、板下的高度采用；

　　　a_s——受拉钢筋重心至截面下边缘的距离。

（2）钢筋砖过梁受剪承载力可按公式（10-2）计算。

4）钢筋混凝土过梁的计算

（1）考虑表 10-1 的荷载取值计算过梁的最大弯矩和剪力设计值，按混凝土受弯构件计算过梁的配筋[10-2]。

（2）过梁支座砌体局部受压承载力的验算，应按本书第五章的规定进行，此时可不考虑上层荷载的影响，梁端底面压应力图形完整系数 η 可取 1.0，局压强度提高系数 γ 可取 1.25；梁端有效支承长度 a_0 可取过梁的实际支承长度 a，但不大于墙厚 h。

大量墙梁试验和少量过梁试验表明，砌有一定高度墙体的钢筋混凝土过梁是偏心受拉构件，按混凝土受弯构件计算是不合理的。过梁与墙梁并无明确分界定义，主要差别在于过梁支承于平行的墙体上，且相对支承长度较长；一般过梁跨度较小，承受的梁、板荷载较小。当过梁跨度较大或承受较大梁、板荷载时，按墙梁设计是合理的，详见本书第九章。

四、过梁的构造要求

1）砖砌平拱

（1）截面计算高度范围内的砖的强度等级不应低于 MU10；砂浆强度等级不宜低于 M5（Mb5、Ms5）。

（2）用竖砖砌筑部分的高度不应小于 240mm。

2）钢筋砖过梁

（1）截面计算高度范围内的砖的强度等级不应低于 MU10；砂浆强度等级不宜低于 M5（Mb5、Ms5）。

（2）过梁底面砂浆层的厚度不宜小于 30mm，一般采用 1:3 水泥砂浆。

（3）过梁底面砂浆层内的钢筋直径不应小于 5mm，间距不宜大于 120mm；钢筋伸入支座砌体内的长度不宜小于 240mm，光面钢筋应加弯钩。

3）钢筋混凝土过梁

（1）过梁端部支承长度不宜小于 240mm。

（2）当过梁承受除墙体外的其他施工荷载或过梁上墙体在冬期采用冻结法施工时，过梁下面应加设临时支撑。

过梁的构造参见图 10-4。

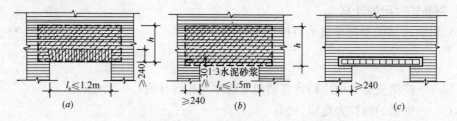

图 10-4　过梁的构造
（a）砖砌平拱；（b）钢筋砖过梁；（c）钢筋混凝土过梁

【例 10-1】 已知砖砌平拱净跨 $l_n = 1.0$m，用竖砖砌筑部分高度为 240mm，墙厚为 240mm；采用 MU10 烧结普通砖，M7.5 混合砂浆砌筑。求该过梁的允许均布荷载设计值。

【解】

（1）查表得：$f_{tm} = 0.29$N/mm²，$f_v = 0.14$N/mm²；

（2）按受弯承载力计算：

由公式（10-1），取 $h = l_n/3$，并以 $M = pl_n^2/8$，$W = bh^2/6 = bl_n^2/54$ 代入，可得允许均布荷载设计值

$$[p] = \frac{8M}{l_n^2} = \frac{8f_{tm}W}{l_n^2} = \frac{4}{27}bf_{tm}$$

$$= \frac{4}{27} \times 240 \times 0.29 = 10.31\text{kN/m};$$

（3）按受剪承载力计算：

由公式（10-2）取 $h=l_n/3$，并以 $V=pl_n/2$，$z=2h/3=2l_n/9$ 代入，可得允许均布荷载设计值

$$[p]=\frac{2V}{l_n}=\frac{2f_Vbz}{l_n}=\frac{4}{9}bf_V$$

$$=\frac{4}{9}\times 240\times 0.14=14.93\text{kN/m};$$

故允许均布荷载设计值 $[p]$ 为 10.31kN/m。

【例 10-2】 已知钢筋砖过梁净跨 $l_n=1.5\text{m}$，墙厚为 240mm；采用 MU10 烧结多孔砖，M10 混合砂浆；在离窗口顶面标高 600mm 处作用有楼板传来的均布恒载标准值 $g_{K1}=7.5\text{kN/m}$，均布活载标准值 $q_K=4\text{kN/m}$。试设计该过梁。

【解】

（1）内力计算

梁板荷载位于高度 $h_w=600\text{mm}<l_n=1500\text{mm}$ 处，故必须考虑。则作用在过梁上的均布荷载设计值为（g_{K2} 为过梁自重）（采用由可变荷载效应控制的组合，而由永久荷载效应控制的组合算出 $p=16.88\text{kN/m}$）：

$$p=\gamma_G(g_{K1}+g_{K2})+\gamma_Q q_K=1.2\times\left(7.5+\frac{1.5}{3}\times 4.2\right)+1.4\times 4=17.12\text{kN/m}$$

$$M=\frac{pl_n^2}{9}=\frac{17.12\times 1.5^2}{8}=4.82\text{kN}\cdot\text{m};$$

$$V=\frac{pl_n}{2}=\frac{17.12\times 1.5}{2}=12.84\text{kN}。$$

（2）受弯承载力计算

由于考虑梁、板荷载，故取 $h=600\text{mm}$，$h_0=h-a_s=600-15=585\text{mm}$；采用 HPB300 钢筋，$f_y=270\text{N/mm}^2$；由公式（10-3）：

$$As=\frac{M}{0.85f_yh_0}=\frac{4.82\times 10^6}{0.85\times 270\times 585}=35.9\text{mm}^2，$$

选用 2ϕ6（57mm^2），满足要求。

（3）受剪承载力计算

查表得 $f_V=0.17\text{N/mm}^2$，$z=\frac{2h}{3}=\frac{2\times 600}{3}=400\text{mm}$，由公式（10-2）：

$$V=12.84\text{kN}<f_Vbz=0.17\times 240\times 400=16.23\text{kN}，满足要求。$$

【例 10-3】 已知钢筋混凝土过梁净跨 $l_n=3\text{m}$，支承长度 0.24m，过梁上的墙体高 1.5m，墙厚为 240mm；承受楼板传来的均布荷载设计值 15.5kN/m；墙体采用 MU10 承重多孔砖，M5 混合砂浆。试设计该过梁。

【解】

（1）内力计算

根据跨度、墙厚及荷载等参数初步确定过梁截面尺寸：$b=240\text{mm}$，$h=240\text{mm}$。因墙高 $h_w=1.5\text{m}>l_n/3=1\text{m}$，故仅考虑 1m 高的墙体自重；而梁板荷载位于墙体高度小于跨度的范围内，过梁上应考虑梁板荷载的作用；则（采用由可变荷载效应控制的组合）：

$$p = 1.2 \ (1 \times 4.2 + 0.24 \times 0.24 \times 25 + 0.015 \times 0.24 \times 3 \times 20) + 15.5 = 22.53 \text{kN/m}$$

过梁支座反力接近矩形分布，取 $1.1l_n = 1.1 \times 3 = 3.3\text{m}$，支座中心的跨度 $l_c = 3 + 0.24 = 3.24\text{m}$，故取计算跨度 $l_c = 3.24\text{m}$；

$$M = \frac{pl_0^2}{8} = \frac{22.53 \times 3.24^2}{8} = 29.56 \text{kN} \cdot \text{m};$$

$$V = \frac{pl_n}{2} = \frac{22.53 \times 3}{2} = 33.8 \text{kN}。$$

（2）过梁的受弯承载力计算

查《混凝土结构设计规范》GB 50010—2011[10-2]，过梁采用 C20 混凝土，$f_c = 9.6\text{N/mm}^2$，$f_t = 1.1\text{N/mm}^2$，纵向钢筋采用 HRB335 级钢筋，$f_y = 300\text{N/mm}^2$；箍筋采用 HPB300 级钢筋，$f_y = 270\text{N/mm}^2$；

$$\alpha_s = \frac{M}{f_c b h_0^2} = \frac{29.56 \times 10^6}{9.6 \times 240 \times 205^5} = 0.305, \quad \gamma_s = 0.812$$

$$A_s = \frac{M}{f_y \gamma_s h_0} = \frac{29.56 \times 10^6}{300 \times 0.812 \times 205} = 592 \text{mm}^2,$$

选配 3 Φ 16（603mm²），满足要求。

（3）过梁的受剪承载力计算

$V = 33.8\text{kN}$

$< 0.25 f_c b h_0 = 0.25 \times 9.6 \times 240 \times 205 = 118.08\text{kN}$，受剪截面满足要求；

$< 0.7 f_t b h_0 = 0.7 \times 1.1 \times 240 \times 205 = 37.88\text{kN}$，

可按构造配置箍筋，选配双肢箍 $\phi6@200$，满足要求。

（4）梁端砌体局部受压承载力验算

查表得 $f = 1.5\text{N/mm}^2$，取 $a_0 = a = 240\text{mm} \leqslant h$，$\eta = 1.0$，$\gamma = 1.25$，$\psi = 0$；

$$A_l = a_0 b = 240 \times 240 = 57600 \text{mm}^2$$

$$N_l = \frac{1}{2} \times 22.53 \times 3.24 = 36.5 \text{kN}$$

$< \eta \gamma f A_l = 1.25 \times 1.5 \times 57600 = 108\text{kN}$，满足要求。

第三节 挑 梁

一、受力特点和破坏形态

1）研究概况

埋置于砌体中的悬挑构件，如挑梁、雨篷、阳台和悬挑楼梯等是砌体结构房屋中常用的构件。长期以来悬挑构件一直沿用经验的方法设计，既不合理、也不经济，甚至可能导致不安全。1977 年以来，由郑州工学院、核工业第五设计院等单位组成的挑梁专题组进行了较系统的试验研究和有限元分析，完成 30 个挑梁构件的试验、2 个雨篷和 2 个悬挑楼梯踏步的试验和 38 个挑梁构件的有限元分析。在此基础上提出了较简便的、符合实际受力特点的悬挑构件设计方法，GBJ 3—88 规范首次列入挑梁的设计条文，01 规范只作了很少的修改，新规范没有改变[10-1][10-3]~[10-9]。

2）挑梁的受力特点与破坏形态

埋置于墙体中的挑梁与砌体共同工作，也是混凝土梁与墙体组合的平面应力问题。在墙体上的均布荷载 p 和挑梁端部集中力 F 的作用下经历了弹性工作、带裂缝工作和破坏等三个受力阶段。有限元分析及弹性地基梁理论分析都表明，在 F 作用下挑梁与墙体的上、下界面竖向正应力 σ_y 的分布如图 10-5 所示。此应力应与 p 作用下产生的竖向正应力 σ_0 叠加。

由于上界面的前部和下界面的后部竖向受拉，当加荷全 $0.2~0.3F_u$ 时（F_u 为挑梁破坏荷载），将在上界面出现水平裂缝①，随后在下界面出现水平裂缝②（图 10-6）。挑梁带有界面水平裂缝工作到 $0.8F_u$ 时，在挑梁尾端的墙体中将出现阶梯形斜裂缝③，其与竖向轴线的夹角 α 较大；根据 30 个构件试验结果统计，平均值 $57.6°$，变异系数 0.168，绝大部分均大于 $45°$，个别构件为 $42°$。水平裂缝②不断向外延伸，挑梁下砌体受压面积逐渐减少，压应力不断增大，将可能出现局部受压裂缝④。而混凝土挑梁在 F 作用下将在墙边稍靠里的部位出现竖向裂缝，在墙边靠外的部位出现斜裂缝，均为上部受拉，下部受压。

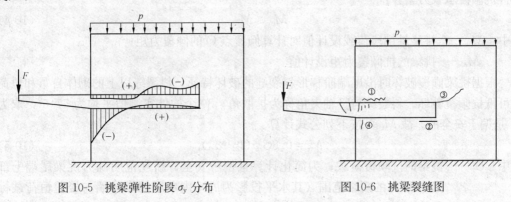

图 10-5　挑梁弹性阶段 σ_y 分布　　　　　　图 10-6　挑梁裂缝图

挑梁可能发生下列三种破坏形态：

（1）挑梁倾覆破坏（图 10-7a）：挑梁倾覆力矩大于抗倾覆力矩，挑梁尾端墙体斜裂缝不断开展，挑梁绕倾覆点 O 发生倾覆破坏；

（2）挑梁下砌体局部受压破坏（图 10-7b）：挑梁下靠近墙边小部分砌体由于压应力过大发生局部受压破坏；

（3）挑梁弯曲破坏或剪切破坏：挑梁由于正截面受弯承载力或斜截面受剪承载力不足引起弯曲破坏或剪切破坏。

3）雨篷的受力特点与破坏形态

对于雨篷、悬挑楼梯等这类垂直于墙段挑出的构件，在挑出部分的荷载作用下，挑出一边的墙面受压，另一边墙面受拉。随着荷载的增大，中和轴向受压一边移动。加荷至 $0.5~0.6F_u$ 时，在雨篷梁支座处砌体中出现水平裂缝，并沿水平方向平缓地延伸，有时也形成阶梯形斜裂缝上升或下降。加荷至 F_u 时，将发生突然性的倾覆破坏。当然，也可能发生雨篷梁支座下砌体局部受压破坏，或雨篷板的弯曲破坏，或雨篷梁在弯矩、剪力、扭矩联合作用下的破坏。但倾覆破坏更易发生，且更加危险。

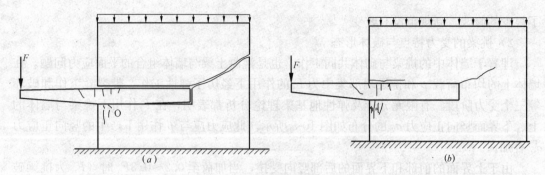

图 10-7　挑梁的破坏形态
(a) 倾覆破坏；(b) 挑梁下砌体局压破坏或挑梁破坏

二、挑梁设计

1) 抗倾覆承载力验算

当挑梁上墙体自重和楼盖恒载产生的抗倾覆力矩小于挑梁悬挑段荷载引起的倾覆力矩时，挑梁将发生围绕倾覆点旋转的倾覆破坏。为了防止这种破坏发生，规范规定应按下式进行抗倾覆承载力验算：

$$M_{0v} \leqslant M_r \tag{10-4}$$

式中　M_{0v}——挑梁悬挑段荷载设计值对计算倾覆点 O 的倾覆力矩；

　　　M_r——挑梁的抗倾覆力矩设计值。

根据挑梁倾覆破坏时沿尾端阶梯形斜裂缝的破坏特征，斜裂缝以上的砌体自重和恒荷载可抵抗倾覆破坏。斜裂缝与竖轴夹角称为扩散角，30 个构件实测值平均为 57.6°，取为 45°是偏于安全的。故 M_r 可按下列公式计算：

$$M_r = 0.8 G_r (l_2 - x_0) \tag{10-5}$$

式中　G_r——挑梁的抗倾覆荷载；为简化计算且偏于安全，新规范明确为挑梁尾端上部 45°扩展角的阴影范围（其水平投影为 l_3）内本层的砌体墙与楼盖恒荷载标准值之和。对于无洞口墙体，当 $l_3 \leqslant l_1$ 时，按图 10-8 (a) 计算；当 $l_3 > l_1$ 时，按图 10-8 (b) 计算。对于有洞口墙体，当洞口内边至挑梁埋入段尾端的距离不小于 370mm 时，按图 10-8 (c) 计算；否则，应按图 10-8 (d) 计算。此处，l_1 为挑梁埋入墙体的长度，l_3 为挑梁尾端 45°上斜线与上一层楼面相交的水平投影长度，l 为挑梁挑出长度。当上部楼层无挑梁时，抗倾覆荷载中可计及上部楼层的楼盖永久荷载标准值；

　　　l_2——G_r 作用点距墙体外边缘的距离；

　　　x_0——计算倾覆点 O 至墙体外边缘的距离。

为了求得计算倾覆点的位置，将挑梁看做埋置于墙体的弹性地基梁。按郭尔布诺夫——波萨多夫的方法，挑梁埋入段在墙边弯矩和剪力作用下的梁底反力函数与挑梁的柔度系数 t 有关。挑梁与墙体按弹性力学平面问题考虑，t 可按下式计算[10-10]：

$$t = \frac{\pi E_m h l_1^3}{32 E_c I_c} \tag{a}$$

式中　E_m——砌体的弹性模量；

　　　E_c——混凝土的弹性模量；

l_1——挑梁的埋入墙体长度；

h——墙体厚度；

I_c——挑梁截面的惯性矩。

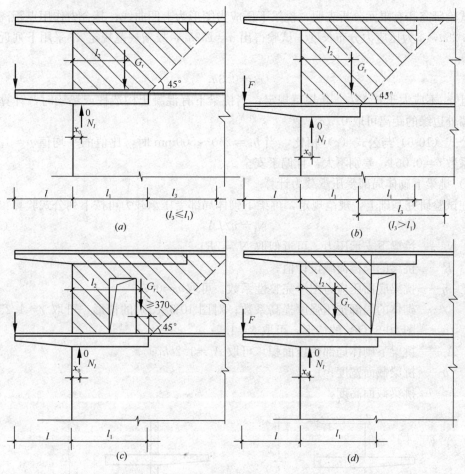

图 10-8　挑梁的抗倾覆荷载 G_r 的取值范围

(a) 不开洞墙体，$l_3 \leqslant l_1$；(b) 不开洞墙体，$l_3 > l_1$；(c) 开洞墙体，洞边距挑

梁尾端≥370mm；(d) 开洞墙体，洞边距挑梁尾端<370mm；或洞在 l_1 之外

当 $t < 1$ 时，称为刚性梁；当 $1 \leqslant t \leqslant 10$ 时，称为半无限长梁；当 $t > 10$ 时，称为无限长梁。因此，可以取 $t = 1$ 作为刚性挑梁和弹性挑梁的界限，取 $t = 10$ 作为挑梁的极限埋入长度的参考值。对于工程中常用材料，$E_m/E_c = 0.067 \sim 0.06$，取 $3\pi \approx 10$，代入（a）式可得：

$$l_1 = (0.075 \sim 0.0838)\left(\frac{l_1}{h_b}\right)^3 \tag{b}$$

$t = 1$，则 $l_1 = (2.29 \sim 2.37) h_b$；$t = 10$，则 $l_1 = (4.92 \sim 5.11) h_b$。故规范规定：

当 $l_1 < 2.2h_b$ 时，属于刚性挑梁；当 $2.2h_b \leqslant l_1 \leqslant 5h_b$ 时，属于弹性挑梁；当 $l_1 > 5h_b$ 时，则为无限长梁。

一般挑梁属于弹性挑梁，按文克勒假定，解弹性地基梁微分方程，可求得当 $l_1 \geqslant 2.2h_b$ 时，

$$x_0 = 1.25 \sqrt[4]{h_b^3} \text{ (mm)} \qquad (c)$$

试验研究和有限元分析表明，挑梁下压应力图形为上凹曲线；其合力作用点距离墙边 $x_0 = 0.25a$，a 为压应力分布长度。试验得出 $a = 1.2h_b$，故新规范规定 x_0 采用下列近似公式计算：

$$x_0 = 0.3h_b \qquad (10\text{-}6)$$

且 x_0 不应大于 $0.13l_1$。新规范规定：当挑梁下有混凝土构造柱或垫梁时，计算倾覆点至墙外边缘的距离可取 $0.5x_0$。

公式（10-6）与公式（c）相比，当 $h_b = 250 \sim 500 \text{mm}$ 时，比值的平均值 $\mu = 1.051$，变异系数 $\delta = 0.064$，差别不大，且偏于安全。

2）挑梁下砌体局部受压承载力计算

在试验研究基础上，规范规定，挑梁下砌体局部受压承载力可按下列公式验算：

$$N_l = \eta \gamma f A_l \qquad (10\text{-}7)$$

式中　N_l——挑梁下支承压力，可近似取 $N_l = 2R$；

　　　R——挑梁的倾覆荷载设计值；

　　　η——挑梁底面压应力图形完整性系数，可取 $\eta = 0.7$；

　　　γ——砌体的局部抗压强度提高系数；对图 10-9（a）的情形，可取 $\gamma = 1.25$；对图 10-9（b）的情形，可取 $\gamma = 1.5$；

　　　A_l——挑梁下砌体局部受压面积，可取 $A_l = 1.2bh_b$；

　　　b——挑梁截面宽度；

　　　h_b——挑梁截面高度。

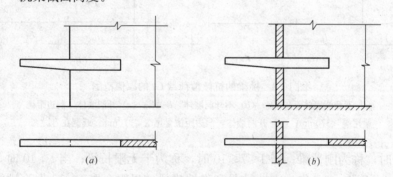

图 10-9　砌体局压强度提高系数取值情形

（a）矩形截面墙段（一字墙）；（b）T 形截面墙段（丁字墙）

有两点需要说明：

（1）上部荷载问题：由于挑梁与墙体的上界面较早出现水平裂缝，发生挑梁下砌体局部受压破坏时该水平裂缝已延伸很长，上部荷载引起的压应力 σ_0 不必与挑梁下局部压应力 σ_y 叠加。故公式（10-7）中可不考虑上部荷载的影响。

（2）挑梁底面压应力图形问题：试验研究，有限元分析与弹性地基梁应力分析都表明，在弹性阶段挑梁底面压应力图形为上凹曲线。但发生挑梁下砌体局部受压破坏时，由

于砌体的塑性变形，不仅边缘纤维应力可以达到砌体的局部抗压强度，而且附近较小范围纤维应力也可达到或接近砌体的局部抗压强度。压应力图形变为下凸曲线，因而可以取应力图形完整性系数 $\eta=0.7$。当然，压应力分布长度 a 应进一步减小，计算中仍取 $a=1.2h_b$，以使局压破坏时承载力计算值与试验值大体接近。

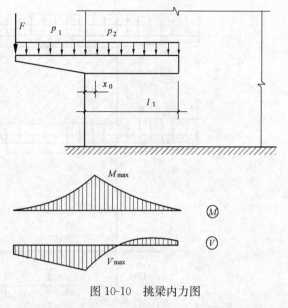

图 10-10 挑梁内力图

3）混凝土挑梁承载力计算时采用的内力

由于计算倾覆点不在墙边而在离墙边 x_0 处，在挑梁挑出端荷载及埋入段上下界面分布压力作用下形成如图 10-10 所示的内力分布。可以看出，挑梁最大弯矩发生在计算倾覆点处的截面，而不是设计者习惯采用的墙边截面，并经过埋入段的弯矩递减，至尾端才减为零；最大剪力则发生在墙边截面；这已为挑梁试验和有限元分析所证实。故挑梁内力应按下列公式计算：

$$M_{max}=M_{0v} \tag{10-8}$$
$$V_{max}=V_0 \tag{10-9}$$

式中 M_{max}——挑梁的最大弯矩设计值；

　　M_{0v}——挑梁的荷载设计值对计算倾覆点截面产生的弯矩；

　　V_{max}——挑梁的最大剪力设计值；

　　V_0——挑梁的荷载设计值在挑梁的墙体外边缘截面产生的剪力。

4）构造要求

（1）由于挑梁埋入端仍有弯矩存在，并逐渐减少至尾端为零，故挑梁上部纵向受力钢筋应有不少于计算钢筋面积的一半，且不少于 $2\phi12$ 伸入挑梁尾端。其他钢筋伸入埋入段的长度不应小于 $\frac{2}{3}l_1$。

（2）为了从构造上保证挑梁的稳定性，其埋入长度 l_1 与挑出长度 l 之比宜大于 1.2；当挑梁上无砌体时，l_1 与 l 之比宜大于 2.0。

（3）施工阶段悬挑构件的稳定性应按施工荷载进行抗倾覆验算，必要时可加设临时支撑。

【例 10-4】 一承托阳台的钢筋混凝土挑梁埋置于 T 形截面墙段，挑出长度 $l=1.8\text{m}$，埋入长度 $l_1=2.2\text{m}$；挑梁截面 $b=240\text{mm}$，$h_b=350\text{mm}$；挑出端截面高度为 150mm；挑梁墙体净高 2.8m，墙厚 $h=240\text{mm}$；采用 MU10 烧结多孔砖、M5 混合砂浆；荷载标准值：恒载 $F_K=6\text{kN}$，$g_{1K}=g_{2K}=17.75\text{kN/m}$，活载 $q_{1K}=8.25\text{kN/m}$，$q_{2K}=4.95\text{kN/m}$。挑梁采用 C25 混凝土，纵筋为 HRB335 钢筋，箍筋为 HPB300 钢筋；挑梁自重：挑出段为 1.725kN/m，埋入段为 2.31kN/m；试设计该挑梁（图 10-11）。

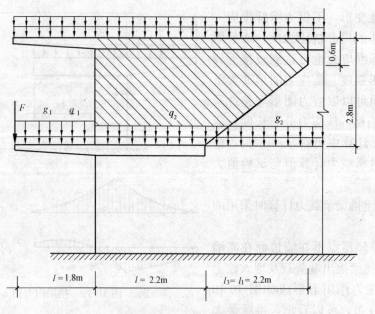

图 10-11　例 10-4 计算简图

【解】

1）抗倾覆验算

$l_1 = 2.2\text{m} > 2.2h_b = 2.2 \times 0.35 = 0.77\text{m}$

$x_0 = 0.3h_b = 0.3 \times 350 = 105\text{mm}$，且小于 $0.13l_1 = 0.13 \times 2200 = 286\text{mm}$

$$M_{0v} = 1.2 \times 6 \times (1.8 + 0.105) + \frac{1}{2} \times [1.4 \times 8.25 + 1.2 \times (1.725 + 17.75)]$$
$$\times (1.8 + 0.105)^2 = 77.08\text{kN} \cdot \text{m}$$

$$M_r = 0.8 \times \left[\frac{1}{2}(17.75 + 2.31) \times (2.2 - 0.105)^2 + 2.2 \times 2.8 \times 4.2 \times \left(\frac{2.2}{2} - 0.105\right) \right.$$

$$+ \frac{1}{2} \times 2.2 \times 2.2 \times 4.2 \times \left(\frac{2.2}{3} + 2.2 - 0.105\right) + 2.2 \times 0.6 \times 4.2$$

$$\left. \times \left(\frac{2.2}{2} + 2.2 - 0.105\right) \right] = 92.98\text{kN} \cdot \text{m};$$

$M_{0v} < M_r$，满足要求。

2）挑梁下砌体局部受压承载力计算

$N_l = 2R = 2 \times \{1.2 \times 6 + [1.4 \times 8.25 + 1.2(1.725 + 17.75)] \times 1.905\} = 147.45\text{kN}$

$< \eta\gamma fA_l = 0.7 \times 1.5 \times 1.5 \times 1.2 \times 240 \times 350 = 158.76\text{kN}$，满足要求。

3）挑梁承载力计算

$M_{\text{max}} = M_{0v} = 77.08\text{kN} \cdot \text{m}$，

$V_{\text{max}} = V_0 = 1.2 \times 6 + [1.4 \times 8.25 + 1.2 \times (1.725 + 17.75)] \times 1.8 = 70.06\text{kN}$，

按钢筋混凝土受弯构件计算[10-2]，$f_c = 11.9\text{N/mm}^2$，$f_t = 1.27\text{N/mm}^2$，$f_y = 300\text{N/mm}^2$，$f_{yv} = 270\text{N/mm}^2$ 采用单排钢筋，算出 $\alpha_s = 0.272$，$\gamma_s = 0.838$，$A_s = 973\text{mm}^2$，选配 4 Φ18（1017mm^2）；其中 2 Φ18 伸入挑梁尾端，2 Φ18 伸入墙内 1.5m 处截断。算出 $\dfrac{A_{sv}}{s}$

$=0.034$，选配双肢箍 $\phi 6@180\left(\dfrac{A_{sv}}{s}=0.317\right)$，且 $\rho_{sv}=\dfrac{A_{sv}}{bs}=\dfrac{57}{240\times180}=0.132\%>\rho_{svmin}=$

$0.24\dfrac{f_t}{f_{yv}}=0.24\times\dfrac{1.27}{270}=0.113\%$；满足要求。

【例 10-5】 某钢筋混凝土挑梁支承于 T 形截面墙段，$l=1.5\mathrm{m}$，$l_1=2.8\mathrm{m}$；$b=240\mathrm{mm}$，$h_b=300\mathrm{mm}$，挑出端截面高度为 $150\mathrm{mm}$；挑梁上墙体高 $2.8\mathrm{m}$，墙厚 $h=240\mathrm{mm}$；采用 MU10 烧结多孔砖、M5 混合砂浆；距墙边 $1.6\mathrm{m}$ 处开门洞，$b_h=900\mathrm{mm}$，$h_h=2100\mathrm{mm}$；挑梁采用 C25 混凝土，纵筋为 HRB335 钢筋，箍筋为 HPB300 钢筋；荷载标准值：恒载 $F_K=4.5\mathrm{kN}$，$g_{1K}=g_{2K}=17.75\mathrm{kN/m}$，活载 $q_{1K}=8.25\mathrm{kN/m}$，$q_{2K}=4.95\mathrm{kN/m}$；挑梁自重：挑出段为 $1.56\mathrm{kN/m}$，埋入段为 $1.98\mathrm{kN/m}$。试设计该挑梁（图 10-12）。

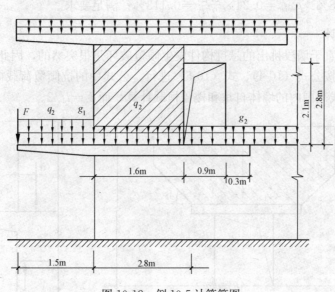

图 10-12 例 10-5 计算简图

【解】

1）抗倾覆验算

$x_0=0.3h_b=0.3\times0.3=0.09\mathrm{m}$；

$M_{0v}=1.2\times4.5\times(1.5+0.09)+\dfrac{1}{2}\times[1.4\times8.52+1.2\times(1.56+17.75)]$

$\times1.59^2=52.48\mathrm{kN\cdot m}$

$M_r=0.8\times\left\{\dfrac{1}{2}\times(17.75+1.98)\times(2.8-0.09)^2+4.2\times[2.8\times2.8\times(1.4-0.09)\right.$

$\left.-0.9\times2.1\times(2.05-0.09)]\right\}=80.02\mathrm{kN\cdot m}$；

$M_{0v}<M_r$，满足要求。

2）挑梁下砌体局部受压承载力计算

$$N_t = 2R = 2 \times \{1.2 \times 4.5 + [1.4 \times 8.25 + 1.2(1.56 + 17.75)] \times 1.59\}$$
$$= 121.22 \text{kN}$$

$< \eta \gamma f A_l = 0.7 \times 1.5 \times 1.5 \times 1.2 \times 240 \times 300 = 136.08 \text{kN}$，满足要求。

3）挑梁承载力计算

$M_{max} = M_{0v} = 52.48 \text{kN} \cdot \text{m}$，

$V_{max} = V_0 = 1.2 \times 4.5 + [1.4 \times 8.25 + 1.2 \times (1.56 + 17.75)] \times 1.5 = 57.48 \text{kN}$，

按钢筋混凝土受弯构件计算[10-2]，材料强度计算指标同上例，算出 $\alpha_s = 0.262$，$\gamma_s = 0.845$，$A_s = 781 \text{mm}^2$，选配，4 Φ 16（804mm^2）；其中 2 Φ 16 伸入挑梁尾端，2 Φ 16 伸入墙内 1.9m 处截断。算出 $\dfrac{A_{sv}}{s} = 0.013$，选配双肢箍 $\phi 6@150 \left(\dfrac{A_{sv}}{s} = 0.38\right)$，且 $\rho_{sv} = \dfrac{A_{sv}}{bs} = \dfrac{57}{240 \times 150} = 0.158\% > \rho_{svmin} = 0.24 \times \dfrac{1.27}{270} = 0.113\%$；满足要求。

三、雨篷设计

雨篷等类垂直于墙段挑出的悬挑构件发生倾覆破坏是很突然的，因此更加危险。雨篷的抗倾覆验算可按公式（10-4）、式（10-5）进行。公式中的抗倾覆荷载标准值 G_r 应按图 10-13 所示阴影线范围内的墙体自重和楼盖恒载计算，而 $l_2 = l_1/2$。

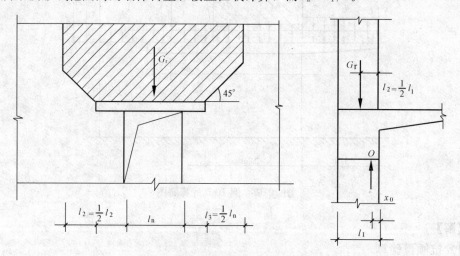

图 10-13 雨篷抗倾覆验算简图

雨篷梁埋置于墙体内的长度 l_1 较小，一般 $l_1 < 2.2h_b$，属于刚性挑梁，在墙边的弯矩和剪力作用下，考虑刚性挑梁绕计算倾覆点 O 发生刚体转动，求出 O 点距墙边的距离为：

$$x_0 = 0.13l_1 \tag{10-10}$$

上式计算结果与雨篷试验数据基本符合。

雨篷板的受弯承载力计算和雨篷梁的受弯、受扭、受剪承载力计算属于钢筋混凝土构件设计问题，此处从略。

【例 10-6】 某钢筋混凝土雨篷，其尺寸如图 10-14 所示。墙体采用 MU10 砖及 M5 混合砂浆砌筑；雨篷板自重为 6.96kN/m，悬臂端集中检修荷载 1kN/m，楼盖传给雨篷梁的恒荷载标准值 8.96kN/m。试进行该雨篷抗倾覆验算。

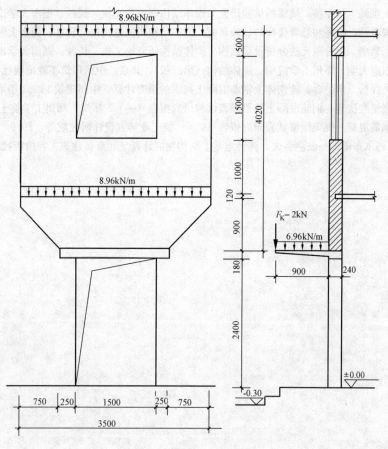

图 10-14　例 10-6 计算简图

【解】

$x_0 = 0.13l_1 = 0.3 \times 240 = 31\text{mm};$

$M_{0v} = 1.2 \times 6.96 \times 0.9 \times \left(\dfrac{1}{2} \times 0.9 + 0.031\right) + 1.4 \times 1 \times 2 \times (0.9 + 0.031)$

$\qquad = 6.22\text{kN} \cdot \text{m}$

$M_r = 0.8 \times \left\{ [4.02 \times 3.5 - (1.5 \times 1.5 + 0.75 \times 0.75)] \times 0.24 \times 18 \times \left(\dfrac{1}{2} \times 0.24 - 0.031\right) \right.$

$\qquad \left. + (2 \times 8.96 \times 3.5 + 0.24 \times 0.18 \times 2 \times 25) \times \left(\dfrac{1}{2} \times 0.24 - 0.031\right) \right\} = 8.08\text{kN} \cdot \text{m}$

$M_{0v} < M_r$，满足要求。

注意：上部楼层无挑出雨篷，雨篷抗倾覆验算中已计入上部楼层的楼面永久荷载。雨篷施工时应做好临时支撑，直至上部两个楼层施工完毕方可拆除。

参 考 文 献

[10-1]　《砌体结构设计规范》（GB 50003—2011），北京：中国建筑工业出版社，2011

[10-2]　《混凝土结构设计规范》（GB 50010—2011），北京：中国建筑工业出版社，2011

[10-3]　宋雅涵　张保善．挑梁的试验研究．砌体结构研究论文集．长沙：湖南大学出版社，1989

[10-4]　宋雅涵．雨篷和悬臂楼梯的试验研究．砌体结构研究论文集．长沙：湖南大学出版社，1989

[10-5]　江素华．用有限元法分析挑梁结构．砌体结构研究论文集．长沙：湖南大学出版社，1989

[10-6]　东南大学，郑州工学院编．砌体结构（第二版），北京：中国建筑工业出版社，1995

[10-7]　吴保禄　李伯森．砖砌体上钢筋混凝土挑梁的强度计算．中州建筑．1982 年第 5 期

[10-8]　龚绍熙执笔．钢筋混凝土挑梁倾覆试验研究报告（一）．郑州：郑州工学院土建系等，1977

[10-9]　钢筋混凝土挑梁倾覆试验研究报告（二）．核工业第五设计研究院等，1979

[10-10]　郭尔布诺夫—波萨多夫．弹性地基上结构物的计算．北京：建筑工程出版社，1957

第十一章　砌体结构房屋的抗震设计

砌体结构在我国的城乡建设中始终占着很大的比重。根据我国国情，砌体结构目前不会淘汰，而且还将有所发展。从节能减排的角度考虑，砌体结构仍有发展的余地。

砌体结构作为一种传统的墙体材料已有上千年的应用历史，它对低层和多层建筑的适应性是毋庸置疑的。然而，限于材料本身的性质及在当前用地紧张需要建造更高的建筑物的情况，特别是在我国三分之二以上的国土面积划定为抗震设防烈度 4 度和 6 度以上地震区，砌体结构面临的挑战是不容置疑的。

国内外的历次地震已经证明：砌体结构在强烈地震作用下的破坏是极其严重的。如我国 1966 年的河北邢台地震，1970 年的云南通海地震，1976 年的河北唐山地震，以及 2008 年四川汶川地震等。都使大量民众遭到伤亡及财产的重大损失。国外如 1923 年的日本关东地震，印度、墨西哥、希腊、俄罗斯、智利、印尼等国发生的大地震，也都使砌体结构房屋大量破坏倒塌，造成人员和财产的巨大损失。

砌体结构按其配筋率可分为三类：无筋砌体、约束砌体和配筋砌体。

早期砌体结构中除了仅有少数的拉结配筋外，一般都为无筋砌体结构。其墙体的脆性性质，使这类结构在地震区往往遭到普遍的、严重的震害。经过 1976 年唐山的大地震，在总结砌体结构遭遇特大地震时延缓破坏和防止倒塌的措施中，找到了在砌体墙中设置钢筋混凝土构造柱的办法。并且通过一系列的试验和研究，确认了构造柱加圈梁对墙体的约束作用，并能防止砌体结构在裂缝进一步发展和墙体开裂后不致倒塌的作用。从而提高了砌体结构整体的抗震能力，使砌体结构在地震中的破坏倒塌情况大为减轻。因此，在墙体中设置有钢筋混凝土构造柱和圈梁的结构，可初步认为是约束砌体。但是，作为砌体结构中的一种类型，应当有更为严格的具体规定，譬如墙体中构造柱的间距、截面、配筋率等。

配筋砌体虽早已不是新概念，但随着砌体结构的发展和需要，应当赋予其新的内涵。以往我们把组合墙体配筋，墙内水平配筋、网状配筋等都称为配筋砌体，实际将钢筋置于墙体两侧或墙体中部的配筋方式也同样是属配筋砌体的一种。而混凝土空心砌块配以竖向和水平钢筋则更是名正言顺的配筋砌体。因此，我们把钢筋与墙体能够共同受力的砌体结构统称为配筋砌体结构。

在抗震设计时，一般把墙体中的体积配筋率低于 0.07％的砌体结构称为无筋砌体，配筋率在 0.07％至 0.17％的砌体结构称为约束砌体，配筋率超过 0.17％或 0.20％的砌体结构称为配筋砌体。

随着我国墙体的不断改革和节能减排政策的贯彻执行，我国砌体结构材料方面也有很大发展。除保护耕地禁用黏土实心砖以外，开发了多种砌体材料，如利用工业废料生产的煤矸石、粉煤灰为原材料的普通砖和多孔砖；用混凝土浇筑的混凝土普通砖和多孔砖；以及蒸压类砖等。空心混凝土小型砌块的应用更是从一般多层建筑发展到中高层建筑，其便于配置钢筋，是形成配筋砌体的良好条件，适宜在地震区推广应用。

以上列举的各类砌体结构材料，说明较之以往的"秦砖汉瓦"已有相当大的飞跃，新的墙体改革政策也绝非以淘汰砌体结构为目标，而是要求用节能减排、因地制宜、就地取材的方式来开拓新材料、新品种，以满足不同建筑层次的需要。因此，砌体结构在建设中仍然有其广阔的发展前途。

砌体结构的抗震设计包括两部分内容。其一是砌体结构的抗震强度验算，这一部分主要以现有掌握的地震作用规律，将地震动力学的问题简化为静力作用，从而对砌体结构的抗震强度进行验算。因为，砌体结构经常作用的是日常的静力使用荷载。因此，对砌体结构而言，首先应当满足静力作用的要求。而地震作用是一种突发的、偶然的、作用时间又极为短促的复杂振动，所以对结构进行抗震强度的计算是建立在满足静力设计强度的基础上进行的，因此，我们称之为验算。

工程地震科学研究到目前为止还只是万里长征的第一步，对地球内部的了解和地震发生机理的认识都还十分肤浅。因此，对地震作用的计算从科学角度看还只能是一种估算，远不能达到精确的地步。所以，从目前规定的结构抗震设计而言，除必要的强度验算之外，对于砌体结构更重要的是重视对结构抗震措施的要求，即对结构总体的概念设计和具体的抗震构造措施要求，而这些规律都是无法计算的。

另外，从地震作用的计算分析也可以看出，早期的静力计算方法到目前采用的基底剪力法，多少年来一直变化不大，沿用至今。应当说时至今日也仅仅是一种近似的、简化的计算方法。但是，从设计中采用的结构抗震措施方面，却可以看到我国体现在现行《建筑抗震设计规范》中的变化却是巨大的，有目共睹的。

笔者曾在 2011 年〈建筑结构〉第九期发表过一篇文章，总结我国砌体结构从 1964 年纳入建筑抗震设计规范，历经四十八年的七次修编，从其中我国砌体结构抗震设计的抗震构造措施的演变中发现，国内外历次大地震的发生和总结出的宝贵经验，都已融入到我国抗震设计规范的条文中。这就充分体现了我国的建筑抗震设计规范，更着重于从地震实践中总结经验教训，并使之规律化、理论化，从而为指导抗震设计指出了方向。

1976 年唐山大地震后修订的 1978 年版《建筑抗震设计规范》中，首次提出了在砌体结构中设置钢筋混凝土构造柱的做法。此后逐步在各类砌体结构中采用。从唐山地震到 1989 年期间，我国对此课题进行了系统的试验研究，并形成一套比较完整的设计体系，因此凡 1989 年以后设计的砌体结构房屋，对钢筋混凝土构造柱的设置、构造、平立面布置，以及配筋率等都较系统完整。这在全国地震区的砌体结构设计中都有所体现。

2008 年四川汶川特大地震震级超过了唐山地震，影响的区域面积及大小城镇范围也都较广。但是从汶川地震后的众多调查资料、总结分析报告可以看出，就此次地震对砌体结构的震害而言，确实远远小于唐山地震中的破坏，大量的中小城市中普遍采用的砖砌体多层建筑，混凝土小型空心砌块建筑，除部分建筑因未按设计规范设置构造柱、圈梁等因素造成局部或整体倒塌外，一般的砌体房屋倒塌的比例很少，这与当年唐山地震中倒塌的砌体房屋达到 85％以上形成明显的对比。我们有理由说，这应归功于广大地震工程界各方面的专业人士多年来对建筑抗震事业所作的奉献。

当然，我们也没有盲目乐观，在对四川汶川地震的调查中，我们也看到了各地若干符合原抗震设计规定的建筑遭到局部的破坏，譬如底部构造柱压屈、钢筋折断、墙体酥裂等，特别是底框架结构的破坏倒塌更为明显，数量也较多。另外，对于中小学教学楼的调查更引起人们的警觉。抗震设计中我们历来特别对教学楼给予关注，原因是我们总结过国内外中小学教学楼一般总是破坏比例较高，造成损失较大。究其原因是教学楼在多层砌体结构中属于横墙很少，又常以纵墙来承担重力的不合理结构布置；这是他的先天不足。其次是学校建筑人流集中，又都是中小学生，自卫能力较差。特别是对儿童和中小学生的社会关注度十分敏感。因此，教学楼一旦出现安全问题，其社会影响及后果是可以设想的。国内外大多地震都发生在夜间或清晨，而四川汶川地震又恰好发生在下午学生们上课的时刻，这就造成大量学生的重大伤亡，实在是十分痛心的悲剧。

当然，四川汶川地震之后，我国修改了抗震设防的类别，已将中小学教学楼、幼儿园等类建筑物划为乙类建筑，即需按重点设防类建筑进行抗震设计，这样就从总体上对中小学教学楼等教学建筑，提高了设防要求，增强了房屋结构的安全度。

在各类结构设计规范的分工中，历来明确结构静力设计由专用规范编写，牵涉地震区抗震设计时才由建筑抗震设计规范编写。因此抗震规范在编写时总是包含了各类结构的抗震设计计算及其构造要求。近十余年来，在各本专门结构规范中，为了求得对某种结构在地震区与非地震区有一个完整的设计概念，也考虑到结构设计计算的连贯性，各本专门的结构规范先后列入了抗震设计的部分内容。《砌体结构设计规范》就是从 2001 年开始增加了专门的砌体结构抗震设计章节。应当说这样做会各有利弊，规范间难免有重复、甚至矛盾之处，届时须要进行必要的协调。

从 2001 版的《砌体结构设计规范》到 2011 版的新《砌体结构设计规范》就抗震设计部分而言，主要的变动有：进一步提高砌体墙的抗震抗剪能力，在原有墙体中设置圈梁、构造柱、芯柱和拉结钢筋的基础上，为增强约束效果，在承重墙体的底部或全部增设了水平拉结钢筋；在楼梯间墙体增设了构造柱和约束配筋。除明显提高对砌体结构构件的约束能力，同时增强了延性和防倒塌能力，使砌体结构房屋的整体抗震性能得到较大的提升。

在增强对砌体结构的抗震构造措施的同时，也调整了抗震强度验算中的若干系数，以适应新规范修订后的抗震承载力计算。

考虑到抗震设计计算及采取的抗震构造措施细化的需要，根据烈度变化与加速度成倍增长的规律，此次在划分烈度等级时，增加了 7.5 度和 8.5 度两个等级，使计算时采用的加速度变化更为合理，并使抗震构造措施的分级进一步细致了，这在一定程度上也体现了投资的更为节约和合理。

第一节　一　般　规　定

一、抗震设计的基本要求

1. 设防标准

抗震设计首先要明确的是设防标准问题。根据国家总体的经济实力，提出适当的设防标准，即使投资合理使用，又要保证结构抗震安全的要求。我国从 1989 年开始规定了"小震不坏，中震可修，大震不倒"的抗震设防目标。经过 2008 年汶川大地震表明：只要严格按照现行抗震规范进行设计、施工和使用的房屋建筑，一般均能满足上述设防要求，只有超过房屋设防烈度太多时，可能出现严重破坏或倒塌。

同时，我国根据建筑的使用性质和重要性，将各类建筑分为特殊设防类、重点设防类、标准设防类和适度设防类四种、简称为甲类、乙类、丙类和丁类。进一步显示了设防类别划分是着重在使用功能和灾害后果的区分上，突出体现了对人员生命安全的保障。

值得提示的是特殊设防类建筑按要求应提高一度要求采取抗震措施，但地震作用计算的提高幅度一般要经地震安全性评估的结果确定，而不只是简单地增加一度；对于重点设防类的建筑，按要求也有提高一度的规定，但是，规范里明确只提高一度抗震措施，目的在于增强结构关键部位的投资，而不是对整个地震作用提高，这样就不会全面增大结构的截面，因而使投资有所节约，这是结合我国具体经济条件所采取的一项措施。

2. 抗震设防烈度

建筑所在地区遭受地震的影响，由抗震设防烈度来体现。抗震设防烈度按照我国规定用设计基本地震加速度和设计特征周期来表达。这是由于建筑所受到的地震影响还与震级大小、震中距远近以及震源机制有直接关联。宏观调查中发现，震中距远时对柔性建筑的破坏较重，而震中距较近时刚性建筑更容易遭到破坏。理论分析上也发现，震中距不同时反应谱频谱特性也不尽相同。89年规范引入了设计近震和设计远震的概念。2001年规范改变为设计地震分组，为了体现震级和震中距的影响，将建筑工程的设计地震分为三组。

根据〈中国地震动参数区划图 B1〉中 0.35s 的区域作为设计地震一组；区划图中 0.40s 的区域作为设计地震二组；区划图中 0.45s 的区域作为设计地震三组。新规范对各地的设计地震分组作了较大的调整和变动，抗震设计规范附录 A 提供了全国县级及县级以上城镇的抗震设防烈度、设计基本地震加速度和设计地震分组。今后随着《中国地震动参数区划图》进行的修订，届时设计地震分组也将随之而变动。

3. 抗震概念设计与结构体系

抗震设计不同于静力设计。首先从理论上要求地震区的建筑设计符合抗震概念设计的要求。抗震概念设计是地震中根据实际震害规律总结出来的客观存在，他对于抗震总体设计具有切实的指导作用。举例来说有下列方面。

（1）选择有利于抗震设防的场地，稳定的地基土层，远离发震断裂等。避免将同一建筑坐落在不同类型的场地或土层上。

（2）建筑设计及其抗侧力结构的平面宜规则、对称；在同一轴线上的各墙段的刚度宜接近。沿建筑立面和竖向剖面的布置宜规则，结构的侧向刚度宜均匀变化。

（3）在同一结构单元的宜尽量选用同一结构形式和使用相同的材料，不论在同一层的平面中或沿高度方向上都应遵守。

（4）选择有利于抗震的结构体系。结构宜有多道设防功能，且有明确的计算简图和合理的地震作用传力途径。

（5）结构构件和结构体系应有良好的延性储备、避免结构和构件因过早地出现薄弱环节而导致破坏。

（6）结构沿建筑的两个主轴方向应具有相近的动力特性和承载能力。两个主轴方向应属同一种结构体系。

二、地震作用计算

地震的作用来源于地震引起的地面运动、如地震时的地面加速度、速度和动位移等，因此是被动的作用，为区别于荷载，称为地震作用。

地震作用十分复杂，从形式上有水平方向、垂直方向和扭转等。但是，根据结构的动力特性和建筑的特点，结构分析一般可以大为简化。

对于多层砌体结构而言，由于受到层数和高度的限制，根据大量工程实测结果，其结构自振基本周期一般都不会超过 0.3s。同时，考虑到砌体结构承受竖向荷载的安全储备较大，因此可以不考虑竖向地震作用对他的影响。对于水平地震作用虽然可能来自任意方向，但均可分解为两个主轴方向。

根据以上的结构特点和简化，规范规定多层砌体结构的地震作用可以采用基底剪力法来进行简化计算。即地震作用沿结构高度的分布按倒三角形、并以此来验算结构和构件的强度。具体计算如下：

1. 普通砖、多孔砖墙体的抗震承载力

对于烧结普通砖、烧结多孔砖、蒸压类砖和混凝土普通砖及多孔砖墙体的截面承载力验算按下式进行：

$$V \leqslant f_{\mathrm{VE}} A / \gamma_{\mathrm{RE}} \tag{11-1}$$

式中　V——墙体剪力设计值；

　　　f_{VE}——砖砌体沿阶梯形截面破坏的抗震抗剪强度设计值；

　　　A——墙体横截面面积，多孔砖取毛面积；

　　　γ_{RE}——承载力抗震调整系数。承重墙取 1.0；两端设有构造柱时取 0.9；自承重墙取 0.75。

砌体沿阶梯形截面破坏的抗震抗剪强度设计值，应按下式确定：

$$f_{\mathrm{VE}} = \zeta_{\mathrm{N}} f_{\mathrm{v}} \tag{11-2}$$

式中　f_{v}——非抗震设计的砌体抗剪强度设计值；

　　　ζ_{N}——砌体抗震抗剪强度的正应力影响系数，按表 11-1 采用。

砌体抗震抗剪强度的正应力影响系数　　　　　　　　　　　　　　　表 11-1

砌体类别	σ_0/f_{v}							
	0.0	1.0	3.0	5.0	7.0	10.0	12.0	$\geqslant 16.0$
普通砖、多孔砖	0.80	0.99	1.25	1.47	1.65	1.90	2.06	—
小砌块	—	1.23	1.69	2.15	2.57	3.02	3.32	3.92

注：σ_0 为对应于重力荷载代表值的砌体截面平均压应力。

关于砌体结构抗震抗剪承载力的计算，国内外历来有不同的学术观点。我国在编制1989 年版抗震规范之前，也曾经进行过广泛的讨论，主要的分歧是砌体结构构件的抗震强度验算是采用主拉应力强度理论还是剪摩强度理论。实际上从宏观震害看到的地震区的破坏墙体大多都是呈现"×"形开裂、破坏。而在分析解释时两种理论又都可各执其词。

对于砖砌体结构而言，1978 年版的抗震规范就是采用主拉应力强度理论进行推导的，同时，以各次地震中近 2000 道不同破坏程度墙体的反算结果确定的经验系数，作为砌体抗剪强度的验算依据。为保持历次修订规范的连续性，89 年版和 2001 年版规范中砖砌体结构其正应力影响系数仍然保持不变。

$$\zeta_{\mathrm{N}} = \frac{1}{1.2} \sqrt{1 + 0.42 \sigma_0/f_{\mathrm{v}}} \tag{11-3}$$

对于混凝土小砌块砌体结构来说，他不同于砖砌体，首先小砌块砌体结构受过地震震害的实例较少，没有震害的反算资料；其次，混凝土小砌块砌体的 f_v 较低，σ_0/f_v 相对较大，以主拉和剪摩两种方法计算结果相差也较大，因此决定以试验资料统计为主，改由剪摩公式求取正应力影响系数。

$$\zeta_N = 1 + 0.23\sigma_0/f_v \quad (\sigma_0/f_v \leqslant 6.5) \tag{11-4}$$

$$\zeta_N = 1.52 + 0.15\sigma_0/f_v \quad (6.5 < \sigma_0/f_v \leqslant 16) \tag{11-5}$$

注：σ_0/f_v 大于 16 时，小砌块砌体的正应力影响系数取 3.92，不再增大。

值得指出的是砌体结构的抗剪承载力计算，不论采用主拉应力理论或剪摩理论，都是半理论半经验的方法。在砌筑砂浆强度等级＞M2.5，且在 $1 \leqslant \sigma_0/f_v \leqslant 4$ 时，两种计算方法的结果是相近的。

当然，对于砌体结构墙体的破坏机理，特别是他的动力作用下的性状，仍是值得探索的。

2. 抗剪承载力不足的解决途径

在多层砌体结构中，虽然在不同烈度区域已限定了房屋的最大建造高度，但是，还是有抗震抗剪承载能力不能满足要求的地方，特别对于高烈度区的多层砌体房屋。为此提出下列解决途径供设计人员考虑。

其一是改变墙体厚度或提高墙体材料的强度等级。

一般来说增加墙厚并不是一种好办法。增大墙厚必然增加结构自重，加大地震作用，而且会减少有效使用面积，这是业主所不希望的。

提高墙体材料强度等级在一定程度上是可行的，特别是将房屋底部数层的材料强度等级提高更是有效而经济的办法。

其二是在墙体内配置钢筋。

新抗震设计规范修订中对多层砌体房屋采用的一条重要的措施就是提倡将无筋、少筋砌体向约束砌体或配筋砌体过渡。

以往砌体房屋中设置有圈梁、构造柱或芯柱的结构可称为约束砌体。但尚不完整，砌体中的配筋率亦略少。新规范适当增大了墙体的配筋率，如果使墙体连同构造柱中的配筋率能达到 0.2％ 的程度，则可称之为配筋砌体了。这也正是我们今后发展的目标。

新规范规定将所有构造柱之间的墙体水平拉结筋贯通全长，按照不同烈度区分别要求为 6、7 度时底部 1/3 楼层，8 度时底部 1/2 楼层和 9 度时全部楼层。这就体现了除墙体具有约束功能之外，再增强其水平抗剪承载能力，从而将显著提高砌体墙体的抗剪能力和抗倒塌能力。

当然，目前规范中提出的墙体配筋要求还只是一种抗震构造措施，他是作为地震作用时防大震时抗倒塌的措施之一。如果真正作为配筋砌体时，则应按规范要求进行计算，以确定其实际的抗剪承载力。

新规范提供的墙体配置水平钢筋的计算式是通过试验和数理统计得到的。墙体内的水平配筋方式只是配筋砌体的一种。对于墙间或墙侧单面或双面配置钢筋网片等形式都是可以考虑的配筋砌体形式。

第二节　多层砖砌体房屋

多层砖砌体房屋包括普通砖和多孔砖砌体房屋，其中包括黏土砖、页岩砖、煤矸石砖、粉煤灰砖和灰砂砖等，新砌体设计规范中又增加了混凝土普通砖和多孔砖，使砖的种类又有发展。

从生产应用角度考虑，烧结类砖可以是普通砖或多孔砖，但蒸压类砖还只能是普通砖型而不得为多孔砖。混凝土砖是自然养护或蒸汽养护的，可以不受此限。

目前我国已列入结构设计规范的承重多孔砖只有两种形式，一种是 KP_1 型多孔砖，其尺寸为 240mm×115mm×90mm（长×宽×厚），孔洞率在 30% 左右，强度等级为 MU10 以上；其二是模数多孔砖，尺寸为 190mm×190mm×90mm。孔洞率及强度等级与 KP_1 砖相同。前者简称 P 砖，后者简称 M 砖。

多层砌体结构房屋在全国建造仍有相当大的份额，这是因为砌体材料易于就地取材，相对其他建筑材料造价最低。另外还由于习惯做法易于施工建造、技术水平要求较低等原因。尤其是近些年全国城镇化趋势强劲，二、三线中小城市建设经济适用性住宅主要仍在采用以各种砌体材料为主的房屋。因此砌体结构还将是我国的一种主要的房屋结构形式。

我国历经多次破坏性大地震的灾难，使我们对砌体结构房屋的地震震害有了深刻的认识和体会。在总结和分析研究其破坏规律的同时，逐步地、系统地提出了一整套多层砌体房屋的抗震措施。例如唐山地震后研究总结出的砌体结构中设置钢筋混凝土构造柱和水平圈梁组成的约束砌体，可有抗御大震不倒的效果。并且在 2008 年的四川汶川大地震中得到了验证。

2010 版新抗震设计规范在总结分析了相关成功和失败的经验教训后，又提出了新的措施，对于设计工作者来说，就是为让砌体结构房屋在地震区遭到大地震时，保证房屋不整体倒塌，因此要求提高房屋结构的整体抗震能力，增强延性，从而达到即使偶尔超过设防烈度一、二度时，也不致一塌到底。

多层砌体房屋的抗震设计要点如下：

一、控制多层砌体房屋的层数和高度

砌体结构的材料性质决定了他的脆性破坏，地震中砌体房屋的倒塌都是突然发生的。在发生地震后的不同烈度地区，根据大量的统计结果分析，房屋的层数和高度与震害呈正比例关系，即随着房屋的层数和高度越高，破坏倒塌的比例也越高。这就客观地告诉我们，对于砌体结构这类材料建造的房屋，在地震区应首先控制其层数和高度，这是砌体结构房屋区别于其他材料房屋的重要特点。

在控制房屋层数和房屋总高度上，尚需适当予以区别。因为层数的控制是从大量震后宏观调查统计得到的，而且层数意味着房屋的质点数，直接反映到地震作用的计算上。但是考虑高度时则是按一般规律，以每层大体为 3m 左右推算出来的。因此在对房屋总高度的计算上允许稍有松动。

在采用不同砌体形式作为承重墙体材料时，譬如实心砖和多孔砖，当两者的抗压强度和抗剪强度等指标都是一致时，在控制房屋的层数和高度方面还是要有区别的，多孔砖砌体房屋比实心砖砌体房屋的层数和高度都要降低。此次新抗震设计规范中对此已有所体现。同时，对底框结构中当为 8 度 0.30g 以上地区，均不允许采用多孔砖砌体。

究其原因，一是国内曾进行过众多的试验，发现相对于实心砖砌体的对角或剪切试验，多孔砖砌体易于产生"劈裂"破坏，即由于多孔砖的孔洞外壁较薄，在往复模拟水平作用时，外壁首先开裂、劈裂破坏崩落，并造成连锁反应，连续倒塌。这对抗震是十分不利的。虽然试验时多孔砖砌体墙的抗剪强度数值比实心砖砌体还高，但对此也不敢利用。其二是在四川汶川地震调查中，也发现了部分多孔砖砌体建筑的震害有比一般实心砖砌体加重的趋向，因此新抗震设计规范中作了适当的调整。

我国在砌体结构用于地震区的经验和历史证明，按目前建筑抗震设计规范规定的层数和高度控制，再配以其他一系列抗震构造措施，是能够保证当今抗震设防标准所要求的，能够做到"小震不坏、中震可修、大震不倒"的总目标的。

当然，如与其他国家在地震区建造的砌体结构房屋比较，我国规定的房屋层数和高度都是比较高的，一般国外规定无筋砌体结构房屋仅能建造到三层，除非采用配筋砌体结构。

我国对砌体结构房屋的建造目标也逐步从约束砌体结构向配筋砌体结构过渡，这在新的抗震设计规范中已有所体现。

二、控制多层砌体房屋的高宽比

多层砌体结构房屋在层数和总高度受到控制后，一般均为剪切型的刚性建筑，因此其破坏模式呈剪切变形破坏。但是，在某些情况下，也有可能出现弯曲破坏的可能性，甚至会出现整体倾覆的现象。

当房屋的高宽比过大，即房屋进深较小而高度相对较高时，如单面走廊的学校、办公楼等，特别是单边悬挑的走廊建筑，高宽比过大的情形比较突出，地震时发生整体倾覆的可能性大，应严格防止。

另一种情况出现在场地土软弱或地耐力较低的场地，此时由于水平地震作用下会导致弯曲破坏，使房屋底部出现水平裂缝，进而可能造成整体倾覆。如1976年唐山地震时，8度区的天津市曾出现一批房屋下部产生水平断裂的现象。这就是比较典型的弯曲型破坏实例。

在按水平静力验算房屋整体倾覆时发现，一般情况下房屋高度超过三层就有倾覆的可能性。但实际地震震害调查中却很少发现有此类情形。这就说明往复的地震作用与固定的静力作用有很大的差别，不能等同视之。

因此，为了多层砌体房屋在水平地震作用下不必逐栋验算房屋的整体倾覆，规范控制房屋的高宽比是必要、合理的。

本次新抗震设计规范的修订中，未对多层砌体房屋的高宽比作调整，仍保持了1989年抗震设计规范的规定。

三、抗震横墙的最大间距限制

多层砌体房屋中的抗侧力构件主要由平行于房屋两个主轴方向的墙体来承担。纵向墙体数量少但较长，间距也不会太大，因此一般不必限制其间距，但对其墙体的道数有要求，新抗震设计规范规定至少应当有三道纵墙才符合抗震要求。

对于横墙其数量相对较多，但长度相对较小，为了满足横向地震作用的强度验算要求，必须要设置足够数量的横墙；由于横墙间距过大，通过各层楼板传递的地震作用就不能均匀地分担到各道横墙上，这也是不允许的。因此结合计算分析和地震区的震后调查，将横墙最大间距作为抗震措施之一，纳入了新抗震设计规范。

修订后的新抗震设计规范，在总结以往多次地震调查结果和四川汶川地震震害的基础上，对各类不同刚度楼屋盖情况的最大横墙间距进行了调整，一般情况下均减少3m至

4m。这将在总体上提高多层砌体结构房屋的抗震能力。

四、结构体系的选择

多层砌体结构房屋的结构体系比较单一，主要有：横墙承重的结构体系、纵墙承重的结构体系和纵横墙混合承重的结构体系三种。

以往的地震震害调查结果说明：凡横墙较少而主要由纵墙来承重的结构体系，一般震害普遍较重。由于横墙数量少，地震中横墙承担的地震作用大，表现为普遍的剪切破坏。也有的纵墙外甩，内外墙脱离。

横墙承重的结构体系主要在采用装配式楼屋盖时，单向板通过各道横墙传递地震作用。由于横墙数量多，板跨又不可能太大。因此地震作用的传递亦比较顺畅，只要预制楼板与支承墙体连接可靠，横墙承重的结构体系在地震作用下的震害相对较轻，是抗震性能最好的一种结构布置。

纵横墙混合承重的结构体系，主要由于当前楼屋盖做法中采用现浇钢筋混凝土较多，现浇板结构使纵向和横向墙体有条件共同分担地震作用，以墙体受力的均匀性来看是一种比较有利于抗震的结构布置，因此是可供选用的较好的结构体系。

五、多层砌体房屋的抗震构造措施

新抗震设计规范在总结了近十多年来的地震震害经验和教训后，对多层砌体结构房屋的抗震构造措施做了部分修改和调整，其中有一项指导思想就是为了提高多层砌体房屋的抗倒塌能力，适当提高砌体墙的配筋要求，同时在构造柱设置、圈梁间距、楼屋盖的连接以及楼梯间的拉结等方面都提出了增强措施，以满足砌体房屋真正做到大震不倒的目标。

现就择其重点和主要内容阐述如下：

1. 钢筋混凝土构造柱的设置

在多层砌体房屋中钢筋混凝土构造柱已普通推广应用，不但试验研究证明其有增强墙体延性、提高承载能力和延缓地震区房屋开裂后防止突然倒塌的功能，而且历次地震中也证明了凡设置有构造柱的房屋其破坏程度减轻、倒塌比例减少。因此深得业内人士的肯定。

但是我们也从众多的震后调查报告中发现，仍然存在设有构造柱的多层砌体房屋损坏、局部破坏甚至倒塌的例子。当然原因是多方面的，譬如当地遭遇的烈度超过设防烈度过多，墙体无法承担过大的地震作用；原设计不尽合理，布置不当或构造不到位等，使构造柱局部破坏。除此之外，我们也见到由于原规范规定构造柱间距偏大，局部构造不尽合理，特别是对房屋底部构造柱的加强程度还不足以抵御大地震时底部压弯剪的共同作用造成的破坏。

钢筋混凝土构造柱在砌体墙中虽然不像单独的框架柱一样承担竖向荷载，但是处于砌体墙中边缘构件的构造柱由于其弹性模量远超过一般砌体，实际上分担的荷载，特别是角柱的部分是最为集中的，因此我们看到的角部构造柱的破坏比较突出也就不奇怪了。

构造柱作为砌体墙的一种边缘构件，对砌体墙主要是起约束作用，也就是在砌体墙遭遇地震作用开裂后，构造柱的约束作用才得以发挥，而在墙体初裂前构造柱的作用主要是起拉结作用，他对砌体结构的整体性是极有帮助的。

新抗震设计规范对钢筋混凝土构造柱的设置作了调整和加强。主要有以下几方面：

（1）墙体交接部位构造柱的设置

在外墙转角部位、内外墙交接部位、内墙与内墙交接部位等处需设置构造柱之外，对于各烈度区层数较低的房屋构造柱设置作了调整。考虑到实际震害发生的情况，对隔开间甚至隔数开间才在内外墙交接处设置构造柱的要求是偏低了。多层砌体结构房屋中的内外墙连接处，在无构造柱部位，一般要求内外墙咬砌。但实际施工却又很难保证做到、因此形成墙体拉结的薄弱环节，这对多层砌体房屋结构的整体性十分不利。

调整后的低层砌体房屋的内外纵横墙构造柱间距由 15m 改为 12m；接近限值高度的多层砌体房屋内纵墙与横墙交接处的构造柱设置，由 2001 年规范仅在两尽端与山墙交接处设置，改为每开间内纵墙与横墙交接处均要求设置。这样对于多层砌体房屋的整体拉结及构造柱对各道砌体墙的约束都有显著的效果。从而提高了砌体结构房屋的整体抗震性能。

（2）楼梯间墙体的构造柱设置

2008 年四川汶川地震中，框架结构和多层砌体房屋的楼梯间破坏十分突出，引起了大家的关注。

就多层砌体结构房屋而言，楼梯间一直是抗震中的薄弱环节。楼梯间一般由于开间较小，两侧墙体缺乏侧向楼板的支承，又由于顶层楼梯间墙体高度达 1.5 倍的层高。因此楼梯间墙存在的先天性缺失使其在地震中首当其冲。

以往规范中的增强措施有：楼梯间墙四角应设有钢筋混凝土构造柱；对顶层楼梯间墙局部配置钢筋混凝土带或配筋砖带；对突出屋顶的楼、电梯间，应将构造柱伸到顶部并与圈梁连接，沿墙高每隔 500mm 设 2ϕ6 拉结筋等措施。可以看出主要的措施集中在顶层。但事实证明仅此是不够的，现新规范着重于对楼梯间墙的全面增强。

首先对楼梯间墙的整体加强，除为了约束楼梯间墙体在楼梯间墙外端四角设四根构造柱之外。同时，由于休息平台板下墙体极易开裂破坏，并为减小楼梯间墙中的构造柱间距，防止楼梯间过早地剪切破坏（注：楼梯间墙由于仅一侧有楼板，轴压力偏小，因此其抗剪强度亦偏低）。因此，新抗震设计规范中增加了在休息板部位的墙体中增加四根构造柱的规定。这就使楼梯间墙体的约束能力和整体性得到提升。

同时，新规范还对楼梯间墙体在各层休息平台或楼层半高处均设置 60mm 厚的钢筋混凝土带或配筋砖带。原规范中这项措施仅限于在楼梯间顶层设置，而现修订为在整栋砌体房屋中的所有楼梯间各层墙体中都要设置，无疑对多层砌体房屋中的楼梯间墙是一种增强措施。

综上所述，对多层砌体结构房屋中的楼梯间墙经过此次修订补充提出的增强措施，必然可以明显地使楼梯间墙体的震害减轻，在一定程度上比砌体结构房屋的其他部位的抗震能力有所提高，因而，地震时可能会起到安全岛的作用。而不会像以往那样楼梯间成为地震时最危险的去处。

（3）其他特殊部位构造柱的设置

构造柱作为砌体墙的约束边缘构件，在一些墙体的特殊部位也应当设置，举例如下：

洞口两侧的端墙：当门窗洞口宽度超过 2.1m 时一般称之为大洞口。洞口边缘的墙体是层间剪力作用下易于产生剪切破坏而使墙体脱落的部位，所以应设置构造柱加以约束。考虑到小洞口虽一般数量较多，但剪切破坏脱落的危险性较小，故可不设边缘构件。

大房间两侧墙：对大开间砌体房屋，如教学楼、办公楼、某些公共建筑的两侧砌体墙相对将受到较大的地震作用，因此对于大于 4.2m 开间的两侧墙，应设置构造柱予以加强。同时，减小墙中构造柱的间距，截面和配筋均应适当增大。另外，对于横墙不对齐的情况，大开间两侧将承担更大的荷载面积，因而对抗震横墙的抗剪要求将更高，对构造柱的设置要求亦相应提高。

局部墙垛的构造柱：当建筑布置局部墙垛不能符合抗震设计规范中关于局部墙垛的限制规定时，可以采取局部墙垛增设构造柱的措施加以弥补，或以加大原有构造柱截面及配筋，增强局部墙垛的承载能力，以避免地震作用中由于某些局部墙垛的首先破坏而引起连锁反应，造成连续倒塌的危险后果。

在外纵墙开有较多门窗洞口，且洞口尺寸较大形成窗间墙垛过小时。加强窗间墙可采用墙垛横向配置水平筋的方法。当外纵墙垛为独立窗间墙而无内横墙相连时，可只在墙垛两侧即门窗洞口的边缘设置构造柱，并配以水平钢筋加强；当外纵墙垛与内横墙相连时，纵横墙间应设有构造柱，此时如洞口两侧不设构造柱时，则应在该墙垛内配置水平钢筋予以加强。一般当纵向墙垛过小，其宽度小于层高的 1/4 或规范中限值的 80％时，不必设置三根构造柱的做法，即墙垛的内外墙交接部位和两侧洞口处各设一根，而只需按上述要求在两侧洞口设两根或在内外墙交接处设一根即可，但该墙垛必须采用水平钢筋加强。

应当指出：局部小墙垛决不可以采用混凝土或钢筋混凝土柱来取代。出于两种材料的弹性模量和变形的差异过大，地震作用时不能协同工作而造成各个击破，会使混凝土或钢筋混凝土柱首先遭到破坏，因此抗震设计规范历来都明确规定是不允许的。

2. 抗震圈梁的设置

设置钢筋混凝土抗震圈梁已是各类结构中的重要抗震措施。以往在砌体结构中曾允许采用砖配筋圈梁，随着时代的进展已逐步淘汰。

抗震圈梁对于装配式钢筋混凝土楼、屋盖而言无疑是十分重要的构件，地震作用的传递及分配，楼屋盖水平刚度的保证都有赖于抗震圈梁的设置。因此抗震设计规范将抗震圈梁的设置列为强条。

在现浇或装配整体式钢筋混凝土楼屋盖中，考虑到现浇楼屋盖已经有足够强的水平刚度，可以不再单独设置圈梁，但是考虑到楼屋盖与墙体交接处的边缘构件要求，仍然在现浇楼屋盖的尽端与抗震墙体交接处设置了加强边缘钢筋，以增强楼屋盖边缘与墙体的连接，提高楼屋盖的水平刚度。

对于装配整体式楼屋盖，同样应按类似于现浇楼屋盖的要求处理，即在装配整体式楼屋盖的叠合层上，设置边缘加强钢筋，用以增强楼屋盖的水平刚度。此做法同样也被列为强条。

新抗震设计规范调整了各烈度区设置抗震圈梁的要求。不论在屋盖处和各层的楼盖处，设置在内横墙中的抗震圈梁间距都大为缩小，举例而言，楼盖处设置在内横墙中的圈梁间距由 2001 年规范规定的 15m 减至新规范规定的 7.2m（6、7 度时）；屋盖处则由 7m 减至 4.5m（6、7 度时）。8 度时也都有减少。

应当强调，抗震圈梁的设置，应特别重视外墙周圈圈梁的加强。楼屋盖作为房屋的水平构件在保证竖向构件的连续性方面至关重要。因此外墙封闭、交圈的圈梁设置极大程度地提高了多层砌体房屋整体抗震性能。

3. 关于墙体配筋

历次地震震害调查证明，多层砌体房屋墙体的破坏多数都发生在房屋的下部，尤其是底层。理论计算和实践表明，底部由于地震剪力较大而导致首先破坏或开裂。

2008年四川汶川地震中许多多层砌体房屋的震害表现都有上部轻而下部重的规律，即使在设置有构造柱的情况下亦仍然呈现这样的破坏状态，这就给我们以很大的启示，在对多层砌体墙加以约束以后，虽然可以减轻房屋倒塌的危险性，但对底部墙体由地震剪力产生的开裂或进一步倒塌的可能性仍然存在。例如震害中表现为底部墙角的破损或坍落、底部墙体连同构造柱的压屈和剪断、局部或全部底层墙体塌落等。种种墙体宏观震害现象证明了一条结论即底部或底层墙体的地震抗剪能力不足是导致墙体破坏的根本原因。

新抗震设计规范修订中着重考虑了加强墙体约束能力和抗剪能力的必要性，特别是对房屋底层或底部墙体抗震能力加强的迫切性的关注。

根据相关墙体配筋的试验研究表明：墙体水平配筋能够有效提高墙体水平抗剪能力约30%左右；当水平配筋两端加以锚固时效果将更为突出。在原规范中要求构造柱与墙体相连接的拉结钢筋沿墙高每500mm设2φ6，每边各伸入墙内1m，但这并不能提高墙体的水平抗剪能力。而房屋中的一般墙体长度均在3m至5m间，因此延长拉结筋即可达到水平配筋在墙体中拉通的效果，这样将使墙体的抗剪能力显著增强，使墙体既有两端构造柱的约束，又有整个墙段配置的水平钢筋，使墙体抗震能力提高，最终达到房屋整体抗震能力的提升。这一项重要的改进措施也使我国砌体结构房屋逐步从约束砌体结构向配筋砌体结构过渡。

新抗震设计规范对墙体配筋的修改与补充，目前还是一种局部的加强措施。构造柱间的墙体拉结构造钢筋，对6度和7度设防地区，要求在全楼层的底部1/3楼层设置；对8度设防地区，要求在下部1/2楼层设置；只有对9度设防地区，才要求在全部楼层的墙体内设置拉结钢筋。这主要是考虑到国家的经济条件和规范有对不同抗震设防地区要求区别对待的原则。

应当指出：此项对不同设防地区设置通长的水平拉结钢筋的要求是一种抗震构造措施，即凡地震区的多层砌体房屋中，均应设置通常水平钢筋，但一般不必计入强度验算之列。

墙体配筋的设置规定，是我国多层砌体结构中继提出设置构造柱之后的又一项重要抗震构造措施，由此将进一步提高我国多层砌体结构房屋的总体抗震性能，逐步向真正的配筋砌体结构靠近，以实现大震不倒的目标。

4. 连接要求

多层砌体结构房屋的整体性要靠各种构件之间的连接构造来加以保证。从总体上看，构造柱、抗震圈梁等措施使砌体结构在整体上已经有所保障，但是砌体中的各个构件之间的必要连接也是十分值得重视的。

墙与楼、屋盖的连接。主要通过支承长度和后浇的圈梁及配筋。预制楼板的支承长度是连接的关键。按照规定板在梁上的支承长度不应小于80mm，在内墙上的支承长度不应小于100mm，在外墙上的支承长度不应小于120mm。无法满足上述要求时可采用硬架支模的方法加强连接。

对于平行于外墙，且板跨大于4.8m时，应在预制板与平行外墙间增设拉结措施，以防外墙甩出。

现浇楼板与墙的连接相对较强，一般可以满足传递地震作用的要求。

墙与墙的连接。在设有构造柱的墙体转角处、内外墙连接处，由于构造柱的设置要求有马牙槎相连，因此使墙体连接比较可靠，质量易于得到保障。

但在某些墙体相交处未设置构造柱时，按照传统的要求，一定要有马牙槎相连，同时还必须设置拉结水平钢筋，这是不可缺少的。

墙体交接部位由于刚度的相对集中，因此应力也是比较集中的。对于抗震设防地区，这些部位是最容易受到破坏的。

墙与梁、屋架的连接。平面上的梁或屋架、斜面上的梁或屋架，均须与竖向构件墙、构造柱发生连接，这是传递地震作用的必然途径。因此，无论现浇或预制钢筋混凝土梁或屋架都应与墙、柱或圈梁有可靠连接。对于支承梁或屋架的柱不允许采用独立砖柱。

悬挑和悬臂构件的连接。女儿墙、挑檐、挑阳台、雨篷等构件，都是地震中比较容易发生震害的构件。因此对预制的阳台、挑出跨度较大的雨篷、挑檐，应严格按规范要求限制其跨度，并限定只允许在较低烈度区采用。对女儿墙、附墙烟囱等竖向构件，则要求采用竖向配筋或设置构造柱来保持他们的稳定和与主体结构的连接。

第三节　多层混凝土砌块房屋

混凝土小型空心砌块在我国的应用已经有数十年的历史，早期从欧洲、美国引进先进设备生产的砌块，到我国自制设备生产的砌块在全国都得到一定程度的推广应用，证明混凝土小型空心砌块这种墙体材料，在我国具有广阔的市场。尤其是近十余年来，为了节约耕地、降低能耗、减少碳排放，以混凝土小型空心砌块来替代黏土砖更是一种最佳的选择。

混凝土小型空心砌块作为墙体具有广泛的用途。他可以代替小砖建造低层房屋，当用于多层砌体房屋时，则可建造到七层（基本地震加速度为 $0.05g\sim0.10g$）、六层（基本地震加速度为 $0.15g$）、和五层（基本地震加速度为 $0.20g$）。而在非地震设防地区其建造高度还可适当提高。特别是近些年来，经过大量的试验研究和对国外的调研基础上发展起来的配筋混凝土砌块砌体结构，将允许建造的高度规定为 60m（6 度设防区）、45~55m（7度设防区）、30~40m（8 度设防区）和 24m（9 度设防区）。这样更为混凝土小型空心砌块打开了广阔应用之门。

因此，混凝土小型空心砌块无论对于低层、多层以及中高层房屋，都具有广泛的推广应用价值。

对于混凝土小型空心砌块用于地震区历来受到业界的重视。从国外了解的资料表明，其抗震总体性能不比砖砌体结构差，而且经过地震检验证明，中高层配筋砌块砌体结构房屋震后损伤很小，目前美国在中等烈度区已将配筋砌块砌体结构房屋建造到 28 层。

国内在推广应用小砌块砌体结构方面经历过一段曲折的发展道路。早期的基础性研究不够，一定程度上一哄而起的盲目发展，不注意产品质量及设计构造，致使工程竣工后出现"裂、漏、渗热"等一系列问题才来加以研究解决，为时已晚，造成一些地区对混凝土小型空心砌块产生抵制情绪。

混凝土小型空心砌块本身作为墙体材料具有许多优点，如块型大，空洞率高、施工速度快、自重轻、适宜于配置一定数量的构造钢筋等。因而其抗震性能易于得到保障。

2008年四川汶川地震中，一批多层混凝土小型空心砌块砌体房屋受到各种不同烈度的检验，这是我国国内第一次获得较多数量的混凝土小型空心砌块房屋的震害资料。

震害调查资料证明：混凝土小型空心砌块建造的多层房屋的抗震性能总体上与多层砖砌体房屋接近。在早期建造的混凝土小型空心砌块砌体房屋中，其相应的构造措施尚不到位，芯柱设置数量较少，仅有少部分混凝土小型空心砌块砌体房屋设有构造柱，混凝土小型空心砌块砌筑中亦未采用专用砌筑砂浆等。但是即使在这种情况下，对于正规设计建造的混凝土小型空心砌块砌体房屋，多数经受住了当地设防烈度的考验，一般仅有轻微或中等程度的损坏，可以采取修复加固措施加以修复。但是，四川汶川地震中也有不少城镇遭遇到超过当地原抗震设防烈度的大震，使混凝土小型小砌块砌体房屋受到一次大震的考验，而且有的地区的实际遭遇地震烈度还不仅仅是抗震设计规范中规定的大震，即超过当地设防烈度一度，而甚至超过二度或二度以上。这种特大地震对混凝土小型空心砌块砌体房屋无疑是一种严重的考验，造成了不同程度的破坏或倒塌。

从震害规律已经说明：混凝土小型空心砌块砌体房屋与多层砖砌体房屋具有许多共同点和一致性，在抵御地震方面的许多措施可以参照应用。现就混凝土小型空心砌块砌体房屋具有自身特点的震害规律和应采取的抗震构造措施，择其要点阐述如下：

一、芯柱的设置及其作用

混凝土小型空心砌块墙体中设置芯柱是此类墙体材料的传统构造做法，欧美各国在应用中，也都利用小砌块的孔洞插入纵筋并灌注混凝土形成芯柱。

芯柱的作用既为了增强多层小砌块砌体房屋的整体性，同时也为了提高小砌块砌体的抗剪强度。由于小砌块的壁很薄，砌筑时砂浆不易饱满，特别是小砌块的标准高度为190mm，因此砌筑时较难使小砌块的竖缝灰缝内的砂浆完全饱满，从而最终影响了小砌块砌体的抗剪强度比砖砌体的抗剪强度低。而芯柱中既有纵筋又有灌芯混凝土可以大幅提高结构总体的抗剪能力，使多层混凝土小型空心砌块砌体结构满足抗震设防的要求。

多层混凝土小型空心砌块砌体结构中的芯柱设置，主要在以下部位：

1. 墙体交接部位

外墙转角部位、内外墙连接部位、纵横墙连接部位等处应设置若干根芯柱，其数量根据不同烈度区和不同部位，以及房屋的不同层数确定。

混凝土小型空心砌块砌体结构中的芯柱设置，除作为抗震设计的构造措施外，并且作为强制性的条文规定是必须要求设置的。同时按构造要求设置的所有芯柱，在抗震验算时又都可以考虑其强度而纳入计算。

2. 楼梯间墙部位

由于楼梯间墙的开敞和缺少侧向楼板的支承，使楼梯间墙成为抗震中的薄弱环节。因此抗震设计规范规定楼梯间墙的四角应参照砖砌体房屋中构造柱的设置方式设置芯柱。同样，规范修订中在休息板下的墙体内增设四根柱的要求，将也适用于混凝土小砌块墙体的楼梯间墙内。

作为楼梯间墙内的芯柱设置，虽抗震设计规范未作出具体规定，但参照砖砌体墙的要求，在小砌块墙中设置芯柱时，其净间距不宜大于2m，且应进行强度验算确定。

3. 门窗洞口部位

门窗洞口作为墙体的边缘，宜设置有边缘约束构件。混凝土小砌块墙体的较大洞口两侧均应设置芯柱，以增强墙体洞口的边框，不使洞口两侧墙体过早出现破坏。

4. 芯柱与水平圈梁的连接

芯柱作为混凝土小型室心砌块砌体房屋中的竖向构件应当是上下贯通而连续的。但是芯柱一般只有一根纵筋，芯柱的截面较小，多层建筑中的芯柱是极为单薄的。因此，芯柱必须在每层楼层较高处与水平抗震圈梁相连接，使上下贯通的芯柱在每层标高处有一支承点，以发挥芯柱对砌体的约束作用。同时，芯柱钢筋应当从水平圈梁内通过，以保证芯柱的支承功能。

5. 芯柱的锚固与分布

芯柱主要作为边缘构件，有类似构造柱的作用，因此芯柱也不必单独设置基础，而只需类似构造柱伸入室外地坪下 500mm 即可。

芯柱在墙体中的分布宜均匀布置，除对墙体连接部位已规定了应设置的部位外，在混凝土小砌块砌体墙中，须匀称地分布芯柱，以达到小砌块墙体均匀受力的目的。目前在多层混凝土小砌块砌体结构中，其净间距不宜超过 2m。遇有层数较低的房屋可适当放宽，但不宜超过层高。

6. 芯柱灌芯混凝土的强度

多层混凝土小型空心砌块结构中采用的砌块强度等级一般为 MU10，因此灌芯混凝土的强度等级应与制作小砌块的混凝土的强度等级相一致，即 C20 或 Cb20，因为在对小砌块的强度验算时，是按小砌块的毛截面计算的，而小砌块的一般孔洞率接近 50%，所以浇筑混凝土小砌块的混凝土强度等级必须为 C20 以上，才能与之相匹配。

二、砌块结构中设置构造柱的要求

抗震设计规范明确规定了外墙转角、内外墙交接处、楼电梯间四角等部位应允许采用钢筋混凝土构造柱替代部分芯柱。这是由于以上部位的应力比较集中，通过试验对比设置构造柱的效果比芯柱更好。

国外混凝土小砌块建筑中的配套做法是在孔洞中浇灌芯柱，有只灌注部分孔洞或满灌全部孔洞的，一般高层配筋砌块砌体结构中都要求是满灌的，实际形成砌块装配式剪力墙结构。

我国通过近几十年来的试验研究认为：混凝土小型空心砌块砌体结构中单一采用灌芯柱的构造做法，有其不足的一面。其一是芯柱设置数量较多，浇注比较费工费时，特别是层数多、烈度高的时候，每个外墙转角要浇灌七个孔的芯柱，数量较多，不便施工；其二是浇灌的混凝土质量难以检查，浇灌过程也比较麻烦，如每浇半层要进行振捣或捣实，施工中很难保证质量；其三芯柱只设单根纵筋，纵筋间缺乏联系，受力作用不尽理想。

凡此种种，我们联想到多层砖砌体房屋中的构造柱设置有可能借鉴应用到混凝土小型空心砌块砌体结构中。

在经过一系列的单层墙片和整体房屋缩尺模型的对比试验后证实，墙端和墙体连接部位如以集中配筋的构造柱替代相对分散的数根芯柱，将显著提高对墙体的约束能力和极限承载能力，特别是使砌块砌体墙的变形能力和延性得到明显的提升。

集中配筋的构造柱之所以优于分散配筋的芯柱构造，一是构造柱的部位更靠近墙的尽端边缘，有利于约束作用的发挥；二是构造柱设有纵向箍筋会使柱筋的作用更有效，无论抗剪或抗弯都比分散配筋的作用大。因此从总体效果看，用构造柱部分替代芯柱不但是可行的，而且其抗震性能将会有较大程度的提高。

就我国目前的施工质量水平看，部分部位改设构造柱后还有利于施工质量的保证。因为芯柱截面内的混凝土质量很难事后检查，但构造柱施工时至少有一个侧面外露而便于检查混凝土的质量，所以优点是明显的。当然带来的问题是要对构造柱的侧面支设模板，这又是他的不足之处。

但是在多层混凝土小型空心砌块砌体房屋中，将所有需要设置芯柱的部位都改为构造柱来替代却也是没有必要的。对于墙段中部设置的芯柱，一般较小门窗洞口两侧的芯柱等，都不必以构造柱来替代。那样既是一种浪费，又会给施工带来支设模板的不便。

混凝土小型砌块砌体墙中的构造柱，宜与砌块墙同样厚度为 190mm，如为计算需要时亦可将构造柱沿墙的长度方向加长。砌块墙与构造柱连接时，与构造柱相邻的砌块孔洞，应按烈度不同区分为：在 6 度设防地区宜填实混凝土；7 度设防地区应填实混凝土；8、9 度设防地区应填实混凝土并插入纵向钢筋。构造柱与砌块墙之间沿墙高每 600mm 设置 φ4 点焊拉结钢筋网片，并沿墙长水平通长设置。

新抗震设计规范修订中，除对沿墙长设置的拉结水平筋每边伸入墙内不小于 1m，改为沿墙长通长设置外，还特别补充了在混凝土小型空心砌块砌体结构房屋中，在 6、7 度设防地区底部 1/3 楼层，8 度设防地区底部 1/2 楼层，以及 9 度设防地区的全部楼层，将上述拉结钢筋网片沿墙高的间距改为不大于 400mm 设置一道，并且沿墙长方向应水平通长设置。这是类似多层砖房中的构造措施要求，对于提高混凝土小型空心砌块砌体结构房屋的整体抗震性能同样会起到重要的积极作用。

三、抗震圈梁的布置及构造

混凝土小型空心砌块砌体结构中对设置楼层抗震圈梁有更高的要求，这是因为小砌块墙体的厚度均为 190mm，对于支承预制钢筋混凝土楼屋盖来说，当墙体较薄时板的支承长度就越难以保证。

混凝土小型空心砌块墙体上的抗震圈梁有两种做法：一种是与墙厚同等宽度的抗震圈梁，此时应在墙体砌至墙顶时，先架设支承预制楼板的支架系统，保证楼板在吊装时可将荷载先落在支架上，然后吊装楼板和绑扎圈梁钢筋，待浇注成整体后再拆除支架系统，即施工称之为"硬架支模"的施工方法，目的是保证楼板与圈梁有良好的连接，避免地震中楼板掉落的危险。

另一种抗震圈梁的做法是将现浇圈梁的上截面放大为梯形，即支承楼屋面板的圈梁上截面改为 240mm 宽，而下截面同墙厚为 190mm 厚。这种改变支承长度的做法同样也是为了保证楼屋面板与圈梁有良好的连接。

抗震圈梁的分布。由于混凝土小型砌块墙砌至板面下时砌块孔洞都是敞口向上的，因此一般要求所有砌块墙顶均应设有圈梁，通过与楼屋盖的连接使地震作用能顺利传递到各道墙体。就此点而言，混凝土小型空心砌块砌体结构的抗震圈梁设置要求应当比多层砖砌体结构房屋的要求更高。即应在所有砌块墙顶部都设置圈梁，包括内外墙和纵横墙在内，而且圈梁的设置要求是按强制性条文出现的，因此务必保证其严格执行。

混凝土小型空心砌块砌体结构中多数采用现浇钢筋混凝土楼屋盖，此时，按规范要求可以不另设水平抗震圈梁。但楼屋盖与墙体的连接以及作为楼屋盖的水平边缘构件，应当设置加强与楼屋盖连接的钢筋和楼屋盖的边缘钢筋，这是不可缺失的。

抗震圈梁的水平钢筋还应与竖向构件芯柱相连接，一般应将芯柱的纵筋从圈梁中间穿过，以保证芯柱在各层楼屋盖处有可靠的支承。同样，抗震圈梁遇有构造柱时，也要求圈梁与构造柱的钢筋相连、楼屋盖处的圈梁应当成为竖向构造柱在各层标高处的支承点，因此构造柱的纵筋应当穿过圈梁中间，以保证构造柱与圈梁的可靠连接。

四、砌块墙体的其他连接构造

震害调查表明：混凝土小型空心砌块砌体结构的块型相对较人，墙体间的拉结更显重要。除前述及的墙体转角处，墙体与构造柱相接处，墙体与芯柱的相接处等部位以往都要求有 1m 长的钢筋拉结，但由于混凝土小型空心砌块的空洞率大，锚固钢筋与砌块的有效锚固长度不足 1/4，降低了钢筋的拉结作用，从而使混凝土小型空心砌块墙体容易在上述部位出现竖向裂缝，甚至外闪脱落破坏。

新抗震设计规范提高了这方面的要求，如对底层和顶层的窗台标高处，沿纵横墙要设置通长的水平现浇钢筋混凝土带，以往按设防烈度 6 度超过 7 层，7 度超过 5 层，8 度超过 4 层时才需设置钢筋混凝土带。新规范则改为 6 度超过 5 层，7 度超过 4 层，8 度超过 3 层以及 9 度时就要设置钢筋混凝土带，目的在于进一步加强对混凝土小砌块砌体结构的连接构造要求，保证小砌块砌体结构的整体性，减少或避免小砌块砌体结构的裂缝出现。

混凝土小型空心砌块墙体间的连接一般采用钢筋网片，钢筋网片以 2φ4 或 2φ5 钢丝点焊而成，置于砌块的边肋上。根据要求沿墙高每隔 600mm（三皮砌块）或 400mm（二皮砌块）放置。

由于混凝土小型空心砌块结构的收缩变形较大，砌块竖缝较高，较易于出现裂缝，因此还应在应力比较集中的部位设置控制缝，引导因收缩变形可能产生的裂缝发生在控制缝处。

通过 2008 年的四川汶川地震，我国早期设计的混凝土小型空心砌块砌体结构在四川、甘肃、陕西等地受到了一次实际地震的考验，使我们获得了许多宝贵的第一手资料，从而为我们修订新规范，完善抗震设计构造要求，全面提高混凝土小型空心砌块砌体结构的抗震性能创造了条件，也使这种用以替代黏土砖的混凝土小型空心砌块墙体材料进一步在全国得到更广泛的推广应用。

第四节　底部框架—抗震墙房屋

底部框架—抗震墙、上部砖或砌块砌体结构房屋是我国特有的一种结构形式，国外尚很少见到。

由于上下两部分的结构形式不同、材料不同、用途不同、布置也不同，所以上下两部分是截然不同的两种结构类型。

我国早期底层采用柔性框架，上部采用砖砌体结构，经过多次地震调查发现，纯底层框架虽然可以承担较大的变形而减轻上部结构的震害，但一旦破坏就会一坍到底，于是 1989 年规范中明确规定了底层框架必须要设置抗震墙用来抵御地震侧力的作用。

经过多年来的地震震害经验总结和系统的试验研究，虽然总体评价此类结构的抗震性能欠佳，但经过不断的总结完善抗震设计要求，在抗震概念设计、抗震强度验算到抗震构造措施等诸多方面，做了大量改进和补充，使目前暂时还不可能取消，仍在地震区建造此类结构的情况下，突出抗震重点环节，抓住要害，做到结构上相对合理，经济上效果明显，且在抗震安全上能得到保证。

目前我国城镇化趋势明显，二、三线城镇建设中仍大量采用各类砌体结构，其中沿街建筑中不乏建造底部为框架—抗震墙结构。因此在 2008 年四川汶川大地震中发现有大量底部框架—抗震墙结构受到地震考验，得以及时汲取震害经验。为此新抗震设计规范修订中作了较多的补充和完善，对改进抗震设计是很有价值的。

以往的震害经验告诉我们，底部框架—抗震墙房屋的主要震害发生在底部，框架柱及其梁柱节点处在侧向地震作用下而发生较大的侧移，导致节点处的压屈、弯曲、剪切破坏同时发生，柱顶产生灯笼状的破坏。对设有抗震墙的底部框架来说。墙体设置过多或刚度过大时，会使地震时的矛盾转移到与底部框架相邻的砌体结构层，即结构的过渡层，破坏常常会首先发生在过渡层的砌体墙上，严重的震害曾使过渡层首先倒塌，对此已不是个别的例子了。

2008 年四川汶川地震中，涉及底部框架及过渡层砌体的两种震害情况均有发生。但相比之下，底部框架破坏的比例占得更多些。在震害调查资料中，还发现混凝土小型空心砌块砌体结构，也有采用底部框架—抗震墙结构的。由于当地遭遇的地震烈度远超过其设防烈度，超越了"大震"的范畴，因此该建筑的破坏也是必然的。

新抗震设计规范修订中，重点加强了底部框架柱和墙的抗震设计，特别制定了当底部采用砌体墙时必须按约束砖砌体或约束小砌块砌体设计的规定。同时对底部框架柱的抗震设计作了全面补充和完善。

由于对过渡层的墙体在底部框架—抗震墙结构中的重要作用有了新的认识，新规范着重增加了对过渡层墙体的抗震设计要求，这也是对新规范的一项重要补充和完善，将对此类结构的整体抗震效果起到积极的作用。

以下就底部框架—抗震墙结构房屋的抗震设计要点，择要概述如下：

一、底部框架—抗震墙结构的设计

底部用作商店、车库等开间较大的空间采用框架—抗震墙结构是恰当的。但其承托上部用作开间过大的住宅时就不必要了。因此设计时采用经济合理的开间大小是首要考虑的，应尽量使上下轴线一致，承重墙体能连续贯通。

底部钢筋混凝土框架和抗震墙的设计计算要求，基本按照相应的钢筋混凝土框架、抗震墙进行，但作为混合结构的一部分，抗震方面有其独特的要求。

在经过 2008 年四川汶川地震之后，对此类结构各种震害的进一步认识，值得我们汲取。

1. 底部框架的设计

底部框架—抗震墙房屋连同上部砌体房屋，总体上可采用底部剪力法作简化计算，包括底部为两层框架的此类房屋。

底部框架作为结构的一部分，除承担竖向荷载外，在地震作用时还作为结构的第二道防线，即底部框架—抗震墙结构在地震时首先发生抗震墙开裂、损坏，然后部分地震作用转移至框架梁柱。因此，虽然抗震墙作为抗侧力的主要构件，但框架也必须有承担部分抗侧力的能力，否则是有危险的。

底部框架—抗震墙砌体房屋中，底部框架的地震作用效应应作调整：框架柱承担的地震剪力设计值，按各抗侧力构件的有效侧向刚度比分配。有效侧向刚度的取值，框架不折减；混凝土墙或配筋混凝土小砌块砌体墙按折减系数 0.3 折减；约束普通砖砌体或小砌块砌体抗震墙按折减系数 0.2 折减。

框架柱的轴力应计入地震倾覆力矩引起的附加轴力，可将上部砌体结构房屋视为一个刚体。底部各轴线承受的地震倾覆力矩可近似按底部抗震墙和框架的有效侧向刚度比分配。

当抗震墙之间的楼盖长宽比大于 2.5 时，框架柱各轴线承担的地震剪力和轴力，尚应计入楼盖平面内变形的影响。

底部框架梁是承担上部各层砌体墙的重要构件，我们称之为托墙梁。考虑到该梁上砌筑的承重墙本当可以按照"墙梁"来处理，即按墙和梁的协同工作做专门的计算分析。但是由于顾及地震区的构件可以带裂缝工作，地震中墙梁的共同工作状态可能被破坏。因此对地震区的底部框架—抗震墙结构中的钢筋混凝土托墙梁计算时，若考虑上部墙体与托墙梁的组合作用，则应计入地震时墙体开裂后对组合作用的不利影响，可调整有关的弯矩系数、轴力系数等计算参数。

在托墙梁上部各层墙体不开洞或仅在跨中 1/3 范围内开有一个洞口时，则可采用折减荷载的方法作简化计算：即托墙梁弯矩计算时，由重力荷载代表值产生的弯矩，若承托为 4 层及 4 层以下时，应全部计入组合；若承托多于 4 层时，可适当折减，但不应少于 4 层。

对托墙梁的剪力计算，由重力荷载产生的剪力应全部计入组合，不作折减。

为了增强对底部框架结构中柱的抗震构造措施，新抗震设计规范中特别增加了有关底框柱具体构造设计要求，这是根据 2008 年四川汶川地震调查中普遍认识到的经验和规律，主要有：其一是对框架柱轴压比的要求。限制框架柱的轴压比主要是为了保证柱的塑性变形能力和保证框架的抗倒塌能力。柱的轴压比控制直接影响柱的截面设计。在底部框架—抗震墙结构中，框架部分虽属于第二道防线，但同样应对柱的轴压比作出限定，以保证抗震墙一旦破坏后框架仍具有一定的变形能力和抗倒塌能力。这是新抗震规范中对底框结构设计的重要补充。

其二是明确补充规定了底部框架柱在柱的最上端和最下端组合的弯矩设计值要乘以增大系数。根据框架的抗震等级一、二、三级（8、7、6 度）增大系数应分别按 1.5、1.25、1.15 采用。此点也是新的补充规定。

其三是对底部框架柱的纵向钢筋最小配筋率作了规定。当采用钢筋的强度标准值低于 400MPa 时，中柱在 6、7 度时的总配筋率不应小于 0.9%，8 度时的总配筋率不应小于 1.1%；边柱、角柱和混凝土抗震墙的端柱，在 6、7 度时不应小于 1.0%，8 度时不应小于 1.2%。并要求底部框架柱的箍筋沿柱全高加密为间距不大于 100mm。

2. 底部抗震墙的设计

底部框架—抗震墙房屋中的抗震墙是结构的主要抗侧力构件，也是整个结构抗震的第一道防线。因此，对于抗震墙的设计，他将承担 100% 的水平地震作用。

从 2001 年抗震设计规范根据相关的试验研究成果，将底部框架—抗震墙结构的底部，允许设计成两层框架—抗震墙结构，其主要的原因是在底部必须设有抗震墙的前提下，将会使此类结构有可能承担较大的地震作用和具有较大的侧移刚度。当然另一方面也是根据工程使用要求提出的。

对于底部框架—抗震墙房屋的总高度和层数限制，新抗震设计规范基本未作大的变更。但对采用多孔砖和小砌块砌体墙则作了部分调整。

底部框架—抗震墙房屋的抗震设计中，十分重要的是抗震墙的布置。原则上要求纵向和横向都应有足够的抗震墙，并使两者数量接近，结构布置中还应使两个方向上的抗震墙尽量形成直角，使之更有效地发挥抗震作用。

底部框架—抗震墙结构中另一项十分重要的抗震设计要求是沿房屋竖向刚度的均匀性。无论是上部的砌体结构还是底部的框架—抗震墙结构，上下各层的层间侧移刚度相差不能过大。新规范对底部框架—抗震墙房屋与上一层砌体房屋的侧向刚度比沿用了2001年规范的要求，没有变化，说明了这项规定是符合对这类结构的抗震设计要求的。

应当指出的是：底部框架—抗震墙房屋中按规范规定可以设置各类材料的抗震墙，如约束砖砌体墙、配筋混凝土小砌块墙和钢筋混凝土抗震墙。而目前工程中采用钢筋混凝土抗震墙居多。这就容易造成底层或底部的侧移刚度过大而使大部分地震作用都集中在底部，这样对结构整体抗震不利，破坏很可能又会吸引到底部首先发生。因此，不应错误理解为底部的抗震墙越强越好。而是应使结构上下协调，相互匹配，避免中间层有突变，各层间的变形也应当是连续和匀称的。

新规范分别列举了底框—抗震墙结构中可以采用的三种抗震墙的做法，实际上除6度设防地区的仅在底层设有框架时的抗震墙可以采用约束砖砌体墙或约束小砌块砌体墙之外，一般均须设置钢筋混凝土抗震墙。对此主要还是考虑到在底框—抗震墙结构中，抗震墙本身的重要性和安全性，做到确保地震中不倒坍。

新规范对钢筋混凝土抗震墙的构造要求基本沿用了2001年规范的规定，但对抗震墙的竖向和横向分布钢筋配筋率有所提高，由原规范的0.25%提升到0.30%，以加强抗震墙的整体抗震能力。

在6度设防区，当仅在底层设有一层框架时，其匹配的抗震墙可采用约束砖砌体墙或约束小砌块砌体墙。在此强调了要求按约束砌体墙的构造做法来砌筑抗震墙。

对于约束砖砌体墙：包括普通砖和多孔砖砌体墙，墙厚必须是240mm以上，同时底层框架中必须先砌墙后浇框架梁柱，使框架梁柱成为抗震墙的约束边框。另外沿框架柱高每隔300mm配置2φ8水平钢筋和φ4分布钢筋点焊而成的拉结网片，沿墙长水平通长设置；在墙的半高处还应设置与框架柱相连的钢筋混凝土水平系梁；当墙长大于4m时和洞口两侧，还应在墙内设置钢筋混凝土构造柱。

对于约束混凝土小砌块砌体墙：其厚度不小于190mm，应先砌墙后浇钢筋混凝土框架梁柱，同时沿框架柱每隔400mm设置2φ8水平钢筋和φ4分布钢筋点焊的拉结网片，并沿砌块墙水平通长设置；在墙的半高处还应设置与框架柱相连的钢筋混凝土水平系梁；当墙长大于4m时应在墙内增设芯柱，在门窗洞口两侧亦应设芯柱。其余部位宜采用钢筋混凝土构造柱替代芯柱。

以上两类砌体抗震墙仅在6度区允许采用，此类砌体抗震墙被认为是约束砌体墙的基本要求，可供设计参考。

小结：对底部框架—抗震墙结构底部的抗震设计，首先要从合理的平立面入手，恰当布置底部抗震墙位置，要求均匀、对称，适当的数量和连续贯通的分布。以确保第一道防线的安全可靠。框架梁柱在新规范中进一步得到重视和加强，对增强底部整体结构的抗震能力将会获益。由于托墙梁的抗震设计尚缺乏适用的专用软件，所以多数还都是采用简化的荷载折减法处理，另从震害考察中也较少见到托墙梁的震害，因此，不作详细阐述。

二、上部多层砌体结构的设计

底部框架—抗震墙房屋的上部，一般用作住宅、办公楼、宿舍等用途。开间较小，层高要求也不高，因此与一般的多层砌体房屋一样。

对上部多层砌体房屋的抗震设计，基本遵循多层砖砌体或多层小砌块砌体结构房屋的有关设计原则和要求就可以了。

但是，由于底部为框架—抗震墙房屋，给上层将会带来不利的影响，其中突出反映在紧邻底部框架的过渡层上；而且从多次地震调查中也反映出过渡层的震害有加剧的趋势。所以对于过渡层的抗震设计应引起更多的关注。

1. 过渡层的抗震设计

所谓过渡层主要是指从底部框架—抗震墙改变为砌体结构的衔接层。由于结构体系和材料均在该层发生变化，使结构侧移刚度有明显改变。因此，应当处理好过渡层的结构布置、连接构造以及侧向刚度的比值，使之能够适应过渡层的抗震设计要求。

底部框架—抗震墙结构中，因为设置了一定数量的抗震墙，所以底层或底部的侧向刚度是会有保障的。当过渡到上一层为砌体墙时，随着不同材料弹性模量的改变，其侧移刚度肯定亦有显著的变化。为了使过渡层的刚度变化能承上启下，起到缓慢变化的作用，过渡层的侧移刚度应当介于底部框架—抗震墙和上部多层砌体结构墙的侧移刚度比之间。这样才能达到房屋沿高度方向的刚度均匀变化的目的。

为此，对过渡层的所有承重墙体均应按规范设置钢筋混凝土构造柱或芯柱，并应适当缩小构造柱间的间距和芯柱的间距，增加构造柱和芯柱内的纵向配筋。同时，还应在过渡层的砌体墙中增强配筋，提高其抗震抗剪能力。

由于 2008 年四川汶川地震中发现过渡层倒塌的例子，新规范特别增加了对过渡层砌体墙的构造要求，具体举例如下：

其一，过渡层的承重砌体墙应尽量与底部的框架梁或抗震墙相重合，墙内的构造柱或芯柱宜与框架柱或抗震墙上下贯通，不但使竖向荷载便捷传递，也使水平地震作用的传递是连续和贯通的；

其二，为了增强过渡层的刚度，使底部框架—抗震墙与上部砌体墙之间的刚度变化有一渐变过程，因此应增加过渡层墙体内设置构造柱或芯柱的数量、截面和配筋，例如过渡层的构造柱间距不宜大于层高，芯柱的最大间距不宜大于 1m；

对过渡层构造柱的纵筋，6、7 度时不宜少于 4φ16，8 度时不宜少于 4φ18；过渡层的芯柱纵筋，6、7 度时不宜少于每孔 1φ16，8 度时不宜少于每孔 1φ18。

其三，在过渡层砌体墙的窗台标高处，应沿纵横墙上设置通长的水平现浇混凝土带，截面高度不小于 60mm，宽同墙厚，纵向钢筋不小于 2φ10。

其四，过渡层砌体墙，在设有构造柱间和芯柱间的砌体墙，沿墙高每隔 360mm 或 400mm 设置 2φ6 通长的水平钢筋和 φ4 分布短筋点焊的拉结网片或 φ4 点焊钢筋网片，并锚入构造柱内或芯柱内。

其五，如遇过渡层砌体墙与底部框架梁、墙体不对齐时，应在底部框架内设置托墙转换梁（次梁），并在对应的过渡层的砌体墙中增加水平配筋或构造柱或芯柱等措施，以弥补其不足。

总之，底部框架—抗震墙结构中的过渡层已明确暴露其为该类结构中的薄弱环节，因此抗震设计中就应予以特殊的增强措施。相信经过此次对过渡层抗震构造措施的修订补充，能够满足我国抗震设防的最终目标。

2. 其他层的抗震设计

底部框架—抗震墙结构中的上部多层砌体房屋，除了过渡层有一些特殊的要求以外，对上部其他各层砌体结构亦相应提出一些加强的抗震措施。这主要是考虑到对这类结构形式的总体抗震性能的评价不甚理想而采取的增强措施，相信对提高结构整体抗震性能是会有帮助的。

除过渡层以外的上部各层，首先要按相应层数和烈度设置构造柱和芯柱。房屋的总层数和高度应计入底部框架—抗震墙的层数和高度，不能仅按上部砌体结构的层数和高度计算。

构造柱在上部各层的砌体墙中，截面不变仍为 240mm×240mm 或 240mm×190mm，纵向钢筋一律改为 4φ14，箍筋间距不宜大于 200mm；芯柱纵向钢筋不应小于 1φ14，沿墙高每隔 400mm 设 φ4 焊接钢筋网片拉结。

构造柱、芯柱应与每层圈梁连接，或与现浇钢筋混凝土楼板有可靠连接。

过渡层以上各层砌体墙的构造柱、芯柱设置，配筋比普通多层砌体结构中的构造柱、芯柱已有所增加。因此，由过渡层延伸至上部各层的构造柱、芯柱数量上也不宜减少，保持上下各层的连续贯通。

综上所述，对底部为框架—抗震墙、上部为砌体结构的混合结构房屋，一方面我们应当看到他的抗震性能不足的一面，但同时我们又重视他的不足，通过试验研究和地震区震害调查总结，提出一套适合我国当前抗震设计规定、能够符合抗震设防要求的设计方法。并经过逐步补充和完善，形成一套我国特有的结构形式的抗震设计理念，为满足实际工程需要服务。

第五节　配筋砌块砌体抗震墙房屋

一、配筋砌块抗震墙结构体系

普通混凝土小型空心砌块，用混凝土灌芯配以纵横方向的钢筋形成配筋砌块剪力墙建造中高层和高层砌体房屋。这是砌体结构 01 规范首次列入的全新的结构体系。配筋砌块剪力墙实际上是由预制的空心砌块经砌筑、灌芯、配筋而成的装配整体式的钢筋混凝土剪力墙，克服了砌体结构强度低、脆性大的缺点，保留了取材、施工方便、造价低廉的突出优点，具有和钢筋混凝土很相似的受力特性。配筋砌块砌体剪力墙结构从抗震设计角度看又可称为配筋砌块砌体抗震墙结构。

我国作为国际标准化协会砌体结构委员会（ISO/TC 179）配筋砌体分委员会（SC2）的秘书国负责编制并已完成国际标准《配筋砌体设计规范》ISO 9652—3，该标准集中反映了当今世界配筋砌体先进的设计和施工技术[11-11]。美英等发达国家广泛应用配筋砌体，已建造了大量的中高层和高层配筋砌体房屋，特别是美国的一些配筋砌块高层房屋经历了强地震的考验，表现出比钢筋混凝土结构还要优良的性能，引起了对这种结构体系的重视。

在美国，配筋砌块剪力墙结构和钢筋混凝土剪力墙结构采用相同的设计基本假定和计算原理，并规定相同的适用范围。

国内配筋砌块剪力墙结构试验研究始于 20 世纪 80 年代，广西建筑科学研究院作了一批高强砌块材性和墙片恢复力试验，只是限于当时设备条件，MU20 砌块是用二次投料分批振捣而成，并于 1983 年、1986 年修建了 10 层住宅、11 层办公楼试点建筑。

90 年代中国建筑东北设计院牵头有哈尔滨建筑大学、辽宁省建筑科学研究院、沈阳建工学院等单位参加的"辽宁省配筋砌块中高层建筑试验研究"科研项目，开展了高强砌块砌体材性、砌块用高性能砂浆和灌孔混凝土的配制，配筋砌块剪力墙墙片的静力和伪静力试验，砌块剪力墙结构构造研究，试点建筑的动测等一系列研究工作，取得一大批科研成果。[11-12]~[11-17]。

1997 年针对上海修建 18 层配筋砌块剪力墙试点塔楼，同济大学（哈尔滨建筑大学湖南大学参加）作了配筋混凝土砌体（全灌芯全配筋）19 个墙片抗弯、抗剪伪静力试验[11-12]。

各单位所做空心、填芯和填芯配筋标准试件共计 425 件，静力和伪静力墙片抗弯抗剪试验 89 件，2001 年哈尔滨工业大学（原哈建大）完成了砌块连梁试验 19 件[11-13]。

通过试验研究和分析明确几个问题：

1. 采用引进设备生产优质高强砌块，配套材料（专用高性能砂浆和灌芯混凝土）的研制和成功应用解决了配筋砌块剪力墙结构的构件质量问题。

2. 研究解决了灌芯砌块砌体的基本力学性能指标和合理的计算表达式。

3. 墙片试验结果表明砌块剪力墙的延性满足 3～5 的要求，如按结构影响系数 $c=0.35$ 衡量是比较合适的。

4. 对配筋砌块剪力墙结构体系进行过多项弹塑性地震反应时程分析以及其静力和动力可靠度分析都是为该体系在地震区安全应用所作的验算和分析[11-14]。

二、配筋砌块抗震墙结构的一般规定

（一）配筋砌块抗震墙的抗震等级

配筋砌块剪力墙的抗震设计应根据设防烈度和高层高度采用表 11-2 规定的结构抗震等级，并应符合相应的计算和构造要求。

配筋砌块砌体抗震墙结构房屋的抗震等级　　　　　　　　表 11-2

结构类型		设防烈度						
		6		7		8		9
配筋砌块砌体抗震墙	高度 (m)	≤24	>24	≤24	>24	≤24	>24	≤24
	抗震墙	四	三	三	二	二	一	一
部分框支抗震墙	非底部加强部位抗震墙	四	三	三	二	不应采用		
	底部加强部位抗震墙	三	二	二	一			
	框支框架	二		二				

对于上表中四级抗震等级的房屋，除《砌体结构设计规范》GB 50003 有规定外，均按非抗震设计采用；当房屋高度接近或等于分界值时，可结合房屋不规则程度及场地地基

条件，确定抗震等级。当配筋砌体剪力墙结构为底部大空间时，其抗震等级宜按表中规定提高一级。

结构抗震等级的划分是基于不同烈度及相同烈度下不同的结构类型，不同的高度有不同的抗震要求，是从对结构的抗震性能，包括考虑结构构件的延性和耗能能力方面来考虑的。结构的抗震等级分为很严格、严格、较严格、一般四个级别。表11-2 的规定是参照建筑抗震设计规范和配筋砌块高层结构的特点划分的。

配筋砌块砌体剪力墙结构水平地震作用的计算可根据《抗震规范》的有关规定，采用底部剪力法、反应谱振型分解法或时程分析法。内力分析和变形验算可按弹性方法计算。

（二）配筋砌块抗震墙房屋最大高度的限值

按新规范规定的配筋砌块剪力墙结构构件抗震设计的适用的房屋最大高度不宜超过表11-3 的规定。

配筋砌块砌体抗震墙房屋适用的最大高度（m）   表 11-3

结构类型 最小墙厚 （mm）		设防烈度和设计基本地震加速度					
		6 度	7 度		8 度		9 度
		0.05g	0.10g	0.15g	0.20g	0.30g	0.40g
配筋砌块砌体抗震墙	190mm	60	55	45	40	30	24
部分框支抗震墙		55	49	40	31	24	—

表 11-3 中的房屋高度指室外地面至檐口的高度。超过表内限值的房屋，应根据专门的研究采取有效的加强措施。

对比 01 规范最大高度的规定表 11-3 有了一些变化。这是因为近十多年来配筋砌块剪力墙结构的科研试验工作又有新的进展，加上已经有了几百万 m² 上规模的建造工程实践。抗震新规范从安全经济诸方面综合考虑，并对近年来的试验研究和工程实践经验的分析、总结，将适用高度在原规范基础上适当增加，同时补充了 7 度（0.15g）、8 度（0.30g）和 9 度的有关规定。砌体结构新规范修订时也采用了一样的规定，这样将更有利于这种砌体结构科学合理地推广应用。

（三）底部框架-抗震墙砌体房屋设置

底部框架-抗震墙砌体房屋的钢筋混凝土结构部分，除应符合本章规定外，尚应符合现行国家标准《建筑抗震设计规范》GB 50011—2010 第 6 章的有关要求；此时，底部钢筋混凝土框架的抗震等级，6、7、8 度时应分别按三、二、一级采用；底部钢筋混凝土抗震墙和配筋砌块砌体抗震墙的抗震等级，6、7、8 度时应分别按三、三、二级采用。多层砌体房屋局部有上部砌体墙不能连续贯通落地时，托梁、柱的抗震等级，6、7、8 度时应分别按三、三、二级采用。

（四）配筋砌块砌体短肢抗震墙房屋设置

配筋砌块砌体短肢抗震墙及一般抗震墙设置，应符合下列规定：

1. 抗震墙宜沿主轴方向双向布置，各向结构刚度、承载力宜均匀分布。高层建筑不宜采用全部为短肢墙的配筋砌块砌体抗震墙结构，应形成短肢抗震墙与一般抗震墙共同抵抗水平地震作用的抗震墙结构。9 度时不宜采用短肢墙；

2. 纵横方向的抗震墙宜拉通对齐；较长的抗震墙可采用楼板或弱连梁分为若干个独

立的墙段，每个独立墙段的总高度与长度之比不宜小于 2，墙肢的截面高度也不宜大于 8m；

3. 抗震墙的门窗洞口宜上下对齐，成列布置；

4. 一般抗震墙承受的第一振型底部地震倾覆力矩不应小于结构总倾覆力矩的 50%，且两个主轴方向，短肢抗震墙截面面积与同一层所有抗震墙截面面积比例不宜大于 20%；

5. 短肢抗震墙宜设翼缘。一字形短肢墙平面外不宜布置与之单侧相交的楼面梁；

6. 短肢墙的抗震等级应比表 10.1.6 的规定提高一级采用；已为一级时，配筋应按 9 度的要求提高；

7. 配筋砌块砌体抗震墙的墙肢截面高度不宜小于墙肢截面宽度的 5 倍。

注：短肢抗震墙是指墙肢截面高度与宽度之比为 5～8 的抗震墙，一般抗震墙是指墙肢截面高度与宽度之比大于 8 的抗震墙。L 形，T 形，+形等多肢墙截面的长短肢性质应由较长一肢确定。

（五）部分框支配筋砌块砌体抗震墙房屋的结构布置

部分框支配筋砌块砌体抗震墙房屋的结构布置，应符合下列规定：

1. 上部的配筋砌块砌体抗震墙与框支层落地抗震墙或框架应对齐或基本对齐；

2. 框支层应沿纵横两方向设置一定数量的抗震墙，并均匀布置或基本均匀布置。框支层抗震墙可采用配筋砌块砌体抗震墙或钢筋混凝土抗震墙，但在同一层内不应混用；

3. 矩形平面的部分框支配筋砌块砌体抗震墙房屋结构的楼层侧向刚度比和底层框架部分承担的地震倾覆力矩，应符合现行国家标准《建筑抗震设计规范》GB 50011—2010 第 6.1.9 条的有关要求。

（六）配筋混凝土空心砌块抗震墙房屋的层高规定

底部加强部位（不小于房屋高度的 1/6 且不小于底部二层的高度范围）的层高一、二级不宜大于 3.2m，三、四级不应大于 3.9m；

其他部位的层高，一、二级不应大于 3.9m，三、四级不应大于 4.8m。

（七）配筋砌块砌体抗震墙中受力钢筋锚固和接头的规定

考虑地震作用组合的配筋砌体结构构件，其配置的受力钢筋的锚固和接头，除应符合本规范第 9 章的要求外，尚应符合下列规定：

1. 纵向受拉钢筋的最小锚固长度 l_{ae}，抗震等级为一、二级时，l_{ae} 取 $1.15l_a$，抗震等级为三级时，l_{ae} 取 $1.05l_a$，抗震等级为四级时，l_{ae} 取 $1.0l_a$，l_a 为受拉钢筋的锚固长度，按第 9.4.3 条的规定确定。

2. 钢筋搭接接头，对一、二级抗震等级不小于 $1.2l_a+5d$；对三、四级不小于 $1.2l_a$。

3. 配筋砌块砌体剪力墙的水平分布钢筋沿墙长应连续设置，两端的锚固应符合下列规定：

1）一、二级抗震等级剪力墙，水平分布钢筋可绕主筋弯 180°弯钩，弯钩端部直段长度不宜小于 12d；水平分布钢筋亦可弯入端部灌孔混凝土中，锚固长度不应小于 30d，且不应小于 250mm；

2）三、四级剪力墙，水平分布钢筋可弯入端部灌孔混凝土中，锚固长度不应小于 20d，且不应小于 200mm；

3）当采用焊接网片作为剪力墙水平钢筋时，应在钢筋网片的弯折端部加焊两根直径与抗剪钢筋相同的横向钢筋，弯入灌孔混凝土的长度不应小于 150mm。

三、配筋砌块剪力墙抗震承载力计算

（一）配筋砌块砌体剪力墙正截面承载力计算

考虑地震作用组合的配筋砌块砌体剪力墙可能为偏心受压构件，也可能为偏心受拉构件，其正截面承载力计算可采用本书第七章配筋砌块剪力墙静力计算公式[11-15][11-16]，但在公式右端应除以承载力抗震调整系数 γ_{RE}（按新规范，$\gamma_{RE}=0.85$）。

（二）配筋砌块砌体剪力墙斜截面承载力计算

1. 剪力设计值的确定

剪力墙的底部，由于剪力和弯矩较大，常常是抗震薄弱环节，为保证配筋砌块剪力墙强剪弱弯的要求，应根据剪力墙抗震等级不同对底部进行加强。底部加强区的高度为 $H/6$（H 为房屋高度），并不小于底部两层高度。底部加强区的剪力设计值 V_w 按以下规定取值：

一级抗震等级	$V_w=1.6V$	(11-6)
二级抗震等级	$V_w=1.4V$	(11-7)
三级抗震等级	$V_w=1.2V$	(11-8)
四级抗震等级	$V_w=1.0V$	(11-9)

式中　V——考虑地震作用组合的剪力墙计算截面的剪力设计值。

其他部位剪力墙设计值不予调整。

2. 剪力墙的截面尺寸应满足以下要求

当剪跨比大于 2 时

$$V_w \leqslant \frac{1}{\gamma_{RE}} 0.2 f_g bh \qquad (11-10)$$

当剪跨比小于或等于 2 时

$$V_w \leqslant \frac{1}{\gamma_{RE}} 0.15 f_g bh \qquad (11-11)$$

式中　γ_{RE}——承载力抗震调整系数；

　　　f_g——灌孔砌体的抗压强度设计值；

　　　b——剪力墙截面宽度；

　　　h——剪力墙截面高度。

3. 偏心受压配筋砌块砌体剪力墙斜截面承载力应按下式计算[11-17]

$$V_w \leqslant \frac{1}{\gamma_{RE}} \left[\frac{1}{\lambda-0.5} \left(0.48 f_{vg} bh_0 + 0.1N \frac{A_w}{A} \right) + 0.72 f_{yh} \cdot \frac{A_{sh}}{s} h_0 \right] \qquad (11-12)$$

式中　λ——计算截面的剪跨比，$\lambda = \dfrac{M}{Vh_0}$；$M$ 为考虑地震作用组合的剪力墙计算截面的弯矩设计值；V 为考虑地震作用组合的剪力墙计算截面的剪力设计值；h_0 为截面的有效高度。当 $\lambda \leqslant 1.5$ 时，取 $\lambda=1.5$；当 $\lambda \geqslant 2.2$ 时，取 $\lambda=2.2$；

　　　N——考虑地震作用组合的剪力墙计算截面的轴向力设计值，当 $N>0.2 f_g bh$ 时，取 $N=0.2 f_g bh$；

　　　A——剪力墙的截面面积，其中翼缘的有效面积，可按第七章有关的规定确定；

　　　A_w——T 形或 I 字形截面剪力墙腹板的截面面积，对于矩形截面取 $A_w=A$；

A_{sh}——配置在同一截面内的水平分布钢筋的全部截面面积；

f_{yh}——水平钢筋的抗拉强度设计值；

f_g——灌孔砌体的抗压强度设计值；

s——水平分布钢筋的竖向间距；

γ_{RE}——承载力抗震调整系数。

4. 偏心受拉配筋砌块砌体剪力墙，其斜截面受剪承载力计算公式如下：

$$V_w \leqslant \frac{1}{\gamma_{RE}} \left[\frac{1}{\lambda - 0.5} \left(0.48 f_{vg} bh_0 - 0.17N \frac{A_w}{A} \right) + 0.72 f_{yh} \frac{A_{sh}}{s} h_0 \right] \tag{11-13}$$

上式中当 $0.48 f_{vg} bh_0 - 0.17N \dfrac{A_w}{A} < 0$ 时，取 $0.48 f_{vg} bh_0 - 0.17N \dfrac{A_w}{A} = 0$

配筋砌块剪力墙抗震时斜截面受剪承载力与静力计算公式相比，除应除以承载力抗震调整系数 γ_{RE} 外，公式右边各项系数均为静力计算公式乘以 0.8 的折减系数后而得。这是因为归纳整理抗剪承载力试验数据中，有的试验是做单调静力加载，其数据比往复加载试验结果要高一些，尽管有不少试件是按恢复力试验得出的但为安全计规范公式的抗力项乘以 0.8 的折减系数还是必要的。

另外偏心受拉构件抗剪比偏心受压构件更为不利，因此公式中 N 的系数应取较大值，才比较合理。

（三）配筋砌块砌体剪力墙连梁抗震承载力计算

1. 正截面承载力计算

当配筋砌块砌体剪力墙的连梁采用钢筋混凝土时，考虑地震作用组合的连梁正截面承载力计算可按《混凝土结构设计规范》GB 50010 受弯构件的有关规定计算；当采用配筋砌块砌体连梁时，由于全部砌块均要求灌孔，截面受力情况与钢筋混凝土连梁类似，计算亦可采用钢筋混凝土受弯构件的正截面计算公式，但应采用配筋砌块砌体的相应计算参数和指标。连梁的正截面承载力应除以相应的承载力抗震调整系数。

由于地震的往复作用性，在设计连梁时往往使截面上、下纵筋对称设置，即全部弯矩由截面上、下的钢筋承受。

2. 斜截面承载力计算

剪力设计值的调整：当剪力墙的抗震等级为一、二、三级时，剪力设计值应按以下公式调整；四级可不调整：

$$V_b = \eta_v \frac{M_b^l + M_b^r}{L_n} + V_{Gb} \tag{11-14}$$

式中　V_b——连梁的剪力设计值；

　　η_v——剪力增大系数，一级时取 1.3；二级时取 1.2；三级时取 1.1；

M_b^l、M_b^r——分别为梁左、右端考虑地震作用组合的弯矩设计值；

　　V_{Gb}——在重力荷载代表值作用下，按简支梁计算的截面剪力设计值；

　　L_n——连梁净跨。

配筋砌块剪力墙连梁的设计原则是作为剪力墙结构的第一道防线，即连梁破坏应先于剪力墙，而对连梁本身则要求其斜截面抗剪能力高于正截面的抗弯能力，以体现"强剪弱弯"的要求。对配筋砌块连梁，试算和试设计表明，对高烈度区和对较高的抗震等级（一、二级）情况下，连梁超筋的情况比较多，而对砌块连梁在孔中配置钢筋的数量又受到限制。在这种情况下，一是减小连梁的截面高度（应在满足塑性变形要求的情况下），二是连梁设计成混凝土的。式（11-14）是参照建筑抗震设计规范和配筋砌块剪力墙房屋的特点规定的剪力调整幅度。

规范规定配筋砌块砌体抗震墙跨高比大于 2.5 的连梁应采用钢筋混凝土连梁，其截面组合的剪力设计值和斜截面承载力，应符合现行国家标准《混凝土结构设计规范》GB 50010 对连梁的有关规定；跨高比小于或等于 2.5 的连梁可采用配筋砌块砌体连梁，采用配筋砌块砌体连梁时，应采用相应的计算参数和指标；连梁的正截面承载力应除以相应的承载力抗震调整系数。

抗震墙采用配筋混凝土砌块砌体连梁时，应符合下列规定：

1. 连梁的截面应满足下式的要求：

$$V_b \leqslant \frac{1}{\gamma_{RE}}(0.15 f_g b h_0) \tag{11-15}$$

2. 连梁的斜截面受剪承载力应按下式计算：

$$V_b = \frac{1}{\gamma_{RE}}\left(0.56 f_{vg} b h_0 + 0.7 f_{yv} \frac{A_{sv}}{s} h_0\right) \tag{11-16}$$

式中　b——连梁截面宽度；

h_0——连梁截面有效高度；

A_{sv}——配置在同一截面内的箍筋各肢的全部截面面积；

f_{yv}——箍筋的抗拉强度设计值；

s——箍筋的间距。

四、配筋砌块剪力墙的构造要求

（一）配筋砌块砌体剪力墙的水平和竖向分布钢筋构造要求

剪力墙的水平和竖向分布钢筋除满足计算要求外，还需满足表 11-4 和表 11-5 所规定的最小配筋率、最大间距和最小直径的要求。表中的加强部位指剪力墙的底部高度不小于房屋高度的 1/6，且不小于两层的高度。

抗震墙水平分布钢筋的配筋构造　　　　　　　　　　　　表 11-4

抗 震 等 级	最小配筋率（%）		最大间距 （mm）	最小直径 （mm）
	一般部位	加强部位		
一　级	0.13	0.15	400	$\phi 8$
二　级	0.13	0.13	600	$\phi 8$
三　级	0.11	0.13	600	$\phi 8$
四　级	0.10	0.10	600	$\phi 6$

抗 震 等 级	最小配筋率（%）		最大间距 (mm)	最小直径 (mm)
	一般部位	加强部位		
一　级	0.15	0.15	400	$\phi12$
二　级	0.13	0.13	600	$\phi12$
三　级	0.11	0.13	600	$\phi12$
四　级	0.10	0.10	600	$\phi12$

　　配筋砌块剪力墙的最小配筋率的规定是参照国内外试验研究和经验的基础上规定的。美国 UBC 规范和美国抗震规范规定，对不同的地震设防烈度有不同的最小含钢率要求。如在 7 度以内构造含钢率为 0.06% 而对 ≥8 度时，最小含钢率不应小于 0.07%，两个方向最小含钢率之和也不应小于 0.2%。据说明，这种含钢率是剪力墙最小的延性和抗裂要求。

　　配筋砌块剪力墙的最小构造含钢率比钢筋混凝土剪力墙小得多，根据国外资料解释，钢筋混凝土剪力墙要求相当大的最小含钢率，是因为它在塑性状态现场浇注，在水化过程中产生显著的收缩。而配筋砌块剪力墙中的砌块是砌块厂预先生产的，砌筑时砌块混凝土已经完成一部分收缩量，而砌筑砂浆和灌孔混凝土的收缩是较少的。因此配筋砌块剪力墙最小含钢率要求已被规定为钢筋混凝土剪力墙的一半。根据我国进行的较大数量的不同含钢率（竖向和水平方向）的伪静力墙片试验表明，配筋能明显提高墙体在水平反复荷载作用下的变形能力。也即在新规范规定的最小含钢率情况下，墙体是有一定的延性，裂缝出现后不会立即发生剪坏倒塌，新规范仅在抗震等级为四级时，将 μ_{min} 定为 0.07%，其余等级均在 0.1% 以上，比美国规范要高一些，也约为我国钢筋混凝土规范规定的最小含钢率的一半以上。

　　（二）配筋砌块砌体剪力墙边缘构件的最小配筋要求，剪力墙边缘构件的设置除满足表 11-4、表 11-5 的规定外，当剪力墙的压应力大于 $0.4f_g$ 时，其配筋应满足表 11-6 要求。

抗 震 等 级	每孔竖向钢筋最小量		水平箍筋最小直径	水平箍筋最大间距 (mm)
	底部加强部位	一般部位		
一　级	1ϕ20（4ϕ16）	1ϕ18（4ϕ16）	$\phi8$	200
二　级	1ϕ18（4ϕ16）	1ϕ16（4ϕ14）	$\phi6$	200
三　级	1ϕ16（4ϕ12）	1ϕ14（4ϕ12）	$\phi6$	200
四　级	1ϕ14（4ϕ12）	1ϕ12（4ϕ12）	$\phi6$	200

　　表中括号中数字为混凝土柱时的配筋。

　　配筋砌块剪力墙边缘构件最小配筋要求是参照钢筋混凝土剪力墙暗柱配筋给出的。哈尔滨建筑大学、湖南大学等单位对较大剪跨比配筋砌块剪力墙试验表明，端部集中配筋对提高构件的抗弯能力和延性作用很明显，通过试点工程，这种约束区的构造配筋率有相当的覆盖面。这种含钢率也考虑能在约 120mm×120mm 孔洞中放得下，对含钢率为 0.4%、

0.6%、0.8%，相应的钢筋直径为 3φ14、3φ18、3φ20，而约束箍筋的间距只能在砌块灰缝或带凹槽的横肋中设置，其间距只能为 200mm。为了更大配筋的需要，增加了混凝土柱作为边缘构件的方案。

（三）配筋砌块砌体剪力墙连梁的构造要求

当配筋砌块砌体剪力墙采用混凝土连梁时，应符合第七章中关于混凝土连梁的有关规定外，并应符合《混凝土结构设计规范》GB 50010 中关于地震区连梁的构造要求。

当连梁采用配筋砌块砌体时，除应遵照第七章有关规定外，尚应符合以下要求：

1. 连梁上、下水平钢筋锚入墙体的长度，一、二级抗震等级不应小于 $1.1l_a$；三、四级抗震等级不应小于 l_a，且不小于 600mm。

2. 连梁的箍筋沿梁长布置，并应符合表 11-7 的要求，表中 h 为连梁截面高度，连梁端部加密区长度不小于 600mm。

3. 在顶层连梁伸入墙体的钢筋长度范围内，应设置间距不大于 200mm 的构造箍筋，箍筋的直径应与连梁的箍筋直径相同。

4. 连梁不宜开洞。当需要开洞时，应在跨中梁高 1/3 处预埋外径不大于 200mm 的钢套管，洞口上下的有效高度不应小于 1/3 梁高，且不应小于 200mm，洞口处应配补强钢筋并在洞周边浇筑灌孔混凝土，被洞口削弱的截面应进行受剪承载力验算。

连梁箍筋的构造要求　　　　　　　　　　　　　　　　表 11-7

抗震等级	箍筋加密区			箍筋非加密区	
	长度	箍筋最大间距	直径	间距（mm）	直径
一 级	2h	100mm，6d，1/4h 中的小值	φ10	200	φ10
二 级	1.5h	100mm，8d，1/4h 中的小值	φ8	200	φ8
三 级	1.5h	150mm，8d，1/4h 中的小值	φ8	200	φ8
四 级	1.5h	150mm，8d，1/4h 中的小值	φ8	200	φ8

（四）配筋砌块砌体抗震墙在重力荷载代表值作用下的轴压比，应符合下列规定：

1. 一般墙体的底部加强部位，一级（9 度）不宜大于 0.4，一级（8 度）不宜大于 0.5，二、三级不宜大于 0.6，一般部位，均不宜大于 0.6；

2. 短肢墙体全高范围，一级不宜大于 0.50，二、三级不宜大于 0.60；对于无翼缘的一字形短肢墙，其轴压比限值应相应降低 0.1；

3. 各向墙肢截面均为 3~5 倍墙厚的独立小墙肢，一级不宜大于 0.4，二、三级不宜大于 0.5；对于无翼缘的一字形独立小墙肢，其轴压比限值应相应降低 0.1。

（五）配筋砌块砌体剪力墙房屋圈梁的要求

为了增加配筋砌块砌体剪力墙房屋的整体性和其抗变形能力，应当按照下列规定设置钢筋混凝土圈梁；

1. 在配筋砌块砌体剪力墙房屋楼、屋盖处应设置钢筋混凝土圈梁。圈梁的混凝土等级宜为砌块强度等级的 2 倍，或该层灌孔混凝土的强度等级，但不应低于 C20。

2. 圈梁的宽度宜为墙厚，高度不宜小于 200mm，纵向钢筋直径不应小于墙中水平分布钢筋的直径，且不宜小于 4φ12，箍筋直径不应小于 φ8，间距不大于 200mm。

（六）配筋砌块剪力墙房屋的基础与剪力墙结合处的受力钢筋连接要求

配筋砌块剪力墙房屋的基础与剪力墙结合处截面承受的弯矩及剪力均很大，又往往是处于施工缝位置，因此纵向钢筋必须有可靠的连接。

新规范规定，当房屋高度超过 50m 或一级抗震等级时宜采用机械连接或焊接，其他情况可采用搭接。当采用搭接时，一、二级抗震等级时搭接长度不宜小于 $50d$，三、四级抗震等级时不小于 $40d$（d 为纵向受力钢筋的直径）。

五、钢筋砌块剪力墙中高层房屋构件抗震承载力设计例题

【例 11-1】

该结构为 12 层配筋砌块剪力墙中高层住宅（如图 11-1 所示），层高 2.8m，抗震等级为三级，选择一层墙体中的墙段 A 进行配筋计算，该墙段长 2m。材料的选用为：砌块为 MU20；砌筑砂浆为 Mb10；注芯混凝土强度为 Cb40；竖向及水平钢筋皆为 HRB335 级。根据抗震组合所得的内力为：轴向压力 $N=1067$kN，弯矩 $M=320$kN·m，剪力 $V=65$kN，6 度设防。

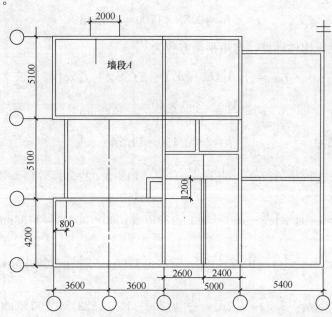

图 11-1　配筋砌块剪力墙住宅单元平面图

【解】

（一）确定材料强度设计值

未注芯的混凝土砌块砌体的抗压强度设计值 $f=4.95$MPa，Cb40 混凝土轴心抗压强度设计值 $f_c=19.1$MPa，灌孔砌体的抗压强度设计值

$$f_g=f+0.6\alpha f_c=4.95+0.6\times0.5\times19.1=10.7\text{MPa}$$

灌孔砌体的抗剪强度设计值

$$f_{vg}=0.2f_g^{0.55}=0.2\times10.7^{0.55}=0.74\text{MPa}$$

钢筋的强度设计值

$$f_y = f_y' = 300\text{MPa}, \quad f_{yh} = 300\text{MPa}$$

（二）考虑地震作用组合的配筋砌块砌体剪力墙的正截面承载力计算

配筋砌块砌体剪力墙在偏心受压、偏心受拉和受剪时的承载力抗震调整系数为 γ_{RE} $=0.85$

根据平衡条件

$$N = (f_g b x + A_s' f_y' - A_s f_y - \Sigma f_{si} A_{si})/\gamma_{RE}$$

其中 $\qquad \Sigma f_{si} A_{si} = (h_0 - 1.5x) b f_y \rho_w \quad f_y A_s = f_y' A_s'$

ρ_w 为竖向分布钢筋配筋率，考虑墙段长度小（2m），选用 $\phi 12@200$，$\rho_w = 0.003$ 因为暗柱按构造需 600mm，故其中心位于 300mm 处，则

$$h_0 = h - 300 = 2000 - 300 = 1700\text{mm}$$

$$x = \frac{\gamma_{RE} N + f_y b h_0 \rho_w}{f_g b + 1.5 f_y b \rho_w} = \frac{0.85 \times 1067 \times 10^3 + 300 \times 190 \times 1700 \times 0.003}{10.7 \times 190 + 1.5 \times 300 \times 190 \times 0.003} = 523\text{ mm}$$

$$x < \xi_b h_0 = 0.55 \times 1700 = 935\text{mm}$$

可按大偏心受压构件计算，弯矩平衡方程为

$$N \cdot e_N \cdot \gamma_{RE} = f_y' A_s' (h_0 - a_s') - \Sigma f_{si} S_{si} + f_g b x \left(h_0 - \frac{x}{2} \right)$$

$$e = \frac{M}{N} = \frac{320 \times 10^6}{1067 \times 10^3} = 300\text{mm}$$

墙体的高厚比为 $\qquad \beta = 2800/190 = 14.74$

$$e_a = \frac{\beta^2 h}{2200} (1 - 0.022\beta) = \frac{14.74^2 \times 2000}{2200} (1 - 0.022 \times 14.74) = 133\text{mm}$$

$$e_N = e + e_a + \left(\frac{h}{2} - a_s \right) = 300 + 133 + (1000 - 300) = 1133\text{mm}$$

$$f_g b x \left(h_0 - \frac{x}{2} \right) = 10.7 \times 190 \times 523 \times \left(1700 - \frac{523}{2} \right) = 1529\text{kN} \cdot \text{m}$$

$$\Sigma f_{si} S_{si} = \frac{1}{2} (h_0 - 1.5x)^2 b f_y \rho_w = \frac{1}{2} (1700 - 1.5 \times 523)^2 \times 190 \times 300 \times 0.003$$

$$= 71.7\text{kN} \cdot \text{m}$$

$$A_s = A_s' = \left[\gamma_{RE} N \cdot e_N + \Sigma f_{si} S_{si} - f_g b x \left(h_0 - \frac{x}{2} \right) \right] \Big/ f_y' (h_0 - a_s')$$

$$= \frac{0.85 \times 1067 \times 10^3 \times 1133 + 71.7 \times 10^6 - 1529 \times 10^6}{300 \times (1700 - 300)} < 0$$

按构造配筋

（三）考虑地震作用组合的配筋砌块砌体剪力墙的斜截面承载力计算

1. 截面限制条件验算

$$\lambda = \frac{M}{V h_0} = \frac{320000000}{65000 \times 1700} = 2.89 > 2.2 \text{ 则取 } \lambda = 2.2$$

$$\frac{1}{\gamma_{RE}}0.2f_gbh=\frac{1}{0.85}\times0.2\times10.7\times190\times2000=957\text{kN}>65\text{kN}$$

因此截面满足要求

2. 配筋计算

因 $0.2f_gbh=0.2\times10.7\times190\times2000=813.2\text{kN}<1067\text{kN}$ 所以取 $N=813.2\text{kN}$

配筋砌块砌体剪力墙承载力计算时，底部加强部位的截面组合剪力 V_w，应根据结构抗震等级进行调整，本例题为 $V_w=1.2\times V=1.2\times65=78\text{kN}$

$$V_w\leqslant\frac{1}{\gamma_{RE}}\left[\frac{1}{\lambda-0.5}\left(0.48f_{vg}bh_0+0.10N\frac{A_w}{A}\right)+0.72f_{yh}\frac{A_{sh}}{s}h_0\right]$$

$$\frac{A_{sh}}{s}=\frac{\gamma_{RE}V_w-\frac{1}{\lambda-0.5}\left(0.48f_{vg}bh_0+0.10N\frac{A_w}{A}\right)}{0.72f_{yh}h_0}$$

$$=\frac{0.85\times78\times10^3-\frac{1}{2.2-0.5}(0.48\times0.74\times190\times1700+0.1\times813.2\times10^3)}{0.72\times300\times1700}<0$$

按构造配筋

（四）墙体配筋

因本例题选取底层墙体，其属于砌块剪力墙底部加强区，故构造配筋率应满足底部加强区要求。

竖向：墙体两端暗柱（各 3 个孔洞）为 $3\phi14$

竖向分布钢筋为 $\phi12@200$

水平：水平抗剪钢筋为 $\phi12@400$

参 考 文 献

[11-1] 国家标准《砌体结构设计规范》GB 50003—2011. 北京：中国建筑工业出版社，2011

[11-2] 国家标准《建筑抗震设计规范》GB 50011—2010. 北京：中国建筑工业出版社，2010

[11-3] 《地震工程概论》编写组编著. 地震工程概论. 北京：科学出版社，1985

[11-4] 周炳章. 砌体房屋抗震设计. 北京：地震出版社，1991

[11-5] 国家行业标准《混凝土小型空心砌块建筑技术规程》JGJ/T 14—2011. 北京：中国建筑工业出版社，2011

[11-6] 冯远、刘宜川、肖克艰等著. 来自汶川大地震亲历者的第一手资料. 结构工程师的视界与思考. 北京：中国建筑工业出版社，2009

[11-7] 清华大学、西南交大、重庆大学. 中国建筑西南设计研究有限公司、北京市建筑设计研究院编著. 汶川地震建筑震害分析及设计对策. 北京：中国建筑工业出版社，2009

[11-8] 周炳章，建筑结构. 我国砌体结构抗震的经验与展望. 2011.9. 北京

[11-9] 高永昭、吴体、肖承波、凌程建. 汶川特大地震中绵竹市混凝土小型空心砌块建筑的震害分析. 建筑科学研究. 2009.4. 成都

[11-10] 周炳章. 用钢筋混凝土构造柱提高砖混结构抗震性能的试验研究及计算. 北京：科学出版社. 1982

[11-11] 苑振芳. 国际标准《配筋砌体结构设计规范》ISO 9652—3 介绍，现代砌体结构，北京：中国建

筑工业出版社，2000 年 12 月

[11-12] 谢小军，施楚贤，周海兵．中高层混凝土小砌块房屋弹塑性地震反应分析，现代砌体结构，北京：中国建筑工业出版社，2000 年 12 月

[11-13] 唐岱新，田玉滨．配筋砌块墙体连梁抗震性能试验研究．2001 年建筑砌块与砌块建筑论坛论文集，2001 年 11 月

[11-14] 杨伟军，施楚贤．配筋砌块剪力墙斜截面承载力可靠度研究．现代砌体结构，北京：中国建筑工业出版社，2000 年 12 月

[11-15] 唐岱新，费金标．配筋砌块剪力墙正截面强度试验研究．上海建材学院学报，1995 年 3 期

[11-16] 唐岱新，费金标．混凝土小砌块高悬臂剪力墙抗震性能试验研究，工程力学，1995 年增刊

[11-17] 全成华，唐岱新．高强砌块配筋砌体剪力墙抗剪性能试验研究，建筑结构学报，2002 年 2 期